清华大学教育培训动漫影视系列教材
Animation 360 Education and Training Center, Academy Arts and Design, Tsinghua University

三维动画

——MAYA造型与渲染篇

白英伯 / 编著

清华大学出版社
北京

内容简介

本书详细讲解了MAYA软件有关建模、灯光、材质与渲染等方面的各种命令及操作工具的使用，并配合有针对性的实例来引导读者学习和创作。全书分为8章。第1~3章主要介绍了MAYA基本操作和建模基础；第4~6章分别对NURBS建模、多边形建模以及细分表面建模3种建模方式由浅入深地进行分析讲解；第7章、第8章详细介绍了MAYA的灯光、材质与渲染等方面的知识以及实际应用。

本书适合MAYA的初级和中级用户，适合用作各类大、中专院校和培训学校相关专业的培训教材，也可作为影视广告、动画设计、游戏制作以及建筑装饰等行业从业人员的学习和参考书籍。

图书在版编目（CIP）数据

三维动画——MAYA造型与渲染篇 / 白英伯编著．—北京：清华大学出版社，2011.8
（清华大学教育培训动漫影视系列教材）
ISBN 978-7-302-26517-7

Ⅰ．①三…　Ⅱ．①白…　Ⅲ．①三维动画软件，MAYA−高等学校−教材
Ⅳ．① TP391.41

中国版本图书馆CIP数据核字（2011）第172528号

责任编辑：田在儒
责任校对：袁　芳
责任印制：杨　艳
出版发行：清华大学出版社　　**地　址**：北京清华大学学研大厦A座
http://www.tup.com.cn　　**邮　编**：100084
社 总 机：010-62770175　　**邮　购**：010-62786544
投稿与读者服务：010-62776969，c-service@tup.tsinghua.edu.cn
质 量 反 馈：010-62772015，zhiliang@tup.tsinghua.edu.cn
印 刷 者：北京富博印刷有限公司
装 订 者：北京市密云县京文制本装订厂
经　销：全国新华书店
开　本：185×260　**印　张**：19　**字　数**：448千字
版　次：2011年8月第1版　　**印　次**：2011年8月第1次印刷
印　数：1～3000
定　价：35.00元

产品编号：035431-01

丛书编委会

序

每一部引人入胜又能给人以视听极大享受的完美动画片，均是建立在“高艺术”与“高技术”的基础上的。从故事剧本的创作到动画片中每一个镜头、每一帧画面，都必须经过精心设计。而其中表演的角色，也是由动画家“无中生有”地创造出来的。因此，才有了我们都熟知的“米老鼠”和“孙悟空”等许许多多既独特又有趣的动画形象。同时，动画的叙事需要运用视听语言来完成和体现。因此，镜头语言与蒙太奇技巧的运用，是使动画片能够清晰而充满新奇感地讲述故事所必须掌握的知识。另外，动画片中所有会动的角色，都应有各自的运动形态与规律，才能构成带给人们无穷快乐的、具有别样生命感的、活的“精灵”。而对于对动画的创作怀着“痴心”的朋友来说，要经过系统严谨的专业知识学习和有针对性的课题实践才能逐步掌握这门艺术。此套“清华大学教育培训动漫影视系列教材”的编写，就是基于对国内外动漫游戏相关行业对人才必须具备的专业知识与掌握的必要技术的充分的调研基础上，并特别邀请了北京相关院校、行业内及文化部、教育部的专家进行认真讨论，对此套教材的定位、内容作了审定工作，集中了清华大学美术学院、北京电影学院动画学院、北京印刷学院设计艺术学院等院校的富有专业教学和实践经验的一线教师进行编写的。充分体现了他们最新的教学与研究成果。

此套教材突出了案例分析和项目导入的教学方法与实际应用特色，并融入每一个具体的教学环节之中，将知识和实操能力合为一个有机的整体。不同的教学模块设计更方便不同程度的学习者的灵活选择，保证学以致用。当然，再好的教科书也只能对学习起到辅助的作用，如想获得真知，则需要倾注你的全部精力与心智。

清华大学美术学院

吴冠英

2009年6月25日

[illegible]

[illegible]

清华大学美术学院

吴冠英

2009年6月25日

目 录

第1章 MAYA 概述

教学重点与难点

- MAYA 软件的应用
- MAYA 2009 的新特性
- MAYA 2009 的界面构成
- Outliner 和 Hypergraph 窗口

MAYA 是一个大型的、复杂的、专业的三维动画应用软件，在进入 MAYA 软件的系统学习之前，首先应对软件各部分的功能有个初步的了解，这样有助于深入地理解和掌握软件各部分的相关知识。本章将主要介绍 MAYA 的界面，并依次对软件工作环境中的各个元素进行讲解。经过本章的学习，将对 MAYA 用户界面的主要部分有个整体的认识。

1.1 MAYA简介

MAYA 是由美国 Autodesk 公司出品的世界顶级的三维动画软件，它的应用对象是专业的影视广告、角色动画、电影特技等。MAYA 功能完善，工作灵活，易学易用，制作效率极高，渲染真实感极强，是电影级别的高端制作软件。它集成了最先进的动画及数字效果技术，不仅包括一般的三维和视觉效果制作的功能，而且还结合了最先进的建模、数字化布料模拟、毛发渲染和运动匹配等技术。

MAYA 因其强大的功能在 3D 动画界造成巨大的影响，已经广泛应用于电影、广播电视、公司演示、游戏可视化等各个领域，成为三维动画软件中的佼佼者。《星球大战前传》、《透明人》、《黑客帝国》、《角斗士》、《完美风暴》、《恐龙》、《最终幻想》、《蜘蛛人》、《指环王》、《侏罗纪公园》、《海底总动员》、《哈利波特》等很多影片中的电脑特技镜头都是应用 MAYA 完成的。由于其逼真的角色动画，丰富的画笔，接近完美的毛发、衣服效果，不仅使影视广告公司对 MAYA 情有独钟，许多喜爱三维动画制作，并有志向影视电脑特技方向发展的朋友也为 MAYA 的强大功能所吸引。

2008 年，MAYA 的新版本 MAYA 2009 发布。相比前面的版本，该版本在界面和操作方法上都有了全新的改进，在模块和功能方面也有了进一步的拓展和提升，还新增加了多个强大的功能模块，这对三维动画项目的制作效率和效果有了更为显著的提升。

MAYA 2009 版本做出的改进主要包括以下几个方面。

- 界面的改观。MAYA 2009 的界面中增加了一个视图控制的快捷工具条，该工具条的主要作用在于高效地控制工作视图的显示。该工具条主要由 4 部分工具图标构成：第一部分用于控制窗口中摄像机的显示，包括摄像机的选择、属性、标签以及背景图的设置等；第二部分用于控制渲染范围的显示，例如渲染的最终范围、安全框等；第三部分用于控制视图的显示模式，例如线框方式、贴图模式、灯光模式以及高质量硬件渲染模式等；最后一个部分用于控制工作视图中编辑物体的显示方式，包括选择在 X-Ray 半透明模式下显示编辑模型、晶格、骨骼以及独立显示编辑物体等。在以前的版本中，这些工具需要在复杂的菜单中寻找，但 2009 版本已经把这些常用工具做成直观的图标放在工具条上，这将会显著地提高工作效率。

- 增强的 Polygon 选择和编辑模式。全新的 Polygon 选择和编辑模式极大地简化了操作过程，提高了造型效率。在新的选择模式下，可以同时组合选择点、线或面，再配合双击、按 Shift 快捷键等操作，将大大提高选择速度；在选择工具中进一步强化了可控制的柔性选择工具的功能；使用合并点工具的时候，不再像以前那么机械，而是可以很人性化地使用拖曳方式进行直观的编辑。

• 功能革新性提升的 UV 展开、编辑工具。使用 MAYA 传统的 UV 编辑工具展开角色的 UV 是一个让人头痛的过程，一个复杂的角色通常需要花费很长的时间进行 UV 展开和调整。Autodesk MAYA 2009 解决了这个问题，软件中提供了几个强大的工具，可以快速进行 UV 展开。

• 新增的动画编辑模块——动画图层。MAYA 2009 引入了 Motion Builder 强大的动画功能，这次加入的主要是 Motion Builder 的 Motion Blend 动作融合编辑模块，这个新的动画层控制模式灵活性很好，可以非破坏性地创建和编辑几乎所有复杂的动画，而且，这个工具对任何动画属性都起作用，使不同内容的动画层可以混合、合并、群组、重新排序等。

• 全新的资产管理系统。MAYA 2009 增加了一个全新的资产管理模块。使用 MAYA 资产管理可以对复杂的数据进行高效的组织、共享、参考以及不同形式的呈现。事实上，这套资产管理模块是将动画公司成熟的文件档案管理系统直接整合到 MAYA 系统中，公司管理者可以通过这一系统有效地管理项目文件以及相关资料图库，以实现丰富的动画效果。这个模块可以有效提升项目制作过程中检查、反馈、修改以及调整的效率，加快工作进度。

• 加强的 nDynamics 系统。继 MAYA 8.5 版本中推出的用于模拟布料效果的动力学模块 nCloth 之后，MAYA 2009 又在这一模拟架构之上建立了第二个强大的模块——nParticle，而且还构建了一个更大的系统，把 nParticle 和 nCloth 模块都置于其下，这就是 nDynamics 系统。nParticle 的粒子系统功能非常强大。它可以为用户提供一个直观的工作过程，模拟大范围的、复杂的动力学粒子效果，包括液体、云、烟、浪花、灰尘等。nParticle 系统可以产生粒子和粒子之间的碰撞，粒子和实体、粒子和 nCloth 之间的双向交互，此外还有强大的约束功能，以及 Cloud 和 Blobby 的高模拟度硬件渲染显示功能。该系统还提供了一些有用的预设渲染和动力学行为模块。

• 交互式的立体电影制作工具。MAYA 2009 对制作立体电影提供了强大的支持，用户可以在系统中交互地制作立体电影，甚至可以戴着立体眼镜制作立体电影。

1.2 界面元素

MAYA 与其他软件的一个主要区别在于 MAYA 的界面交互方式。在任何情况下，都能非常直观地与之进行交互，例如，在所有的视图和编辑窗口中，都可以通过同样的键盘和鼠标操作实现缩放、跟踪、旋转等功能。还可以通过多种方法来完成同一项指令，例如，如果不习惯使用界面上方的菜单，也可以使用 MAYA 的 Hot Box（热键箱）访问任何菜单或其中任何一组命令。图 1-1 所示为 MAYA 的默认工作界面，下面来了解一下界面的元素。

Autodesk Maya 2009 Unlimited: untitled
File Edit Modify Create Display Window Assets Animate Geometry Cache Create Deformers Edit Deformers Skeleton Skin Constrain Character Muscle Help
General Curves Surfaces Polygons Subdivs Deformation Animation Dynamics Rendering PaintEffects Toon Muscle Fluids Fur Hair nCloth Cloth Custom
View Shading Lighting Show Renderer Panels
Channels Edit Object Show
Display Render Anim
Layers Options Help
persp
No Anim Layer
No Character Set
MEL
// Result: untitled

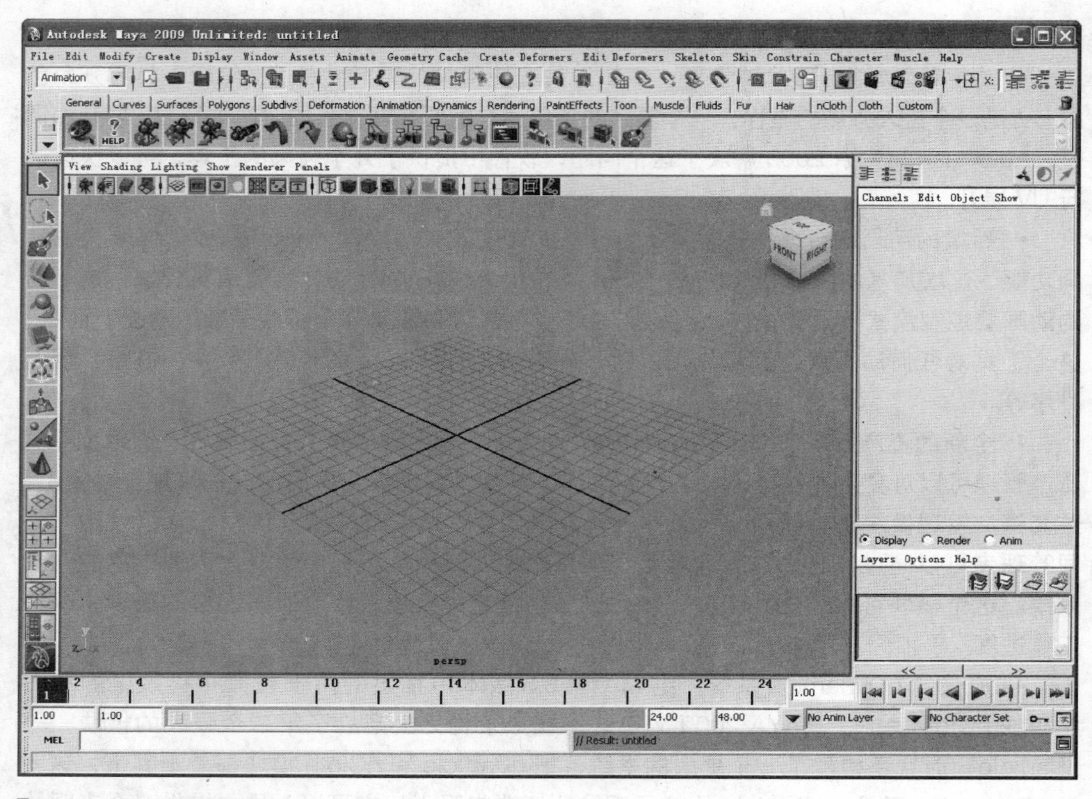

MAYA 的默认工作界面
图 1–1

1.2.1 Title Bar（标题栏）

如图 1–2 所示，这是 Windows 系统软件的标准元素，显示 MAYA 的版本、当前工程文件的名称、场景名称以及当前选择物体的名称。

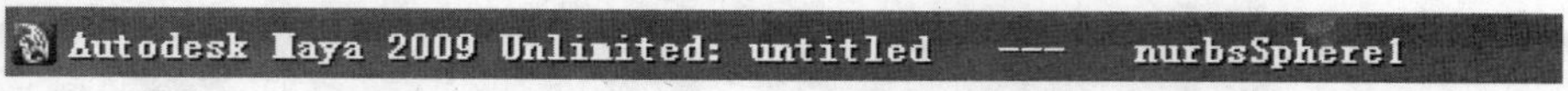

Autodesk Maya 2009 Unlimited: untitled --- nurbsSphere1

标题栏
图 1–2

1.2.2 Menu Bar（菜单栏）

图 1–3 所示为菜单栏。因为 MAYA 软件的结构是模块化的，所以它的菜单命令也比较特殊，分为公共菜单和模块菜单。公共菜单是不随着软件的模块发生变化而改变的，即前面 7 个菜单和最后一个 Help 菜单保持不变，而模块菜单则根据软件处于不同的模块发生相应的改变。下面先简单介绍一下公共菜单。

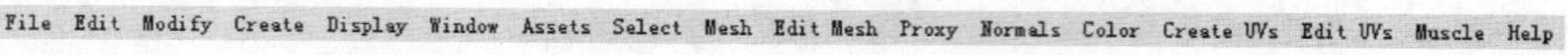

File Edit Modify Create Display Window Assets Select Mesh Edit Mesh Proxy Normals Color Create UVs Edit UVs Muscle Help

菜单栏
图 1–3

- File（文件）菜单：主要用于文件的管理。
- Edit（编辑）菜单：主要用于物体的选择和编辑。
- Modify（修改）菜单：提供物体的一些修改功能操作。
- Create（创建）菜单：创建基本物体，例如基本几何体、灯光、相机、曲线等。
- Display（显示）菜单：提供与显示有关的所有命令。
- Window（窗口）菜单：控制打开各种类型的窗口和编辑器。
- Assets（资产）菜单：可将复杂的数据有效地组织在一起。
- Muscle（肌肉）菜单：用于模拟肌肉变形动画。
- Help（帮助）菜单：用于打开 MAYA 提供的帮助文件进行参考。

MAYA 的菜单有一个特别之处，就是每个菜单都可以单独拆分出来形成活动的命令面板，方便某些命令的重复使用，应用方法是展开菜单，单击顶部的双横线即可。

如果命令选项后面有❐按钮，就表示该命令的一些属性可以进行设置，单击此按钮可以先进行命令的属性设置，然后再执行该命令。

1.2.3 Status Line（状态行）

图 1–4 所示为状态行，显示的是专用于视图操作的一些工具按钮，包括选择区、捕捉区、历史区、反馈区等。单击状态行中的黑线可以控制某类别元素的隐藏和显示。

状态行
图 1–4

1. 模块菜单

图 1–5 所示为模块菜单，从这里可以进入 MAYA 的各个功能模块。进入不同的工作模块后，菜单栏内相应的菜单会发生变化。MAYA 2009 包括 6 大功能模块，即 Animation（动画）、Polygons（多边形）、Surfaces（曲面）、Dynamics（动力学）、Rendering（渲染）和 nDynamics（新动力学），切换工作模块的快捷键分别是 F2、F3、F4、F5 和 F6。在视图区按住 H 键然后单击鼠标左键则会弹出一个标签菜单，在这里也可以在不同的模块间进行切换。

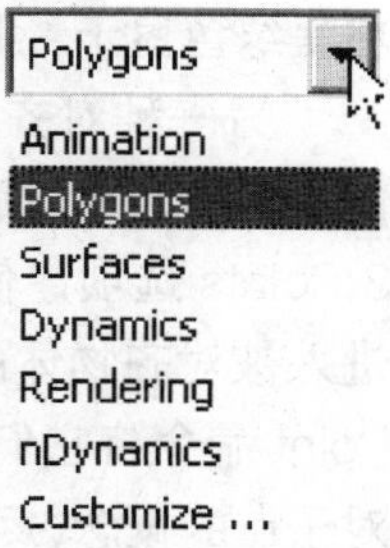

Polygons
Animation
Polygons
Surfaces
Dynamics
Rendering
nDynamics
Customize ...

模块菜单
图 1–5

2. 文件菜单

图 1–6 所示的 3 项指令是 File（文件）菜单中 3 个比较常用的命令，但是因为这 3 条指令都有相对应的快捷键，所以是否使用就看个人习惯了。

文件菜单
图 1–6

- （New scene）新建场景。
- （Open scene）打开场景。
- （Save scene）保存场景。

3. 选择区

图 1–7 所示为选择区，这里的一些指令是选择元素的过滤器，通过使用这些指令可帮助用户在纷繁的场景中快速找到需要选择的物体。例如对于一个加了骨骼的角色，当进行选择时会先选择到骨骼而不是模型表面，这是因为在 MAYA 中骨骼的选择优先级高于表面的选择优先级，但选择区的图标能帮用户选择正确的目标类型，如选择曲面、点、线、骨骼、粒子等，同时还可以把选择的某些特定内容（如一组点或者一组面）保存为设置，这样用户在工作中就可以随时调用。

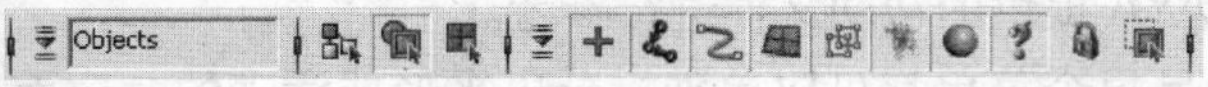

Objects

选择区
图 1–7

捕捉区
图 1–8

4. 捕捉区

图 1–8 所示为捕捉区，捕捉指令与对齐指令是工作中使用频率非常高的命令，MAYA 提供了 4 种捕捉方式。

网格捕捉（快捷键 X）：在进行操作的时候可以将物体的轴心点、多边形顶点或者 NURBS 的控制点等元素参照操作窗口中的网格进行移动，具体移动数值取决于网格的单位设置。

曲线捕捉（快捷键 C）：在进行操作的时候可以将物体的轴心点、多边形顶点或者 NURBS 的控制点等元素在曲线上进行移动，此命令常用于绘制曲线。

点捕捉（快捷键 V）：在进行操作的时候可以将物体的轴心点、多边形顶点或者 NURBS 的控制点等对齐到点元素上，但是这种捕捉方式要求对齐或者要捕捉的目标点必须显示出来（可以进入相应物体的点的元素级别将点显示出来）。

视图平面捕捉：此命令用于捕捉顶点或者轴心点到一个视图平面上。

参考平面：使用该命令可以把一个物体变为参考平面。选择物体单击该按钮后物体将呈绿色显示，此后绘制曲线或者创建骨骼等都会以该物体为参考平面进行。

另一种对齐的方式是进行物体与物体间的对齐，执行 Modify → Snap Align Objects 命令，打开窗口后看到其中有 Point to Point（点对点）、2 Points to 2 Points 和 3 Points to 3 Points 选项，使用方法是进入要移动物体的点的元素级别，选择一个要对齐的点，然后进入被对齐物体的点的元素级别，按住键盘上的 Shift 键选择要对齐的点，再执行 Point to Point 命令将它们对齐，此时两个点将重合在一起，2 点对齐与 3 点对齐的使用方法相同。对于点的概念，可以是曲面点、控制点、顶点、曲线交点或者 Locator（定位器）等，同时 Align Objects 命令中也有 5 种物体对齐方式，大家可自行体会。

5. 历史区

图 1–9 所示为历史区，用来控制创建历史的各项操作。

历史区
图 1–9

6. 渲染区

渲染区
图 1–10

图 1–10 所示为渲染区，用来执行各种渲染指令。

打开渲染窗口。

渲染当前场景。

IPR 渲染：此为 MAYA 独有的渲染方式，提供即时更新的渲染显示。

渲染设置：显示渲染的各项设置。

7. 反馈区

图 1-11 所示为反馈区，单击下三角按钮展开下拉菜单，这里有如下 4 个功能。

反馈区
图 1-11

Absolute transform（绝对值变换）：通过输入绝对坐标控制物体的各种变换操作。

Relative transform（相对值变换）：通过输入相对坐标控制物体的各种变换操作。

Rename（快速改名）：在右侧文本框中直接输入当前所选物体的新名称进行改名。

Select by name（快速选择）：在右侧文本框中直接输入名称进行选择。

1.2.4 Shelf（工具架）

图 1-12 所示为工具架，用来放置常用工具按钮。根据选项卡的不同，工具架的内容会相应变化，用户可以自定义其中的工具按钮显示图标，菜单中大部分内容都可以放置于此，还可以把各种语句当做命令工具放置在这里，以简化操作。

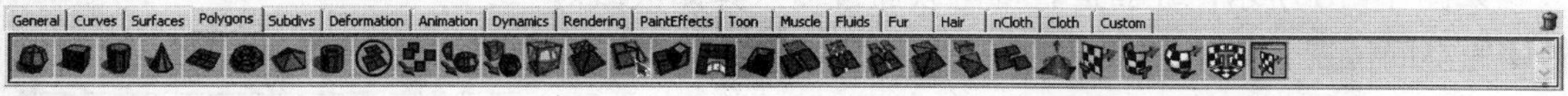

工具架
图 1-12

1.2.5 Tool Box（常用工具箱）

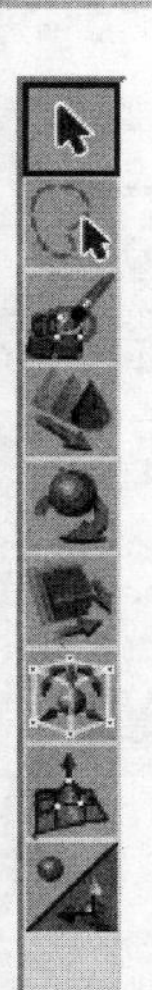

常用工具箱
图 1-13

图 1-13 所示为常用工具箱，它包括以下几种工具。

选取工具（快捷键 Q）：使用该工具可以选取场景中的物体和元素，配合 Shift 键可以增加选择或者减少选择场景中的物体和元素。

套索选择工具：使用该工具可以选取场景中的物体和元素，可以用任意形状的选择框来框选物体和元素，配合 Shift 键可以增加选择或者减少选择场景中的物体和元素。

笔刷选择工具：使用该工具可以通过画笔选取场景中的物体和元素，使用的同时按 B 键，拖动鼠标可调整笔触大小。

移动工具（快捷键 W）：使用该工具可以选择并移动场景中的物体和元素，默认条件下，此指令首先执行选择命令，单击物体的坐标轴才执行移动命令，这样的好处是防止错误地移动物体。

旋转工具（快捷键 E）：使用该工具可以选择并旋转场景中的

物体和元素。

缩放工具（快捷键 R）：使用该工具可以选择并缩放场景中的物体和元素。

通用操纵器工具：使用该工具可以选择、旋转并缩放场景中的物体和元素。

显示操纵器工具（快捷键 T）：使用该工具可以显示出某些命令的操作控制杆图标。

范围选择工具：使用该工具可以对某些元素进行范围选择，移动后使物体边缘平滑过渡。

重复操作（快捷键 Y）：该栏显示的图标为上一次进行操作所执行的指令图标。

1.2.6 View Menus（视图菜单）

图 1-14 所示为视图菜单以及相关的工具按钮，提供对当前视图的一些控制命令。

View Shading Lighting Show Renderer Panels

视图菜单
图 1-14

1.2.7 Channel Box（通道栏）

如图 1-15 所示，在通道栏中可以通过输入具体数值对物体的空间位置、大小和可见性等属性进行控制，同时也可以显示物体的构造属性，并可以切换为 Attribute Editor（属性编辑器）窗口，显示更全面、更详细的控制参数。

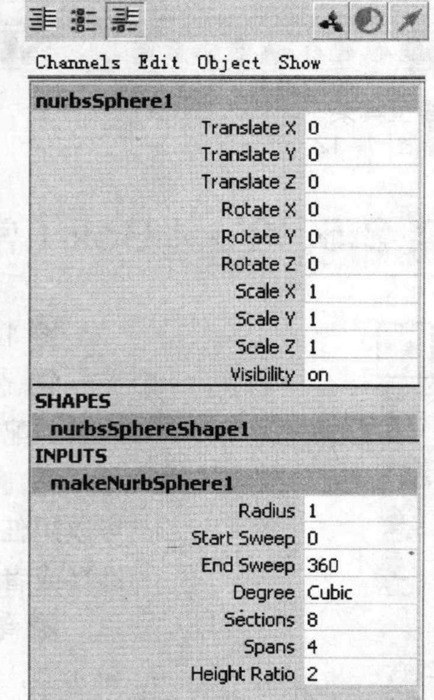

通道栏
图 1-15

在实际使用过程中，需要经常在此栏进行操作。MAYA 提供了多种数值输入方式，可以在相应文本框中输入数值并按 Enter 键确认，也可以同时选择多个文本框输入数值，或者同时选择多个属性并在视图区拖动鼠标中键来改变所选择属性的数值。

通道栏各个图标的功能如下。

单击此图标后，在操作窗口右侧只显示属性栏不显示层栏。

单击此图标后，在操作窗口右侧只显示层栏。

单击此图标后，在操作窗口右侧既显示属性栏又显示层栏。

单击此图标后，被选择的物体在窗口中显示操作杆，这时它右边的两个图标不起作用。

单击此图标则取消拖动中键调节数值的功能。

单击此图标则关闭操作杆显示，完全依靠拖动鼠标中键来调节数值，并显示出右边的图标。

拖动鼠标中键调节数值，数值的变换速度分别为慢、中、快。

拖动鼠标中键调节数值，数值为匀速变化。

拖动鼠标中键调节数值，数值为加速变化。

<< >> 该按钮显示在通道栏底部，可以用来调节通道栏的宽度。

1.2.8 层编辑器

图 1-16 所示为层编辑器。在许多图形图像软件中都有层编辑的概念，MAYA 也不例外。层编辑器为各种物体的图形管理提供了很大的方便，尤其是在复杂的工作场景中更为突出。有了层，用户便可以将暂时不需要编辑的物体和需要编辑的物体区分开，分别放在不同的层中进行隐藏或显示操作，或者设置为不可编辑的参考物体，这样可以减少对当前编辑物体的影响，提高系统资源的利用率。MAYA 的层还包括渲染层和动画层，可以减少渲染对象，提高渲染速度和动画编辑的效率，而且还便于在渲染完成后对某些内容进行修改。层编辑器的顶部也有两个菜单，左侧的 Layers 菜单主要对层及层中所包含的物体进行管理，右侧的 Options 菜单中包含有两个图层命令，主要对当前层进行控制。

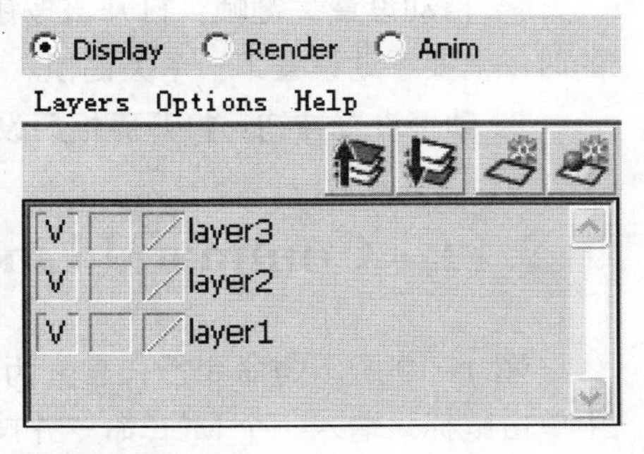

层编辑器
图 1-16

1.2.9 Time Slider（时间行）

图 1-17 所示为时间行，可进行动画播放控制，右侧为播放控制器。

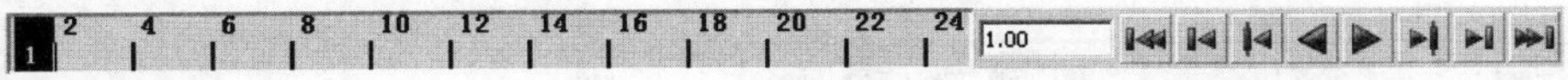

时间行
图 1-17

1.2.10 Range Slider（时间范围行）

图 1-18 所示为时间范围行，控制显示当前的有效时间段。

时间范围行
图 1-18

播放控制器中各个按钮的功能如下。

返回当前时间范围的起始帧。

倒退一帧。

倒退至上一关键帧。

反向播放。

正向播放。

前进至下一关键帧。

前进一帧。

前进至当前时间范围的结束帧。

自动设置关键帧：打开该按钮后将对物体的各种参数自动设置关键帧，但是在使用的时候需要手动设置第一个关键帧。

动画设置按钮：打开面板后设置播放速率等参数。

1.2.11 Command Line（命令行）

图 1–19 所示为命令行，它分为两部分，左侧为命令行，右侧则为反馈行。在命令行中单击鼠标，输入一个 MEL 命令并按 Enter 键，紧挨着命令行的反馈行将提供最近的 MEL 命令或者其他操作的结果，如果单击命令行最右边的图标，则会打开脚本编辑器。

MEL

命令行
图 1–19

1.2.12 Script Editor（脚本编辑器）

图 1–20 所示为脚本编辑器，这是比命令行功能更强大的输入命令和编辑脚本的界面。

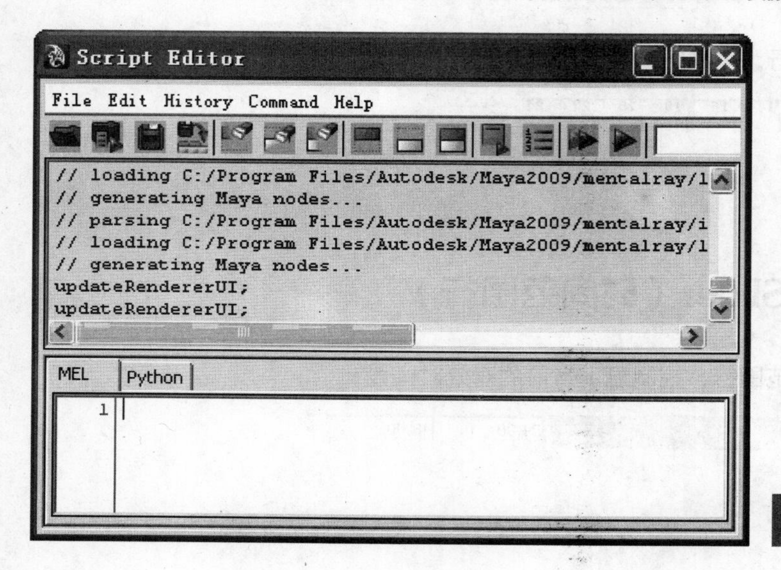

脚本编辑器
图 1–20

脚本编辑器被分成两个部分，状态消息区在顶部，命令输入区在底部，可以在命令输入区输入命令和脚本。对于大量重复性的工作，可以借助脚本编辑器将一系列命令制作成一个MEL 命令放置在工具架上，使工作更简单。

1.2.13 Help Line（帮助行）

图 1–21 所示为帮助行，提供当前所选择工具的操作方法，在学习初期这个功能用处相当大，它可以引导使用者进行正确的操作。

Move Tool: Use manipulator to move object(s). Use edit mode to change pivot (INSERT). Ctrl+LMB to move perpendicular.

帮助行
图 1–21

1.3 MAYA的基本模块

MAYA 2009 中可选择的控制模块可分为 Animation（动画）、Polygons（多边形建模）、Surfaces（曲面建模）、Dynamics（动力学）、Rendering（渲染）及 nDynamics（新动力学）6 大模块。

1.3.1 Animation 模块

Animation（动画）模块的主要功能是创建与调节动画，它包括以下几个菜单。

- Animate 菜单：用于控制关键帧、调节动画等。
- Geometry Cache 菜单：用于创建和管理几何体的缓存。
- Create Deformers 菜单：用于创建变形器。
- Edit Deformers 菜单：用于编辑变形器。
- Skeleton 菜单：用于创建与调节骨架。
- Skin 菜单：用于模型与骨架蒙皮的绑定操作。
- Constrain 菜单：用于创建与调节约束。
- Character 菜单：用于创建与调节角色。

1.3.2 Polygons 模块

Polygons（多边形建模）模块的主要功能是创建各种物体模型，包括以下几个菜单。

- Select 菜单：用于选取多边形组件。
- Mesh 菜单：用于手动创建多边形物体和进行合并、布尔运算、镜像、复制、平滑及减面等一些编辑操作。

- Edit Mesh 菜单：用于编辑与调节多边形物体，并进一步细节化。
- Proxy 菜单：用于创建和管理多边形细分代理。
- Normals 菜单：用于多边形物体的法线编辑。
- Color 菜单：用于多边形物体的顶点着色。
- Create UVs 菜单：用于创建多边形物体的贴图坐标。
- Edit UVs 菜单：用于编辑多边形物体的贴图坐标。

1.3.3 Surfaces 模块

Surfaces（曲面建模）模块包括以下几个菜单。

- Edit Curves 菜单：用于编辑与调节曲线。
- Surfaces 菜单：用于由 NURBS 曲线创建 NURBS 曲面的操作。
- Edit NURBS 菜单：用于编辑与调节 NURBS 曲面。
- Subdiv Surfaces 菜单：用于手动创建细分表面物体，并对其进行编辑与调节。

1.3.4 Dynamics 模块

Dynamics（动力学）模块的主要功能是创建粒子、流体等特效，它包括以下几个菜单。

- Particles 菜单：用于创建与编辑粒子。
- Fluid Effects 菜单：用于制作流体特效。
- Fluid nCache 菜单：用于创建和管理流体缓存。
- Fields 菜单：用于创建与编辑各种力场。
- Soft/Rigid Bodies 菜单：用于创建与编辑刚体和柔体。
- Effects 菜单：用于创建如火焰、烟雾、光等特效。
- Solvers 菜单：用于创建解算器与编辑动力学物体缓存。
- Hair 菜单：是长发设计、造型和渲染的工具，可用于曲面和多边形物体，也可以在高级角色设定或用曲线制作绳索效果时使用。

1.3.5 Rendering 模块

Rendering（渲染）模块的主要功能是渲染设置，它包括以下几个菜单。

- Lighting/Shading 菜单：用于编辑灯光与材质。
- Texturing 菜单：用于制作与编辑纹理。
- Render 菜单：用于设置与调节渲染。
- Paint Effects 菜单：用于创建与编辑各种绘画特效。
- Fur 菜单：用于创建与编辑毛发特效。

1.3.6 nDynamics 模块

nDynamics（新动力学）模块的主要功能是进行高级动力学模拟，它包括以下几个菜单。

- nParticles 菜单：用于创建与编辑粒子。
- nMesh 菜单：用于创建和编辑布料以及刚体。
- nConstraint 菜单：用于创建和编辑布料、刚体等的约束。
- nCache 菜单：用于创建和编辑布料、刚体等的缓存。
- nSolver 菜单：用于创建和编辑解算器。

1.4 界面元素的显示控制

初学者在面对 MAYA 如此繁杂的界面时，往往会感觉有些无所适从，而且在工作中未必能使用到全部的工具，所以控制它们的显示对优化操作界面和加快工作流程就显得非常重要。

1.4.1 显示设置窗口

可以通过执行 Window → Settings/Preferences 命令来打开显示设置窗口，如图 1-22 所示。

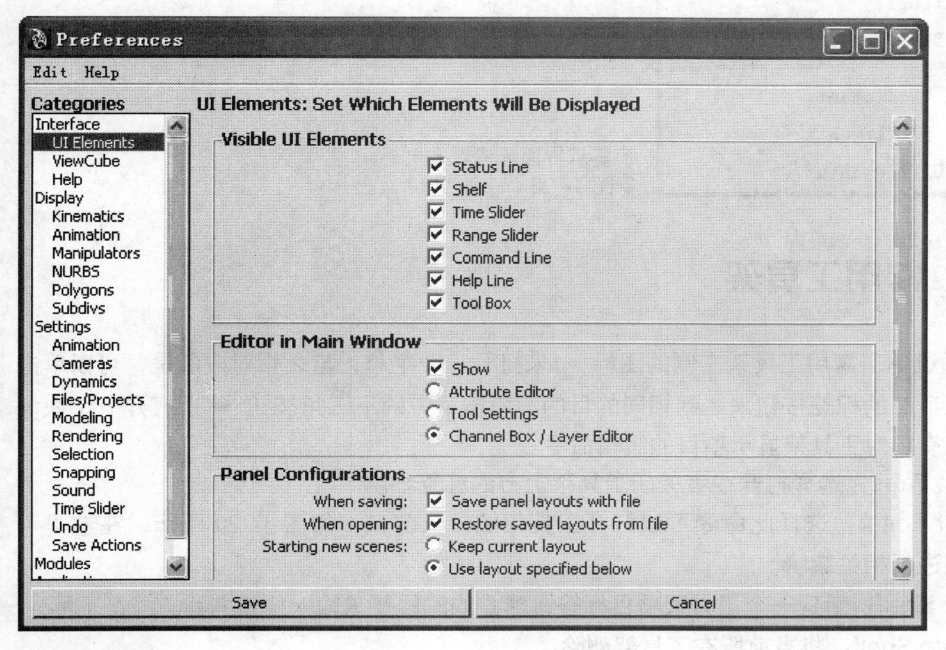

显示设置窗口
图 1-22

在这里，用户可以在 UI Elements 项目栏中设置界面元素的显示，设置完成后单击 Save 按钮进行保存。

1.4.2 显示界面元素菜单

可以通过执行 Display → UI Elements 命令来打开显示界面元素菜单，如图 1-23 所示。通过该菜单可控制界面元素的显示与隐藏。其中 Attribute Editor（属性编辑器）、Tool Settings 和 Channel Box/Layer Editor 是切换显示控制开关，所以只能选择显示 3 个菜单中的一个。Hide All UI Elements 命令为隐藏所有界面元素；Show All UI Elements 命令为显示所有界面元素；Restore UI Elements 命令为恢复显示界面元素。

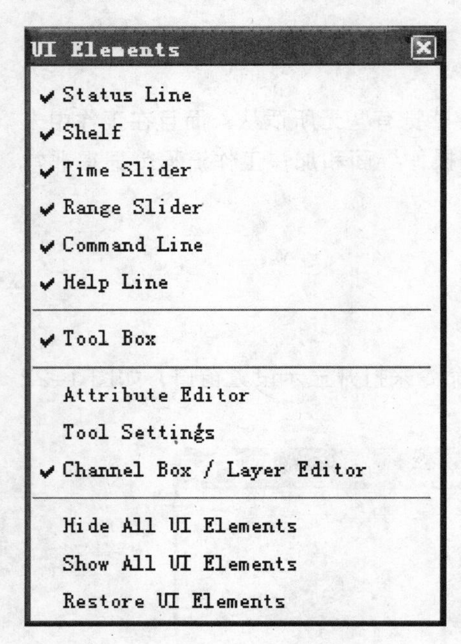

显示界面元素菜单
图 1-23

1.4.3 常用工具架

可以通过单击常用工具架左侧的图标 来打开一个菜单，与之相对应的是，可以单击常用工具架顶部的标签按钮来达到相同的目的。单击下方的下三角按钮 则打开一个快捷菜单，这里有针对工具架显示项目的编辑命令。

- Shelf Tabs：选择打开或者关闭工具架上方的标签栏。
- Shelf Editor：选择此命令可以打开工具架编辑器窗口，如图 1-24 所示，在这里可以对工具架进行相关编辑。
- New Shelf：新建一个工具架项目标签，建立的时候要求输入标签名称。
- Delete Shelf：将当前所在工具架删除。
- Load Shelf：载入一个已有的工具架设置文件。

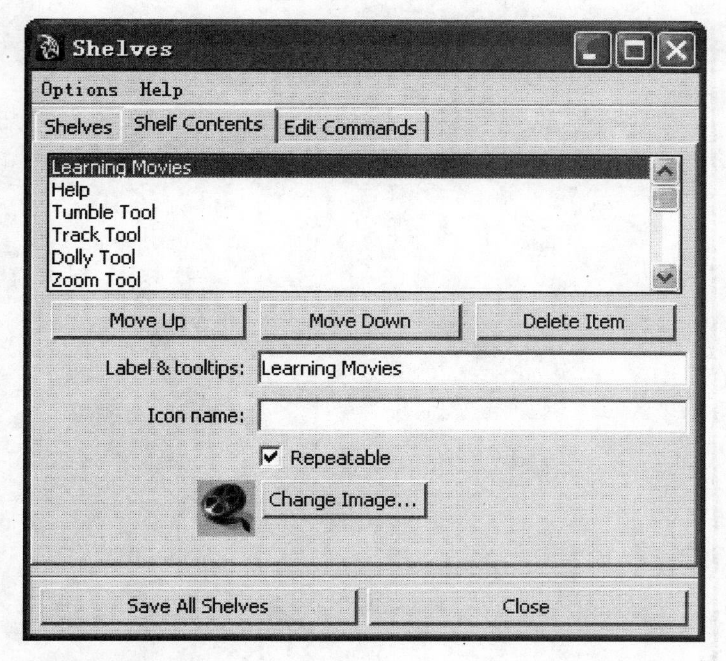

工具架编辑器窗口
图 1-24

• Save All Shelves：将当前所有工具架的所有设置保存，以便在重新启动软件后仍保持设置。

技巧

向工具架上增加元素的其他方法：可以在菜单栏中打开任意一个菜单命令，然后按住键盘上的 Shift + Ctrl 组合键，选中相应命令，其图标就会出现在当前的工具架标签项目下。还可以使用脚本编辑器来拖动产生图标。

删除工具架上的图标的方法：在要删除的图标上单击鼠标中键并向右边的回收站图标上拖动，松开鼠标即可删除该图标。

1.5 常用设置窗口

在 MAYA 中有几十个窗口，多数都在 Window 菜单下打开，如图 1-25 所示，其中在最上方的一栏还进行了分类，这些窗口在进行相关工作时都发挥着不同的作用，主要有 General Editors（常用编辑器）、Rendering Editors（渲染编辑器）、Animation Editors（动画编辑器）、Relationship Editors（关联编辑器）和 Settings/Preferences（系统参数设置），同时比较重要的几个编辑窗口还有 Attribute Editor（属性编辑器）、Outliner（大纲视图）、Hypergraph（超级图表）和 UV Texture Editor（UV 贴图编辑器），下面分别介绍其中一些比较重要的编辑窗口的内容。

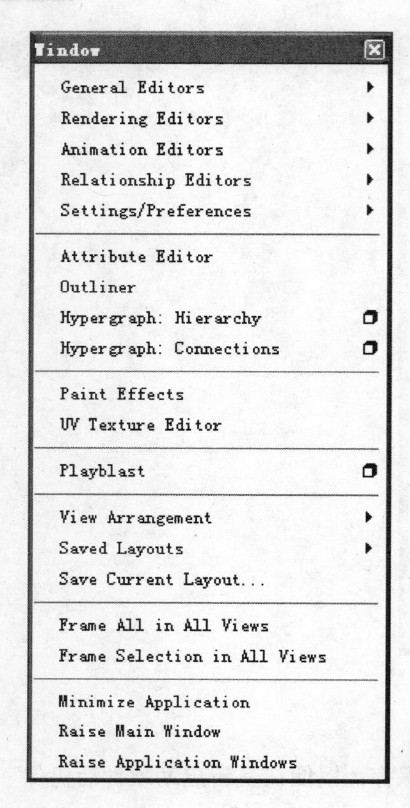

Window 菜单
图 1-25

1.5.1 General Editors（常用编辑器）

1. Component Editor（构成编辑器）

图 1-26 所示为构成编辑器窗口，用于对不同种类的属性类型进行统一的操作和修改。

Component Editor

Options Layout Help

Springs | Particles | Weighted Deformer | Rigid Skins | BlendShape Deformers | Smooth Skins | Polygons | AdvPolygons

	vertex.x	vertex.y	vertex.z	alpha	normal.x	normal.y	norm
pSphereShape							
vtx[0]	0.149	-0.988	-0.048	1.000	0.149	-0.988	-0.0
vtx[1]	0.127	-0.988	-0.092	1.000	0.127	-0.988	-0.09
vtx[2]	0.092	-0.988	-0.127	1.000	0.092	-0.988	-0.12
vtx[3]	0.048	-0.988	-0.149	1.000	0.048	-0.988	-0.1
vtx[4]	0.000	-0.988	-0.156	1.000	-0.000	-0.988	-0.15
vtx[5]	-0.048	-0.988	-0.149	1.000	-0.048	-0.988	-0.1
vtx[6]	-0.092	-0.988	-0.127	1.000	-0.092	-0.988	-0.12

0.0000 0.00 1.00

Load Components Close

构成编辑器窗口
图 1-26

2. Attribute Spread Sheet（统一属性编辑器）

图 1–27 所示为统一属性编辑器窗口，用于对多个物体的属性进行统一编辑，例如可以将很多物体的 Visibility（可见性）属性状态同时设置为关闭，只需要将它们同时选中，然后打开此编辑窗口统一修改即可。

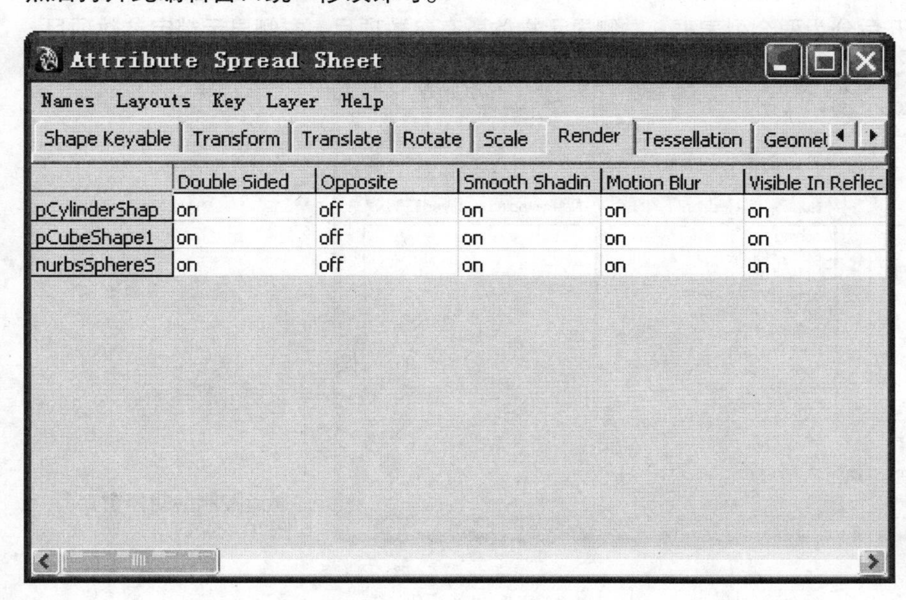

统一属性编辑器窗口
图 1–27

3. Connection Editor（连接编辑器）

图 1–28 所示为 Connection Editor（连接编辑器）窗口，连接编辑器的作用是把不同物体的不同属性连接起来。

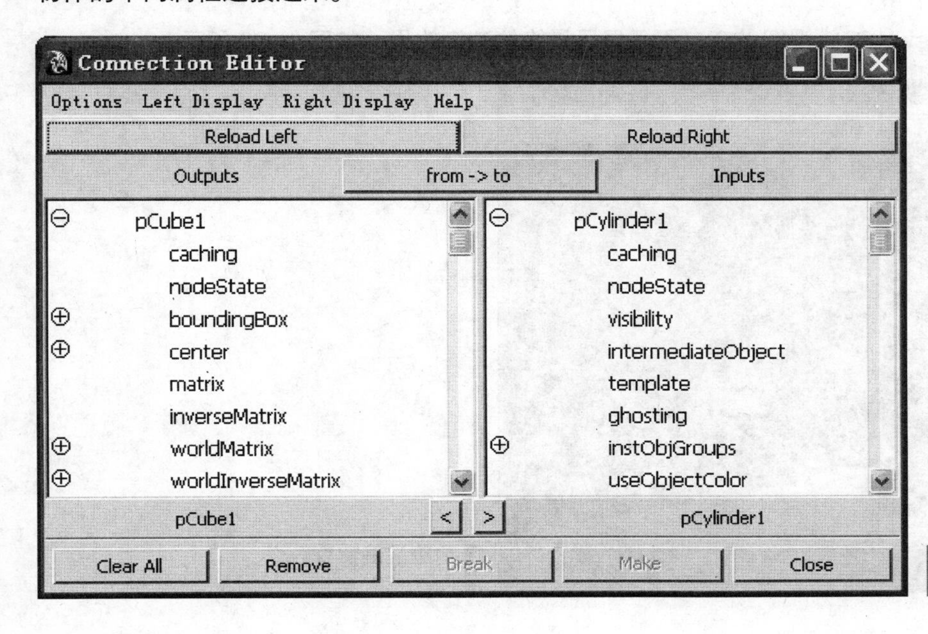

连接编辑器窗口
图 1–28

4. Channel Control（通道控制编辑器）

图 1–29 所示为通道控制编辑器窗口，该编辑器窗口的 Keyable 标签下有 3 个列表框，左侧的列表框中显示物体的参数项目，可以为它们指定动画的属性；中间列表框中为物体的隐藏参数项目，不可为它们指定动画的参数；右侧列表框中显示不可指定的动画参数。项目标签 Locked 点开后分为两个列表框，右侧显示物体所有参数项目，左侧显示锁定参数项目。

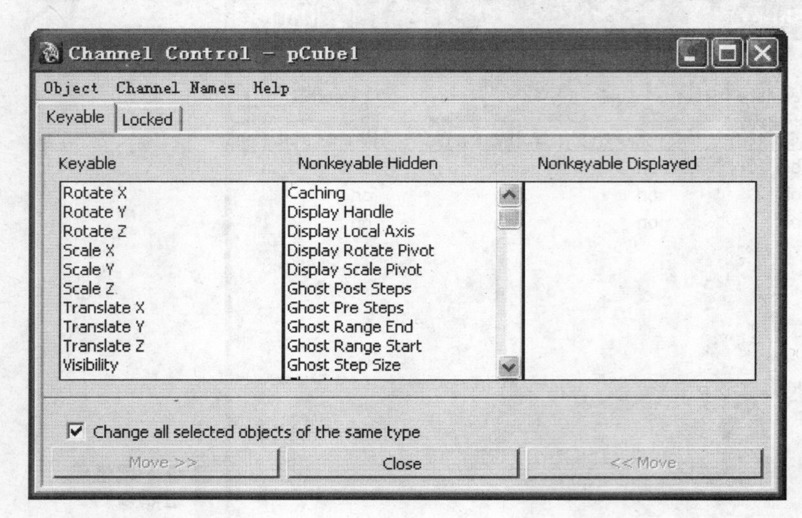

通道控制编辑器窗口
图 1–29

1.5.2 Rendering Editors（渲染编辑器）

1. Render View（渲染视图）

Render View（渲染视图）窗口用于显示最终的渲染效果，如图 1–30 所示。

渲染视图窗口
图 1–30

2. Render Settings（渲染设置）

Render Settings（渲染设置）窗口提供 MAYA 渲染的各种设置，如图 1–31 所示。

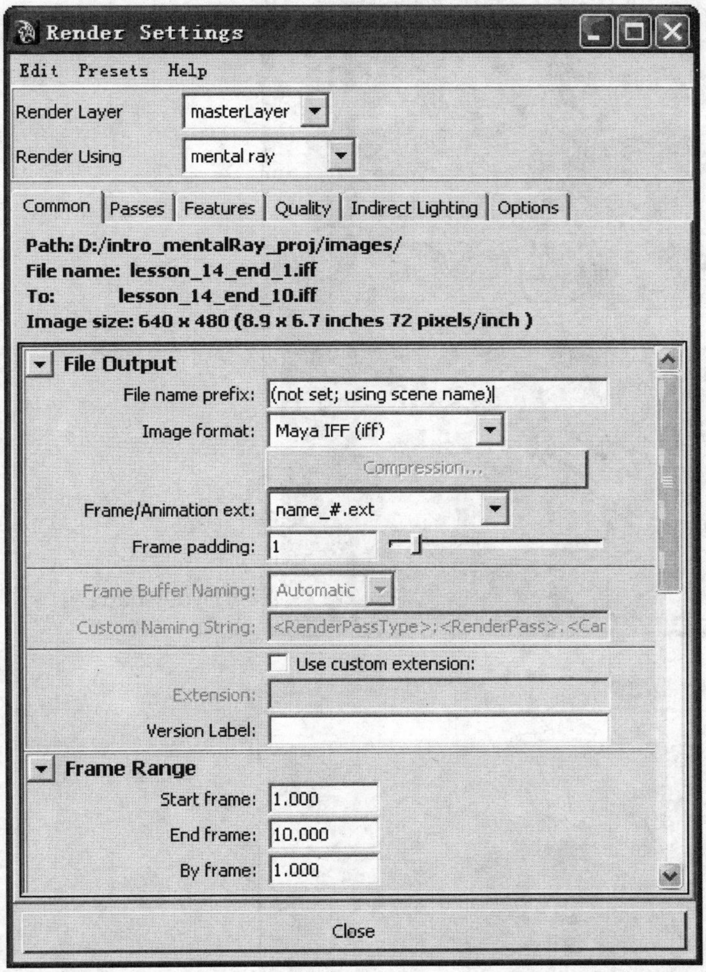

渲染设置窗口
图 1–31

3. Hypershade（超级着色器）

图 1–32 所示为 MAYA 的材质编辑器窗口，但它的作用不仅仅局限在连接材质节点上，还可以显示物体的节点层级关系等。

4. Hardware Render Buffer（硬件渲染预览器）

Hardware Render Buffer（硬件渲染预览器）的作用是利用系统的硬件进行动画渲染，另一个用途是渲染一些只支持硬件渲染的粒子，如图 1–33 所示。

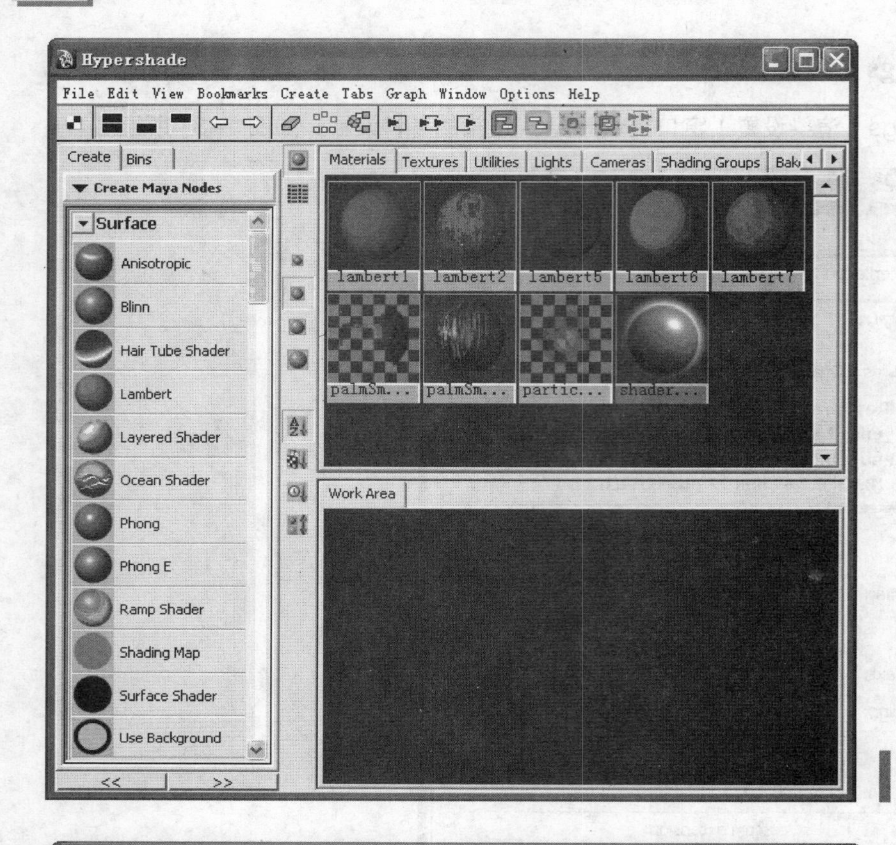

Hypershade 窗口
图 1–32

硬件渲染预览器窗口
图 1–33

1.5.3 Animation Editors（动画编辑器）

1. Graph Editor（图表编辑器）

使用图表编辑器，用户可以编辑关键帧和动画曲线，还可以用图表的方式来操纵动画曲线，如图 1–34 所示。动画曲线上的点表示关键帧，关键帧之间的跨度是曲线段，切线描述了曲线段进入和退出关键帧的方式。

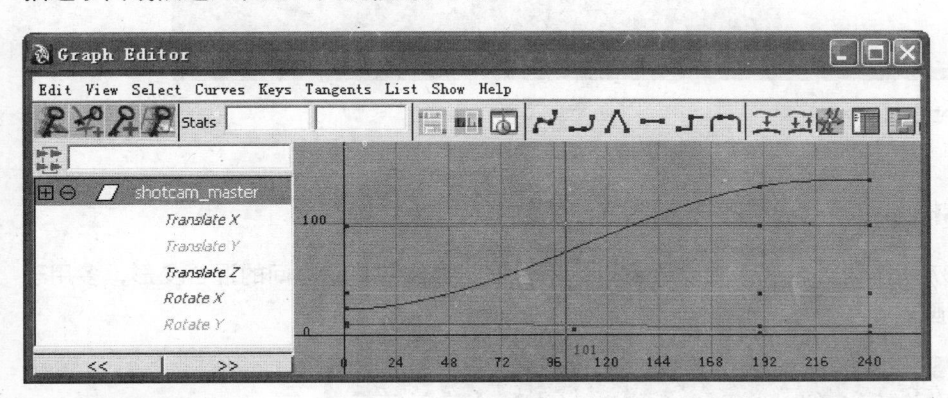

图表编辑器窗口
图 1–34

2. Trax Editor（非线性编辑器）

图 1–35 所示为非线性编辑器窗口。MAYA 的非线性编辑器可以对动画的所有关键帧进行片段化，然后复制，或者把不同的动作片段相互混合。

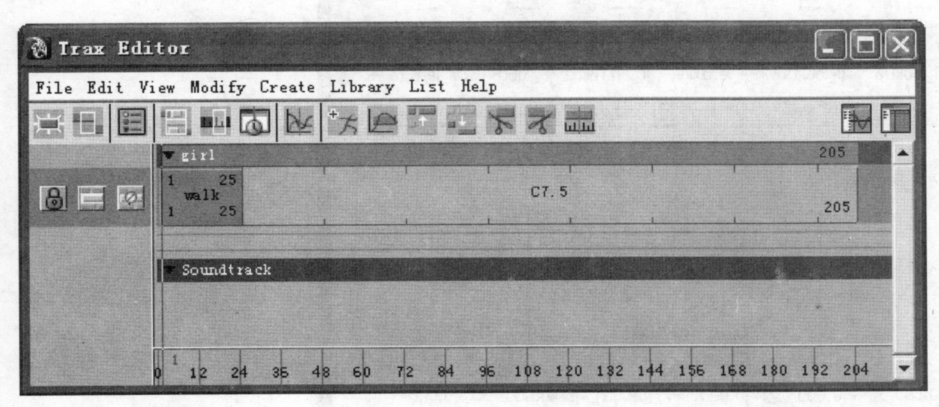

非线性编辑器窗口
图 1–35

3. Dope Sheet 窗口

图 1–36 所示为 Dope Sheet 窗口，用于对动画关键帧时间进行精确控制。

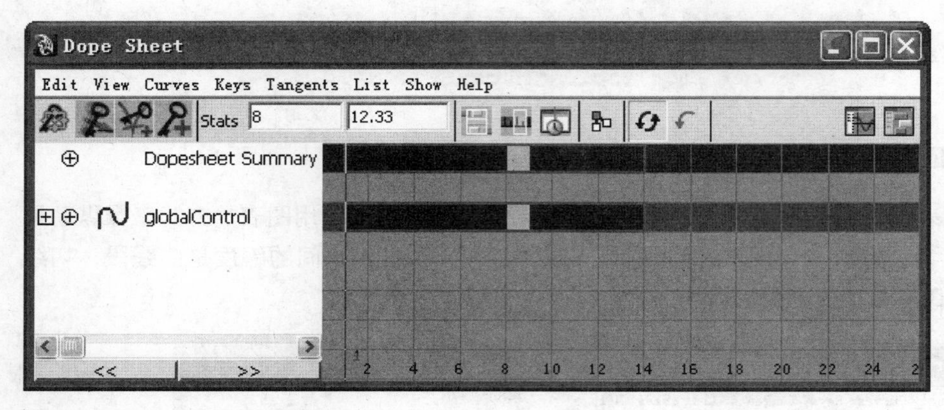

Dope Sheet 窗口
图 1-36

4. Blend Shape（混合变形控制器）

图 1-37 所示为混合变形控制器窗口，用于控制物体和其副本间的混合变形，多用于制作表情动画。

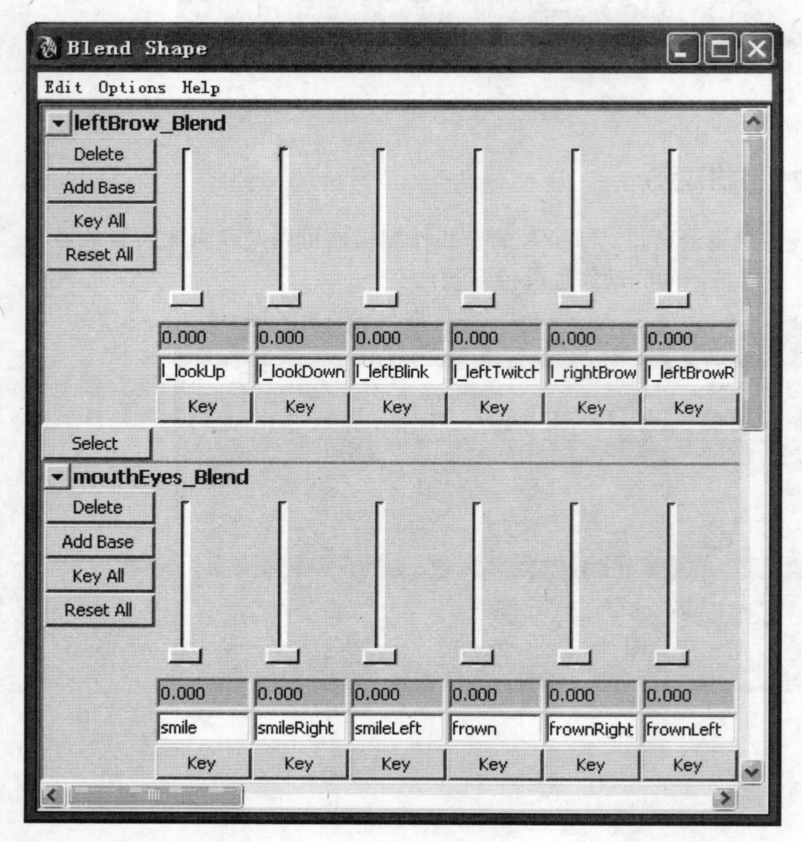

混合变形控制器窗口
图 1-37

5. Expression Editor（表达式编辑器）

图 1–38 所示为表达式编辑器窗口。表达式是输入的控制属性的命令，即通过命令控制 Objects 列表框中显示的物体的属性和 Attributes 列表框中的属性。

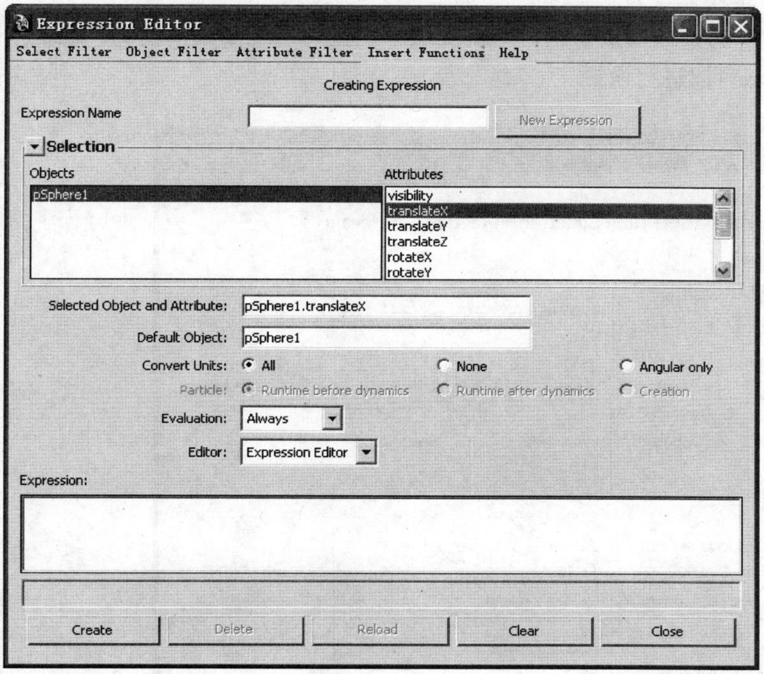

表达式编辑器窗口
图 1–38

1.5.4 Relationship Editor（关联编辑器）

图 1–39 所示为关联编辑器窗口，通过它可以控制动力学链接、灯光链接或者 UV 贴图链接等。

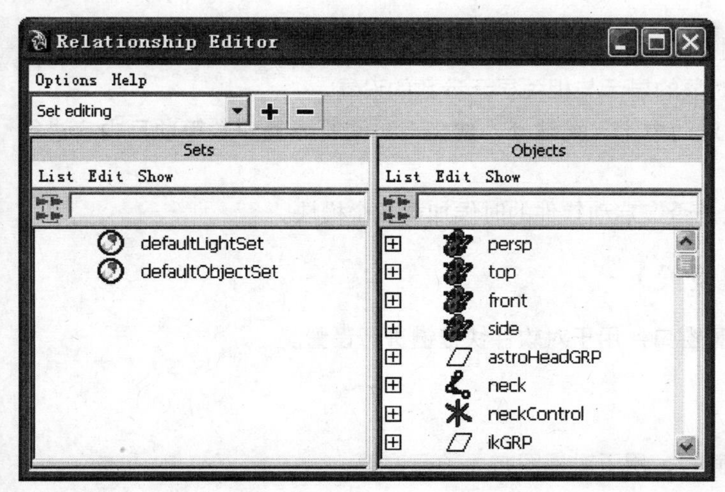

关联编辑器窗口
图 1–39

1.5.5 Settings/Preferences（系统参数设置）

1. Preferences（参数设置）

图 1-40 所示为 MAYA 的参数设置窗口，这里提供了完整的系统参数，左侧列表框中为相应的项目，在右侧区域可以进行设置。

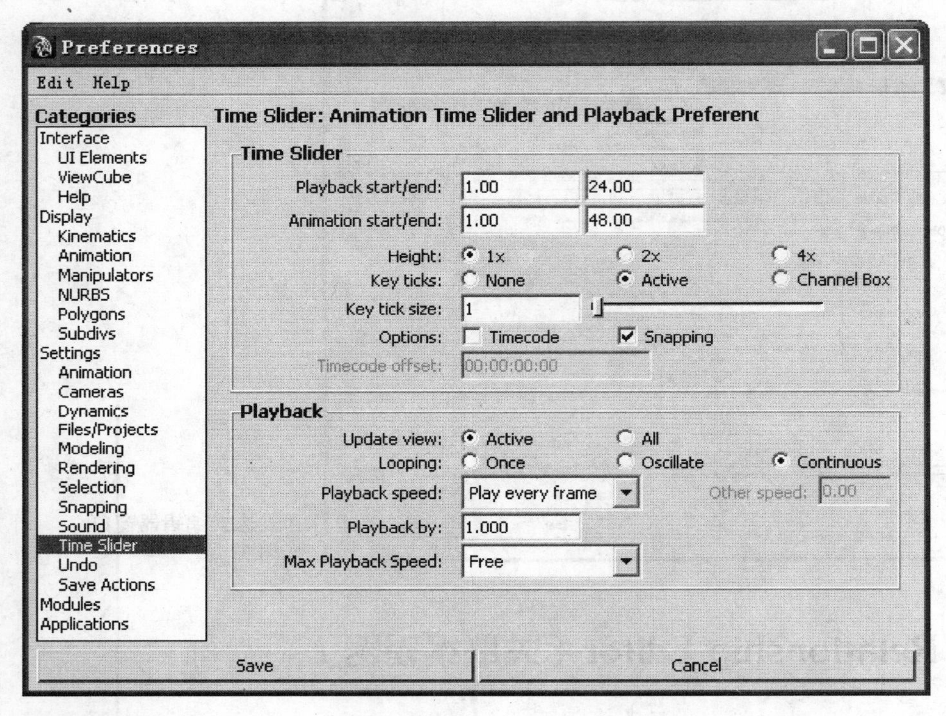

参数设置窗口
图 1-40

- Interface（界面）：是对整体界面元素和布局的一些设置。
- Display（显示）：各种对象的显示与相关显示参数的设置。
- Settings（设置）：分别对动力学、关键帧、建模、时间行恢复次数等项目内容进行参数的设置。
- Modules（模块）：设置是否在启动软件的时候加载各个模块。

2. Hotkey Editor（快捷键设置）

图 1-41 所示为快捷键设置窗口，用于对软件快捷键进行设置。

3. Panels（面板设置）

图 1-42 所示为视图布局面板，用于对视图布局进行设置。

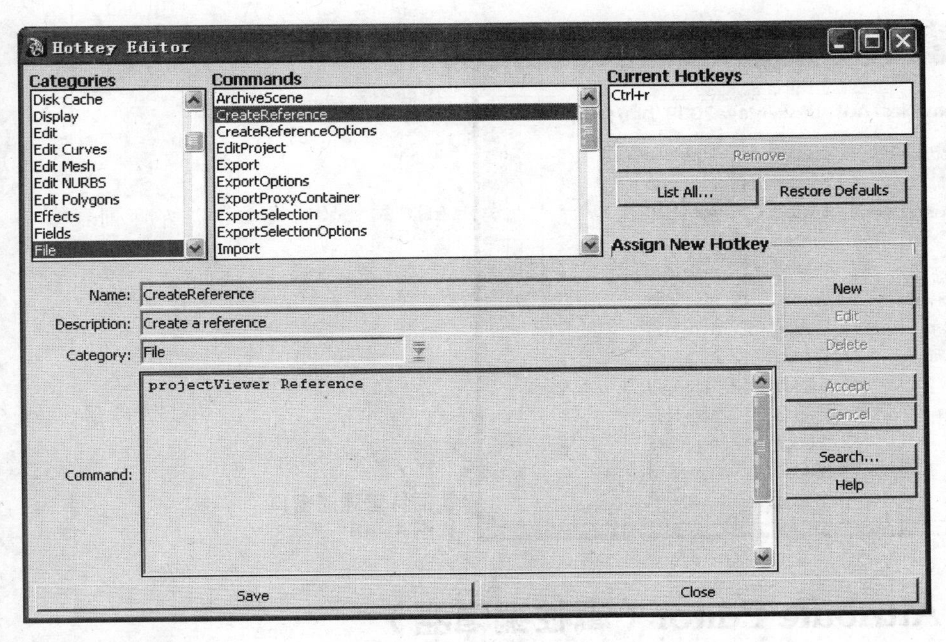

快捷键设置窗口
图 1–41

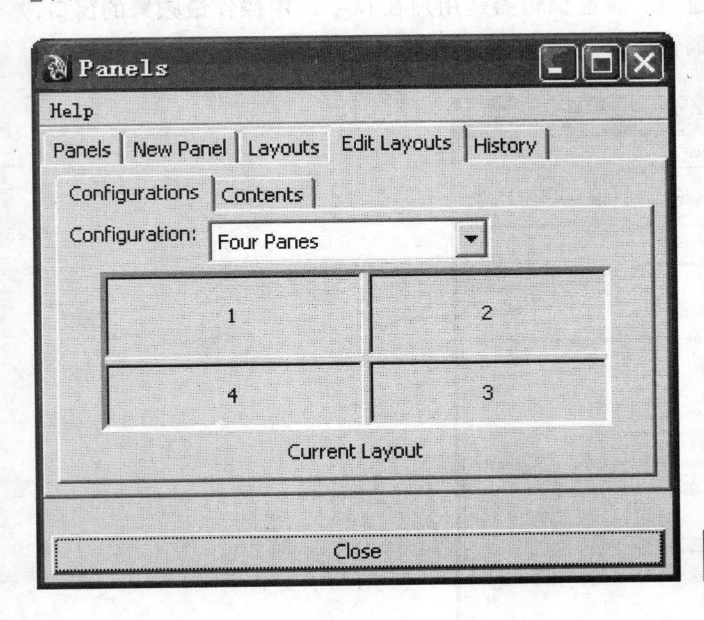

面板设置窗口
图 1–42

4. Plug–in Manager（插件管理器）

图1–43所示为插件管理器窗口，用于管理系统插件的加载和运行。在MAYA中有些特殊的功能被定义成插件的形式，例如渲染器mental ray，输出文件格式OBJ、FBX，还有Cloth、Fur等，如果希望在使用的时候对其进行启动，要把后面的Loaded复选框选中；如果选中Auto load复选框，则每次启动的时候插件会自动加载。

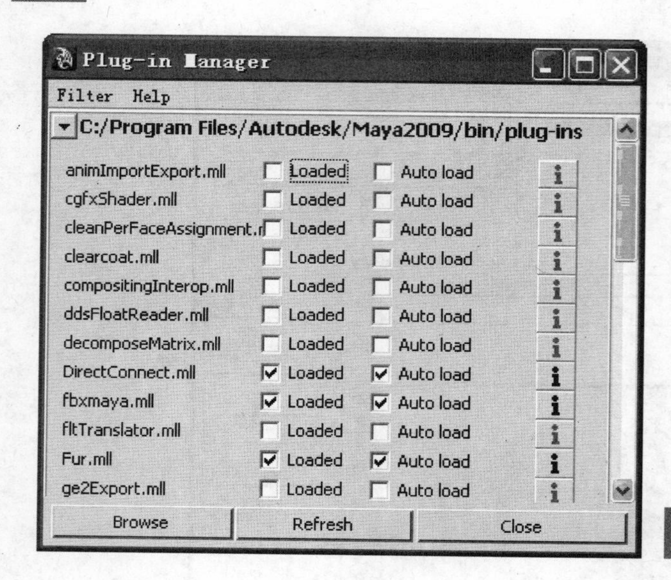

插件管理器窗口
图 1-43

1.5.6 Attribute Editor（属性编辑器）

图 1-44 所示为属性编辑器窗口。属性编辑器是用户在 MAYA 中操作最频繁的窗口，它提供了所有类型的主要节点的编辑能力。打开属性编辑器的方法有很多种，选择要编辑

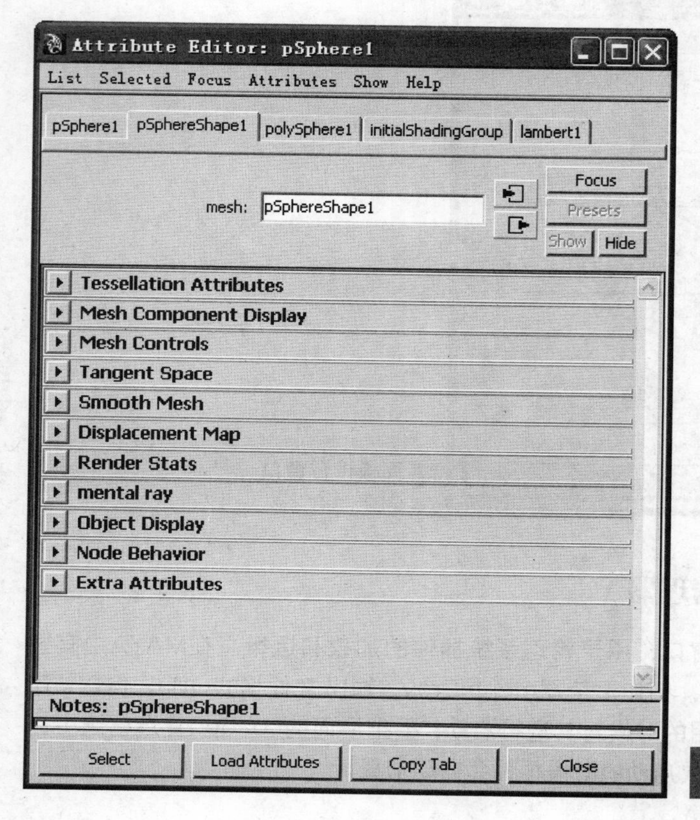

属性编辑器窗口
图 1-44

的对象，然后按键盘上的 Ctrl + A 组合键，或者在 Outline 窗口中双击物体都可以打开该对象的属性编辑器窗口。

1.5.7 Paint Effects（绘画特效）

图 1-45 所示为绘画特效窗口，该窗口可以显示出绘画的效果，可以从 Visor 中选择各种笔刷来进行绘画。

绘画特效窗口
图 1-45

1.5.8 UV Texture Editor（UV 贴图编辑器）

图 1-46 所示为 UV 贴图编辑器窗口，该窗口专门用于多边形模型纹理贴图的调节，提供了灵活的贴图坐标控制，具体使用方法在后面将会详细讲述。

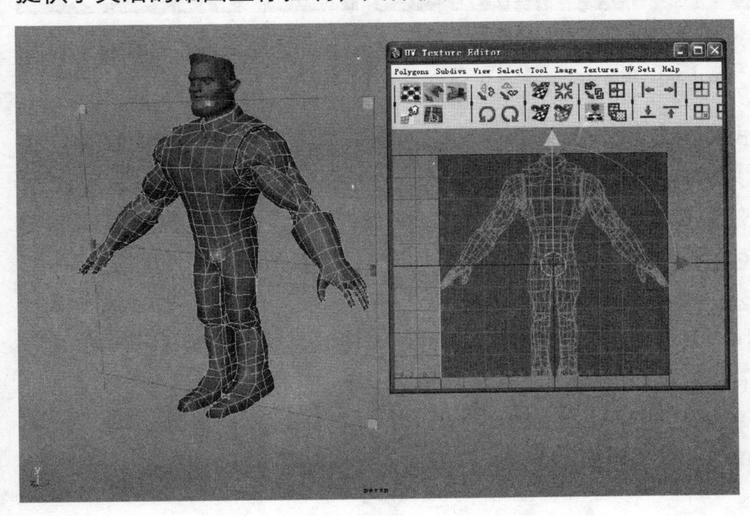

UV 贴图编辑器窗口
图 1-46

1.5.9 Outliner（大纲视图）

图 1–47 所示为大纲视图，主要用于对场景中的物体进行选择，它还可以显示出物体的层级关系。

Outliner 中的前 4 项是 4 个默认的摄像机，即默认的四视图的 4 个虚拟相机，或者场景中创建的其他摄像机，接下来列出的是几何体，最后列出的是组。在场景中高亮显示的对象就是被选择的对象，反之则没有被选中，也可以双击 Outliner 中列出的对象名将其重新命名。

在 Outliner 中有几个视图选项，这些选项既可从 Outliner 窗口的 Display 菜单中得到，还可以通过在 Outliner 窗口中右击得到。其中一些重要选项用于显示物体的特定类型，例如显示几何体（执行 Show → Objects → Geometry 命令），显示对象的外形节点，或者显示所有对象，如图 1–48 所示。

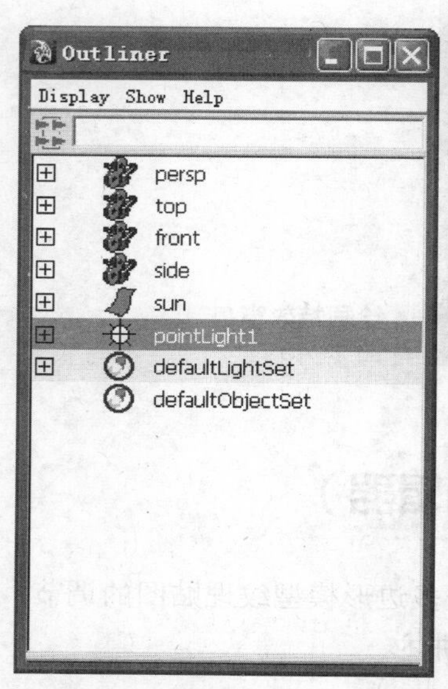

大纲视图窗口
图 1–47

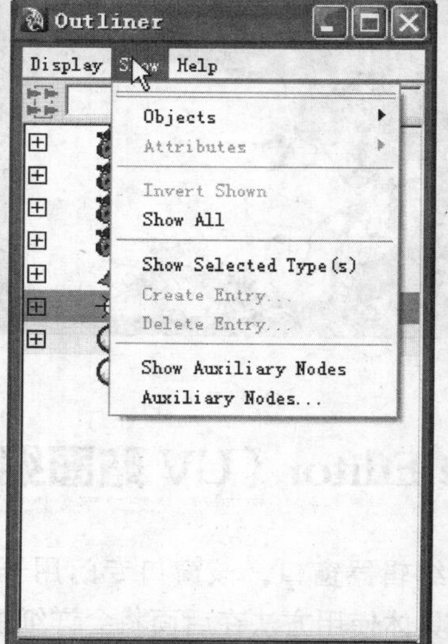

大纲视图下的物体显示
图 1–48

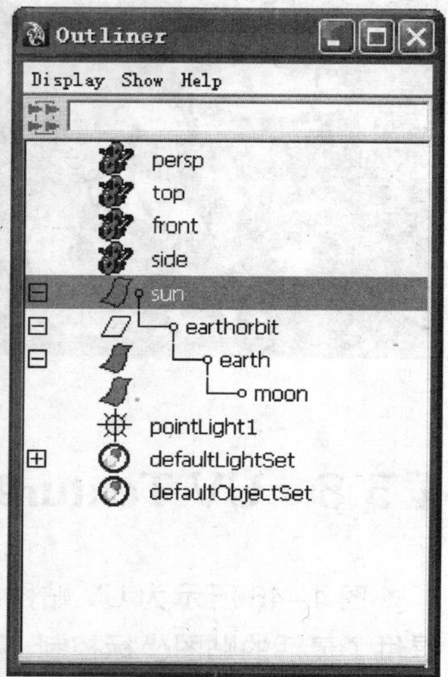

使用大纲视图选择对象
图 1–49

Outliner 有几种使用方式，主要用于快速查看场景，若要选择复杂场景中的物体，不需要选择视图区中的对象，只要在 Outliner 窗口中选择该对象即可，如图 1–49 所示。可以在 Outliner 中显示和隐藏任意类型的对象，另外，Outliner 非常适合用来查看和操纵对象的从属关系，也可以称为对象的群组，子对象显示在加号的下方，从属于上方的父对象。Outliner 不仅可以快速查看这些关系，还可以快速构建这些关系。在 Outliner 中单击鼠标中键，拖动对象到 Outliner 中的另一个对象上，可以将此对象构造为目标对象的子对象（当某个对象成为另一个对象的子对象时，它可以继承父对象的位移、旋转和缩放）。

在 Outliner 中还允许根据物体类型选择对象。例如在一个复杂的场景中，有上百个对象和几十束灯光，那么这个场景可能由很多对象组组成，例如不同的建筑、角色、植物等，这时在视图窗口中选择物体会非常困难，而在 Outliner 中，这一操作变得很简单，用户可以根据对象类型来选择对象，例如，如果要选择场景中的灯光对象，可以执行 Show → Objects → Lights 命令，显示所有的灯光，再从中选取要修改的灯光对象。

提 示

在 MAYA 的工作流程中，为场景对象命名是个很重要的环节，这有利于科学、合理地管理场景，也是养成良好操作习惯的基础，所以，在创建对象后最好不要使用系统默认的名称，而是自己给对象命名，这样在 Outliner 中查找和选择物体也变得更为方便和快捷。

1.5.10 Hypergraph（超级图表）

Hypergraph 的功能与 Outliner 有很多地方相同，但是 Hypergraph 有完全不同的使用界面。刚开始接触 Hypergraph 也许会觉得它有些复杂，但是在了解之后就会发现它在工作中的重要性。

1. Hypergraph 的概念

Hypergraph 简称超图，其实就是类似超文本的场景视图，如图 1–50 所示。Hypergraph 中连接的对象类似于形成一个网络，场景中可见的每一个元素都用一个文本框来显示，并且任何有联系的对象都用线连起来，显示它们在场景中的关系，如果将鼠标指针放在连线上面，则可以看到该对象都与哪些元素连接。

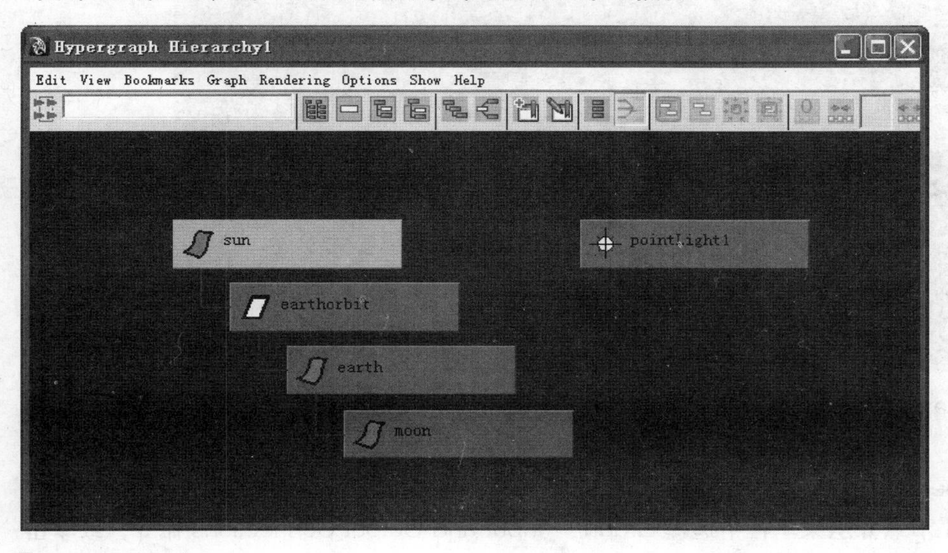

Hypergraph 窗口
图 1–50

Hypergraph 除了显示场景中物体和元素之间的关系外，还可以创建和修改这些关系，例如可以在 Hypergraph 中把两个物体连接为一体或者断开某个连接。在 Hypergraph 中执行 Options → Display 命令，在弹出的菜单中可设置显示的对象类型。可以把 Hypergraph

看做是以文本方式显示的场景，使用它和 Channel Box 就可以执行在场景窗口中能做的任何操作。在 Hypergraph 中可以查询和选择几百个场景元素，所以在复杂场景中，使用它比使用 Outliner 更有效。

2. 节点的概念

MAYA 场景的结构是建立在节点和属性之上的，节点是场景的基本元素，每个节点都可以有很多属性，包括创建时的常用属性，例如，当创建 NURBS 球体时，通常会建立 nurbsSphere1 和 makeNurbSphere1 两个节点，nurbsSphere1 节点的属性包括 Translate X、Y 和 Z，Rotate X、Y 和 Z，Scale X、Y 和 Z 等；makeNurbSphere1 节点的属性包括半径、起始角度、终止角度以及段数等。

在状态行中单击按钮新建一个场景，然后在工具架上单击按钮和按钮，在场景中分别创建一个 NURBS 球体和 NURBS 圆锥体，执行 Window → Hypergraph：Hierarchy 命令打开 Hypergraph 窗口，从 Hypergraph 窗口的菜单栏中选择 Options → Display → Shape Node 命令，可以看到外形节点已经显示在 Hypergraph 窗口中，如图 1–51 所示。可以看到 nurbsConeShape1、nurbsSphereShape1 这两个节点控制对象的形状，而上一层节点就是 nurbsCone1 和 nurbsSphere1，是控制对象位移、旋转和缩放的节点。

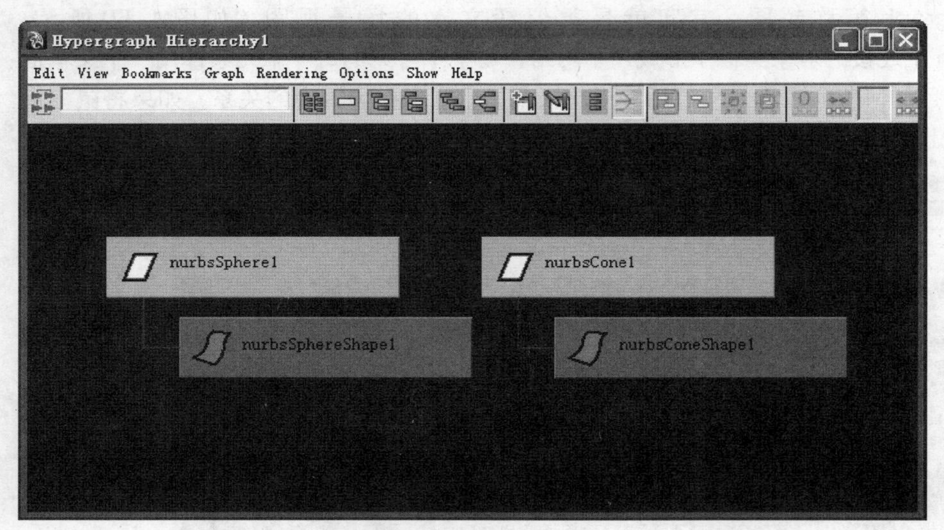

在 Hypergraph 中显示对象的外形节点
图 1–51

在 Hypergraph 窗口中还可以显示从一个对象中引入和引出的所有节点，选中 nurbsCone1 节点并从菜单栏中选择 Graph → Input and Output Connections 命令，或单击窗口工具栏上的按钮，就可以看到 nurbsCone1 所有的输入和输出节点，如图 1–52 所示。

在图 1–52 中，nurbsCone1 节点在最右侧，左侧 3 个节点说明物体的信息流向。如果想看到更详细的节点，可以选中 initialShadingGroup 节点，然后单击按钮再次显示它的上下层节点，如图 1–53 所示，此时可以看到对象的形状和材质节点，还有输出渲染器和灯光节点。

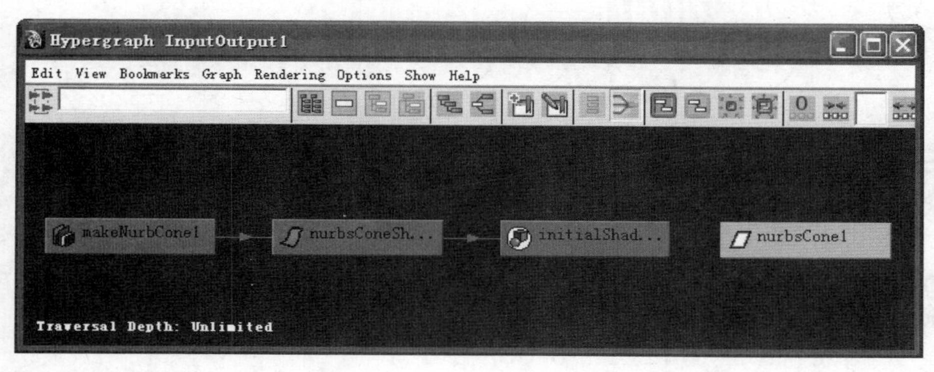

输入和输出节点
图 1–52

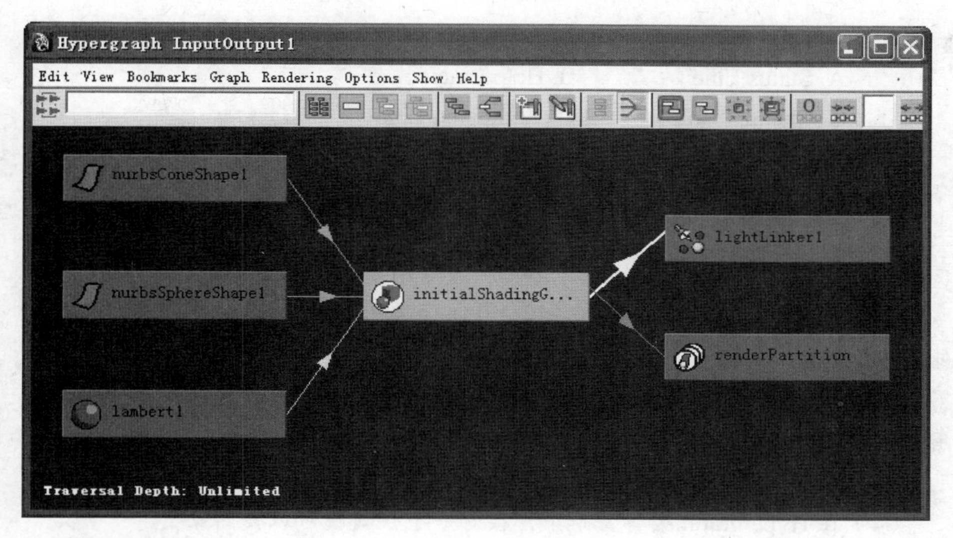

详细显示物体节点
图 1–53

Hypergraph 窗口是工作中经常使用的重要窗口，因为 MAYA 是以节点为基础的软件，而 Hypergraph 能够显示任何一个节点组，例如建模、材质、灯光和动画节点组等，通过 Hypergraph 窗口能够管理工作中每一阶段所需要的数据。

1.6 小结

在本章中，对 MAYA 软件进行了概略的介绍，包括 MAYA 软件的应用、新版本的特性、MAYA 的界面构成等，并且重点介绍了两个编辑窗口——Outliner 和 Hypergraph，初步了解了它们的操作方式。此外，在 MAYA 中节点的概念是非常重要的，节点决定着软件的架构、操作方式等，相关内容将在以后的章节中更加深入地讲述。

习题与实践

1. 选择题

（1）MAYA 中的 General Editors、Animation Editors、Relationship Editors 等编辑窗口都可以通过（　）菜单打开。

A. File　　B. Help

C. Window　　D. Display

（2）在 MAYA 中工作时，可以及时提供操作方法等帮助信息的是（　）。

A. Status Line　　B. Help Line

C. Channel Box　　D. Command Line

（3）放置常用工具按钮的界面元素是（　）。

A. Shelf　　B. Menu Bar

C. Script Editor　　D. Time Slider

2. 问答题

（1）MAYA 2009 版本包括几个工作模块？它们各自的作用是什么？

（2）MAYA 中各个模块的公用菜单有哪几个？它们各自的作用是什么？

（3）如何隐藏和显示某些界面元素？

（4）在 Hypergraph 编辑窗口中，按哪一个快捷键可以使对象最大化显示？按哪一个快捷键可以使所有对象最大化显示？

（5）列出为对象重命名的两种方式。

3. 实践

（1）新建一个场景，尝试使用工具架上的快捷工具创建多个几何体、灯光等，并为它们重新命名。

（2）打开 Hypergraph 编辑窗口，观察对象的节点，并创建几个视图标签。

第2章 基本操作

教学重点与难点

- MAYA 中的文件管理
- 视图控制
- 变换物体
- 使用编辑窗口

本章将着重介绍 MAYA 的基本操作方式，使读者对 MAYA 的视图操作、文件管理、创建和变换物体及主要编辑窗口的使用等内容有充分的认识。通过本章的学习，将进一步了解 MAYA 科学、严谨的界面设计以及流畅的工作流程。

2.1 MAYA 中的文件管理

在实际工作中，文件管理是一个不可忽视的重要环节，科学、合理地管理工作中所用到的资源不仅可以提高个人的工作效率，更是加强团队协作、有效利用资源的前提。

2.1.1 定位目录

当安装好 MAYA 后，程序已经创建了一个默认的定位目录，位于 C：\Documents and Settings\Administrator（用户名）\My Documents\MAYA 路径中。

定位目录中的文件夹 2009 表示 MAYA 的版本号，2009 文件夹内部为 MAYA 的参数文件，用于保存系统参数设置，如果想将 MAYA 恢复为安装后的默认设置，只要将 prefs 和 presets 这两个文件夹中的内容删除即可；scripts 文件夹用于放置 MAYA 的 MEL 脚本；projects 文件夹是系统默认的工程目录，在工作时最好自己新建工程目录来保存场景；MAYA render log 文件夹中的内容为渲染信息。

2.1.2 工程目录

工程目录主要用于保存 MAYA 中的工作数据，其中包括场景文件、灯光、贴图、图片、动画等信息。

选择 File → Project → New 命令，打开创建对话框，如图 2-1 所示。在 Name 文本框中输入的是要创建的工程目录的名称，在 Location 文本框中显示的是项目文件保存的路径，单击 Use Defaults（使用默认设置）按钮，自动定义子目录的名称，然后单击 Accept 按钮，完成创建，建立好的文件夹结构如图 2-2 所示。

2.1.3 设置工程目录

在制作一个场景之前，首先要创建一个工程目录，这样在保存场景文件和其他文件时就会自动保存在新建的工程目录中。另外，若要调用其他的场景文件，也要设置相应的工程目录，否则软件将无法找到该场景的贴图文件。选择 File → Project → Set 命令，此时出现如图 2-3 所示的设置工程目录对话框，在此对话框中选择要指定的工程目录名称并单击“确定”按钮即可。

New Project

Name: My_Project Help

Location: and Settings\byb\My Documents\maya\projects Browse..

Project Locations

Scenes	scenes
Images	images
Source Images	sourceimages
Disk Cache	data
Particles	particles
Render Scenes	renderScenes
Depth	renderData\depth
IPR Images	renderData\iprImages
Templates	assets
Clips	clips
Sound	sound
Adobe(R) Illustrator(R)	data
Shaders	renderData\shaders
Textures	textures
Mel	mel
3dPaintTextures	3dPaintTextures
mentalRay	renderData\mentalray

Accept Use Defaults Cancel

创建工程目录对话框
图 2–1

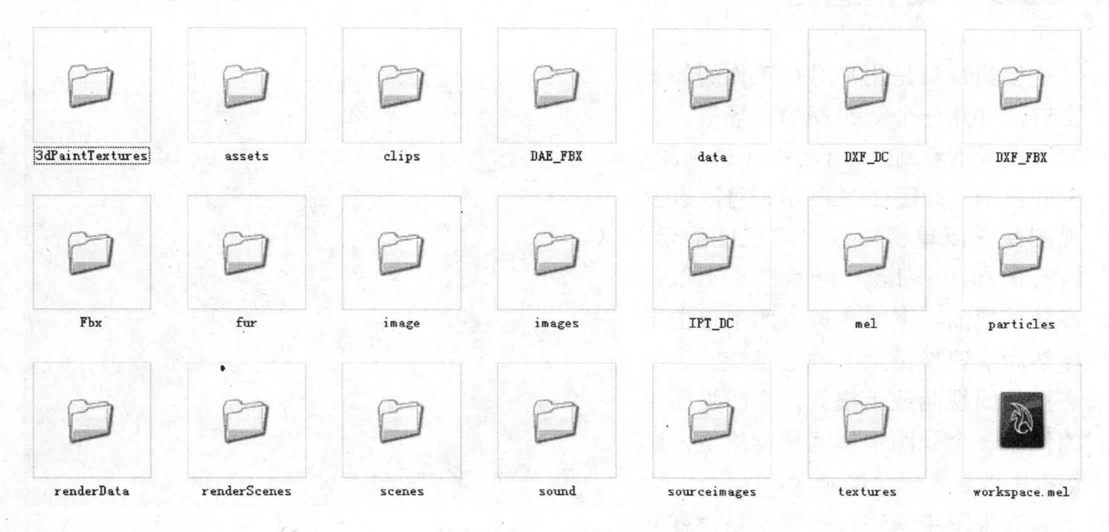

工程目录结构
图 2–2

设置工程目录对话框
图 2-3

2.2 视图控制

视图是用户与软件交互的窗口，MAYA 中视图的概念比较广泛，不仅可以指操作空间，例如 top、front、side、perspective 视图，还可以包括显示的各种编辑窗口以及以不同的布局方式来组织工作空间的面板。

2.2.1 场景窗口

场景窗口是用户进行工作的最初窗口，打开一个新的 MAYA 场景，在默认设置下看到的是 persp（透视图）全屏显示，如图 2-4 所示，可以改变视图使它以单视图或者多视图显示，执行 Panels → Layouts 命令，可以切换各种视图。下面在透视图中单击鼠标然后快速按键盘上的空格键，这时切换为四视图显示模式，在四视图中的任意一个视图中快速按空格键，则该视图以最大化全屏显示。

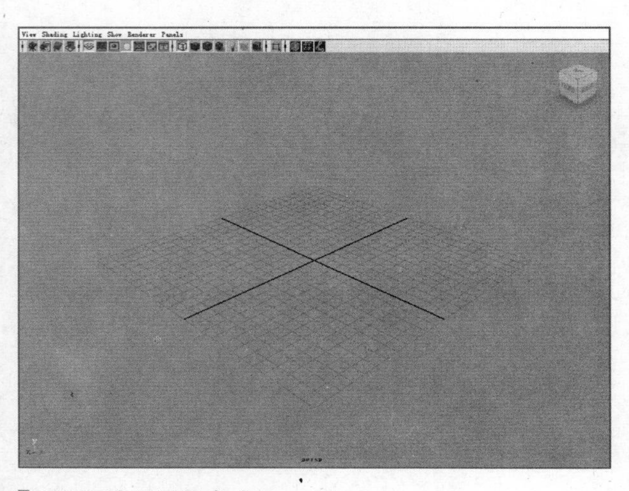

透视图全屏显示方式
图 2-4

在视图中快速按一下空格键就回到默认的单视图全屏显示方式或者设

定的四视图显示方式，如图 2–5 所示。

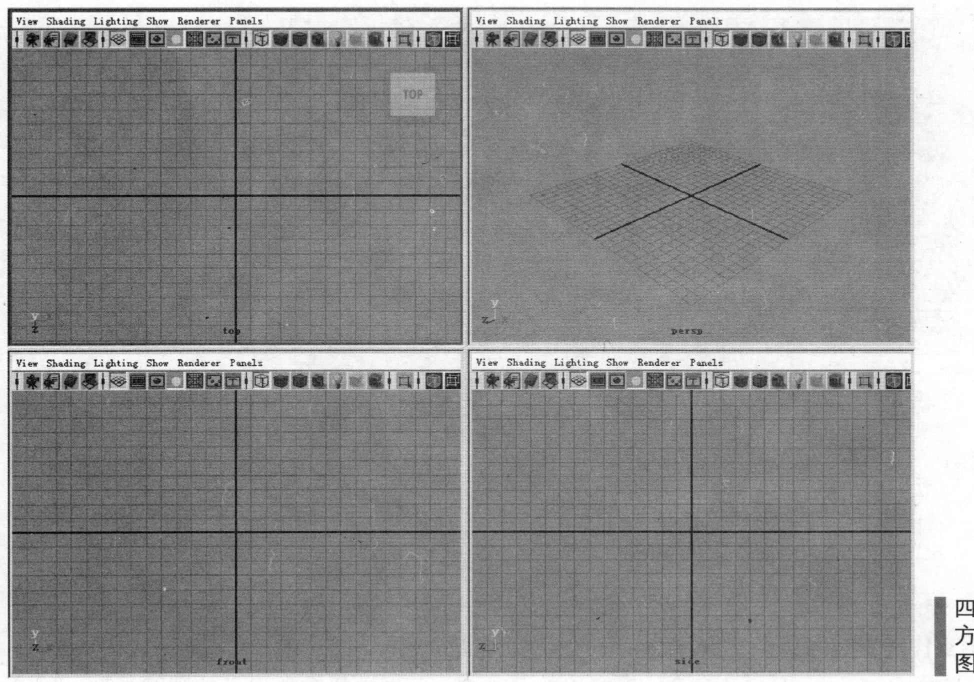

四视图显示方式
图 2–5

改变视图布局应该是以提高工作效率为目的，所以 MAYA 中就出现了很多特殊的视图布局，专门用于某些特定的操作，例如在制作物体材质的时候可以选择图 2–6 所示的视图，该视图对提高工作效率非常有帮助。

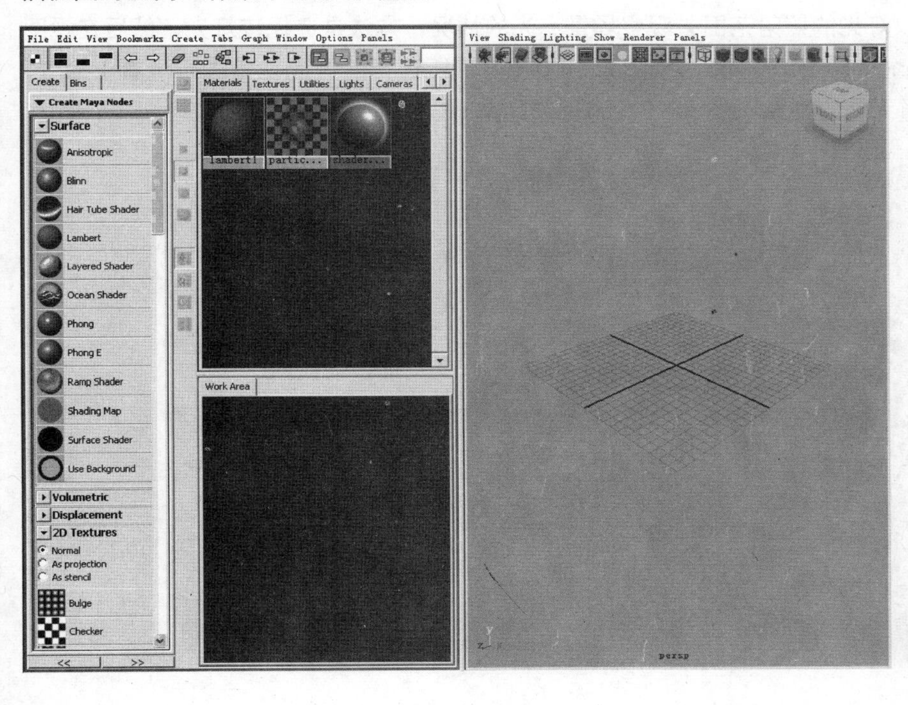

材质编辑视图
图 2–6

如果需要观察和调整动画就可以采用如图 2-7 所示的视图布局。

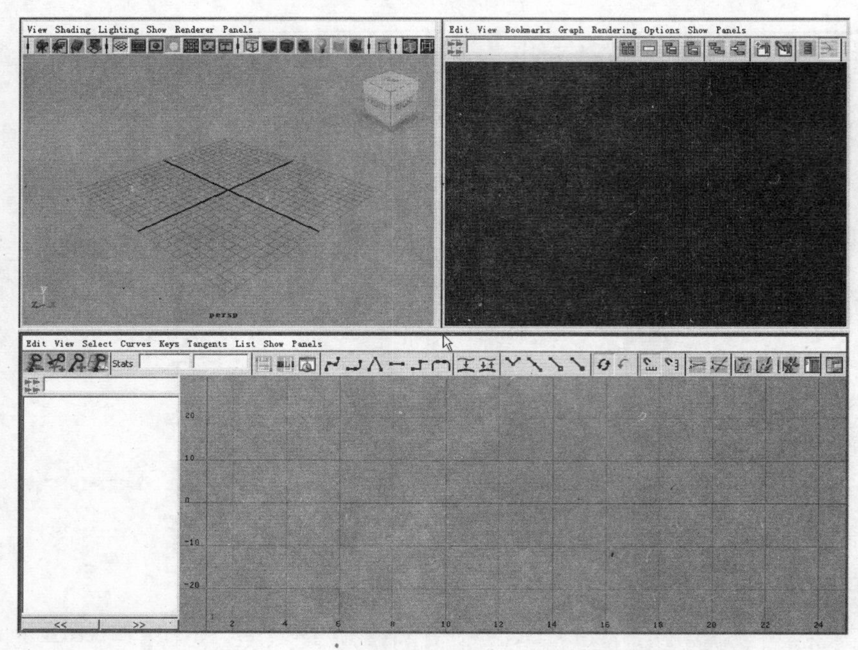

图 2-7 动画编辑视图

根据工作需要也可以改变多视图中一个视图的显示类型，方法是单击该视图，然后在视图菜单中选择 Panels → Panel 命令，在弹出的菜单中，可以选择需要显示的视图类型，如果觉得 MAYA 提供的系统设置视图太少，还可以自定义所需的视图，在视图菜单中选择 View → Bookmarks → Edit Bookmarks 命令，然后打开视图编辑窗口，将当前视图角度记录保存。

在 MAYA 中可以以任何一个对象作为视点去观察周围的场景，例如在场景中建立一盏灯光，就可以以灯光的照射范围去观察场景受光的情况，方法是选择该灯光，然后在视图菜单中选择 Panels → Look Through Selected（通过所选择的灯光视角进行观看）命令，就可以得到以灯光作为视点观察场景的视图效果，如图 2-8 所示。

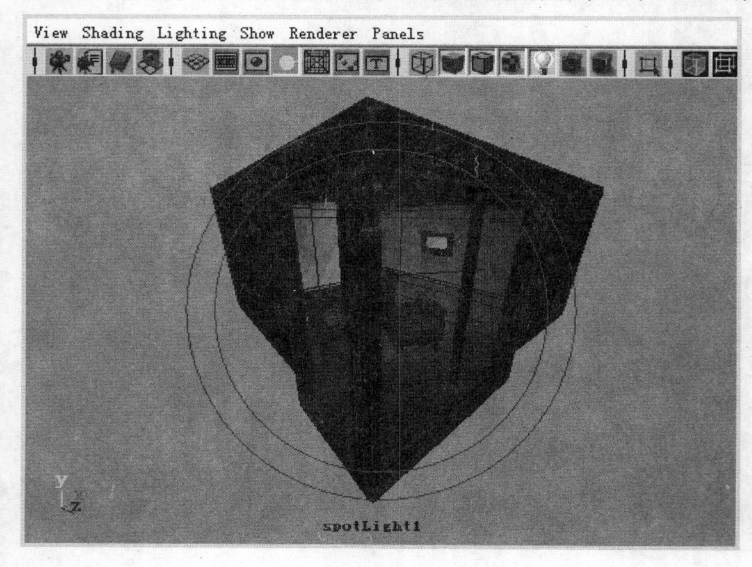

图 2-8 灯光视角视图

如要回到摄像机视图，可以执行 Panels → Perspective → Camera 命令，也可以使用 Look Through Selected（通过所选择的灯光视角进行观看）命令来显示摄像机视图，但前提是必须先选择摄像机，如图 2–9 所示。

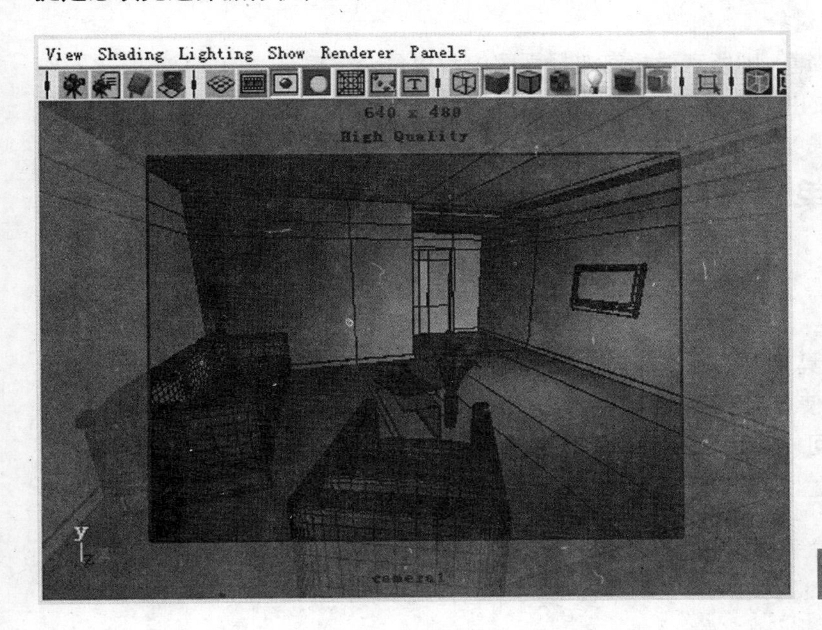

摄像机视图
图 2–9

2.2.2 视图操作

通过一个视图窗口观看场景时，实际上是通过 MAYA 的一个摄像机进行观察的。场景内的各个视图，例如 persp（perspective）、front、top、side 等，其实就是通过对各个视图的虚拟相机进行推、拉、摇、移等操作之后观察到的视图。通过键盘和鼠标的组合实现视图操作的方式有以下几种。

- 旋转视图（Alt + 鼠标左键）

旋转视图就是旋转透视摄像机，通过按 Alt 键并在透视图窗口中拖动鼠标左键以旋转视图，如果配合 Shift 键，则在单方向上锁定视图旋转。

- 移动视图（Alt + 鼠标中键）

移动视图就是移动任何摄像机，例如persp、front、top、side等摄像机，通过按Alt键并在任意窗口中拖动鼠标中键以移动视图，如果配合Shift键，则在单方向上锁定视图移动。

- 缩放视图（Alt + 鼠标右键或滚动鼠标滚轮）

缩放视图就是缩放任何摄像机，例如 persp、front、top、side 等摄像机，通过按 Alt 键并在任意窗口中拖动鼠标右键，或者直接滚动鼠标滚轮以缩放视图。

- 局部缩放视图（Alt + Ctrl + 鼠标左键）

使用 Alt + Ctrl + 鼠标左键进行框选，从左上到右下框选为放大视图显示，从右下到左上框选为缩小视图显示。

- 最大化显示选择对象

在某视图中选择对象并按 F 键，则选择物体在选择视图中以最大化显示，如果按 Shift + F 组合键，则选择对象在所有视图中都以最大化显示。

- 最大化显示所有对象

选择某视图并按 A 键，则所有对象在选择视图中都以最大化显示，如果按 Sift + A 组合键，则在所有视图中的所有对象都以最大化显示。

2.2.3 浮动菜单和右键快捷菜单

1. 浮动菜单

浮动菜单是一种工具，它可以显示与工作相关的所有菜单，并且当不使用它时，它不会占据任何屏幕空间。使用浮动菜单，用户的工作效率可大大提高。要访问浮动菜单，只需要按住空格键不放即可。如图 2-10 所示。

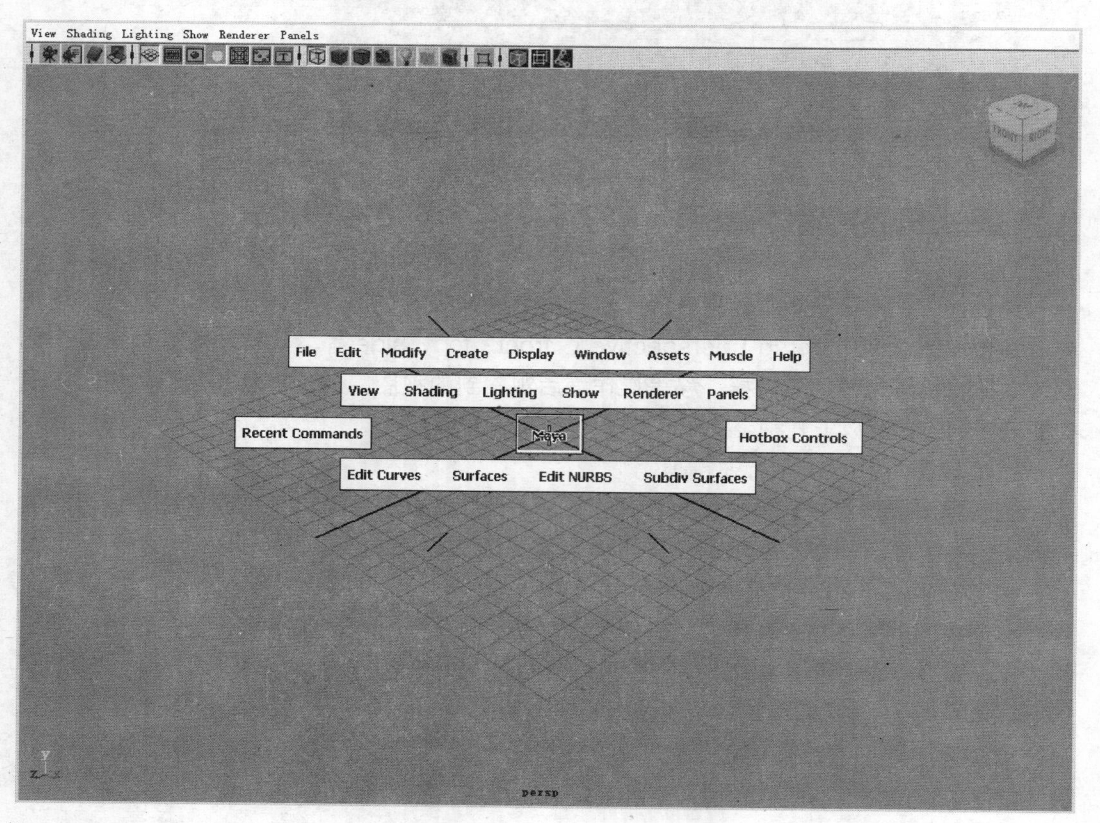

浮动菜单显示
图 2-10

浮动菜单顶部的一行显示的是常用菜单，例如 File、Edit、Modify、Create 菜单；第二行为活动窗口菜单组（图中显示为透视图菜单组）；第三行的左边为 Recent Commands

菜单（显示最近执行的 16 次命令），右边为 Hotbox Controls 菜单，可以设置浮动菜单显示信息的方式；下边的 5 行菜单为 MAYA 各个模块的专有菜单。当在浮动菜单中心的 MAYA 图标处单击鼠标左键时，则显示出快速改变视图的菜单，包括透视图、全视图、侧视图、顶视图菜单，并且还有一个控制浮动菜单显示方式的选项菜单。

访问这些菜单的方式都是相同的，当选中某菜单时按住鼠标左键，然后在新的子菜单（称为标记菜单）中拖动鼠标选择所需要的菜单项，然后释放鼠标。在窗口中除了所看到的菜单外，还有 4 个特殊的功能区域，即所看到的 4 条线，在顶部两条线之间单击鼠标左键可以显示各种视图布局；在右边两条线之间单击鼠标左键可以选择显示各种界面元素；在底部两条线之间单击鼠标左键可以打开各种有用的视图窗口（例如 Hypergraph 或者 Outliner 等）；在左边两条线之间单击鼠标左键可以在各种对象元素级别间切换。

依照这种设置，在一个窗口就可以访问几乎所有的 MAYA 工具，初学者最好花一些时间来了解它，熟悉了这种操作方式之后，会发现它比使用标准菜单的方式更加便捷与高效。

2. 右键快捷菜单

鼠标右键快捷菜单的种类非常多，在视图中，根据选择物体的不同，打开的右键快捷菜单也有所不同，例如在 Polygon 物体上打开右键快捷菜单，箭头周围的几项菜单都是对象的层级元素选择菜单，该菜单根据对象的类型不同而有所变化，用户在工作当中会频繁使用到，详细内容将在各个相关章节进行介绍。

2.3 创建对象

场景对象包括几何体、曲面、摄像机和灯光，它们是建立 MAYA 场景和动画的基础。创建对象的过程通常是一样的，这里以多边形几何体和 NURBS 的例子来说明。

首先建立一个默认的多边形球体。在主菜单栏中单击 Create 菜单，将光标移动到 Polygon Primitives 菜单项上，此时会出现子菜单，在此子菜单底部有两个创建选项，分别是 Interactive Creation（交互式创建）和 Exit On Completion（创建完成后退出命令），默认情况下这两个选项是勾选的。

在 Polygon Primitives 子菜单中选择 Sphere 选项，进入交互式创建模式，在视图中单击并拖动鼠标，就会看到一个多边形球体出现在视图中。多边形球体的位置和大小取决于鼠标单击的位置和拖动的幅度。

如果取消 Interactive Creation 选项的勾选，在主菜单中执行 Create → Polygon Primitives → Sphere 命令，就会看到一个球体显示在 MAYA 默认栅格中心，分别选中两个多边形球体，按键盘上的 Delete 键将它们删除。

下面用非默认选项来创建一个 NURBS 圆柱体。在主菜单中选择 Create → NURBS Primitives → Cylinder 命令，然后单击 Cylinder 选项右侧的 ❐ 图标，就会弹出 NURBS 圆柱体参数设置对话框。

如图 2-11 所示，设置 End sweep angle 为 270，设置 Caps 选项为 Both，在圆柱体的

顶端和底端建立端盖，当单击对话框底部的 Create 按钮后，将得到如图 2-12 所示的几何体。

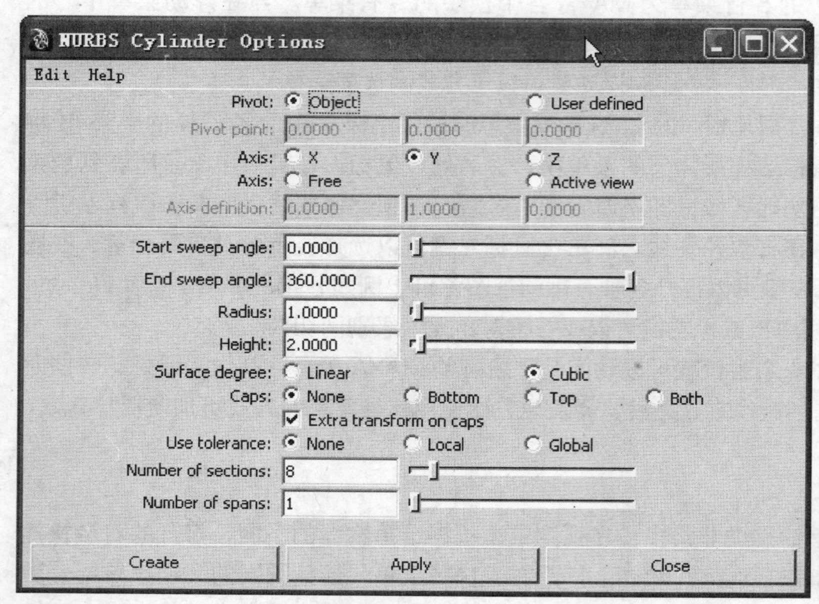

NURBS 圆柱体参数设置对话框
图 2-11

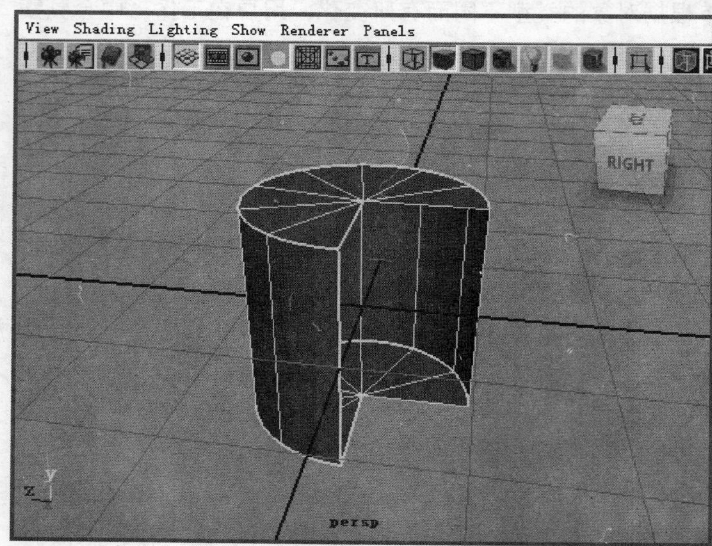

NURBS 圆柱体
图 2-12

2.4 选择对象

在 MAYA 中，许多操作都需要先在场景中选中造型对象才可以进行，所以选取操作是最常用的操作。MAYA 提供了多种选择方法，可使用选择工具，或者是一些合成了选择指令的工具，例如移动、旋转、缩放工具。此外，还可以通过前面介绍的 Outliner 和 Hypergraph 窗口来选择物体。

2.4.1 选择工具

选择工具的使用很简单，在常用工具栏上单击选取工具图标，然后在场景中需要选取的对象上单击，物体将以绿色高亮显示，说明其已经被选中。

按住 Shift 键不放，可以使用选取工具继续进行选取，选取的对象会进入当前的选择集中，最后一次选取的造型将以绿色高亮方式显示，前面选取的造型将以白色线框方式显示，如图 2-13 所示。

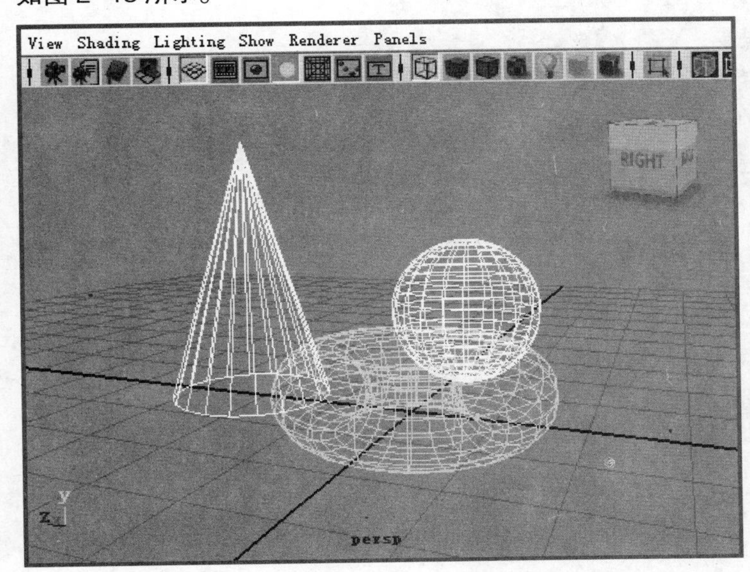

选择多个物体
图 2-13

除了可以用单击选取的方式选择对象外，还可以使用框选的方式进行选取。按住鼠标左键在视图中画出一个矩形虚线框，松开鼠标后，所有位于虚线框内及与虚线框相交的对象都将被选中，如图 2-14 所示。

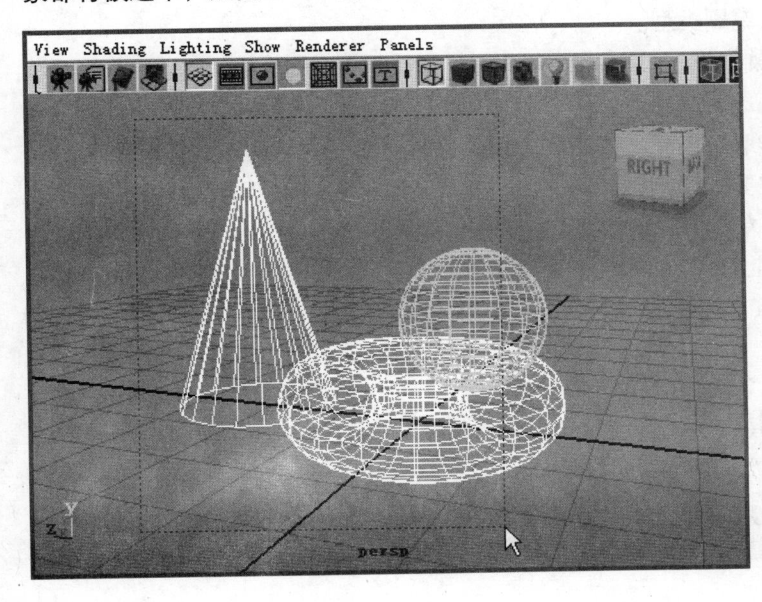

通过框选方式选择对象
图 2-14

2.4.2 套索选择工具

单击套索工具图标，然后在视图上单击并拖动鼠标，在虚线框内或与虚线框相交的对象将会被选中，如图 2-15 所示。

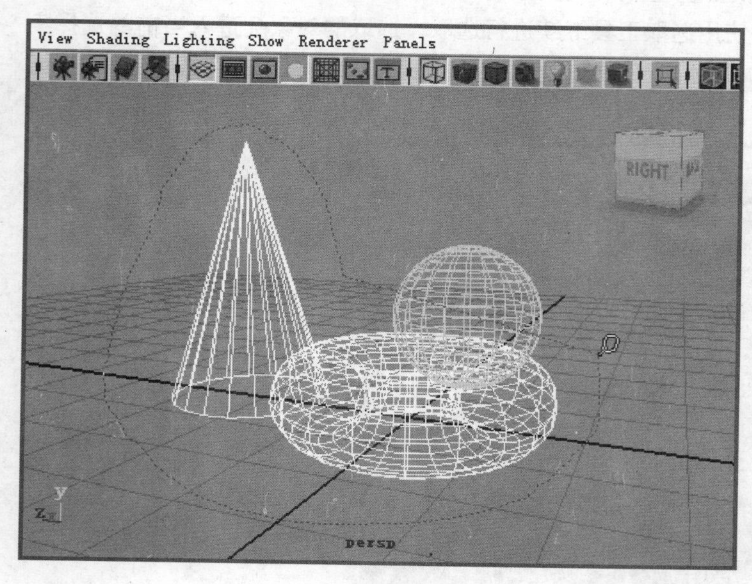

使用套索工具选择对象
图 2-15

2.4.3 笔刷选择工具

对于用前两种方法都不好选择的对象或者选择过于烦琐的对象时，可以使用笔刷方式选择。在笔刷选择工具图标上双击，可以打开笔刷选择设置对话框，如图 2-16 所示。

- Radius（半径）：决定选择笔触半径的大小。
- Profile（剖面）：选择笔刷类型。
- Paint Operations（操作方式）：Select 为一直保持选择；Unselect 为取消选择；Toggle 为选择开关。

使用笔刷选择工具在选取对象元素时非常有用。进入对象元素级别下，在对象上用笔刷涂抹即可选取或者排除需要的元素，如图 2-17 所示。调整笔触大小的快捷方式为按住键盘上的 B 键和鼠标左键，左右拖动鼠标就可以调整笔触大小。

在 MAYA 中，除了以上几种常用的选择对象的方式之外，还可以通过 Outliner 和 Hypergraph 窗口来选择对象，关于这两个窗口的使用方法将在 2.7 节中详细介绍。

2.5 变换对象

在创建完曲线、表面和几何体之后，就需要在 3D 空间中为它们设置位置与方向，这时需要使用到变换操作。

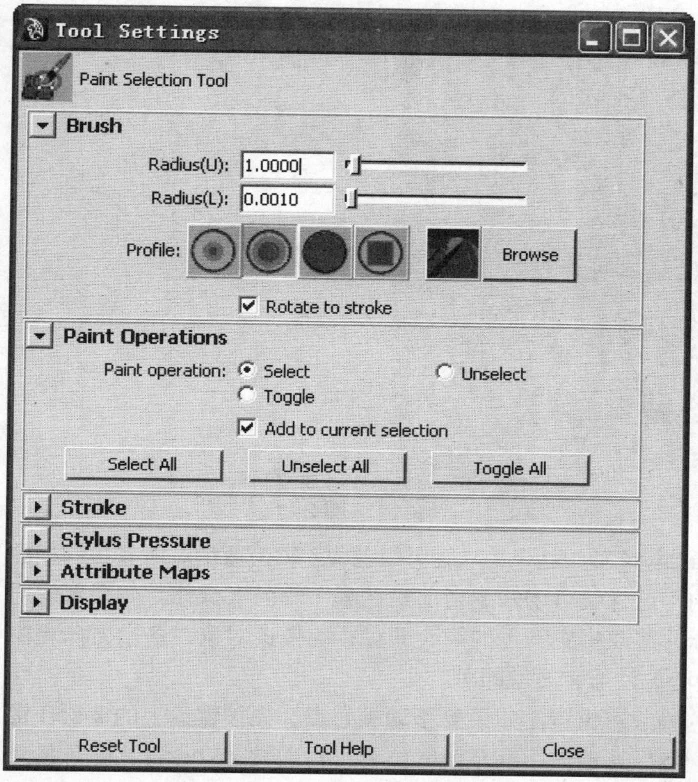

Tool Settings
Paint Selection Tool
Brush
Radius(U): 1.0000
Radius(L): 0.0010
Profile:
Browse
Rotate to stroke
Paint Operations
Paint operation: Select
Unselect
Toggle
Add to current selection
Select All
Unselect All
Toggle All
Stroke
Stylus Pressure
Attribute Maps
Display
Reset Tool
Tool Help
Close

笔刷选择设置对话框
图 2-16

View Shading Lighting Show Renderer Panels
FRONT

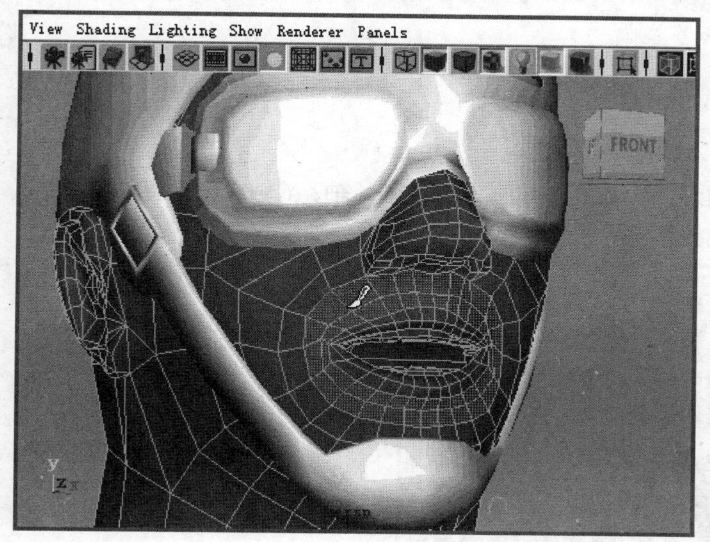

笔刷选择工具
图 2-17

2.5.1 移动对象

移动操作是最基本的变换操作，按 W 快捷键选择移动工具，在对象上单击，可以看到一个移动工具的控制柄，可以用它沿着所有的轴向移动对象，如图 2-18 所示。

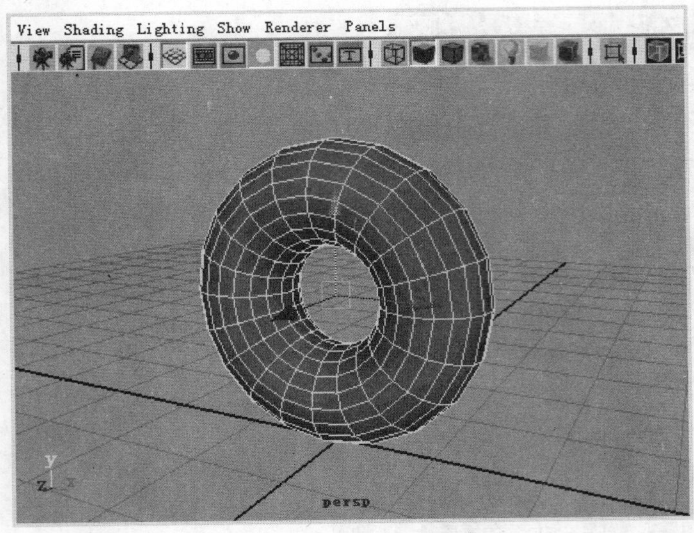

移动控制柄
图 2-18

场景窗口左下角有一个坐标轴：X 轴为红色，Y 轴为绿色，Z 轴为蓝色。所有控制柄的颜色和轴的标记颜色都是一致的，这样就可以知道当前是在哪个轴向上操作。如果要使对象沿某个轴方向移动，按住鼠标并拖动相应颜色的箭头即可；要使该对象在各个方向自由移动，按住鼠标并拖动控制柄中心的浅蓝色方块即可。

用户还可以重新设置对象的轴心点位置。如果要移动轴心点，先按键盘上的 Insert 键（这时控制柄变为轴心点手柄），然后移动该手柄至所需位置，再次按 Insert 键，即可将对象的轴心点位置改变。

2.5.2 旋转对象

要旋转对象，可以按 E 快捷键选择旋转工具，然后在 X 轴、Y 轴或 Z 轴上旋转对象，也可以在对象外边的浅蓝色圆上按住鼠标并拖动，使对象绕所有轴旋转，如图 2-19 所示。

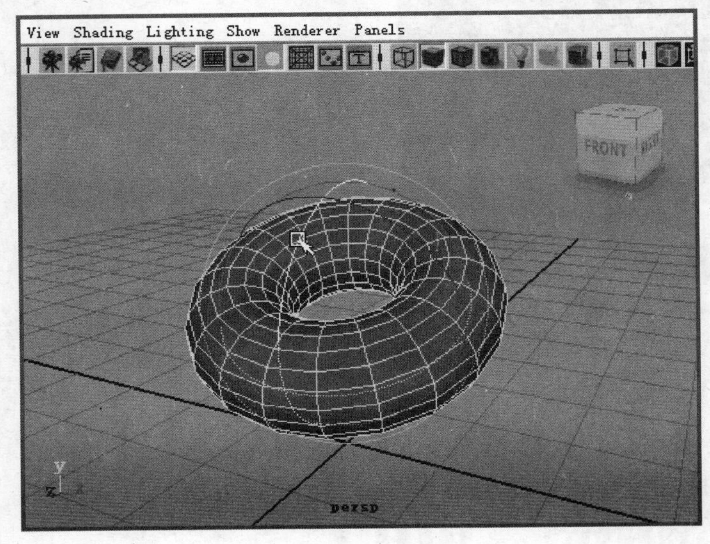

旋转对象
图 2-19

2.5.3 缩放对象

要缩放对象，可以按 R 快捷键选择缩放工具，然后沿 X 轴、Y 轴或 Z 轴方向缩放对象，也可以在控制柄中心的黄色方块上按住鼠标并拖动进行自由缩放，如图 2-20 所示。

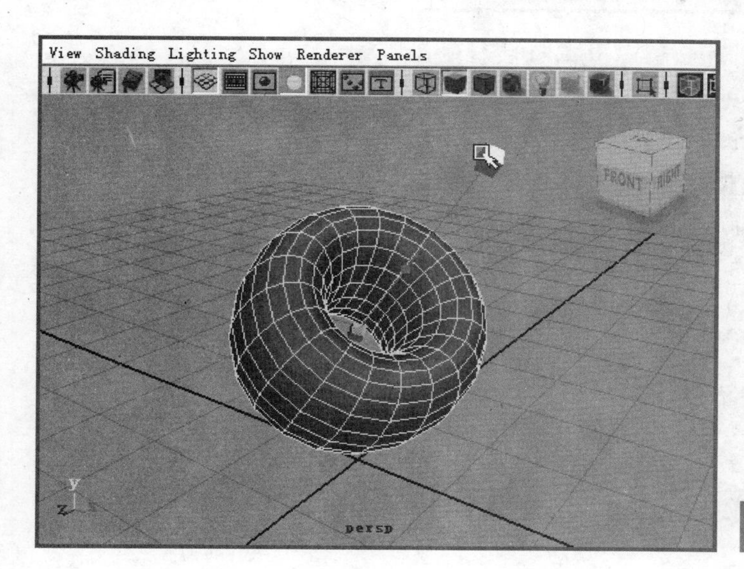

缩放对象
图 2-20

2.5.4 软体编辑工具

软体编辑工具可以用来移动、缩放以及旋转模型上的任意一个选择点。使用该工具后，能够随意操作对象表面的每一个选择点，达到类似于泥土雕刻的效果。每个操作点都会用 S 进行标记，如图 2-21 所示。

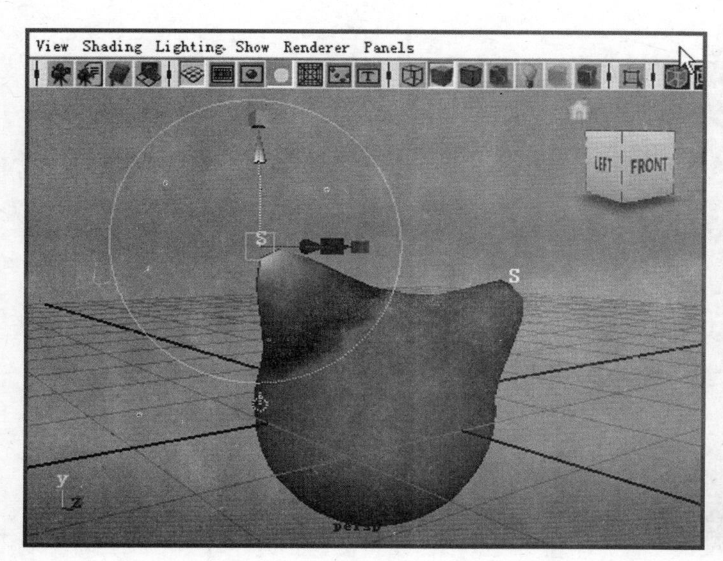

软体编辑工具
图 2-21

2.5.5 通用操纵器工具

图标代表通用操纵器工具，对对象的移动、旋转及缩放操作都可以通过它来完成，如图 2-22 所示。

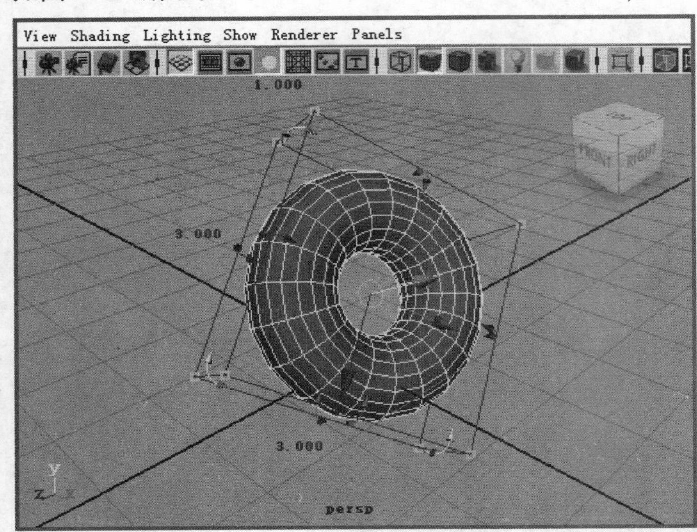

通用操纵器工具
图 2-22

2.6 显示方式

在视图窗口中，对象的显示方式有多种，用户可以根据操作需要随时调整，它们的切换命令放在窗口菜单的 Shading 视图菜单中。

• Wireframe：线框显示，以线框的方式对对象进行显示，显示速度很快，如图 2-23 所示。

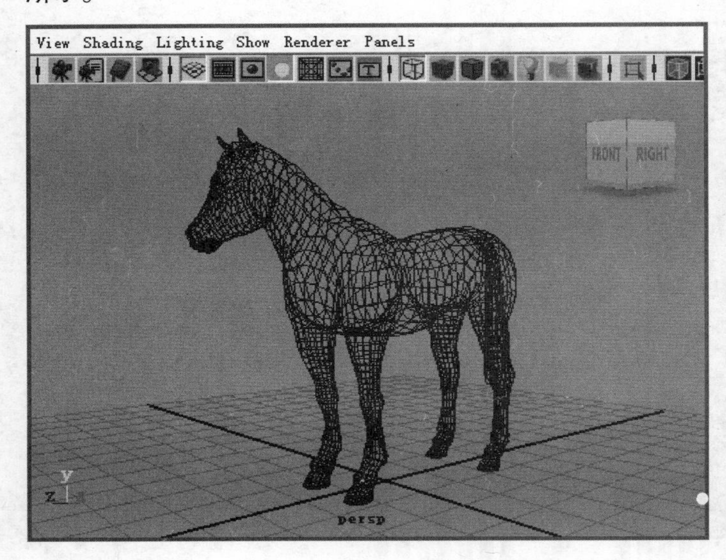

线框显示
图 2-23

• Smooth Shade All：光滑实体显示，全部以光滑实体的方式显示，显示速度会变慢，如图 2-24 所示。

• Smooth Shade Selected Items：只对当前选择的对象以光滑实体的方式显示。

• Flat Shade All：全部以平直的面状实体方式显示，不显示出光滑的过渡，如图 2-25 所示。

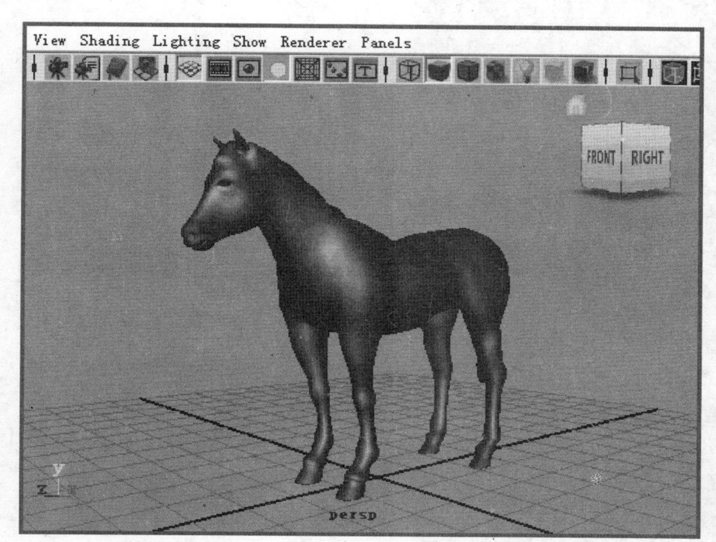

光滑实体显示
图 2-24

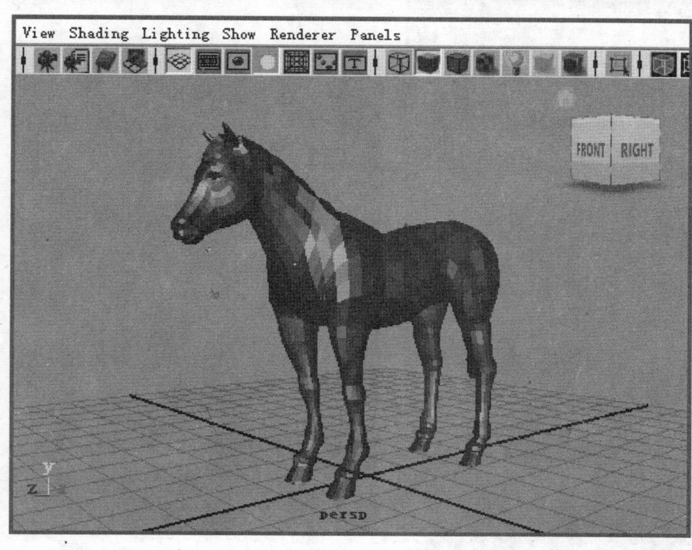

面状实体显示
图 2-25

• Flat Shade Selected Items：只对当前选择的对象以面状实体的方式显示。

• Bounding Box：边界盒显示，以对象的边界立方体线框进行显示，这种显示方式是最快的，但显示效果也是最粗糙的，如图 2-26 所示。

• Points：以构成对象的点的方式来显示对象，如图 2-27 所示。

• Wireframe on Shaded：线框加实体显示，可以在显示实体的同时显示出结构线框，如图 2-28 所示。

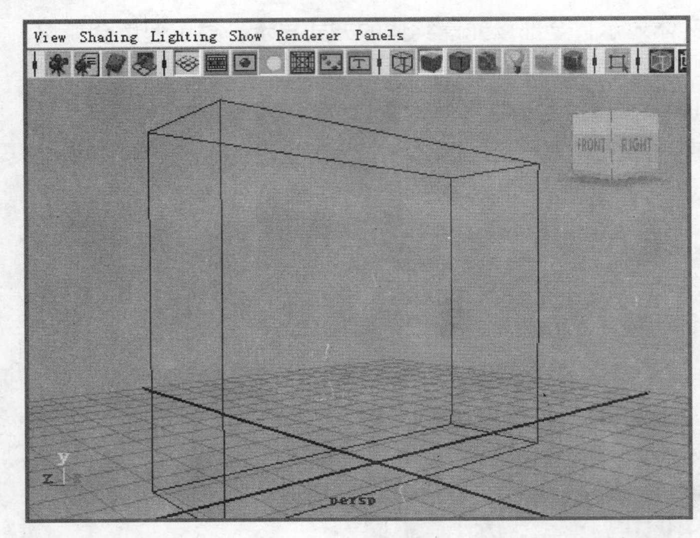

边界盒显示
图 2-26

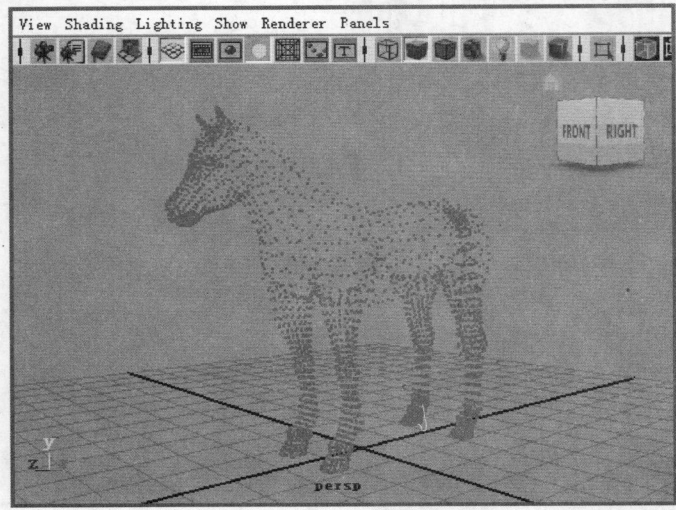

点显示
图 2-27

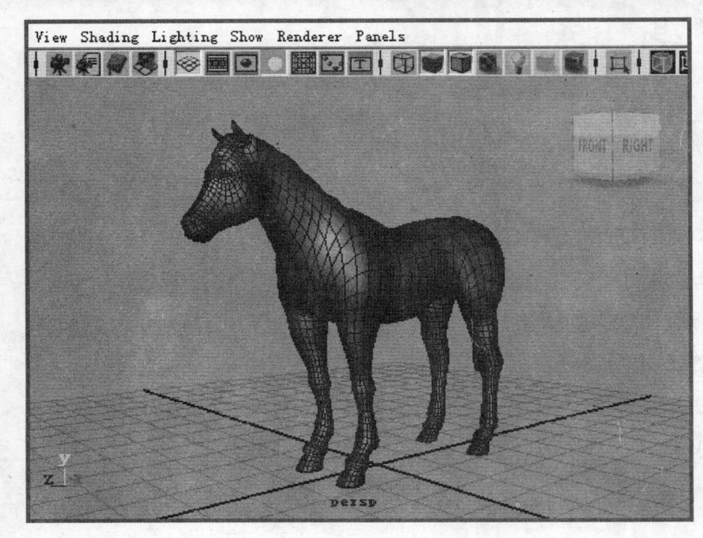

线框加实体显示
图 2-28

• Smooth Wireframe：以更细腻的方式显示线框，当然显示速度也更慢。

• X-Ray：将物体以半透明的方式显示，能显示全部的模型结构，但是显示速度较慢，如图 2-29 所示。

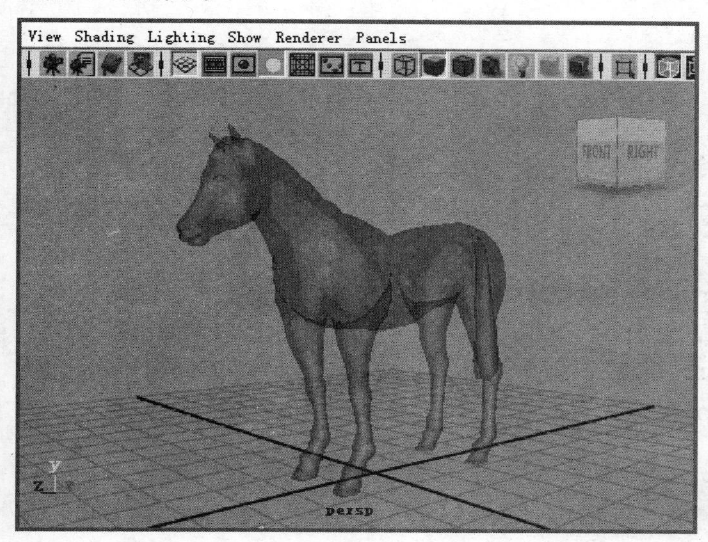

X-Ray 显示
图 2-29

2.7 快速上手

现在，读者已经对软件的界面、视图的操作方法、创建和变换物体的方法有了初步的认识。在本节中，会创建一个场景，场景中包含有 3 个 NURBS 球体，它们分别代表太阳、地球和月亮，然后将把它们按层级分组并制作动画，接着会为它们制作和指定相应的材质，最后将创建灯光并渲染动画。

本节将重点练习以下几个方面的内容。

• 如何创建项目和管理文件；
• 如何使用视图窗口；
• 如何使用界面元素；
• 如何变换物体。

2.7.1 创建新项目

（1）启动 MAYA，执行 File → Project → New 命令。

（2）为项目输入一个名称，例如 My Project。

（3）设置想要保存 MAYA 项目文件的位置，可以输入确切的路径或者单击 Browse 按钮来定位想要保存项目的文件夹位置。

（4）单击对话框底部的 Use Default 按钮，这个项目中将使用 MAYA 自动指定的文件夹名称。当然，这些项目名称也可以自定义，可以在 Project Locations 旁的文本框中输入每个文件夹的名称。

（5）单击 Accept 按钮创建项目。

2.7.2 使用通道栏

（1）现在将创建几个球体并使用变换工具把它们放置在场景中。在菜单栏中选择 Create → NURBS Primitives 命令，在弹出的子菜单中取消 Interactive Creation 选项的勾选，然后执行 Create → NURBS Primitives → Sphere 命令创建一个 NURBS 球体，球体将出现在视图窗口中的场景原点处。

（2）这个 NURBS 球体的名称为默认的 nurbsSphere1，显示在视图窗口右边 Channel Box（通道栏）中第一行的位置，这是球体变换节点的名称，单击这个文本框并输入 Sun，然后按 Enter 键。如图 2-30 所示，现在已经将这个节点命名为 Sun，同时 MAYA 也会将形状节点的名称更新为 SunShape。

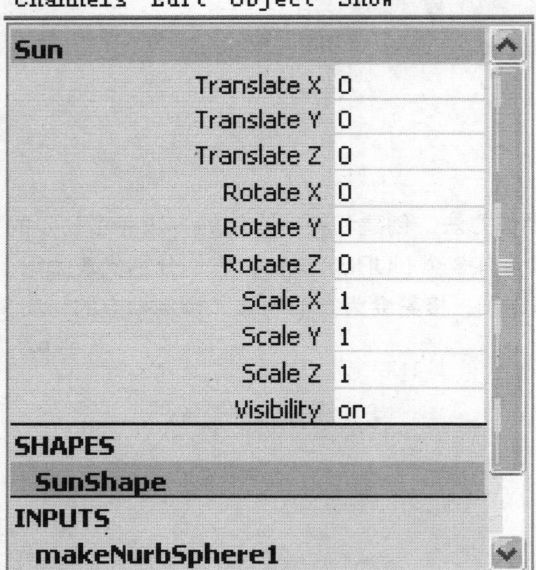

Sun 球体在 Channel Box 上的显示
图 2-30

（3）在视图窗口中选择 Sun 球体，再选择工具箱中的缩放工具，视图窗口中将会出现缩放控制柄，单击并拖动控制柄中心的浅蓝色方块，将鼠标向右拖动就可以均匀地放大 X、Y 和 Z 的值，拖动控制柄同时观察 Channel Box 中缩放值的变化，当 Scale X、Y 和 Z 的数值到达 3 时，松开鼠标。

（4）在 Channel Box 中可以看到一个名称为 SunShape 的节点，并且在下方有一个名为 INPUTS 的文本框。文本框下方显示了连接到这个形状节点的输入属性的所有节点列表。当前情况下，只有一个输入节点连接到 SunShape 节点，即 makeNurbSphere1，在 Channel Box 中选择 makeNurbSphere1 这个节点，那么该节点所有可设置关键帧的属性都会显示出来。

2.7.3 管理场景

（1）下面打开 Hypergraph 窗口来查看 Sun 的从属关系（SunShape 节点）。执行 Window → Hypergraph：Hierarchy 命令打开 Hypergraph 窗口，Hypergraph 窗口会以单独的浮动窗口形式出现。

（2）在 Hypergraph 窗口中能够看到一个名为 Sun 的矩形块，这个矩形块就是物体 Sun 的变换节点。单击 Hypergraph 工具栏上的图标查看该节点的从属关系，此时组成物体 Sun 的 3 个节点就会显示出来，并且节点之间有线条连接，如图 2-31 所示。

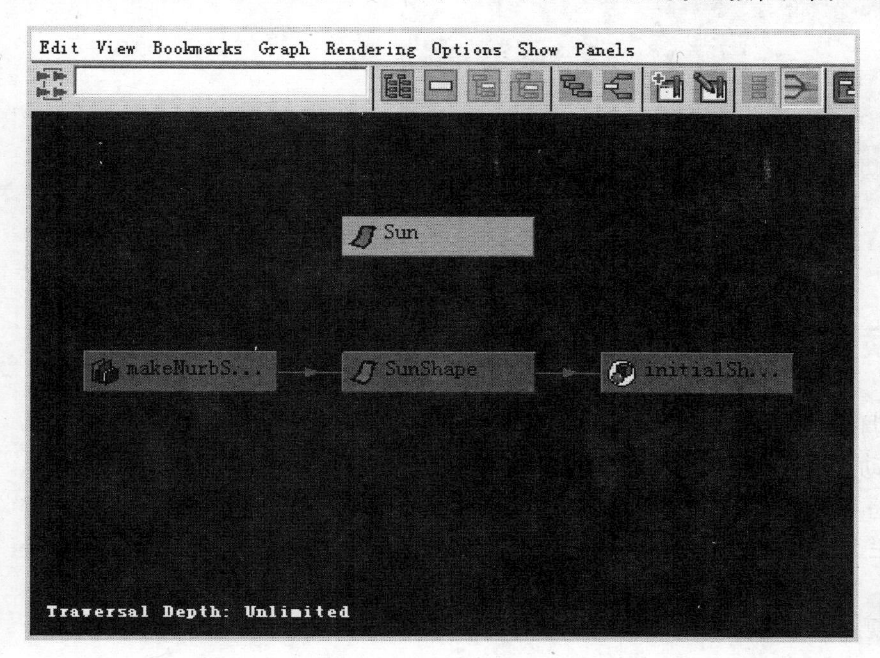

Hypergraph 窗口
图 2-31

（3）选中 makeNurbSphere1 节点，当选择了这个节点之后，Channel Box 中会列出该节点的属性。

（4）下面删除 Sun 的历史，这样就删去了 SunShape 节点的所有从属关系。选中 Sun，执行 Edit → Delete by Type → History 命令。注意，makeNurbSphere1 节点不再出现在 Channel Box 的 INPUTS 选项组中了，这一点说明 SunShape 节点没有从属关系，所以可以关闭 Hypergraph 窗口。

（5）现在来创建 Earth 和 Moon 球体，可以通过对 Sun 的复制，并对副本进行移动、缩放以及重命名来实现。

（6）首先在视图窗口中选中 Sun 球体，然后选择 Edit → Duplicate 命令进行复制，也可以使用快捷键 Ctrl + D 完成复制。这时并不会发现视图窗口中有所不同，这是由于复制对象也位于原点的缘故，此时只要移动复制对象，就可以看到场景中的两个球体了。

（7）在工具箱中选择移动工具，视图窗口中就会出现移动控制柄，单击并拖动红色的控制柄，将球体沿着 X 轴移动，就可以看到两个独立的球体。

（8）选中复制的球体，在 Channel Box 中将该对象的名称改为 Earth，再对 Earth 进行复制，并将复制对象沿 X 轴移动，以便与原始物体分离开来，将这第 3 个对象命名为 Moon，当前场景如图 2-32 所示。

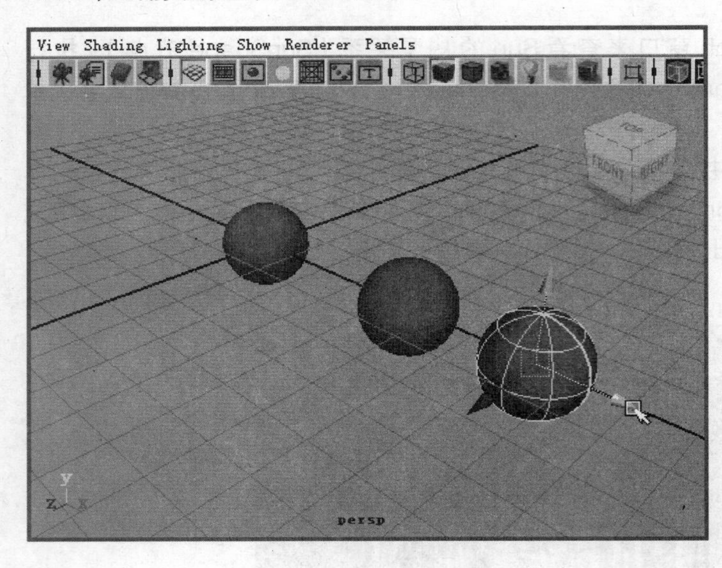

复制并重命名 NURBS 球体
图 2-32

2.7.4 变换星球对象

（1）下面来调整 3 个星球对象的位置。利用空格键切换到 top 视图，选择 Earth 球体并按 W 键激活移动工具。

（2）接着要将 Earth 球体放置在 X 轴的 10 个单位处。为了保证能够准确地将其放在指定位置，在状态栏上单击 Snap to grids 按钮，启用网格捕捉功能，以便将球体捕捉到特定网格。

（3）在 top 视图中单击并拖动控制柄中心的黄色方块，这样就可以在当前视图的相应轴上任意移动对象。由于启用了网格捕捉功能，因此能保证物体不会在 Z 轴上滑动。

（4）将 Earth 球体在 X 轴方向上移动 10 个单位，检查 Channel Box 中的参数值确保 Earth 是位于 X 轴 10 个单位处，Translate X 文本框中显示的值应该为 10。

（5）现在将 Earth 球体缩小使其体积小于 Sun。设定 Earth 的 Scale X、Y 和 Z 值均为 1 个单位。可以通过在 Channel Box 中直接输入数值的方法来编辑 Scale 属性，可以逐个地将值输入到文本框中，更快捷的方法是在 Channel Box 中单击其中一个文本框并用鼠标左键向下拖动覆盖 3 个文本框，即 Scale X、Y 和 Z，如图 2-33 所示。

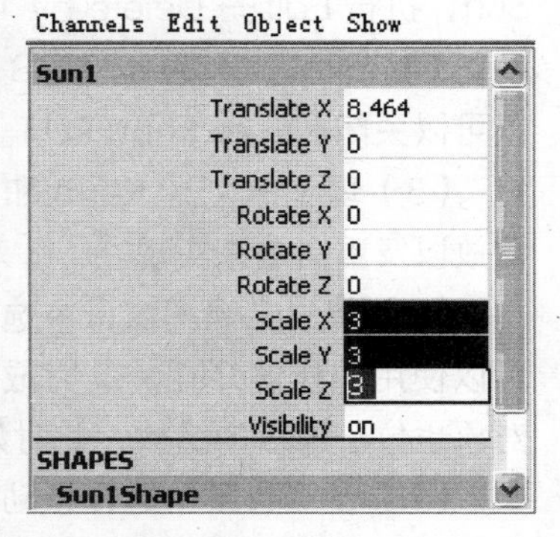

拖动覆盖属性文本框
图 2-33

（6）选中文本框后，光标会出现在最后选择的文本框中，输入值 1 并按 Enter 键，可以看到 3 个文本框的显示值都更新为 1。

（7）接下来调整 Moon 球体，用以上的方法在 Channel Box 中编辑 Moon 球体的平移和缩放属性。将 Moon 球体放置在 X 轴 13 个单位处，并输入 0.25 作为 Scale X、Y 和 Z 的缩放值。

2.7.5 层级和组

现在已经放置好球体并进行了缩放，下面需要将它们按照层级编组，Sun 将会是父对象，Earth 是 Sun 的子对象，而 Moon 则是 Earth 的子对象。然后还需要把四视图布局中的 side 视图更改显示为 Hypergraph 窗口形式。在 MAYA 中，任意一个面板都可以设置显示为其他窗口形式，而不必从 Window 菜单中打开一个窗口并以浮动形式来查看该窗口。

（1）选择 side 视图面板，并在视图菜单中选择 Panels → Hypergraph Panel → Hypergraph Hierarchy 命令，Hypergraph 就会加载到这个面板中，并包含有 3 个变换节点，分别为 Sun、Earth 和 Moon。

（2）为了使 Earth 成为 Sun 的子对象，选择 Earth，按住 Shift 键再选择 Sun，确保二者被选中后，按 P 键。注意，现在 Hypergraph 窗口中显示两个节点之间连接了一条线，表示这两个节点是在层级上相连接。

（3）用同样的方法将 Moon 连接到 Earth，操作完成后 Hypergraph 中的节点如图 2-34 所示。

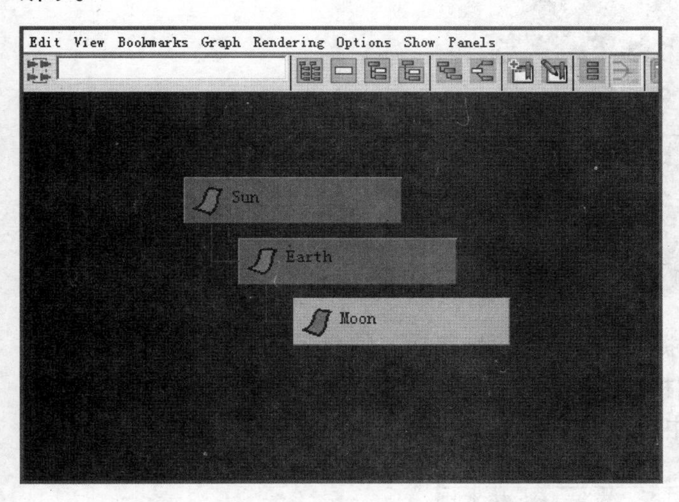

Hypergraph 中的节点
图 2-34

（4）下面来看这些球体在层级中的表现。在其中一个视图窗口中选择 Sun 球体并按 E 键选择旋转工具，单击并拖动旋转控制柄旋转 Sun，注意子对象是如何变化的，然后按 Ctrl + Z 组合键撤销操作。

现在几个球体的层级关系已经初步建立，接下来需要进行一些设置以便使它们能够正确地创建动画。选择 Earth 球体并旋转，可以看到 Earth 是绕着自身中心的枢轴进行旋转的，但是要求 Earth 同样围绕 Sun 进行旋转。

显然，还需要在 Earth 和 Sun 之间创建另一个枢轴点并放置在 Sun 的中心。最简单的办法就是把 Earth 物体编组，这样就可以使带有自身枢轴的一个新变换节点成为 Earth 的父对象，这个新变换节点就是组节点。

组节点就是没有相关形状对象的简单变换节点。一般情况下，把对象编组的目的是使其组织化，即把同一类型的对象组织在一起，而在这里，将利用编组得到额外的变换节点和额外的枢轴点，这样就可以使 Earth 球体围绕 Sun 球体旋转。

（5）在 top 视图中选择 Earth 对象并选择 Edit → Group 命令，这样将创建一个名为 group1 的组节点作为 Earth 的父对象。默认情况下，一个组的枢轴点都是位于场景中的原点，即（0，0，0）点。根据 Earth 球体的要求，这恰恰是需要放置枢轴点的位置，因为（0，0，0）位置同时也是 Sun 球体的中心位置。

（6）选择 group1 节点（可以通过 Hypergraph 窗口来进行选择），使用旋转工具对其进行旋转，Earth 及其子对象（Moon）将会绕着 Sun 旋转。

（7）在 Channel Box 中将新组的名称 group1 改为 EarthOrbit。

（8）Moon 并不绕自身轴旋转，而应该是围绕 Earth 旋转，因此需要进行编辑，使 Moon 变换节点的枢轴点位于 Earth 的中心。按 W 键选择移动工具，可以看到位于 Moon 中心的变换控制柄。

（9）按 Insert 键来编辑 Moon 的枢轴，视图窗口中变换控制柄发生的变化如图 2-35 所示。

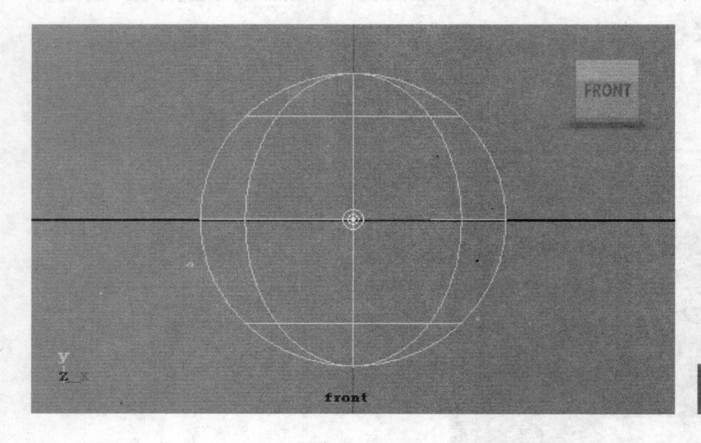

编辑 Moon 的枢轴
图 2-35

（10）在状态行中启用网格捕捉功能，也可以直接按 X 键启用网格捕捉，拖动枢轴图标并使其捕捉到 Earth 中心处的网格线，然后按 Insert 键回到移动工具，这样就完成了整个层级的设定。Hypergraph 窗口中的层级关系如图 2-36 所示。

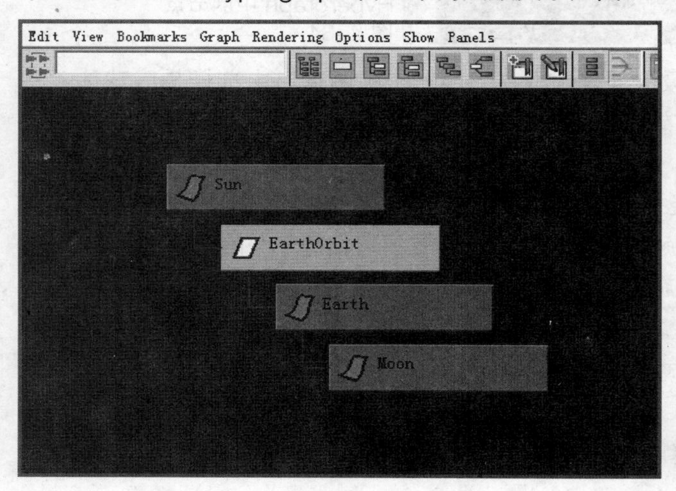

Hypergraph 窗口中的层级显示
图 2-36

2.7.6 创建动画

下面将为这些球体对象创建动画，首先确定动画的时间长度。将动画长度设为 30s，默认情况下，MAYA 的帧速率（每秒钟帧数，fps）设置为电影作品标准中的 24fps，因为 30s × 24fps ＝ 720 帧，所以将动画的范围设置为 720 帧长。

（1）在 MAYA 界面底部的时间线下方找到 Range Slider（时间范围滑块），在如图 2-37 所示的文本框中输入 720 并按 Enter 键，将全部动画时间和 Range Slider 时间设置为 720。

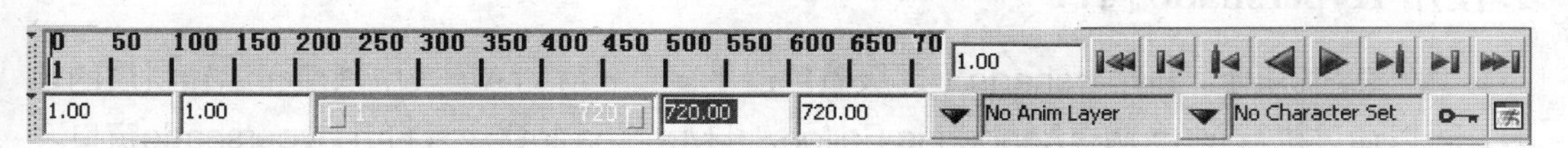

设置动画时间和时间范围
图 2-37

（2）现在需要将界面设置为另一个布局：Outliner/Perspective 布局，以便适于动画制作。单击工具箱中的 Outliner/Perspective 布局按钮，界面布局就会发生变化。

（3）在 Outliner 窗口中，按住 Shift 键的同时单击 Sun 节点左边的 + 图标（注意到加号变成了减号），这样将显示层级中所有的子对象，如图 2-38 所示。

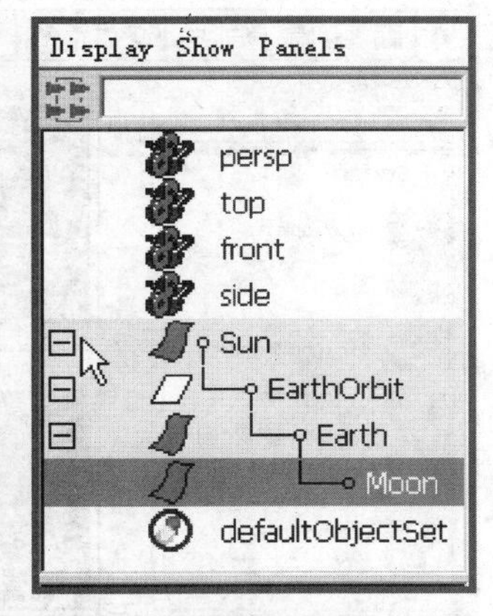

显示层级中所有的子对象
图 2-38

（4）在 Outliner 中拖动鼠标选择 Sun 层级中的所有对象。确认时间线上当前帧数位置为 1，然后执行 Animate → Set Key 命令，这样就可以在第 1 帧处对场景中所有选中的对象在当前位置设定一个关键帧。

（5）将时间滑块移动到第 720 帧处，可以单击并拖动时间滑块到所显示的最后一帧，也可以在当前帧的文本框中直接输入 720，如图 2-39 所示。

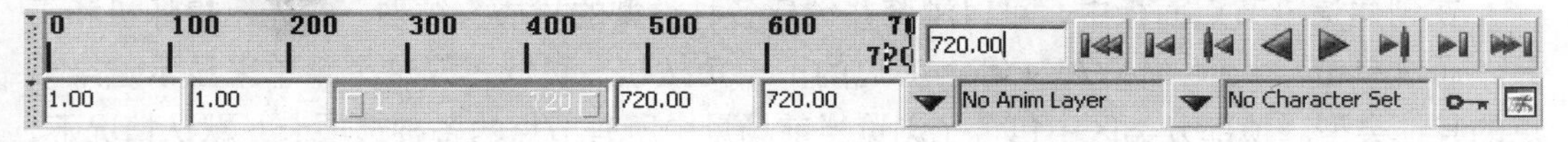

在当前帧文本框中输入数值
图 2-39

（6）在 Outliner 中选择 EarthOrbit 物体，然后在 Channel Box 中将 Rotate Y 属性值设置为 30。

（7）再次执行 Animate → Set Key 命令，对当前位置设定一个关键帧。

（8）现在从 Outliner 中选择 Earth 对象并将其 Rotate Y 属性值设置为 10800（360 天 × 30）。

（9）这次不执行 Animate → Set Key 命令，而是在 Channel Box 中选中 Rotate Y 属性并使其高亮显示，右键单击该属性，并在弹出的标记菜单中选择 Key Selected 选项。

（10）单击 Play 按钮，动画就会开始播放。Earth 将绕 Sun 旋转 30°，1/12 圈，并同时绕自身轴旋转 30 圈；Moon 将会绕父对象 Earth 旋转并同时环绕 Sun 旋转。

2.7.7 指定材质

本小节中将创建一些新材质并赋予几何体，然后会编辑材质的属性来改变它们的颜色。这一小节将会介绍两个新的窗口：Hypershade 和 Attribute Editor。

1. 使用 Hypershade 窗口

如图2–40所示，Hypershade（超级着色器）窗口是MAYA场景中创建和编辑材质的地方，可以通过执行Window→Rendering Editors→Hypershade命令来打开Hypershade窗口。

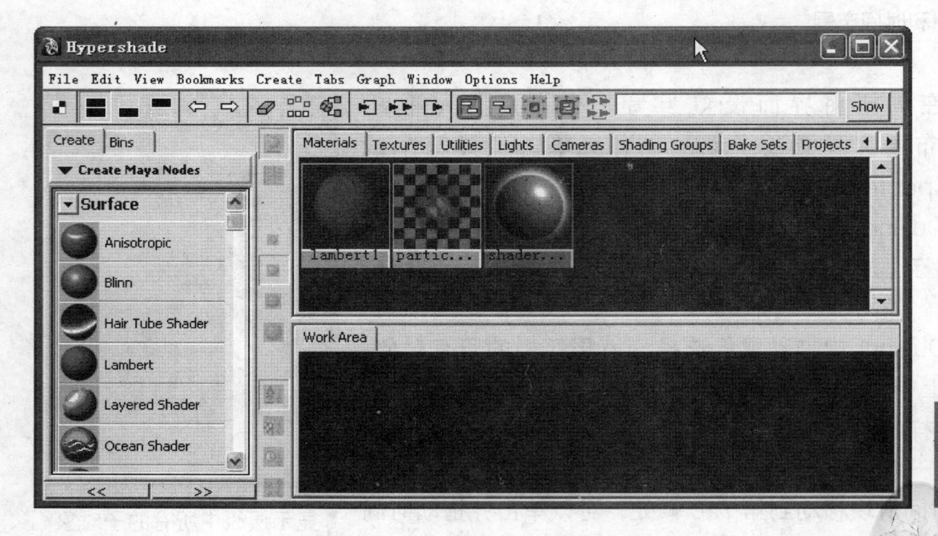

默认布局的 Hypershade 窗口
图 2–40

默认情况下，Hypershade 窗口包括 3 个主要部分：创建渲染节点面板、顶部的分类区和底部的工作区。

在创建渲染节点面板中，可以浏览并创建各种类型的材质、纹理、灯光、摄像机和工具。通过单击 Create MAYA Nodes 旁边的下三角按钮，可以更改这个菜单来显示渲染节点的其他类型。顶部分类区中包含了浏览当前场景中所有节点的各种选项卡，默认情况下，场景中创建的几何体会使用 Lambert 材质。

在底部工作区中可以查看所选材质节点的所有连接。这个工作区是为编辑材质而优化的，除了节点的名称外还使用图标来代表节点，这种图形表示方式称为样本。

下面对应于每个球体元素创建 3 个新的材质。

（1）首先关闭 Hypergraph 窗口，在工具箱中单击 Hypershade/Perspective 按钮载入新的界面布局。

（2）在 Hypershade 窗口的 Create MAYA Nodes 面板中单击 Lambert 图标，这样就创建了一个新的 Lambert 材质，一个 Lambert 样本会同时出现在 Materials 选项卡和工作区中，并被命名为 lambert2。

（3）在 Materials 选项卡中选择这个材质节点，并在 Channel Box 中将其重命名为

mSun，m 表明这个节点是一个材质节点。因为在场景中已经有一个称为 Sun 的节点了，而由于在同一个 MAYA 场景中的所有节点都必须有一个唯一的名称，因此需要给这个材质节点一个不同的名称。

（4）双击 Hypershade 窗口的 Materials 选项卡中的 mSun 材质节点，这样就会自动地改变 MAYA 界面的布局，并显示 Attribute Editor 窗口来代替 Channel Box。

2. 使用 Attribute Editor 窗口

如图 2-41 所示，Attribute Editor 窗口中显示了所选对象的所有连接节点，以及它们的材质属性。每一个选项卡代表一个相应的节点及其属性，在这里仅显示了一个节点 mSun，因为之前只创建了这一个材质节点。

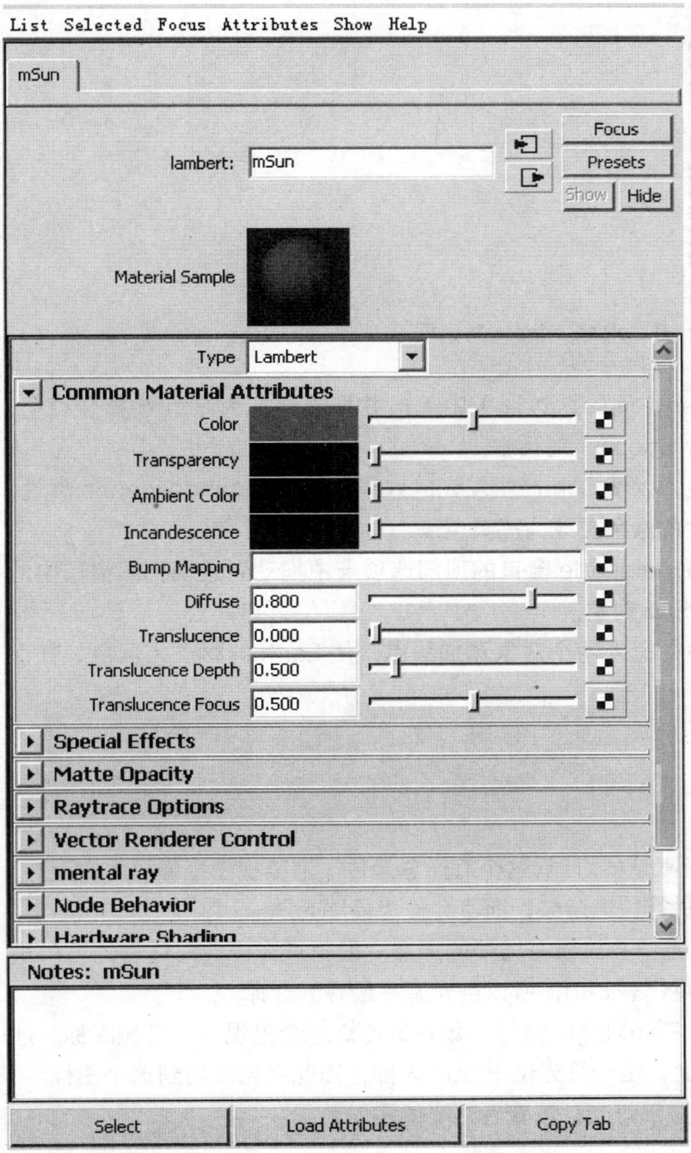

Attribute Editor 窗口中显示的 mSun 的材质属性
图 2-41

（1）在 Common Material Attributes 选项组中，找到名为 Color 的属性，将属性滑块拖动到中间并设置为灰色，单击灰色条就能打开 Color Chooser（颜色拾取器）对话框，如图 2-42 所示。

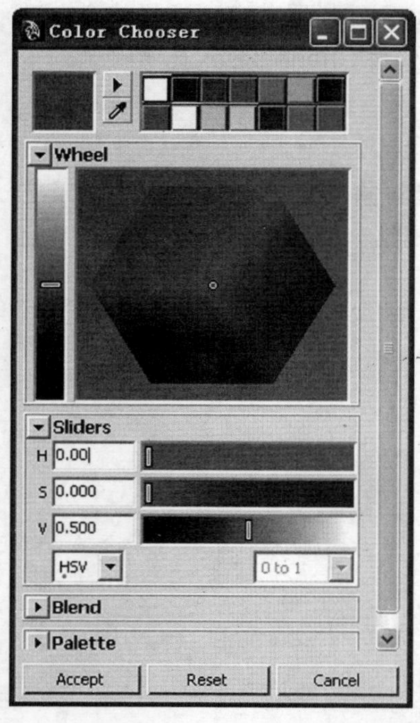

Color Chooser 对话框
图 2-42

（2）在色轮（Color Chooser 中间的六边形）中单击并拖动鼠标为 Sun 选择金黄色，然后单击 Accept 按钮关闭 Color Chooser 对话框。

（3）接着调整 mSun 的属性，以使 Sun 产生发光的效果。编辑 Incandescence 属性，使用滑块将 Incandescence 属性的颜色更改为亮黄色。

（4）用鼠标中键将材质从 Hypershade 窗口的顶部选项卡中拖动到透视视图窗口中的 Sun 对象上，把这个材质指定给 Sun 对象。

（5）用同样的方法给场景中的另外两个对象添加颜色，使 Earth 的材质为蓝色，并保持 Moon 的颜色为默认的灰色。

2.7.8 添加灯光

到目前为止，照亮场景的光是默认的灯光，这个灯光总是位于渲染视图摄像机的右上方。默认灯光仅仅用于在制作场景时进行快速渲染，而不会作为最终光源。

下面为这个场景加入一个点光源并放置在场景的原点。因为点光源会对所有的方向进行照明，而在这个动画中该光源将代表 Sun，所以点光源是最好的选择。

（1）执行 Create → Light → Point Light 命令，场景的原点就会出现一个灯光图标。注意，当透视视图以着色模式显示时，由于灯光位于 Sun 内部，因此将无法看到这个图标。

（2）在透视视图中按 7 键，显示灯光，以查看灯光的实时效果。

（3）执行 File → Save 命令保存场景，将场景命名为 SolarSystem，这个场景文件将被保存在 My_Project 目录下的 scenes 文件夹中。

2.7.9 渲染动画

在这个练习的最后一步，将设置渲染器并对动画进行渲染。设置渲染器窗口如图 2-43 所示。

Render Settings
Edit Presets Help
Render Layer masterLayer
Render Using Maya Software
Common Maya Software
Path: C:/Documents and Settings/byb/My Documents/maya/projects/
File name: SolarSystem_1.iff
To: SolarSystem_720.iff
Image size: 640 x 480 (8.9 x 6.7 inches 72 pixels/inch)
File Output
File name prefix: (not set; using scene name)
Image format: Maya IFF (iff)
Compression...
Frame/Animation ext: name_#.ext
Frame padding: 1
Frame Buffer Naming: Automatic
Custom Naming String: <RenderPassType>:<RenderPass>.<Car
Use custom extension:
Extension:
Version Label:
Frame Range
Start frame: 1.000
End frame: 720.000
By frame: 1.000
Renumber frames using:
Start number: 1.000
By frame: 1.000
Close

Render Settings 窗口
图 2-43

（1）选择 Window → Rendering Editors → Render Settings 命令打开 Render Settings 窗口，也可以在状态栏上单击按钮来打开它。

（2）在 Render Settings 窗口中，单击 Frame/Animation ext 右侧的下三角按钮打开下拉列表并选择 name_#.ext 选项。

（3）将动画的 End frame 值设置为 720。

（4）单击 MAYA Software 选项卡，在 Anti-Aliasing Quality（抗锯齿质量）选项组中的 Quality（质量）下拉列表中选择 Production quality（产品级质量）选项，然后单击 Close 按钮关闭 Render Settings 窗口。

（5）按 F6 键切换到 Rendering 模块，执行 Render → Batch Render 命令后，Batch Render（批渲染）程序会启动，而动画将作为单帧序列开始渲染。

可以通过观察 MAYA 窗口底部的反馈行来监视渲染进度，这里显示了每一帧渲染的完成百分比以及文件写入目录的路径。当渲染完成之后，打开 MAYA 应用程序和目录下的 Fcheck 应用程序检查图像序列并播放。使用 Fcheck 可以像观察动画一样来观察一个图像序列。在启动 Fcheck 之后，选择 File → Open Image Sequence 命令，并找到包含动画第 1 帧的文件，这个文件被称为 SolarSystem_01.iff，位于 My_Project 目录下的 images 文件夹中。单击 Open 按钮，图像序列就会加载并播放。

2.8 小结

本章介绍了设置工程目录、视图控制、选择和变换对象等内容，并通过一个实例讲解了如何选择节点、编辑节点属性、改变工作界面布局、使用一些快捷键的方法以及通过 Window 菜单访问各种窗口等内容。掌握了 MAYA 中这些操作的基础知识之后，才能更加自如地在 MAYA 中进行各种创建和编辑操作。

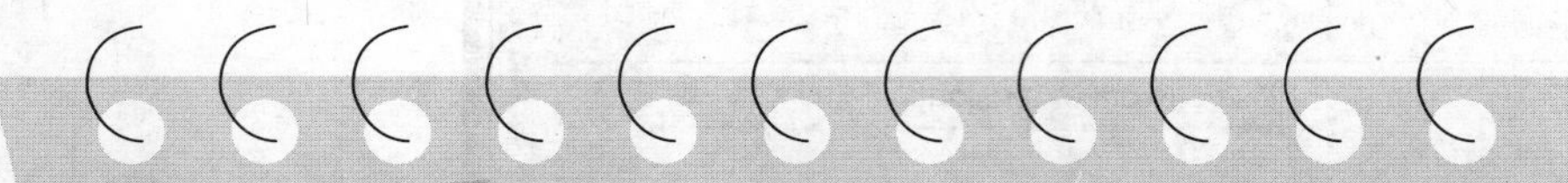

习题与实践

1. 选择题

（1）创建新项目的命令位于（ ）菜单中。

A. File B. Edit

C. Modify D. Display

（2）当变换对象需要移动轴心点时，按键盘上的（ ）键。

A. Delete B. Insert

C. 空格 D. Backspace

（3）缩放对象时，单击并拖动控制柄中心的黄色方块可以在（　）轴上缩放对象。

A. X　　B. Y

C. Z　　D. 所有

（4）在移动操作时，配合（　）键并单击或拖动鼠标可捕捉到网格。

A. X　　B. C

C. V　　D. Q

2. 问答题

（1）在 MAYA 中观察和管理节点，最方便的是使用哪一个工作窗口？

（2）默认情况下，MAYA 的工程目录位于什么位置？

（3）如何选取场景中的对象？

（4）打开一个场景，确认其中确实包含有造型对象，但为什么在视图中看不到？如何解决？

（5）当对对象进行旋转操作时，发现旋转控制柄的位置不合适，用什么方法调整？

3. 实践

（1）新建一个名为 New_Project 的工程项目目录，并将其设为当前工作目录。

（2）创建一个简单的场景，为其赋予材质，制作动画并渲染输出。

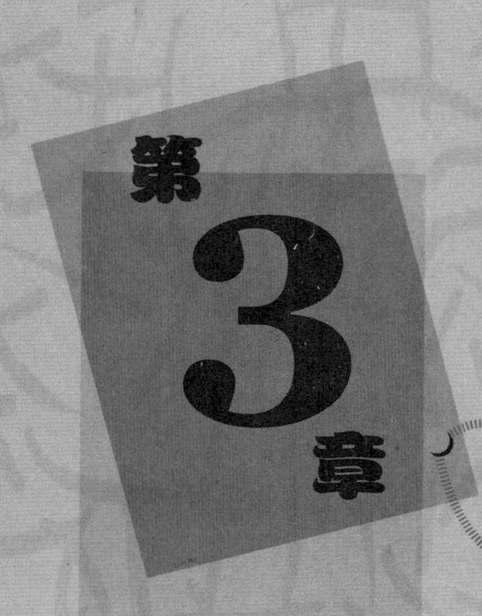

建模基础

教学重点与难点

- 使用建模辅助工具
- 创建 NURBS 几何体
- 创建多边形几何体
- 曲线的编辑

建模是三维动画中最为核心的技术，所有其他的三维动画技术，例如渲染、动画设置、材质设置等都是在建模的基础上进行的。由于建模技术本身是一个很复杂的专门技术，所以在本章中仅介绍最基本的建模方法和技巧。经过本章的学习，相信读者会对 MAYA 中的建模技术有一个完整的初步认识。

3.1 建模方式

MAYA 提供了许多不同的建模方法，例如 NURBS 建模、多边形建模和细分表面建模。如何才能确定哪种方法在建模中最适合呢?

NURBS 建模适合于创建光滑的、可变形的表面；而多边形建模适合于创建有锐边的刚体结构。相对来说，多边形建模要比 NURBS 建模简单一些。NURBS 模型的特点是表面光滑，而多边形模型表面不光滑。另外，多边形建模对于多边形表面没有太多限制，自由度比较高；而 NURBS 建模则要求其表面必须是由四边形面构成。

细分表面建模结合了 NURBS 建模和多边形建模的优点，它能像 NURBS 表面一样光滑，又能像多边形建模那样不用受过多的限制，非常适合用来创建生物角色模型。

在实际工作中往往也是多种建模方法结合使用：用 NURBS 创建粗糙的外形，按多边形表面进行扭曲，然后插入详细的细节作为细分表面。第 4 章将深入介绍 NURBS 建模，第 5 章和第 6 章分别介绍多边形建模和细分表面建模。

3.2 建模辅助工具

现在介绍 MAYA 中的一些建模辅助工具。MAYA 有多组工具辅助建模，根据它们的功能和使用方法分成以下几种。

- 模板
- 层
- 分离选择
- 屏蔽拾取
- 捕捉
- 构造平面
- 冻结变换
- 构造历史

3.2.1 模板

在 MAYA 中，模板主要用来指导建模，成为模板的对象和其他对象一样仍然可见，但不能被选中。把一个对象变成模板最典型的做法是选中该对象，然后选择 Display → Object Display → Template 命令，也可以使用快捷键 Ctrl + A，打开 Attribute Editor 窗口，然后展开 Object Display 选项组，选中 Template 复选框，如图 3-1 所示。

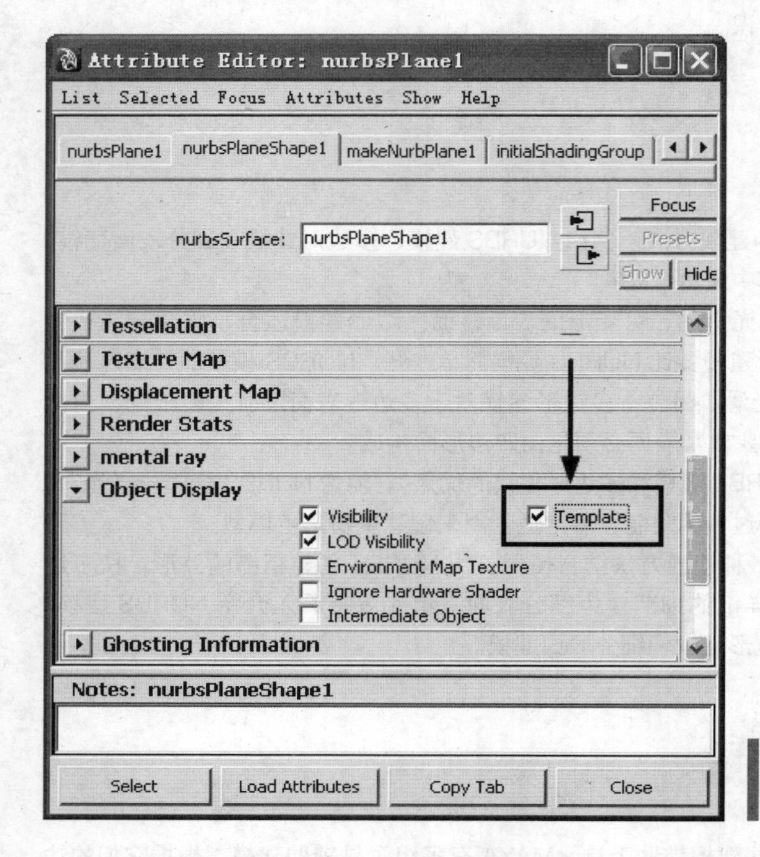

在 Attribute Editor 中选中 Template 复选框
图 3-1

因为被变成模板的对象不能像通常那样用鼠标拖动选中，所以当不再需要将其作为模板时，要在 Outliner 或 Hypergraph 编辑窗口中选中它，然后执行 Display → Object Display → Untemplate 命令。

3.2.2 层编辑器

层编辑器是在建模时非常有用的工具。

- 要创建一个新层，单击层工具条上的 New Layer 按钮即可。
- 要为所选择对象创建一个新层，单击层工具条上的 New Layer 按钮即可。
- 单击层工具条上的按钮或者按钮可使所选层上移或者下移。
- 要把一个对象或对象组添加到一个层，先选中它们，然后右击，在弹出的菜单中选择 Assign Selected 命令即可。
- 要把一个对象从一个层移到另一个层，需要先选中它，然后把它移动到另一个层。

通过使用 Layer Editor，可以隐藏层对象，将层对象做成模板或引用层对象。每一个新层左边的第一个方框表示层的可见性，用 V 来表示；第二个方框表示层的状态，其中 T 代表 Template（模板），R 代表 Reference（参考），如图 3-2 所示；第三个方框表示层的标识，双击方框可以打开 Layer Color 调色板并指定一种颜色，利用 Layer Color 调色板可以标识不同的物体组分别属于哪一层，采用不同的颜色标识能够使在场景中选择对象的操作更容易。

一个引用层里的对象除了能被用作捕捉、显示阴影表面和不能被选择外，其他方面同作为模板的对象相同。删除一个层并不能删除它的成员对象，而仅仅删除了层本身。

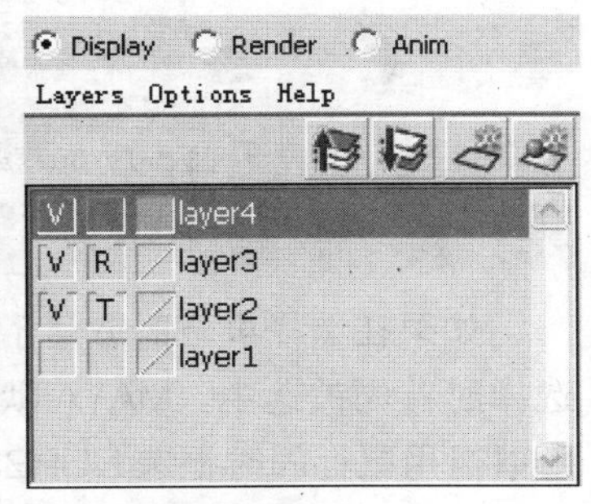

层的各种状态
图 3-2

3.2.3 分离选择

分离选择是只在某一个视图中显示物体或对象部件的功能。选择要分离的对象（CV 或面），然后在该视图菜单中选择 Show→Isolate Select→View Selected 命令，如图 3-3 所示。

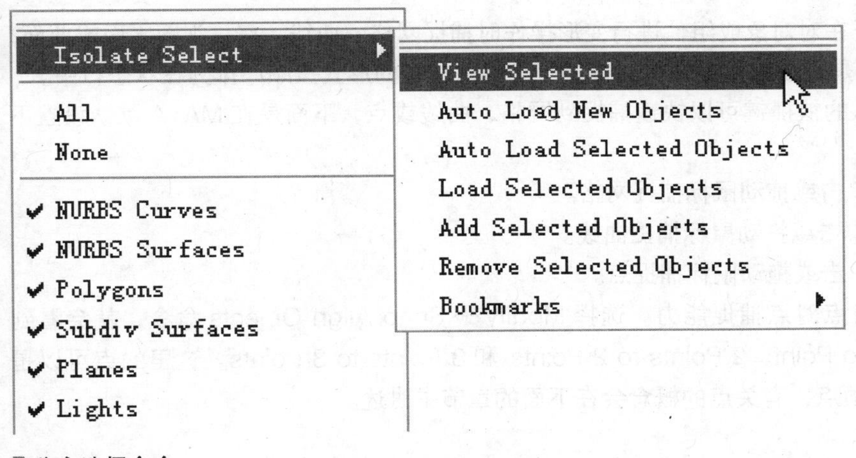

分离选择命令
图 3-3

弹出菜单还有其他选项，例如 Add Selected Objects 和 Remove Selected Objects，可以用于添加或删除视图中的物体。在创建大而复杂的模型，特别是很密集的多边形表面时，分离选择功能特别有用。

3.2.4 屏蔽拾取

通过该项功能可以选择特定类型的对象、组件或节点级元素。当将鼠标指针移到状态行选择区的按钮上时，MAYA 将显示其功能的说明。如果用右键单击该按钮，会弹出子菜单，如图 3-4 所示，上面列出了该按钮功能选项的各种不同元素，在不需要选择时可以关闭它。

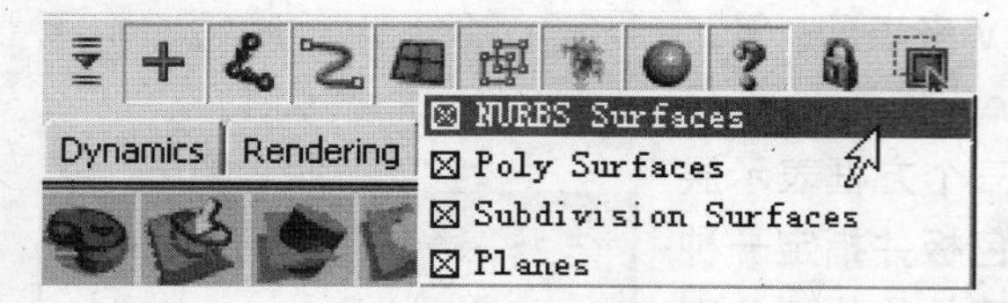

右键菜单中的屏蔽拾取选项
图 3-4

如果在选择屏蔽时激活了几个选项，MAYA 会为每一项设置优先级，优先级高的项在选择时首先被选中。MAYA 默认的选择屏蔽为对象类，并且所有不同的对象类都被选中，所以当用鼠标同时框选 NURBS 表面和节点时，两者都会被选中。但是 MAYA 默认的设置是节点的优先级比 NURBS 表面的优先级高，故它会选中节点，而 NURBS 表面不会被选中。优先级顺序也可以自定义，不过 MAYA 默认的优先级顺序的设定是比较合理的，一般不要轻易去改变它。

在 MAYA 制作的各个阶段，用户都会发现屏蔽拾取功能是很重要的，合理地使用这个功能可以提高工作效率。

3.2.5 捕捉

捕捉工具用于在对对象或组件进行变形操作时捕捉网格、曲线、点、视图平面或曲面，这些元素激活时都是可以捕捉的目标。捕捉工具都以按钮的形式按顺序排列在状态行中。

MAYA 有默认的快捷键可以快速捕捉到网格、曲线或点，下面是在 MAYA 默认设置下的快捷键。

- 按 X 键并单击或拖动鼠标捕捉网格。
- 按 C 键并单击或拖动鼠标捕捉曲线。
- 按 V 键并单击或拖动鼠标捕捉点。

MAYA 还具有点对点捕捉能力。选择 Modify → Snap Align Objects 命令，就会看到下列选项：Point to Point、2 Points to 2 Points 和 3 Points to 3 Points。这里的点可以是 CV 点或多边形的顶点，有关点的概念会在下面的章节中讲述。

3.2.6 激活对象

捕捉对象或组件的另一个方法是使对象激活，激活的对象可以在建模时起辅助作用，因为任何要移动的点都将被捕捉到激活对象的表面。

选择要激活的对象，然后选择 Modify → Make Live 命令或单击状态行上的按钮，均可实现这一功能，这时会看到激活对象变成绿色并且不能被选中。

3.2.7 构造平面

构造平面（Construction Plane）不同于场景中的 NURBS 平面或多边形平面造型，它是一个无限大的平面，而且不会被渲染。构造平面的作用就是辅助建模。默认情况下，在

MAYA 中创建一个造型时，用户会发现建立造型是以一个水平的平面为基准的，而且还可以在这个平面上显示出网格，这个平面就是系统预先设置好的构造平面。

除了这个默认的构造平面外，还可以使用 Create 菜单中的 Construction Plane 命令来创建自己的构造平面。执行 Create → Construction Plane 命令，单击右侧的参数设置按钮，打开构造平面参数设置对话框，如图 3-5 所示。

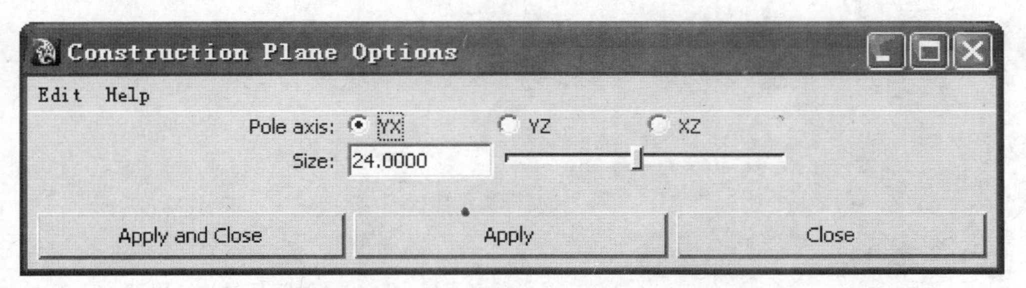

Construction Plane 参数设置对话框
图 3-5

构造平面参数设置对话框中各项参数的意义如下。

- Pole axis（平面轴向）：选择构造平面的创建位置，例如选择 YZ 则将在 YZ 轴平面上创建一个构造平面。使用该参数只能创建垂直于坐标轴的构造平面，如果需要倾斜的构造平面，可以在创建后使用旋转变形工具对构造平面进行旋转。
- Size（尺寸）：确定构造平面的尺寸。

将 Pole Axis 参数设置为 YZ，保持 Size 参数的设置不变，然后单击 Apply 按钮，将在场景中创建一个构造平面，如图 3-6 所示。

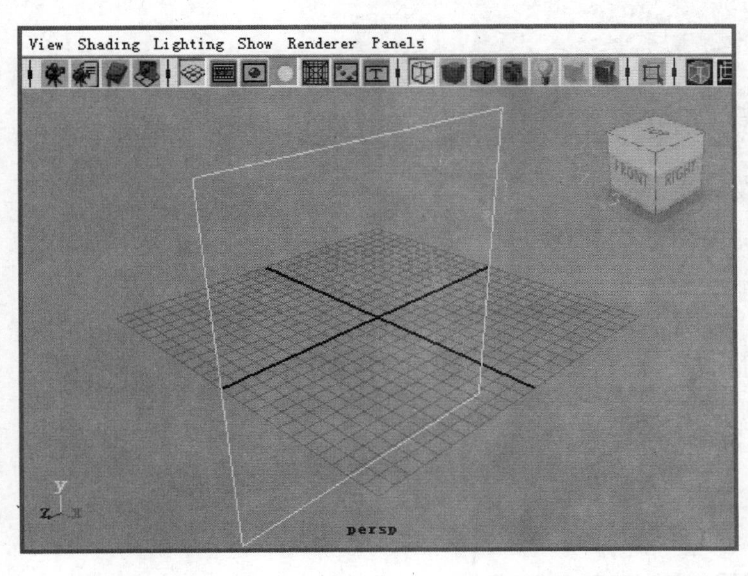

创建构造平面
图 3-6

构造平面创建好后，可以将其激活，造型将以该平面为基础来建立。激活构造平面的方法是将构造平面选中，然后执行 Modify → Make Live 命令，激活后的构造平面将显示出与默认构造平面一样的网格，如图 3-7 所示。

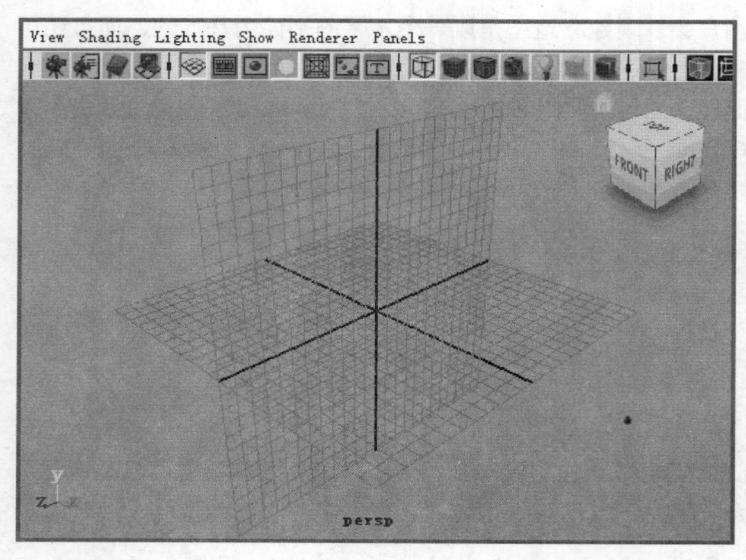

激活后的构造平面
图 3-7

当创建曲线等造型时，可以以激活的构造平面为基础来创建，如图 3-8 所示。

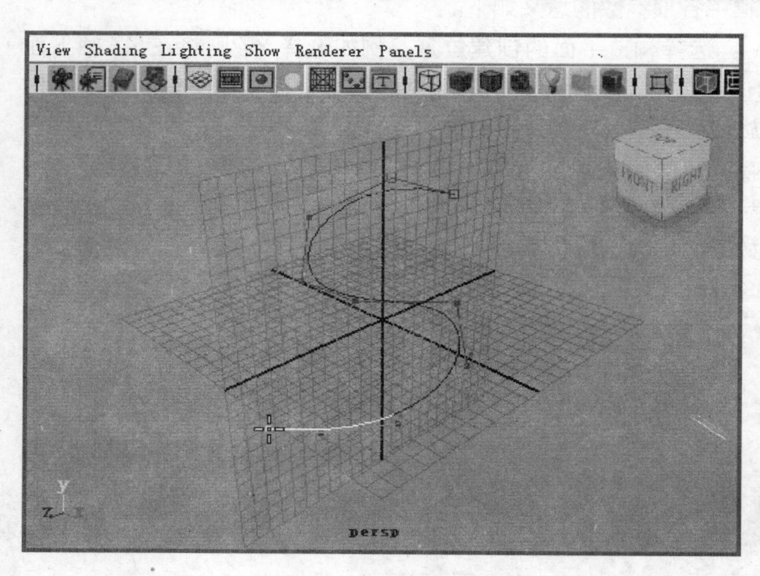

以激活的构造平面为基础创建曲线
图 3-8

如果需要改变一个构造平面的激活状态，可以在场景中的空白区域单击，确保没有选中任何造型，然后再次执行 Modify→Make Not Live 命令。如果旋转解除构造平面激活状态，构造平面上的造型将不受影响。

3.2.8 冻结变换

在经过各种移动、旋转、缩放等复杂的操作后，对象默认的 Translate、Rotate、Scale 值可能已经发生改变，这时只要选择该对象，然后再选择 Modify → Freeze Transformations 命令就可以恢复其默认值。

在 Freeze Transformations 的参数设置对话框中还可以有选择地冻结物体的平移值、旋转值或缩放值，如图 3-9 所示。

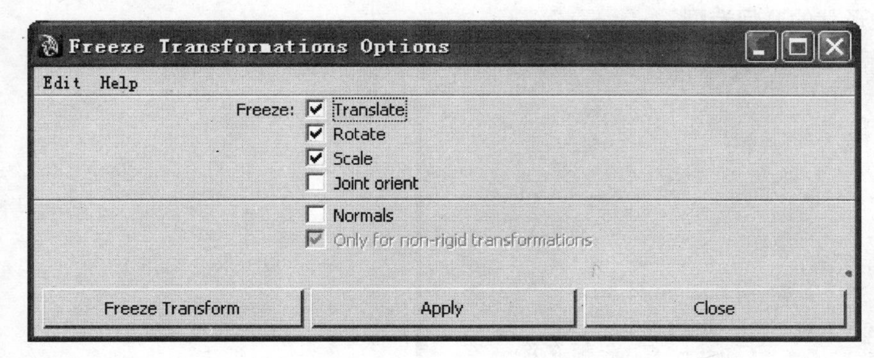

冻结变换参数设置对话框
图 3-9

3.2.9 构造历史

MAYA 的构造历史处理功能可以保存模型构建过程的历史记录，从而使用户在建模时可以更自由地进行控制，但由于它使场景更复杂，因此有些场合需要关闭构造历史的功能。在状态行上有相应的控制按钮，可根据需要进行控制。

要删除某个对象的构造历史，选择 Edit → Delete by Type → History 命令即可。

3.3 创建几何体

3.3.1 NURBS 几何体

在公共菜单中执行 Create → NURBS Primitives 命令，打开 NURBS 几何体创建子菜单，该菜单中列出了所有基本的 NURBS 几何体造型，如图 3-10 所示。

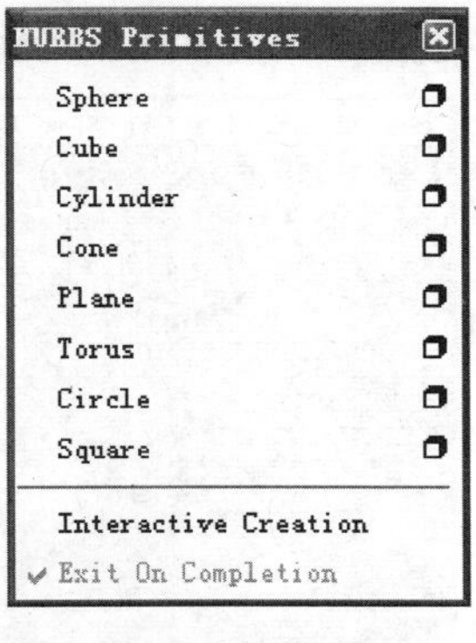

NURBS Primitives
Sphere
Cube
Cylinder
Cone
Plane
Torus
Circle
Square
Interactive Creation
Exit On Completion

NURBS 几何体类型
图 3-10

该菜单中各个命令选项对应的基本几何体如下所示。

- Sphere：球体
- Cube：立方体
- Cylinder：圆柱体
- Cone：圆锥体
- Plane：基本平面
- Torus：圆环体
- Circle：圆形
- Square：方形

还可以通过参数设置将上面列出的基本几何体转换成千变万化的几何造型。单击每个菜单项后面的参数设置按钮可以打开该造型的参数设置对话框，如图 3–11 所示。在参数设置对话框中可以对基本几何造型的构造参数进行调整，以创建出所需要的造型或由该造型衍生出来的其他形状的几何造型。

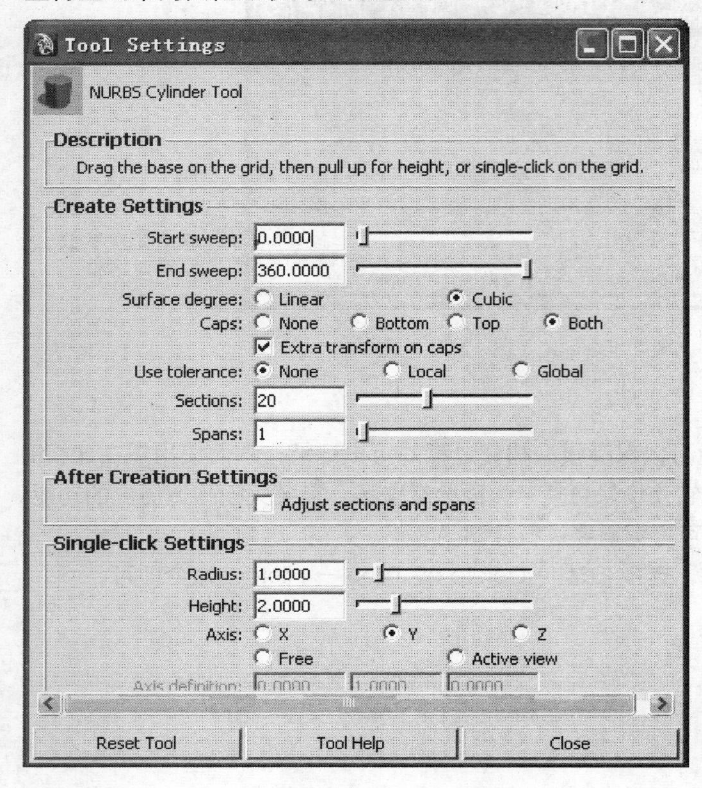

NURBS 基本几何体参数设置对话框
图 3–11

下面通过一个例子来说明如何创建基本的 NURBS 几何体，具体操作如下。

（1）首先取消命令 NURBS Primitives 的子菜单中 Interactive Creation（交互式创建）选项的勾选，然后执行 Create → NURBS Primitives → Sphere 命令，MAYA 就会在场景中创建一个拥有默认属性的 NURBS 球体，如图 3–12 所示。

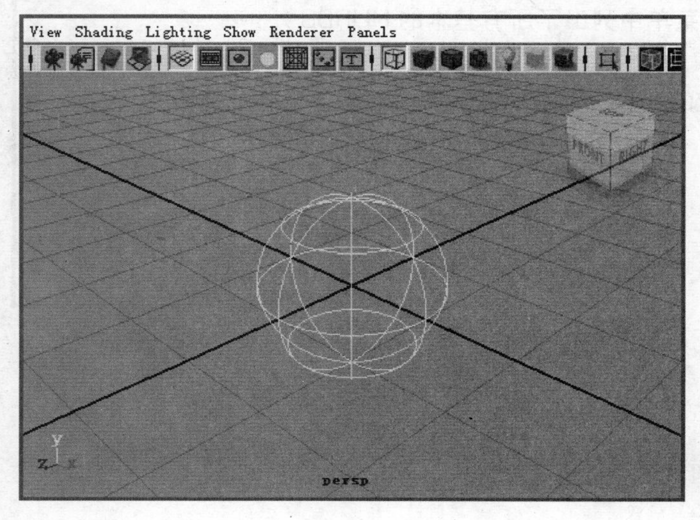

默认属性的 NURBS 球体
图 3–12

（2）执行 Create → NURBS Primitives → Sphere 命令，单击右侧的参数设置按钮，打开创建 NURBS 球体的参数设置对话框，如图 3-13 所示。

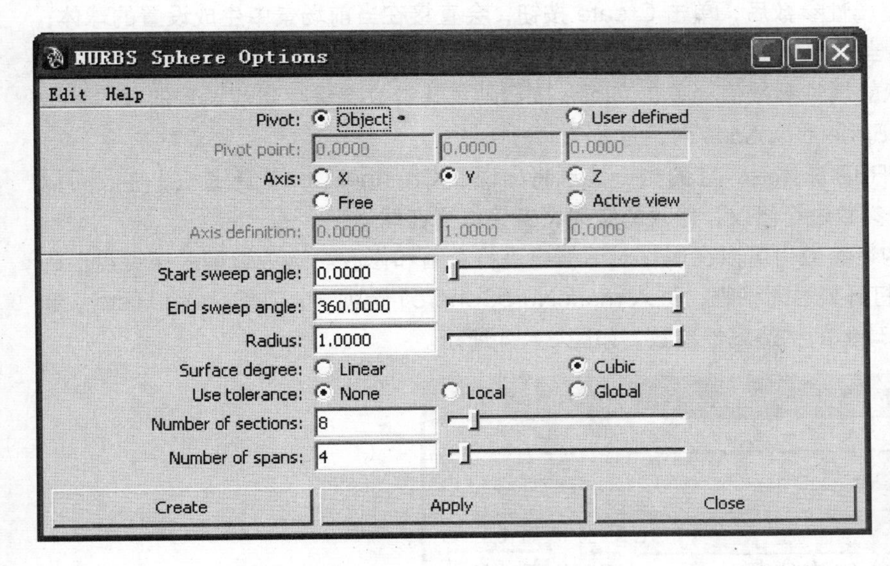

NURBS 球体的参数设置对话框
图 3-13

（3）该对话框中各项属性的设置方法和意义如下。

• Pivot：设置球体的枢轴位置。

✧ Object：位于球体上。

✧ User defined：用户自定义。

• Pivot point：选中 User Defined 单选按钮后 Pivot point 的属性文本框用于输入枢轴点的 3 个坐标值。

• Axis：设置生成球体的旋转对称轴。

✧ X：绕 X 轴生成球体。

✧ Y：绕 Y 轴生成球体。

✧ Z：绕 Z 轴生成球体。

✧ Free：绕自由轴生成球体。

• Axis definition：选中 Free 单选按钮时，此属性用于定义自由轴指向的方向，文本框中的数值是一个向量在 3 个方向的投影值。

• Start sweep angle：开始旋转的角度。

• End sweep angle：结束旋转的角度，值域为 0 ~ 360。

• Radius：设置球的半径，值域为 0 ~ 1000。

• Surface degree：用于设置曲面的度数。

Linear/Cubic：用于设置线性曲面或立方形的曲面。

• Use tolerance：容许误差设置。

✧ None：无误差。

✧ Local：局部性空间范围误差。

✧ Global：全局性空间范围误差。

- Number of sections：片段的数量，数值范围为 4 ~ 50。
- Number of spans：跨度的数量，值域为 2 ~ 50。

（4）当设置完属性参数后，单击 Create 按钮，会直接在当前场景中生成设置的球体；单击Save按钮，将当前的属性值保存作为系统的首选属性；选择Edit→Reset Settings命令，可以恢复系统默认的属性参数值；单击 Close 按钮则意味着放弃保存当前设置的属性参数值，关闭 NURBS Sphere Options 对话框。

（5）创建 NURBS 球体后，它的构造信息将出现在 Channel Box（通道栏）中，可以在那里对它的构造参数进行修改，修改的结果将直接作用在球体上。

（6）造型的构造参数也可以在属性对话框中进行查看和修改。选中造型后按键盘上的 Ctrl + A 组合键，打开属性对话框，进入 makeNurbSphere1 选项卡，在 Sphere History 选项组栏中将显示出球体的构造属性参数，如图 3-14 所示。

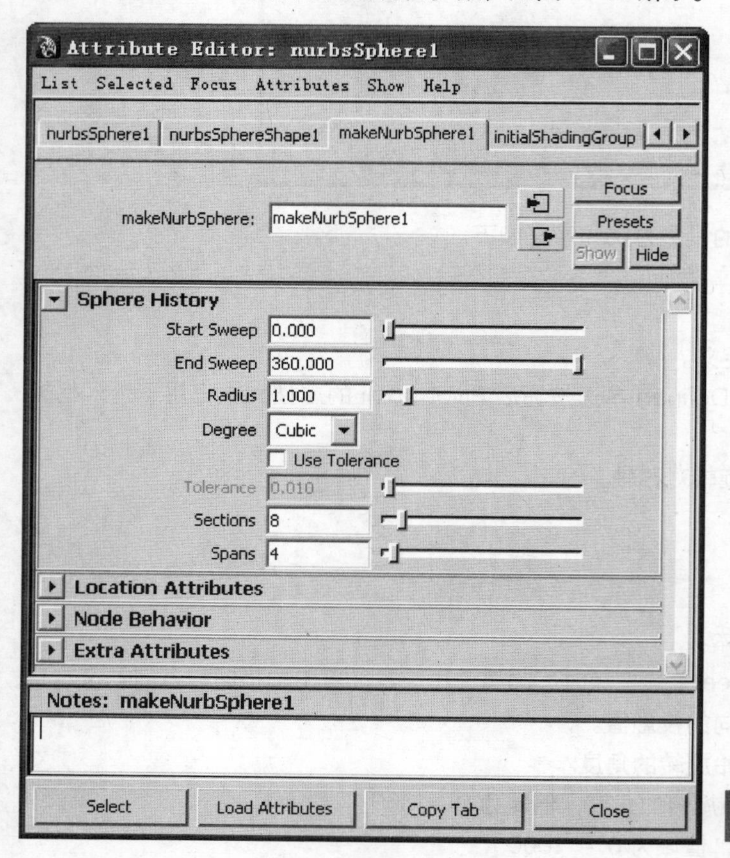

NURBS 球体的构造属性参数
图 3-14

从 Sphere History 选项组中可以看出球体的构造参数其实就是球体的构造历史，可以选择将它删除或保留。如果将球体的构造历史删除，将无法再通过属性通道栏或者属性对话框查看或改变它的构造参数，删除构造历史后的球体其属性对话框中将不再有 makeNurbSphere1 选项卡。

其他几何体的属性设置方法与上面介绍的相同，只是在具体的参数上有所不同，这里就不逐一介绍了。各个基本造型的参数设置都十分简单，读者可以自己尝试改变设置的效果。

3.3.2 多边形几何体

多边形建模工具和 NURBS 建模工具一起组成了 MAYA 的造型模块，这两种建模方式互相补充，形成了一个完整的建模体系。在公共菜单中执行 Create → Polygon Primitives 命令，打开多边形基本几何体创建的子菜单，在该菜单中列出了所有基本的多边形几何造型，如图 3–15 所示。

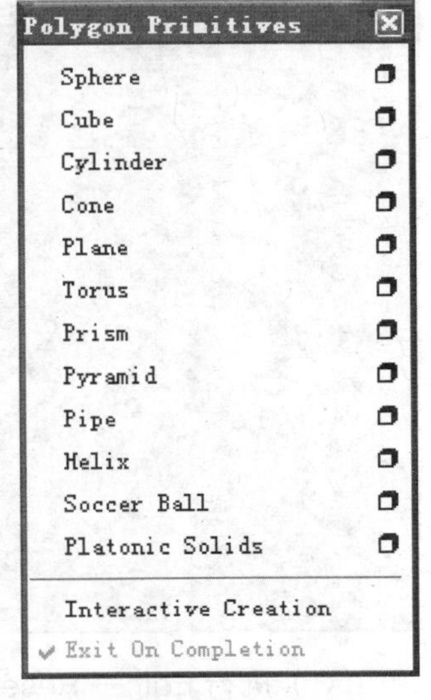

多边形基本几何体类型
图 3–15

该菜单中各个命令选项对应的基本几何体如下所示。

- Sphere：球体
- Cube：立方体
- Cylinder：圆柱体
- Cone：圆锥体
- Plane：基本平面
- Torus：圆环体
- Prism：棱柱体
- Pyramid：棱锥体
- Pipe：圆管体
- Helix：螺旋体
- Soccer Ball：足球
- Platonic Solids：多面实体

多边形几何体的创建方法和 NURBS 几何体的创建方法相同，也是通过设置基本构造参数来创建形体的。各种基本模型参数设置的方法也大致相同。

（1）打开 Polygon Primitives 子菜单，单击 Polygon Primitives 子菜单中 Sphere 选项的参数设置按钮，打开 Polygon Sphere Options 对话框，如图 3–16 所示。

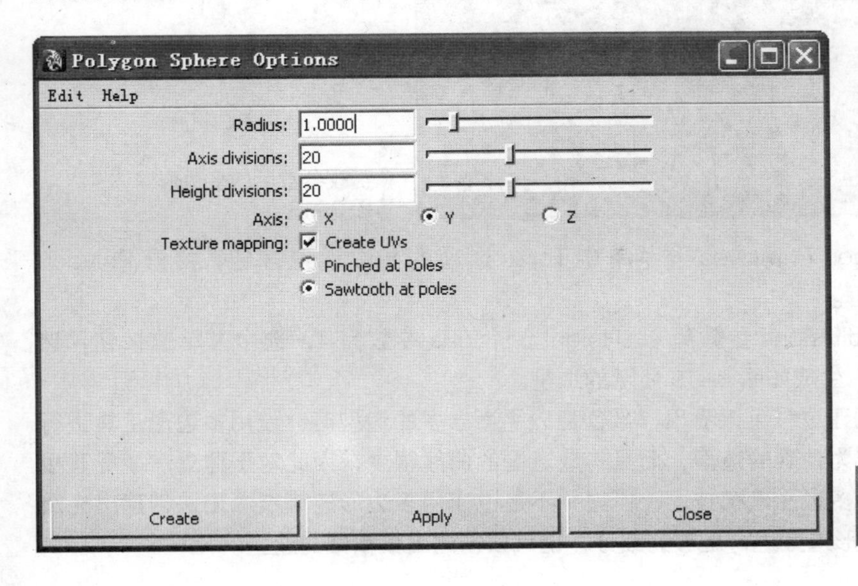

多边形球体参数设置对话框
图 3–16

（2）设置 Axis divisions 属性值为 10，其他属性保持系统的默认值，单击 Create 按钮，生成一个曲面体，如图 3-17 所示。注意观察该造型与 NURBS 造型的不同之处。

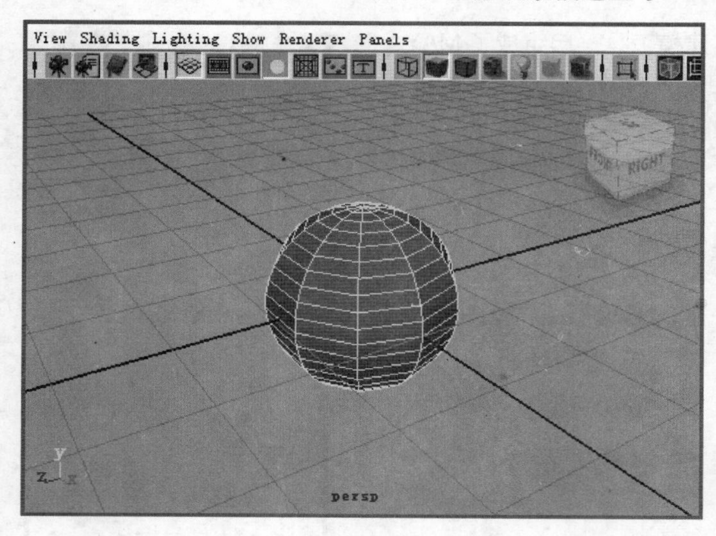

多边形球体
图 3-17

（3）执行 Edit → Reset Settings 命令，将恢复系统默认的属性参数值，更改 Height divisions 属性的值为 3，单击 Create 按钮，生成如图 3-18 所示的曲面体。

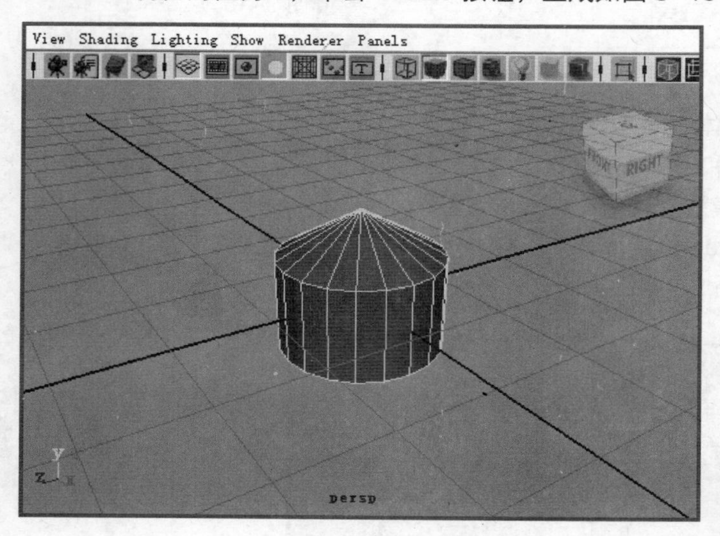

更改参数后的多边形球体
图 3-18

（4）单击 Polygon Primitives 子菜单中 Torus 选项的参数设置按钮，打开 Polygon Torus Options 对话框。

（5）设置 Axis divisions 参数为 4，Height divisions 参数为 4，选中 X 单选按钮，然后单击 Create 按钮，生成如图 3-19 所示的造型。

从以上造型的创建过程可以看出，当创建以平面居多的造型时，使用多边形工具进行建模不仅可以得到较为精确的造型，而且构成造型的曲线很少，因此对于建立房屋等有棱角的模型时通常使用多边形建模技术，但这并不是说使用多边形建模技术无法创建出光滑的表面，如果对多边形造型进行足够的细分，也可以创建出很精细的造型。

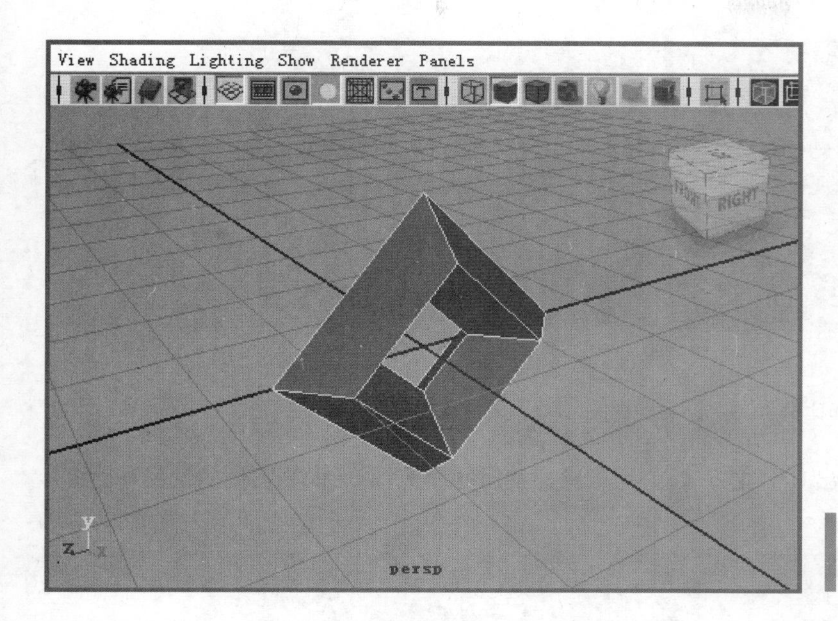

更改参数后的
多边形圆环体
图 3-19

3.3.3 实例——电脑桌建模

这个实例中将用到几种多边形几何体，通过缩放、旋转、移动等简单的编辑操作来完成一个电脑桌的建模，如图 3-20 所示。

（1）新建一个场景。执行 Create → Polygon Primitives → Cube 命令或者选中 Polygons 选项卡，在工具架中单击按钮创建一个多边形立方体。

（2）在视图右侧的 Channel Box 中单击 INPUTS 选项展开立方体创建参数选项组，设置 Width、Height 和 Depth 的值分别为 4、5 和 6，按 Enter 键确定。如图 3-21 所示移动场景中立方体造型的位置。该立方体用来做电脑桌的柜体。

利用多边形几何体创建的电脑桌模型
图 3-20

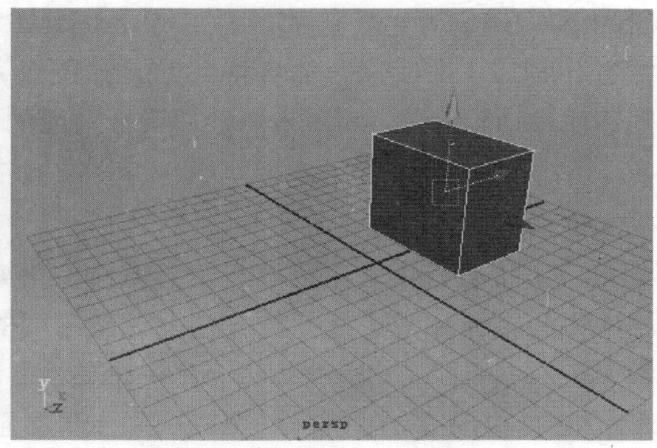

移动立方体到图示的位置
图 3-21

（3）按 Ctrl + D 组合键复制出一个立方体，使用移动和缩放工具调整它的位置和比例，如图 3-22 所示。

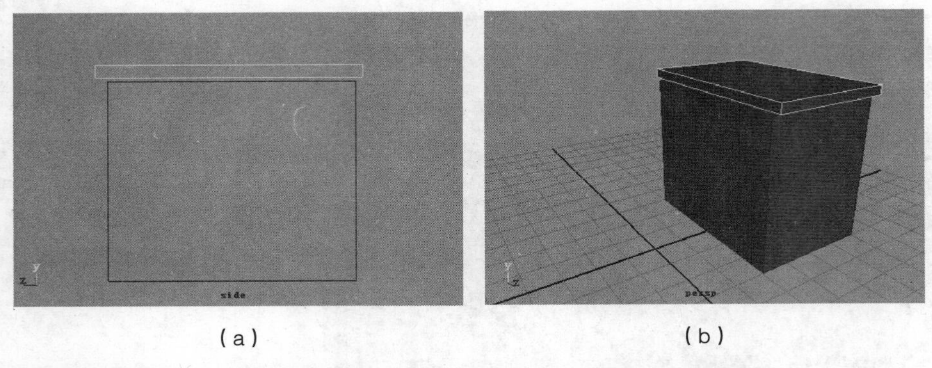

(a)　　　　　　　　　　　　(b)

调整复制立方体的位置和比例（(a)图为侧视图，(b)图为透视视图）
图 3-22

（4）接着再次复制出 3 个立方体，作为电脑桌抽屉的面板，然后调整它们的位置和比例，如图 3-23 所示。

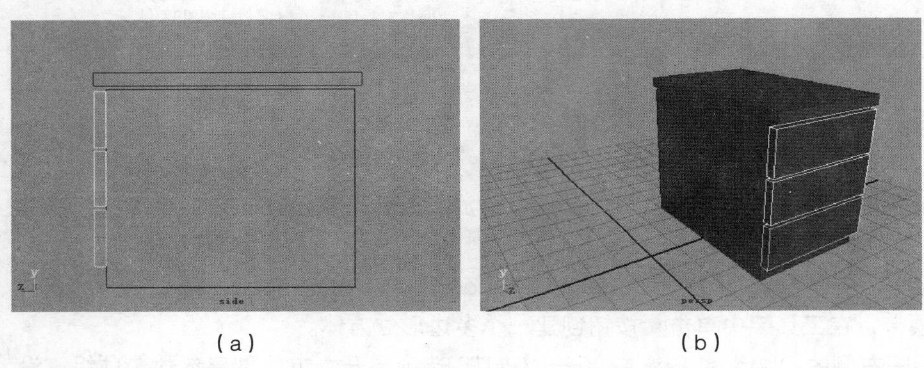

(a)　　　　　　　　　　　　(b)

制作抽屉面板
图 3-23

（5）下面来制作抽屉的拉手。创建一个多边形圆环体，在 Channel Box 中设置它的参数，设置 Rotate Y 的值为 – 45，并在 INPUTS 中设置它的各项参数，如图 3-24 所示。将这个圆环体移动到图 3-25 所示的抽屉面板前面的位置。

（6）将圆环体拉手复制两个，分别放置在下面两个抽屉面板的位置，如图 3-26 所示。

（7）接着在视图中创建一个立方体作为桌面，创建一个圆柱体作为柜体和桌面之间的支柱，调整它们的位置和比例，如图 3-27 所示。复制圆柱体作为另一个支柱并移动到它的后方。

（8）利用 3 个圆柱体制作出另一侧桌腿，如图 3-28 和图 3-29 所示。

（9）框选 3 个桌腿圆柱体，按 Ctrl + G 组合键使它们成组，执行 Modify→Center Pivot 命令将组的轴心点对齐到组的中心，如图 3-30 所示。

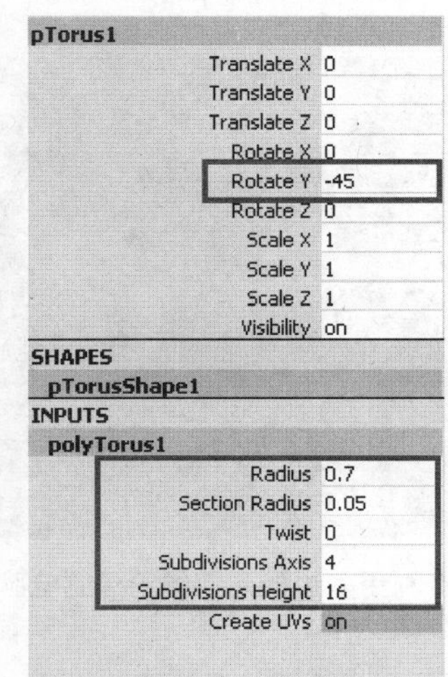

修改圆环体的参数
图 3-24

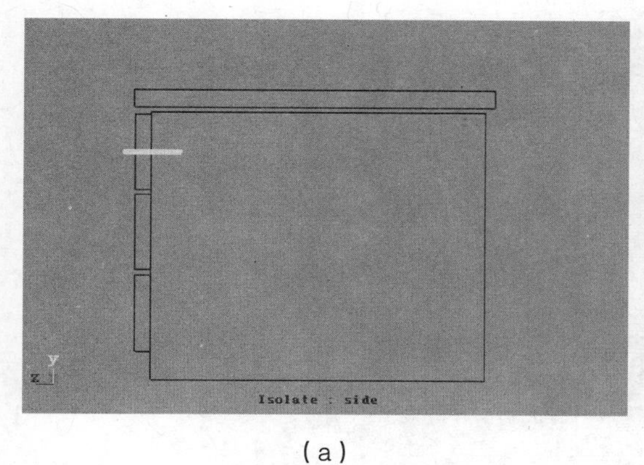

(a)

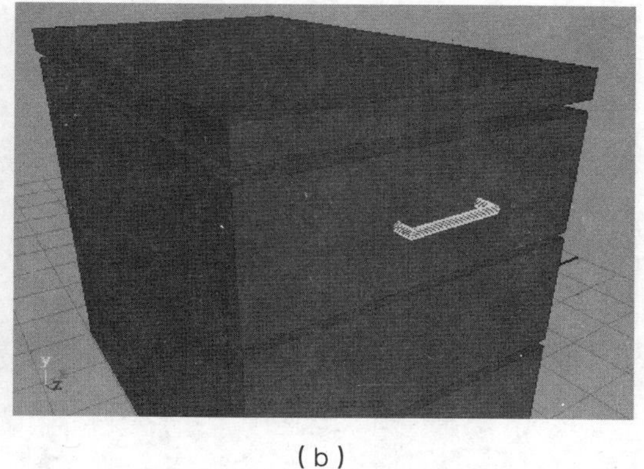

(b)

调整圆环体拉手的位置
图 3-25

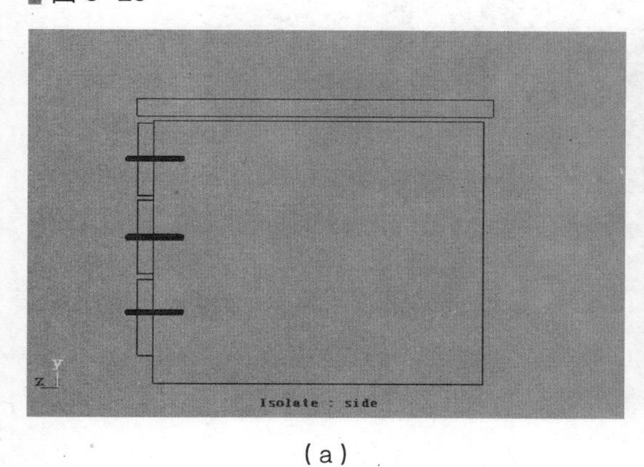

(a)

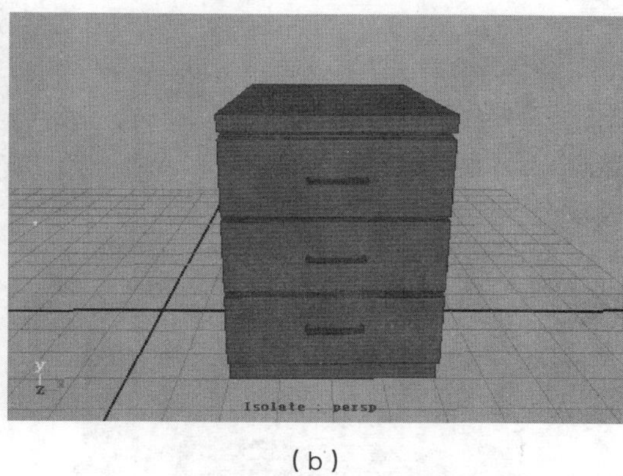

(b)

复制两个拉手
图 3-26

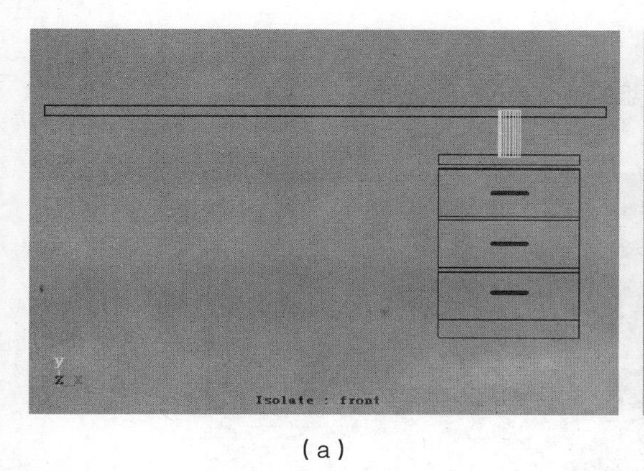

(a)

(b)

制作桌面以及桌面和柜体间的支柱（(a) 图为前视图，(b) 图为透视视图）
图 3-27

（10）再按 Ctrl + D 组合键将这个组复制，作为另一条桌腿，移动到相应的位置，如图 3-31 所示。

利用 3 个圆柱体制作桌腿
图 3-28

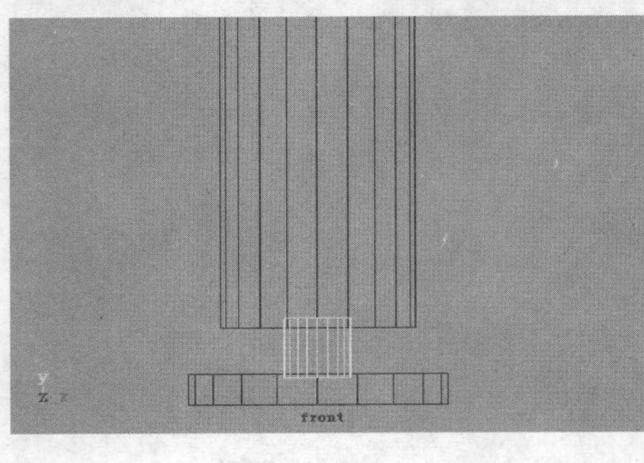

(a) 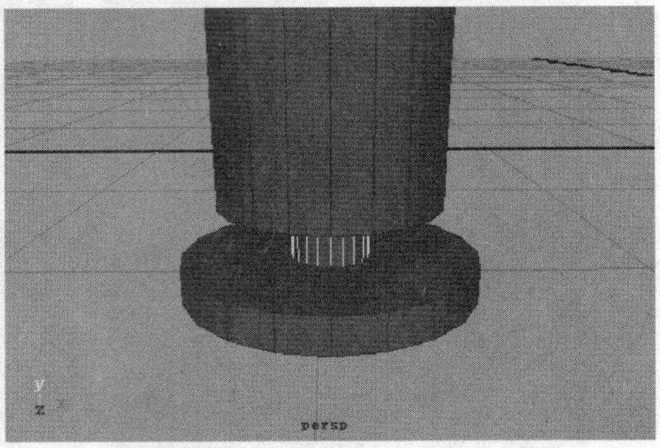　　(b)

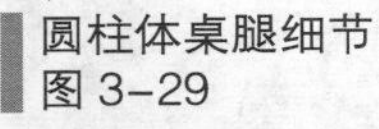
圆柱体桌腿细节
图 3-29

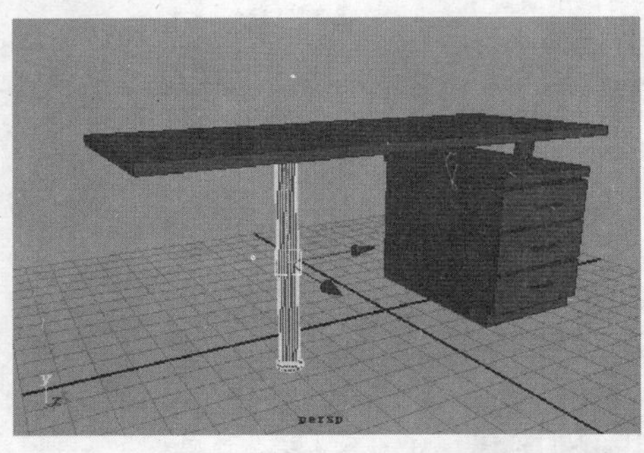

将组的轴心点对齐到组的中心
图 3-30

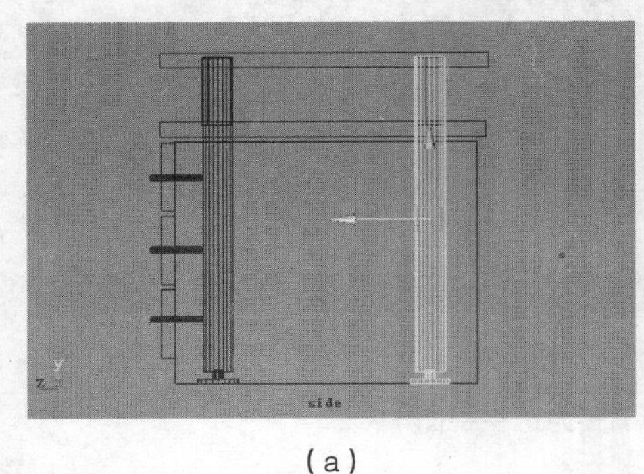

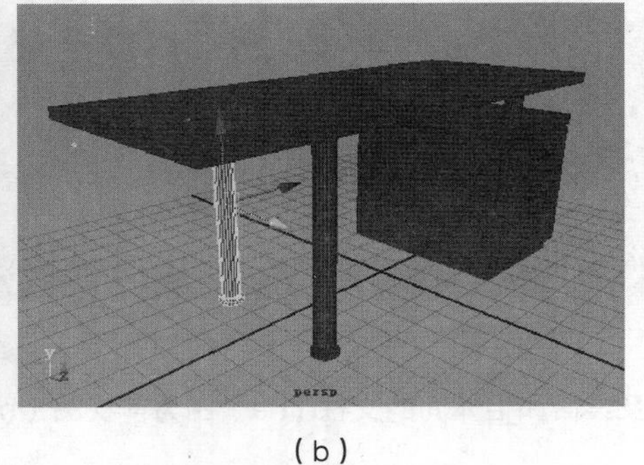

(a)　　(b)

复制并移动桌腿到相应位置（(a)图为侧视图,(b)图为透视视图）
图 3-31

（11）最后再次创建3个立方体，调整它们的位置和比例，作为计算机机箱支架，如图3-32所示，完成模型制作。

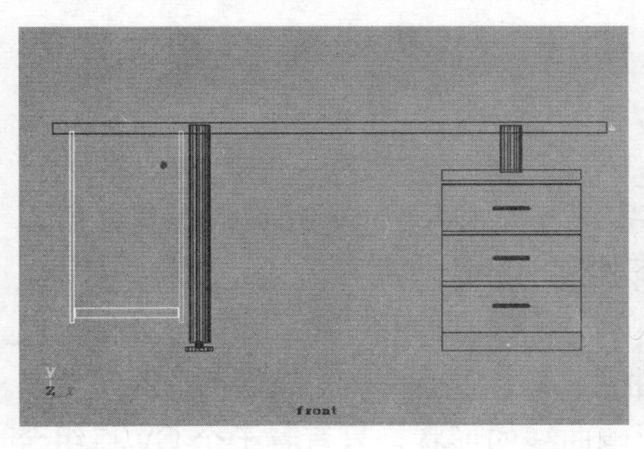

（a）

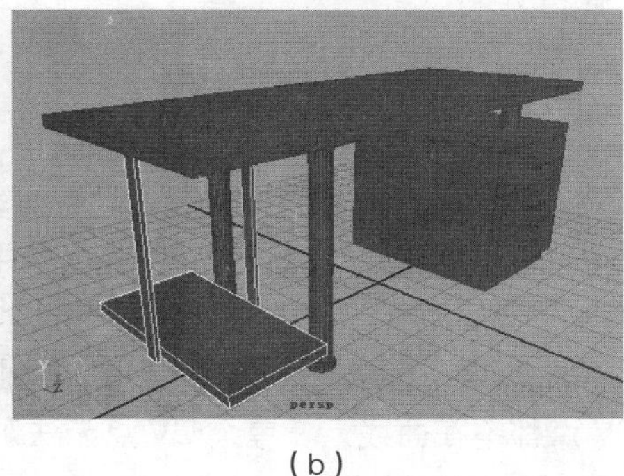

（b）

计算机机箱支架的制作（（a）图为前视图，（b）图为透视视图）
图3-32

3.4 创建NURBS曲线

曲线由Control Vertex（控制点）、Edit Point（编辑点）、Hull（壳线）等基本组件组成。曲线是建模最重要的部分，尤其对于NURBS建模来说，它的基础就是NURBS曲线。为了建立一个复杂空间曲面图形，常常从建立一条曲线开始，然后通过旋转、放样等方法生成不同的模型。

在MAYA中创建的曲线就是NURBS曲线，也被称为“样条”，如图3-33所示。

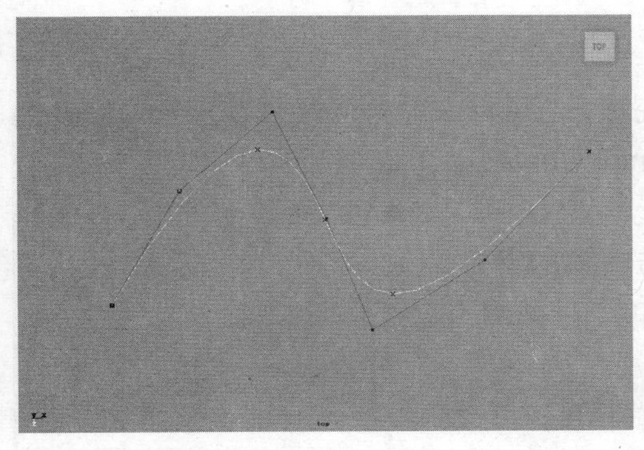

NURBS曲线示意
图3-33

• Control Vertex（控制点，简称CV）：决定曲线形状的点，它定义并影响曲线方程，它的位置还决定了曲线的不同计算方法。

• Edit Point（编辑点，简称EP）：是一些可以将曲线段连接起来形成一条连续曲线的点，也可以用来控制曲线形状。

• Hull（壳线）：连接所有控制顶点的直线，在操作中，可以通过选择外壳来选择连接的所有控制顶点。

• Span（段）：组成曲线的基本单位，一条曲线是由一个或多个线段组成的。

• 曲线的方向（Curve Direction）：MAYA 将起始控制顶点和第二个控制顶点显示成空心矩形，目的是为了确定曲线的方向，曲线的方向在曲面的创建环节中非常重要。

3.4.1 CV 曲线与 EP 曲线

MAYA 有两种类型的曲线：CV 曲线和 EP 曲线。CV 是 Control Vertex 的缩写，所以 CV 曲线也称为控制点曲线。所谓的 CV 点就是用于控制曲线或者曲面的点，注意，CV 点仅仅是曲线的控制点，并不一定在曲线上。通过创建一定数目的 CV 点，MAYA 会根据设置的曲线方程的阶次自动生成受这些 CV 点控制的曲线，红色的点是 CV 控制点。除了终点和起点外，CV 点都不在曲线上。单个 CV 点无法影响曲线的形状，只有若干个 CV 点组合起来才可以对曲线进行控制。

EP 是 Edit Point 的缩写，所以也称 EP 曲线为编辑点曲线。EP 点直接位于曲线上，也就是说曲线将通过 EP 点。创建一些 EP 点之后，MAYA 会自动创建一条通过所有 EP 点的曲线。可以对一条 EP 曲线任意添加 EP 点，而不会影响曲线的最终形状。

MAYA 中还提供了另外一种曲线绘制工具——Pencil Curve（铅笔曲线），使用铅笔曲线工具可以像使用铅笔在纸上绘制曲线一样徒手绘制出曲线。

在进一步学习曲线的建立和使用前，明确各种曲线的区别是十分必要的，但是这里做区分的标准是曲线的建立方式，并不是曲线的构成差异，也就是说无论使用哪一种方法建立的曲线，都是 NURBS 曲线。当对曲线进行编辑时，不论曲线最初是使用何种方式建立的，都可以转化为 CV 曲线或 EP 曲线进行编辑。

3.4.2 CV 曲线的创建

曲线的创建同样可以通过 Create 菜单来完成，在 Create 菜单中有 CV Curve Tool、EP Curve Tool、Pencil Curve Tool 等命令用于创建 NURBS 曲线，如图 3-34 所示。

执行 Create → CV Curve Tool 命令，单击右侧的参数设置按钮，打开 CV Curve Tool 参数设置对话框，如图 3-35 所示，其中包括如下选项。

• Curve degree（曲线级数）：用来计算曲线精度，级数越高曲线越光滑，需要定义单独曲线段的节点也越多，默认为 3 Cubic。

• Knot spacing（节间距）：节间距的类型决定 MAYA 在 U 方向上定位的方式，用 Chord length（弦长）节点可以更好地分配曲率，使用这样的曲线创建曲面，可以更好地显示纹理贴图；Uniform（统一）节间距可创建更易于用户使用与识别的形状，默认为 Uniform。

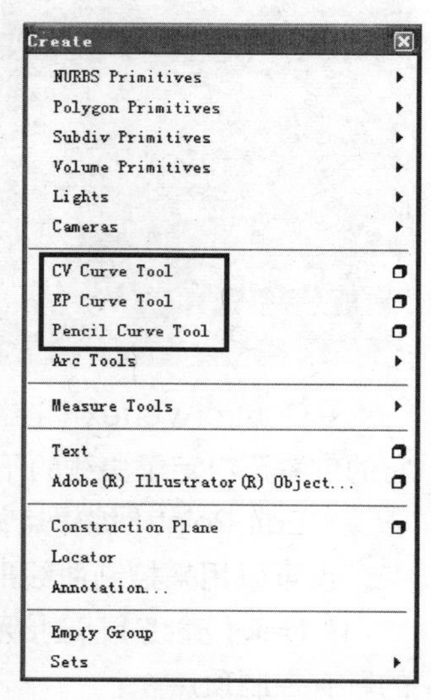

3 种创建曲线的工具
图 3-34

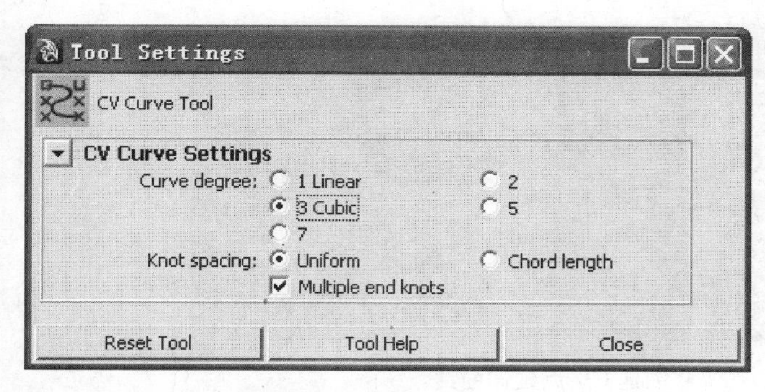

CV Curve Tool 参数设置对话框
图 3–35

• Multiple end knots（多重末节点）：当勾选此复选框时，曲线的起始节点和末节点将定位在两端的控制点上，这样更容易控制曲线的末端区域，默认为勾选。

首先通过一个操作实例来了解 CV 曲线的建立过程，具体操作步骤如下。

（1）执行 Create 菜单中的 CV Curve Tool 命令，这时，鼠标指针在工作窗口中变成了十字形状。

（2）拖动鼠标到指定的位置并单击，建立第 1 个 CV 点，在工作窗口中显示的是一个小的空心方框，如图 3–36 所示。

（3）拖动鼠标到另一个位置并单击，建立另一个 CV 点，这时并不产生曲线，如图 3–37 所示。由于系统默认 CV Curve Tool 命令创建的是 3 次曲线，则至少需要第 4 个 CV 点才可以产生一条曲线。

单击创建第 1 个 CV 点
图 3–36

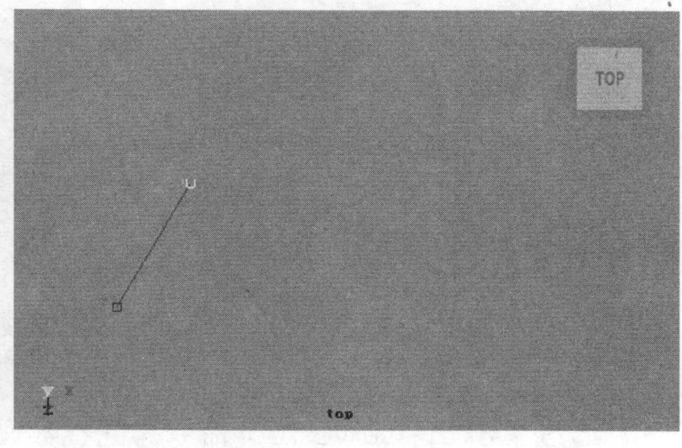

创建第 2 个 CV 点
图 3–37

（4）拖动鼠标，单击建立第 3 个和第 4 个 CV 点，这时，一条曲线就显示出来，它连接第 1 个和第 4 个 CV 点，并受第 2、3 个 CV 点的控制，如图 3–38 所示。

（5）继续单击鼠标建立 CV 点，这条曲线会继续延伸，如图 3–39 所示。按 Enter 键结束曲线的建立，单击鼠标右键放弃创建曲线。

技巧

在绘制曲线的过程中，按键盘上的 Backspace（退格）键可以返回到上一个 CV 点建立的状态；按鼠标中键并拖动可以调整当前 CV 点的位置。此方法同样适用于 EP 曲线。

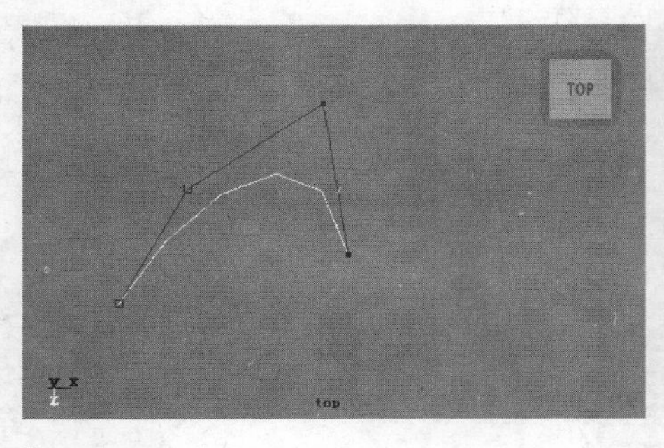

曲线显示
图 3-38

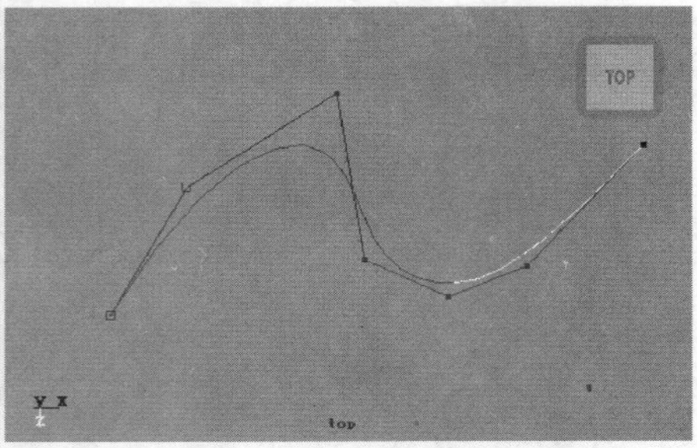

创建 CV 点延伸曲线
图 3-39

3.4.3 EP 曲线的创建

EP Curve Tool 的使用方法和 CV Curve Tool 相同，但它生成曲线的形式和使用 CV Curve Tool 时不同。选择 EP Curve Tool 命令后，在场景中单击左键即可创建一个用 X 形标记的 EP 点，与 CV 曲线不同，使用 EP 曲线工具在场景中建立两个 EP 点，就会自动在两个点之间生成一条曲线，如图 3-40 所示。

继续单击增加 EP 点，曲线会自动通过新增加的 EP 点，并且根据曲线阶次的不同，自动调整曲率以使整个曲线光滑，如图 3-41 所示。

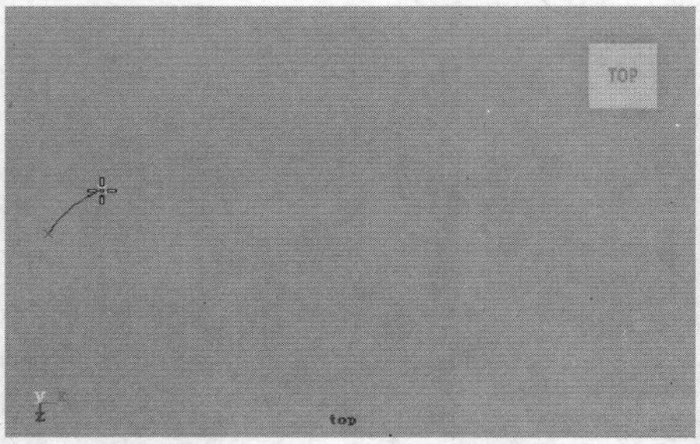

在两个点之间生成曲线
图 3-40

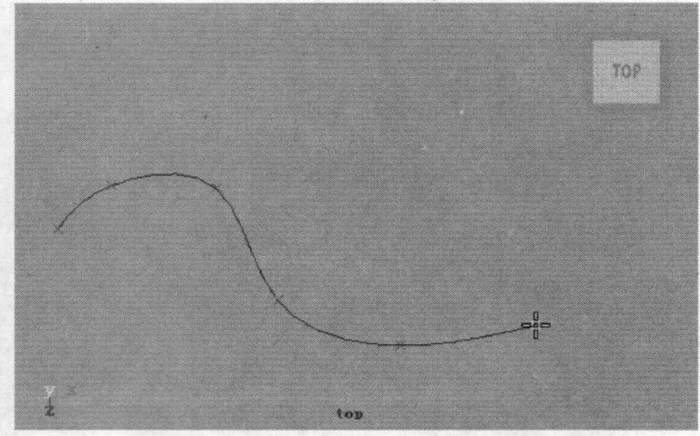

曲线自动调整曲率
图 3-41

通过单击 EP Curve Tool 命令旁的参数设置按钮，打开 EP 曲线参数设置对话框，从中可以设置 EP 曲线的参数，例如改变曲线的阶数等。

使用 EP Curve Tool 和 CV Curve Tool 创建曲线的不同之处在于曲线控制点的位置不同：CV Curve Tool 生成的曲线由控制点的连线控制，而 EP Curve Tool 生成的曲线则通过控制点控制。当需要曲线精确地通过某点时需要使用 EP 曲线工具。

3.4.4 Pencil 曲线的创建

Pencil Curve Tool 的使用方法如下。

选择 Create 菜单中的 Pencil Curve Tool 命令，这时，鼠标指针在工作窗口中变成一个铅笔的形状。在工作窗口中按住鼠标左键，拖动鼠标，将生成红色的自由曲线，松开鼠标的左键就可以结束曲线的创建，如图 3-42 所示。使用 Pencil 曲线工具只能创建 3 阶以下的曲线。

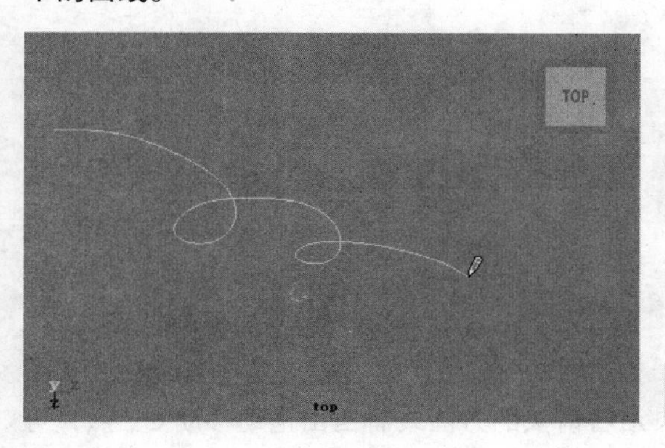

Pencil 曲线的创建
图 3-42

3.5 编辑 NURBS 曲线

不论使用何种方式创建曲线，建立后都是 NURBS 曲线，都可以通过编辑 CV 点或 EP 点的方式来对曲线进行编辑修改。

3.5.1 曲线的组件

曲线建立完毕后在场景中是以对象方式显示的，要对曲线进行编辑，首先需要将曲线以组件方式显示，显示出曲线的 CV 点或 EP 点。

在场景中选中曲线，单击鼠标右键，弹出如图 3-43 所示的快捷菜单。

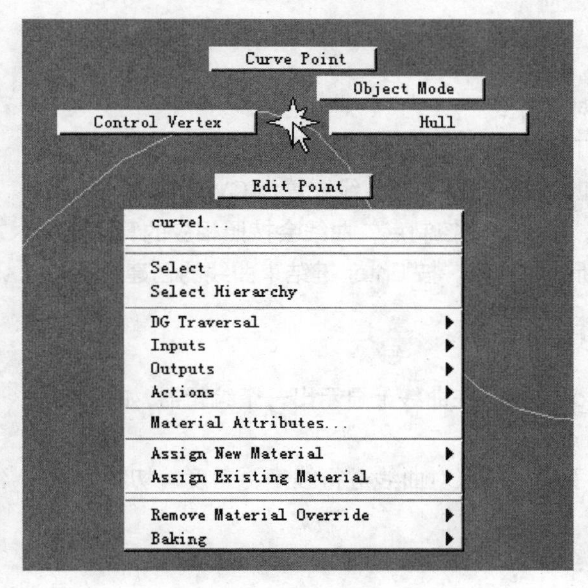

右键快捷菜单中曲线组件的显示
图 3-43

选择 Curve Point 选项，这时曲线将由对象方式显示切换为组件方式显示，如图 3-44 所示。

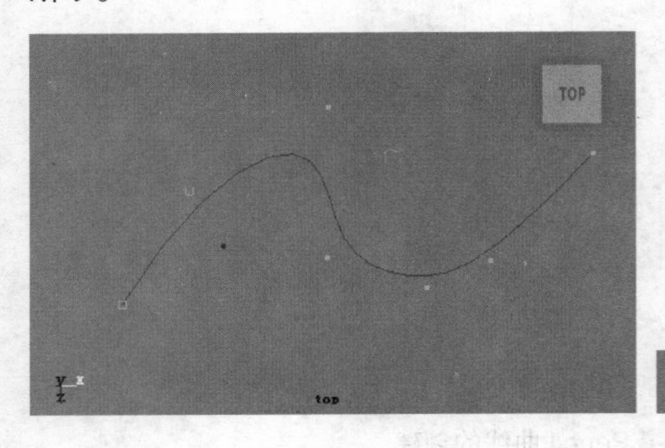

Curve Point 显示
图 3-44

选取曲线某一个控制点，使用移动工具沿着箭头的方向或者自由拖动移动 CV 点，可以改变曲线的形状。显示 CV 点还有一种快捷的方法，即通过使用键盘上的 F8 键在曲线对象显示方式和组件显示方式之间进行切换。

编辑 EP 点同样可以改变曲线的形状。注意，在改变 EP 点时，由于曲线形状发生了变化，所以曲线的 CV 点也会相应地发生改变。

如果再次在曲线上单击右键打开快捷菜单，选择 Object Mode 选项便能够使曲线恢复以对象方式显示。

3.5.2 曲线的编辑

除了对组成曲线的 CV 点或 EP 点进行简单的移动以对曲线进行编辑外，更多的曲线编辑操作可以在 Surfaces 模块中的 Edit Curves 菜单中完成，该菜单如图 3-45 所示。

在该菜单中有编辑曲线所需要的全部命令。下面将介绍其中一些基本命令的使用方法。

1. Add Points Tool（添加点工具）

（1）建立一条曲线，设置显示方式为对象方式。

（2）执行 Edit Curves → Add Points Tool 命令，这时鼠标指针的形状变为十字形，和使用 CV Curve Tool 时相同，使用该工具在曲线上单击将把曲线恢复为 CV 点建立的模式。

（3）在曲线的末端附近单击鼠标左键，增加一个控制点，曲线会按照相应的算法延伸，这是扩展曲线的基本方法，可以用来生成新的曲线段。按 Enter 键结束曲线的创建。

2. Curve Editing Tool（曲线编辑工具）

（1）执行 Edit Curves → Curve Edit Tool 命令，在曲线上显示出一个编辑器，如图 3-46 所示。

（2）拖动或者单击曲线编辑器的不同手柄，可以对曲线进行线度、角度、切线方向等多方面的修改。

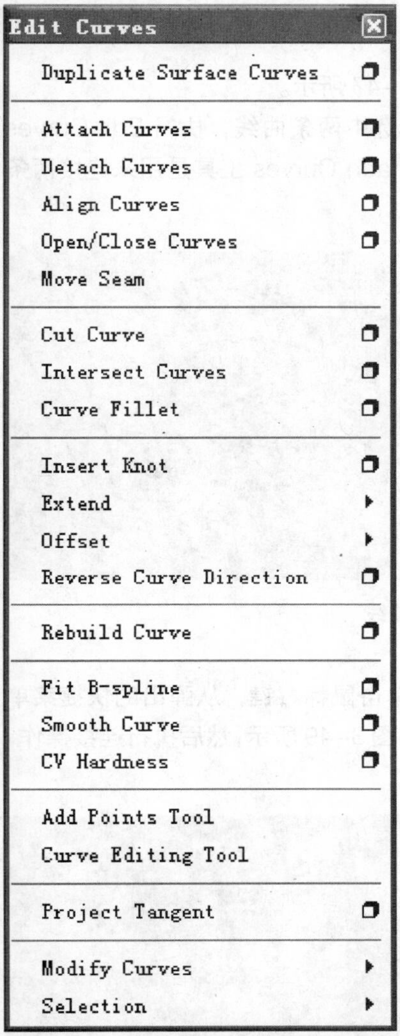

Edit Curves

Duplicate Surface Curves

Attach Curves
Detach Curves
Align Curves
Open/Close Curves
Move Seam

Cut Curve
Intersect Curves
Curve Fillet

Insert Knot
Extend
Offset
Reverse Curve Direction

Rebuild Curve

Fit B-spline
Smooth Curve
CV Hardness

Add Points Tool
Curve Editing Tool

Project Tangent

Modify Curves
Selection

曲线编辑命令
图 3-45

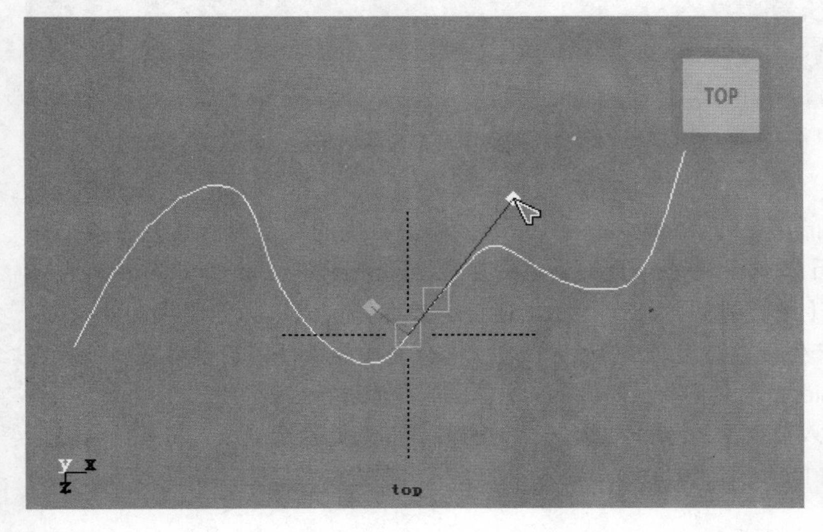

曲线编辑器
图 3-46

3. Attach Curves（连接曲线）

（1）使用 CV Curve Tool 命令创建两条曲线，如图 3-47 所示。

（2）在工作窗口中按住鼠标左键，拖动鼠标的同时选中两条曲线，执行 Edit Curves 菜单中的 Attach Curves 命令，将两条曲线连接起来。Attach Curves 工具是用来连接两条曲线端点的工具，其连接效果如图 3-48 所示。

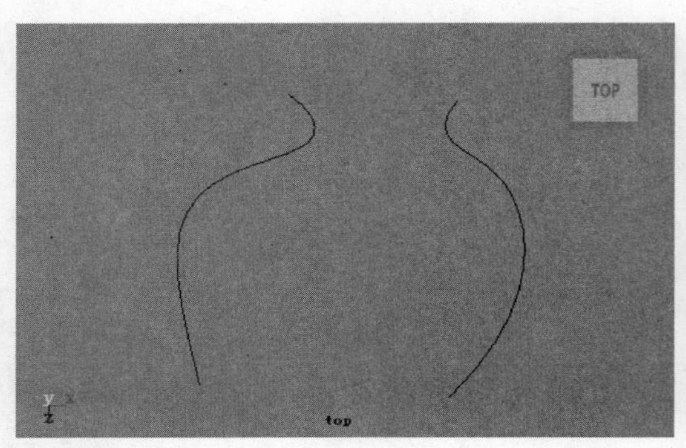

建立两条曲线
图 3-47

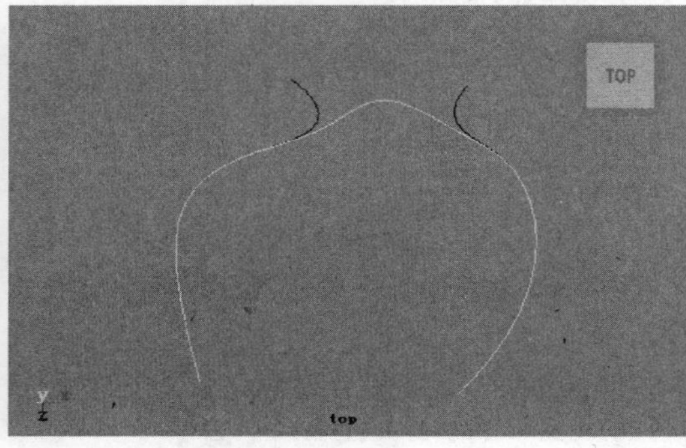

连接后的曲线
图 3-48

（3）也可在曲线的中间部位进行连接。选取曲线后单击鼠标右键，从弹出的快捷菜单中单击 Curves Point 按钮，再在线段中单击选取连接点，如图 3-49 所示，然后执行连接操作，此时将产生中间部位的对接，其效果如图 3-50 所示。

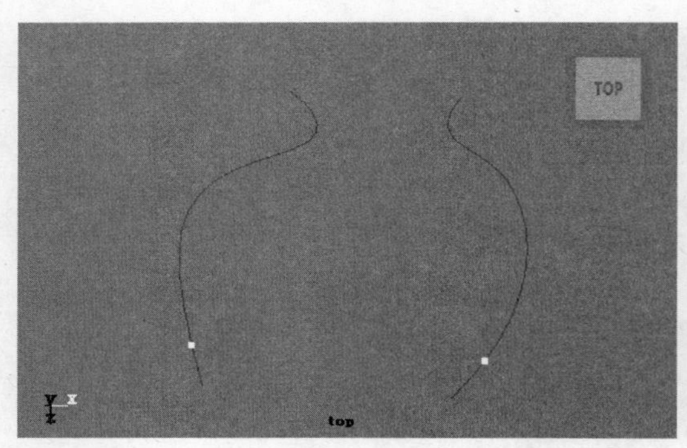

选择两个 Curves Point
图 3-49

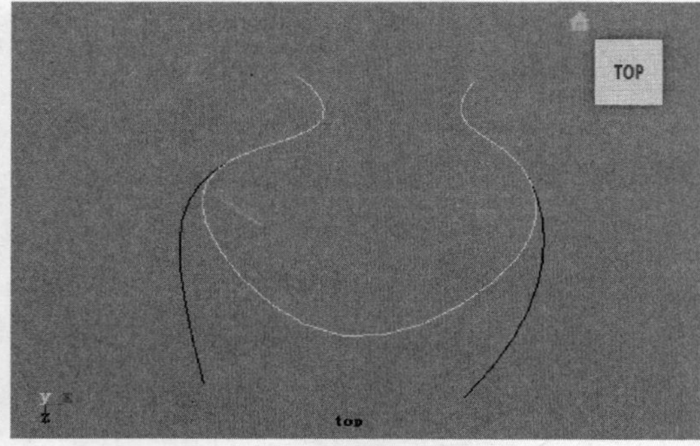

曲线中间部位的对接
图 3-50

（4）选择 Edit Curves → Attach Curves 命令，单击右侧的参数设置按钮，弹出如图 3-51 所示的 Attach Curves 参数设置对话框。

• Attach method（结合方式）：Connect（连接）是保持首先选择的曲线曲率不变，选择的两条曲线之间产生硬性过渡；Blend（融合）方式是根据曲线的连续性重新计算出的曲率，使用下面的 Blend bias（融合偏移）文本框里的数值进行控制。

• Insert knot（插入节点）：使用 Blend 方式时有效，勾选此复选框后，将在结合点之间插入一个节点，通过 Insert parameter（插入数值）文本框里的数值来控制插入节点与两侧节点的距离，值越大曲线越接近未插入节点的形态；值越小，将在结合中心处形成尖锐的折角。

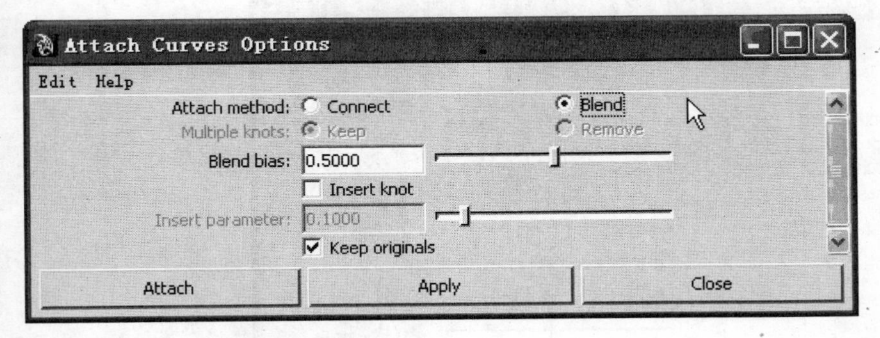

Attach Curves 参数设置对话框
图 3-51

• Keep originals（保留原始曲线）：选中此复选框时，结合曲线后将产生一条新的曲线；取消复选框的选择后，是将两条原始曲线结合成一条曲线，原始的两条曲线将消失。

4. Align Curves（对齐曲线）

（1）使用 CV Curve Tool 命令建立两条曲线，同时选中两条曲线，使曲线处于被编辑状态，如图 3-52 所示。

（2）执行 Edit Curves 菜单中的 Align Curves 命令后，这两条曲线就被排列到一起了，如图 3-53 所示是两条曲线对齐后的效果。

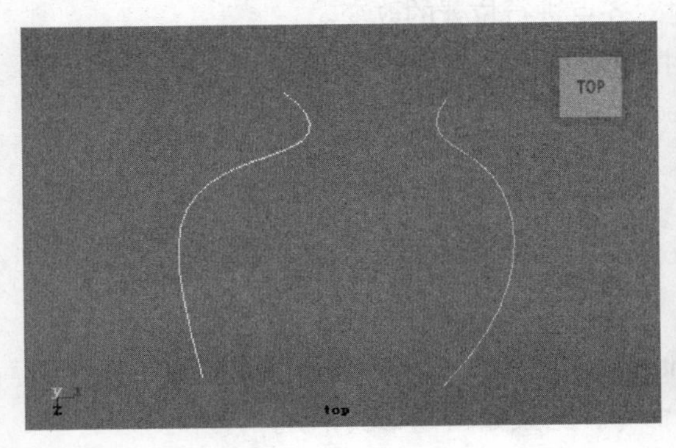

选中两条曲线
图 3-52

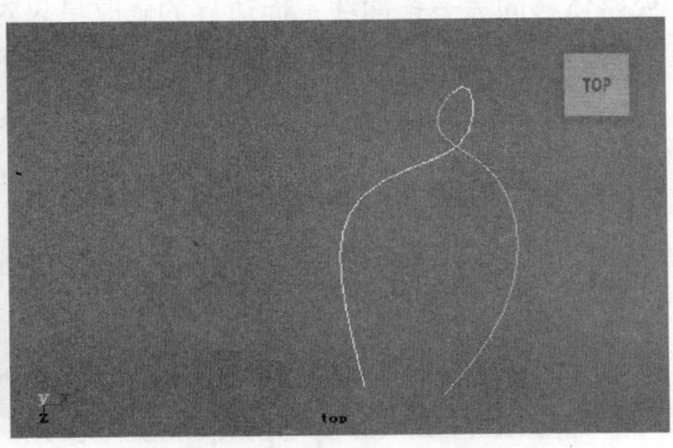

曲线对齐后的效果
图 3-53

（3）选择 Edit Curves → Align Curves 命令，单击右侧的参数设置按钮，弹出如图 3-54 所示的 Align Curves 参数设置对话框。

• Attach（结合）：选中此复选框后，将产生新的曲线对象，并保留原始曲线。选中复选框时，通过下面的 Multiple knots（多重节点）选项控制多余节点的 Keep（保留）或 Remove（去除）。

• Continuity（连续性）：用于提供 3 种连续性来进行对齐操作，Position（位置）进行位置的对齐；Tangent（切线）使两个点的切线相互匹配；Curvature（曲率）使结合点具有相同曲率，选中此单选按钮时可以使用 Curvature scale first/second 选项进行缩放。

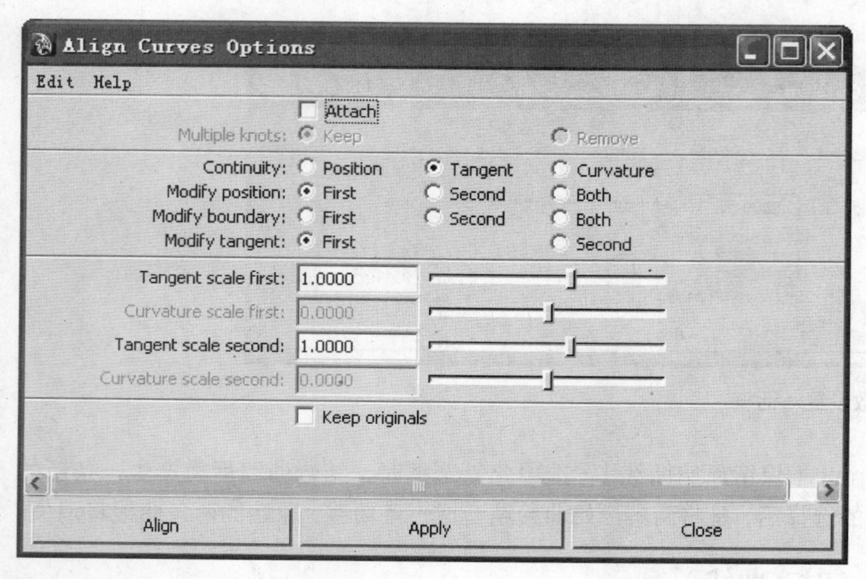

Align Curves 参数设置对话框
图 3-54

• Modify position（修改位置）：First 是将先选的曲线全部移动到后选的曲线上；Second 是将后选的曲线移动到先选的曲线上；Both 是将两条曲线都进行移动，居中对齐。

• Modify boundary（修改边界）：它与位置改变不同的是，位置修改是使曲线形态不变整体移向另一条曲线；而边界的修改是只对对齐点进行位置的改变。

• Modify tangent（修改切线）：First 是对先选的曲线缩放切线值；Second 是对后选的曲线缩放切线值。可以在 Tangent scale first/second 选项的文本框中对切线值进行大小设置。

5. Open/Close Curves（开 / 闭曲线）

（1）开 / 闭曲线是指把曲线的起始点打开或闭合，要实现这个功能，首先绘制一条 CV 曲线，如图 3-55 所示。

（2）选择 Display → NURBS Components → CVs 命令，此时圆形的起始点将显示出来，执行 Edit Curves → Open/Close Curves 命令，结果如图 3-56 所示。

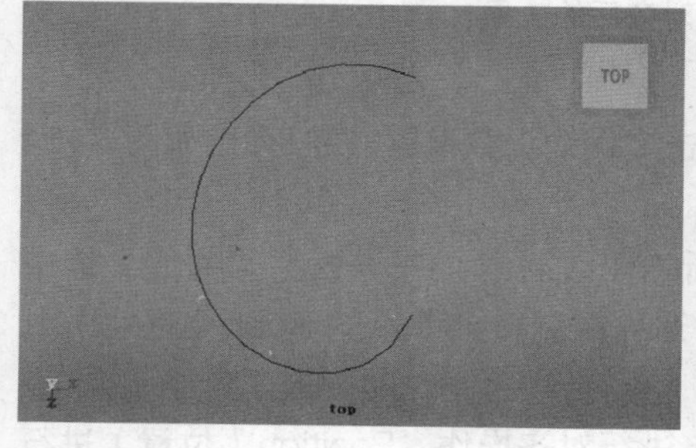

开放的曲线
图 3-55

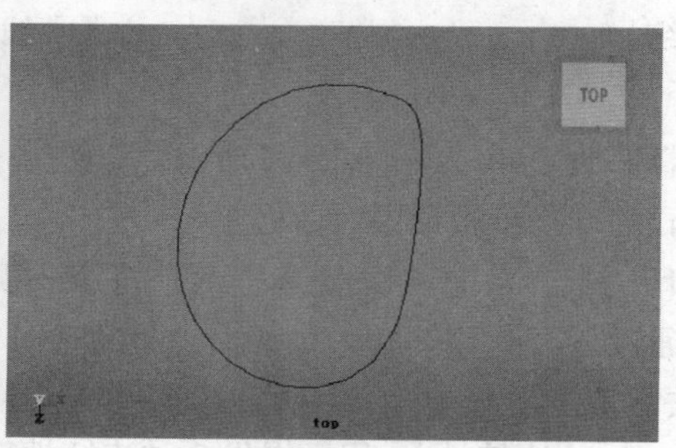

闭合后的曲线
图 3-56

（3）选择 Edit Curves → Open/Close Curves 命令，单击右侧的参数设置按钮，此时出现如图 3-57 所示的参数设置对话框。

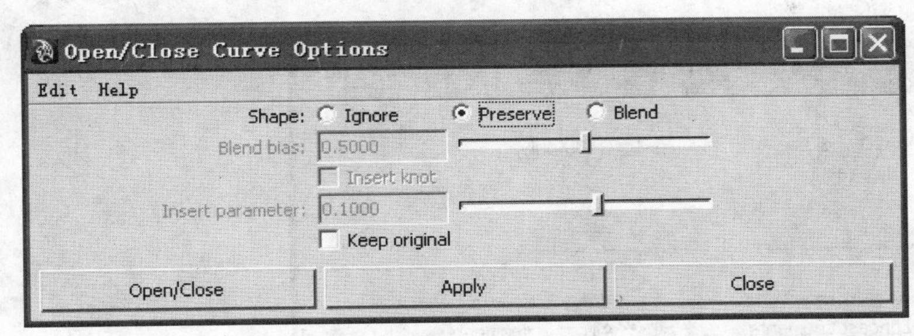

Open/Close Curve
参数设置对话框
图 3-57

• Shape（图形）：用于设置开 / 闭后原始曲线的形态变化。Ignore（忽略）不保持原始曲线的形态；Preserve（保持）尽量保持原始曲线形态，会加入一些 CV 控制点；Blend（融合）设定生成曲线的连续性，通过 Blend bias 项的数值进行调节。

• Insert knot（插入节点）复选框：选中此复选框后，将在闭合处插入节点。

• Insert parameter（插入参数）：用于设置节点对曲线形态的影响大小。

• Keep original（保留原始曲线）复选框：此复选框用于是否将原始曲线保留。

当曲线处于打开状态时执行闭合操作，此时曲线将闭合；如果当前状态是闭合状态，执行打开操作，闭合的曲线将被打开。

6. Cut Curve（剪切曲线）

（1）使用 CV Curve Tool 命令建立两条曲线，同时选中两条曲线，使曲线处于被编辑状态，如图 3-58 所示。

（2）执行 Edit Curves 菜单中的 Cut Curve 命令，这两条曲线将被剪切为 6 段，如图 3-59 所示。

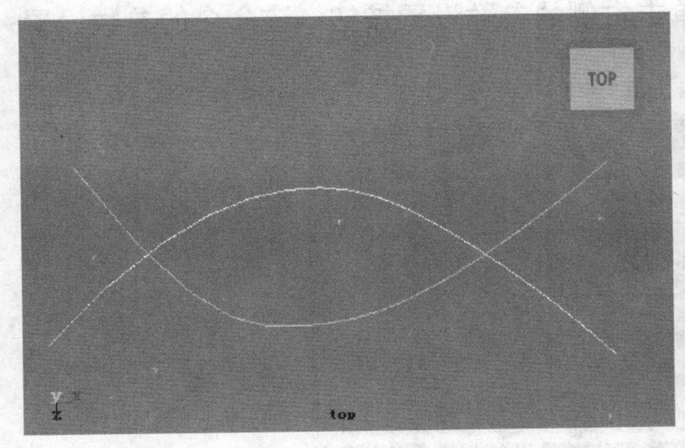

选中两条曲线
图 3-58

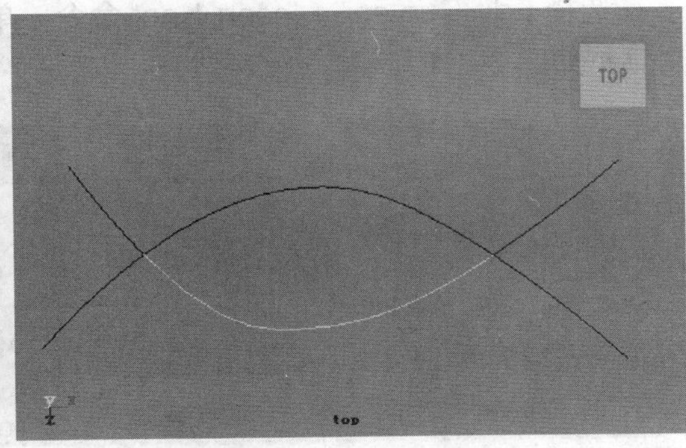

剪切后的曲线
图 3-59

（3）选择 Edit Curves → Cut Curve 命令，单击右侧的参数设置按钮，此时弹出如图 3-60 所示的参数设置对话框。

• Find intersections（查找交点）：通过 3 种方式来确定交点。

• Cut（剪切）：At all intersections（在所有相交处）用于将所有曲线的相交处都打

断；Using last curve（使用最终曲线）只将最后选择的那条曲线进行剪切，其他曲线不进行剪切处理。

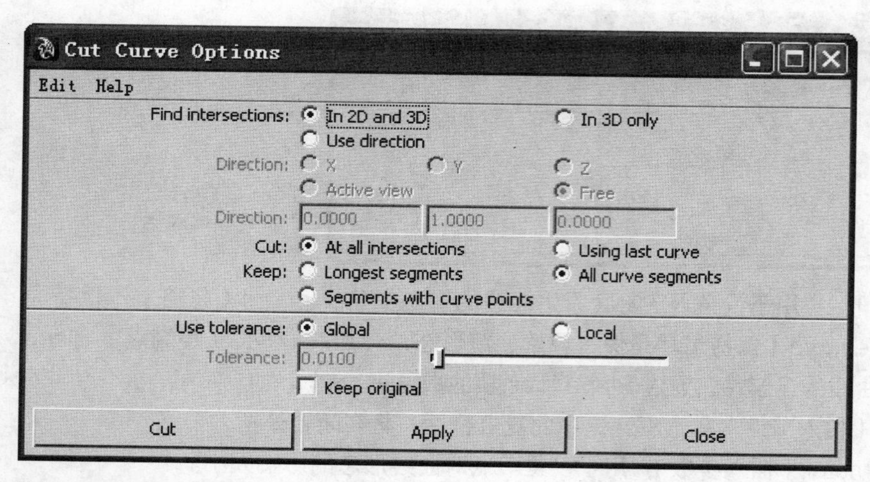

Cut Curve 参数设置对话框
图 3-60

• Keep（保留）：用于设置剪切后的保留部分，Longest segments（最长一段）只保留最长的一段曲线；All curve segments（全部曲线段）将所有曲线段都保留；Segments with curve points（根据曲线点分段）根据选择的曲线点进行分段保留。

7. Insert Knot（插入节点）

插入节点的功能是在曲线的一个或多个位置点处插入节点，但不改变原曲线的形态，只使曲线的段数增加。

选择 Edit Curves → Insert Knot 命令，单击右侧的参数设置按钮，该命令的参数设置对话框如图 3-61 所示。

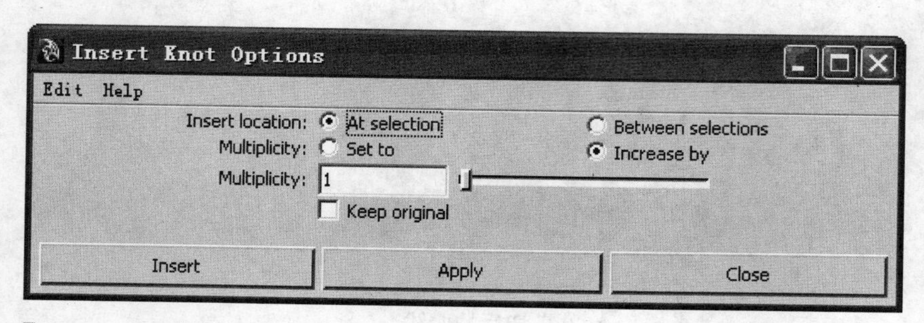

Insert Knot 参数设置对话框
图 3-61

• Insert location（插入位置）：用于设置插入节点的位置，At selection（在选择处）在选择的曲线点处插入节点；Between selections（在选择之间）在选择的多个曲线点之间插入节点。

• Multiplicity（多样性）：用于设置一次插入多少个节点，数值由下面的参数滑块决定，Set to（设置到）根据下面的参数滑块决定插入值的数量，创建的节点包括原节点；

Increase by（递增）根据下面的参数滑块决定插入值的数量，创建的节点不包括原节点。

8. Offset（偏移）

偏移曲线的功能是将曲线平行偏移一定距离，创建一条新的曲线，对封闭曲线的作用是创建了一条平行扩大或平行缩小的新的封闭曲线。由于曲线的类型不同，所以曲线偏移的子菜单中有两个命令，一个是针对NURBS曲线的Offset Curve（偏移曲线）命令，另一个是针对曲面上曲线的Offset Curve On Surface（偏移曲面上的曲线）命令，如图3-62所示。

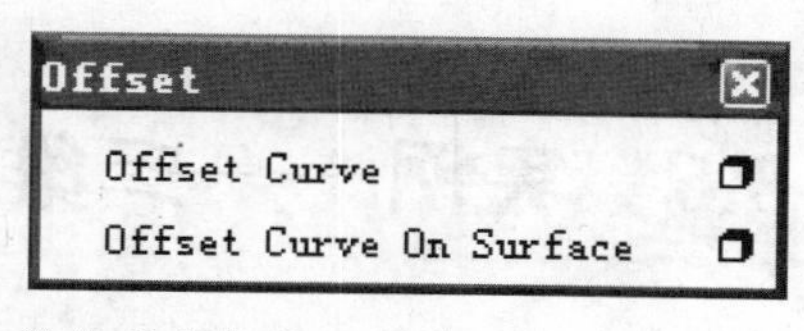

偏移命令的子菜单
图3-62

• Offset Curve（偏移曲线）命令：用于创建与原曲线平行的偏移曲线，它与原曲线之间的距离可以通过在该命令的参数设置对话框中进行设置实现，使用此命令后还可以通过使用操纵器来调节偏移距离。

• Offset Curve On Surface（偏移曲面上的曲线）命令：用于对曲面上的曲线进行平行偏移创建偏移曲线，创建出的偏移曲线仍依附于原曲面。

9. Reverse Curve Direction（反转曲线方向）

反转曲线方向的功能是反转曲线CV控制点的排列次序，也就是将曲线起始点和结束点的方向反转。

（1）绘制一条曲线，右击该曲线，在弹出的菜单中选择Control Vertex命令，如图3-63所示，在图中可以看到该曲线的起始点位于曲线的左侧。

（2）进入曲线对象显示模式，选择Edit Curves→Reverse Curve Direction命令，再右击该曲线，在弹出的快捷菜单中选择Control Vertex命令，如图3-64所示，可以看到该曲线的起始点已经位于曲线的右侧。

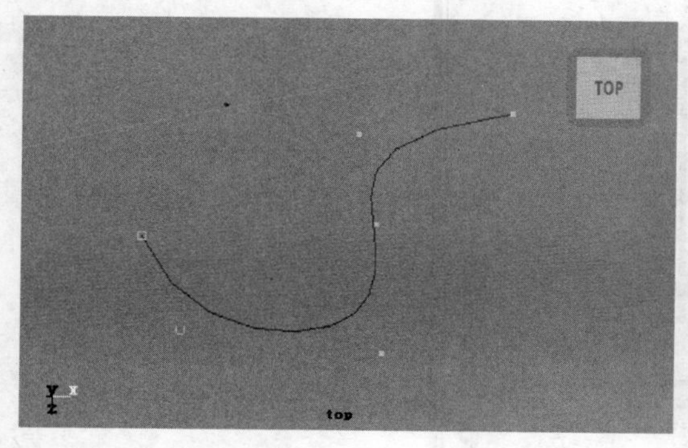

曲线起始点位置
图3-63

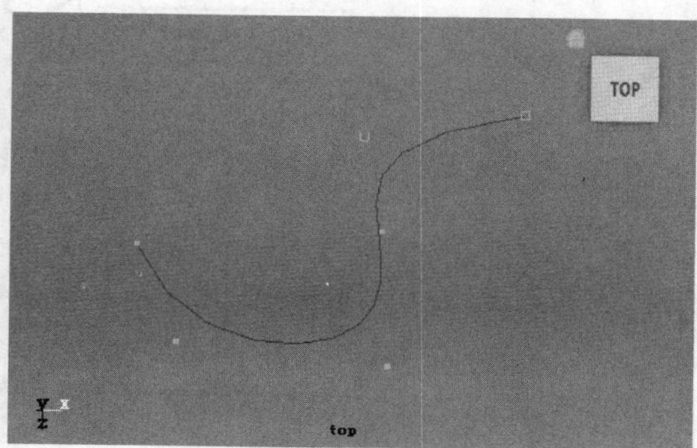

修改后的曲线起始点位置
图3-64

10. Smooth Curve（平滑曲线）

曲线的平滑功能是平滑在手工绘制的图形中产生的凹凸和抖动，尤其是对铅笔曲线工具绘制的曲线，经常要用到平滑曲线功能。平滑曲线命令只改变曲线上 CV 控制点的位置，并不改变它们的数目。平滑曲线命令可以针对局部控制点的选择集或整条曲线操作，但不能作用于封闭的周期性曲线、曲面 Iso 参数线和曲面上的曲线这几种类型的曲线。

3.6 实例——三维 LOGO 制作

在这个练习中，将首先创建一个用来放置背景图的构造平面，并以背景图片为参考，使用 MAYA 的 CV 曲线工具绘制截面图形，通过 NURBS 曲面成型命令制作一个三维 LOGO。

（1）首先导入背景图片。激活 front 视图，在视图菜单中选择 View → Camera Attribute Editor 命令，在弹出的摄像机属性设置对话框中，展开 Environment 选项组，单击 Image Plane 选项后的 Create 按钮，如图 3-65 所示。

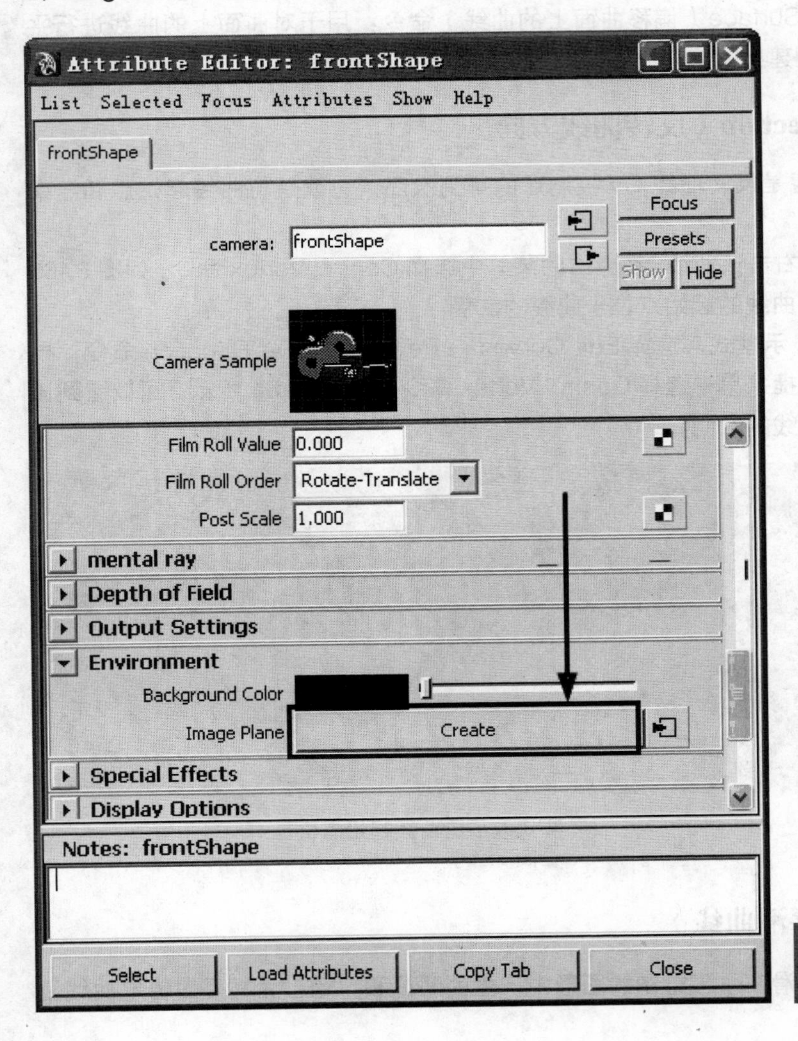

单击 Create 按钮创建 Image Plane
图 3-65

（2）在随后出现的 Image Plane Attributes 选项组中单击 Image Name 文本框后的按钮，浏览并选择用作参考图的背景图片后，front 视图中出现背景参考图，如图 3-66 所示。

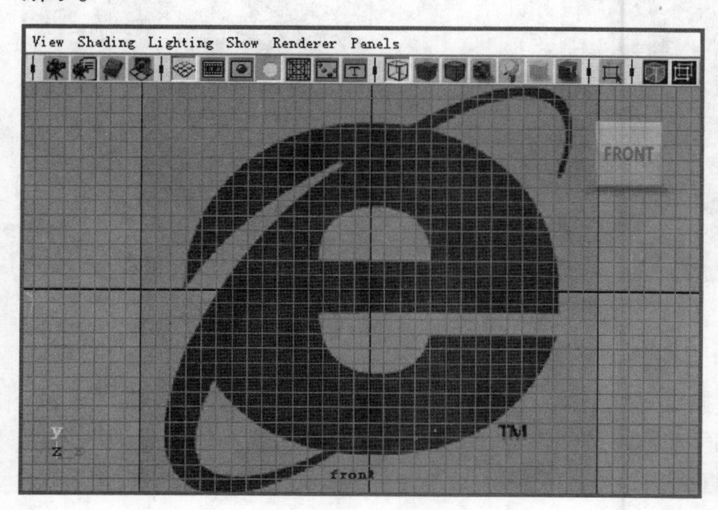

front 视图中的背景显示
图 3-66

（3）在主菜单中选择 Create → CV Curve Tool 命令，单击右侧的参数设置按钮，在弹出的工具属性设置对话框中，单击 Reset Tool 按钮，将 CV 曲线工具参数值恢复为默认值。

（4）在 front 视图中，以背景图为参照，使用 CV 曲线工具绘制 LOGO 图形，这个过程并不复杂，但是需要有足够的耐心。

（5）在曲线的终点位置，也就是接近起点位置，按 Enter 键完成操作，如图 3-67 所示。

（6）接着将曲线闭合，执行 Edit Curve → Open/Close Curves 命令，闭合曲线，结果如图 3-68 所示。

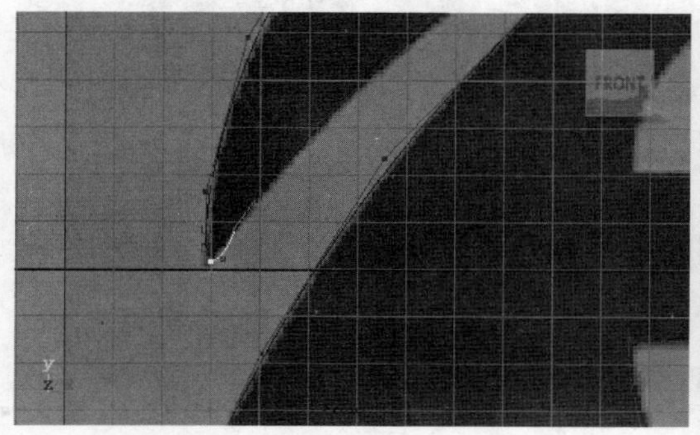

在曲线接近起点的位置按 Enter 键完成操作
图 3-67

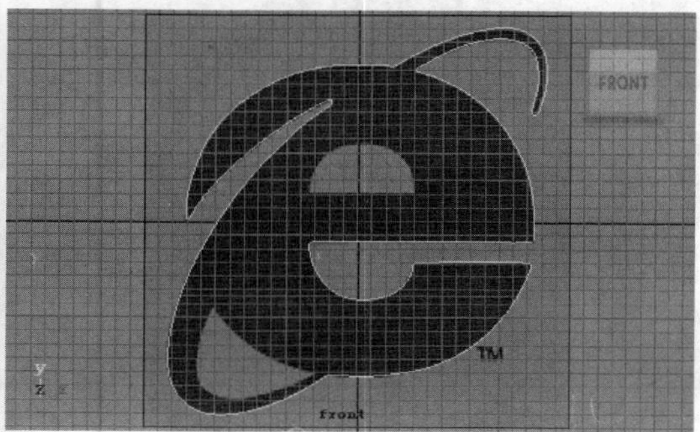

闭合后的 LOGO 曲线
图 3-68

（7）在曲线上单击右键，在右键菜单中选择 Control Vertex 选项进入 Control Vertex 组件模式，使用移动工具调整各个控制点，如有必要，使用 Insert Knot（插入节点）工具为曲线创建新的控制点。注意，在 LOGO 曲线转角的位置需要至少 3 个点才能使其贴合背景图，如图 3-69 所示。

（8）如图 3-70 所示，完成 LOGO 图形内侧另外两条曲线的绘制。

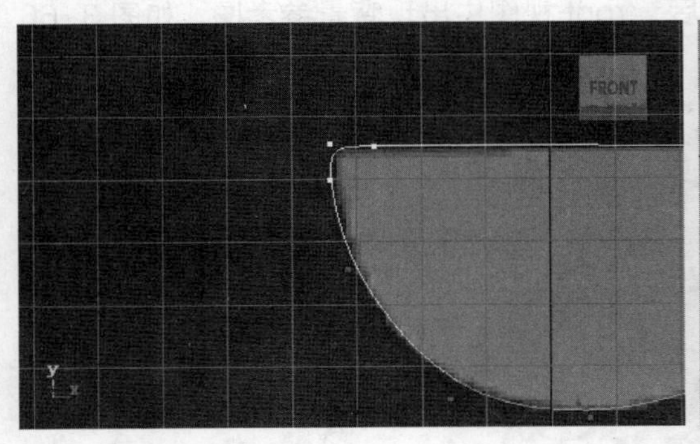

曲线转角处的处理
图 3-69

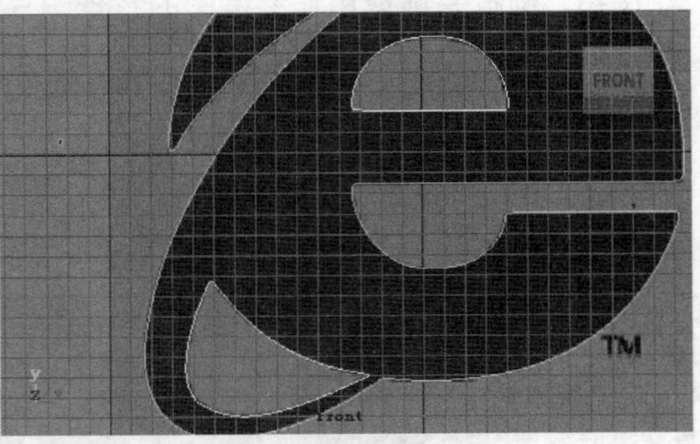

绘制 LOGO 图形内侧的两条曲线
图 3-70

（9）下面将 LOGO 图形转换成三维造型，切换到 side 视图，再次选择 CV 曲线工具，绘制一条直线，在绘制直线的同时可以按住键盘上的 X 键锁定到网格。注意直线与刚刚绘制的 LOGO 图形保持垂直，直线的长度代表将要制作的三维 LOGO 的厚度，如图 3-71 所示。

（10）选择 LOGO 图形的全部曲线，再按住 Shift 键选择直线，执行 Surface→Extrude 命令生成 NURBS 表面，结果如图 3-72 所示。

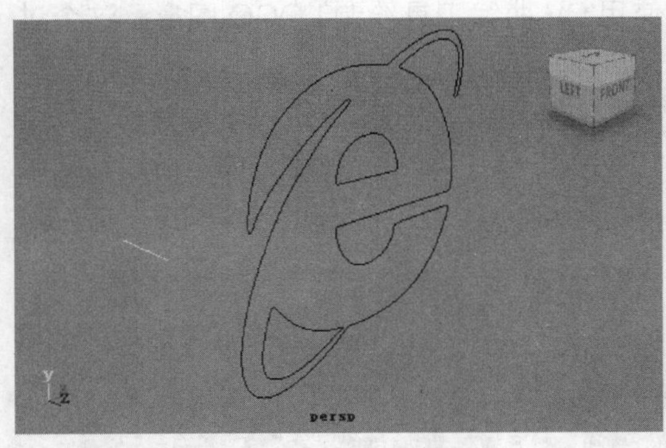

绘制直线用来定义三维 LOGO 的厚度
图 3-71

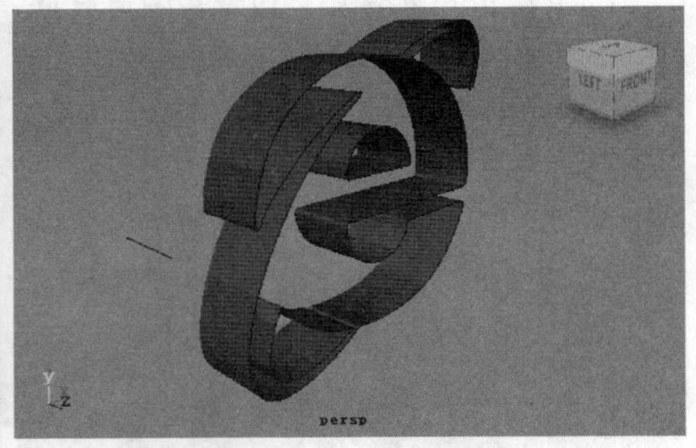

生成 NURBS 表面
图 3-72

（11）如果需要调整三维 LOGO 的厚度，可以直接修改直线的长度。调整完成后，选择三维 LOGO 造型，执行 Edit→Delete by Type→History 命令，将其构造历史删除，场景中的 CV 曲线此时也可以删除。

（12）接下来创建三维 LOGO 的正面。选择 NURBS 表面，单击鼠标右键，在弹出的浮动菜单中选择 Isoparm 选项，然后选中造型外侧的一条 Iso 参数线，在选中状态下，Iso 参数线以黄色显示。使用 Shift 键将 NURBS 表面外侧的其他 Iso 参数线同时选中，如图 3-73 所示。

（13）执行 Surface→Planar 命令，生成 LOGO 的前表面，完成三维 LOGO 的制作，如图 3-74 所示。

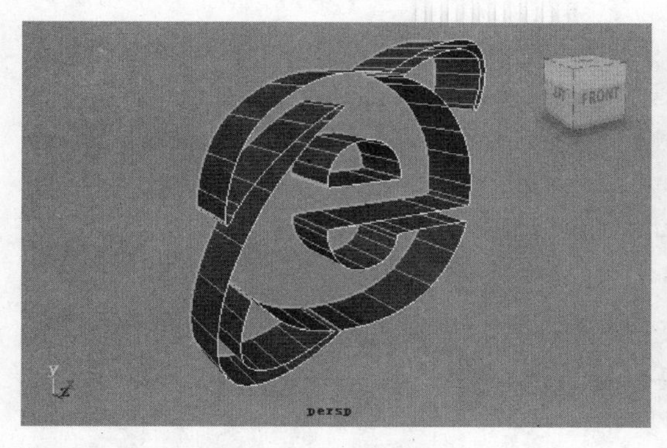

选取三维 LOGO 外侧的 Iso 参数线
图 3-73

制作完成后的三维 LOGO
图 3-74

3.7 小结

在本章中，首先对 MAYA 的几种建模方式进行了概述，旨在引导读者对建模的概念、方法有个总体的认识。几种建模辅助工具的使用不容忽视，所谓“工欲善其事，必先利其器”，这些辅助工具就是在 MAYA 中操作的“利器”，有了它们就可以精确、高效地进行工作。本章还重点介绍了曲线的创建和编辑方法，讲述了一些 NURBS 建模的基本原则。此外，通过实例讲解了使用基本几何体建模和使用曲线生成曲面的方法。在第 4 章中将会深入探讨 NURBS 曲面建模技术。

习题与实践

1. 选择题

（1）创建 NURBS 基本几何体的命令位于（　）菜单中。

A. File　　B. Edit
C. Modify　　D. Create

（2）捕捉到网格功能的快捷键是（　）。

A. X　　B. C
C. V　　D. Q

（3）冻结变换命令位于 Modify 菜单下，叫做（　）。

A. Make Live　　B. Reset Transformations
C. Center Pivot　　D. Freeze Transformations

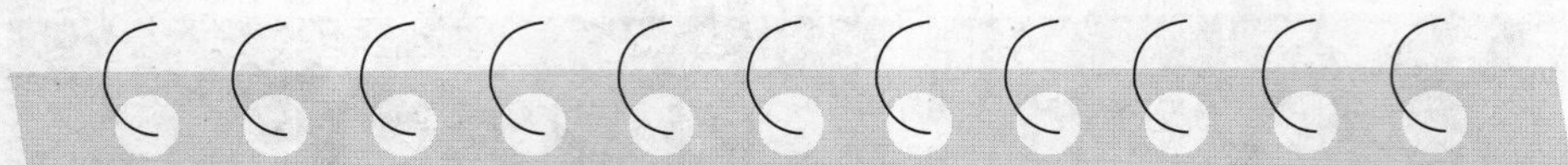

2. 问答题

（1）什么是构造平面？它有什么作用？如何创建？

（2）在 MAYA 中创建曲线的工具有哪几个？

（3）曲线的组件构成有哪几种？

（4）如何使用激活工具？这个工具有什么作用？

（5）使曲线开 / 闭的命令是什么？如何使用？

3. 实践

（1）使用 Polygon 几何体和 NURBS 几何体创建简单的造型，例如写字台、沙发等。

（2）利用背景参考图，用 NURBS 曲线绘制一个 LOGO，并将其转化为三维造型。

第4章 NURBS建模

教学重点与难点

- 曲面的组件
- 创建曲面
- 编辑曲面

本章介绍 NURBS 曲线和曲面的建模。NURBS 表面的形状是由参数方程定义的，具有圆滑和精确的曲率，比较适合制作精确的工业模型，例如汽车等，或者制作具有圆滑表面的模型，例如水果、生物等。实际上，NURBS 也是工业设计建模的标准，是许多工业设计软件的首选建模方式。

NURBS 建模就是使用 NURBS 曲线和曲面作为材料来建模。在 MAYA 中，生成 NURBS 曲面的方式有两种：一种是直接使用 NURBS 几何体；另一种是通过 NURBS 曲线来生成 NURBS 曲面。

4.1 创建 NURBS 曲面

NURBS 曲线是 NURBS 曲面的构成基础，只有深入理解这一点才能成为 NURBS 曲面造型高手。进行建模时，曲线最基本的用途就是用来创建并修改表面，曲线是不被渲染的，通过曲线建造曲面后，在不删除曲面的构造历史的情况下，依然可以通过调整曲线来调整曲面。

NURBS 曲面由 Control Vertex（控制点）、Isoparm（Iso 参数线）、Surface Point（曲面点）、Surface Patch（曲面面片）、Hull（壳线）等组件组成，如图 4-1 所示，其中 Control Vertex 和 Hull 具有与曲线中相同的功能，可以用相同的方式选中和编辑。

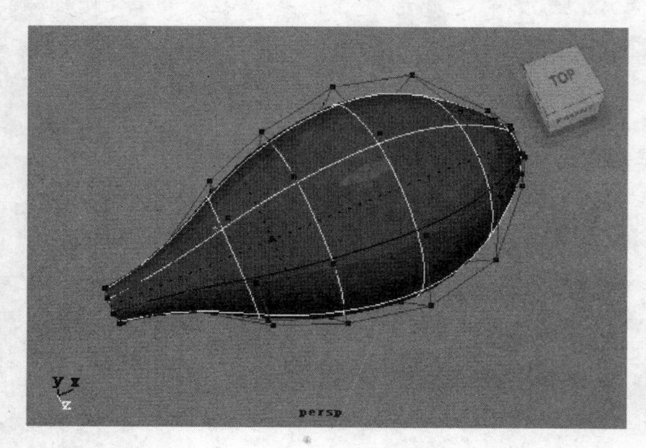

NURBS 曲面的组件
图 4-1

4.1.1 创建 NURBS 曲面工具

在 Surfaces 模块的 Surfaces 菜单中有大量的建模工具，使用这些工具，可以利用基本 NURBS 曲线作为基线生成不同的立体曲面，或者对现有的立体模型进行局部修改，达到特殊的效果。Surfaces 菜单如图 4-2 所示。

下面将通过不同的例子来详细介绍这些工具的使用方法，以便在实践中掌握创建 NURBS 曲面的方法和技巧。

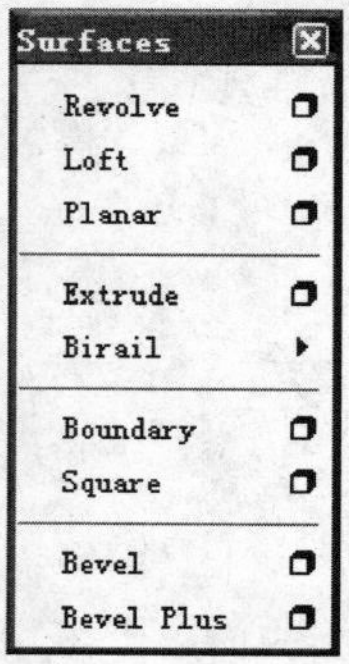

Surfaces
Revolve
Loft
Planar
Extrude
Birail
Boundary
Square
Bevel
Bevel Plus

Surfaces 菜单
图 4-2

1. Revolve（旋转）

使用 Revolve 工具可以沿某一轴线旋转出曲面，是创建旋转面的最佳工具。Revolve 工具的具体操作方法如下。

（1）在 front 视图中使用 CV Curve Tool 命令绘制如图 4-3 所示的曲线，这条曲线就是所谓的剖面曲线，或者称为旋转曲面的母线。

（2）选中这条曲线，执行 Surfaces 菜单中的 Revolve 命令，生成一个绕 Y 轴旋转的旋转曲面，如图 4-4 所示。

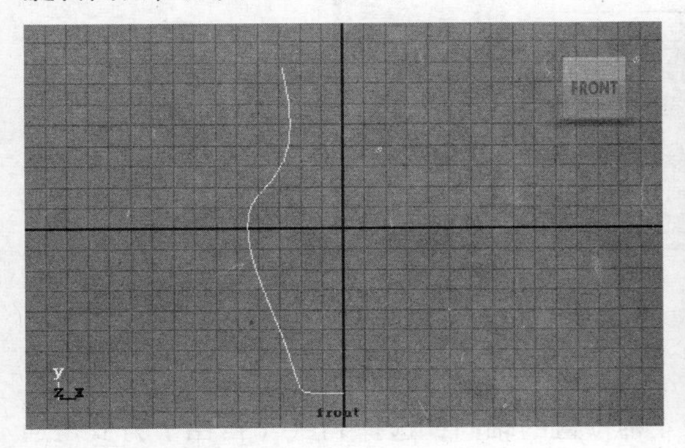

绘制剖面曲线
图 4-3

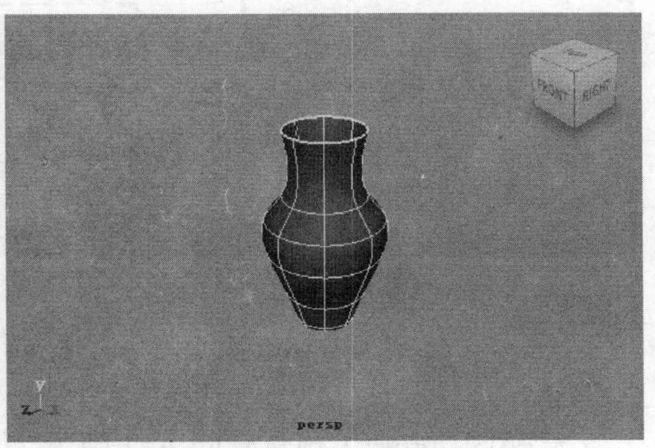

执行 Revolve 命令生成曲面
图 4-4

（3）选中当前工作窗口右侧属性通道栏中的 INPUTS 选项组，展开曲面的构造历史，在常用工具栏中单击 Show Manipulator Tool 显示操作器工具按钮，则当前旋转体上出现旋转曲面编辑器，这个旋转曲面编辑器包括定义轴向的 3 个节点和相应的控制手柄，通过控制手柄可以对旋转曲面的旋转轴进行编辑，如图 4-5 所示。

（4）旋转曲面的轴线可以进行扭曲和移动操作，如图 4-6 所示。

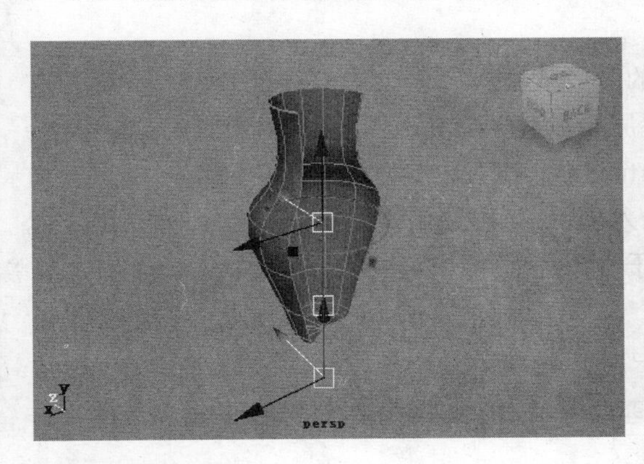

旋转曲面编辑器
图 4-5

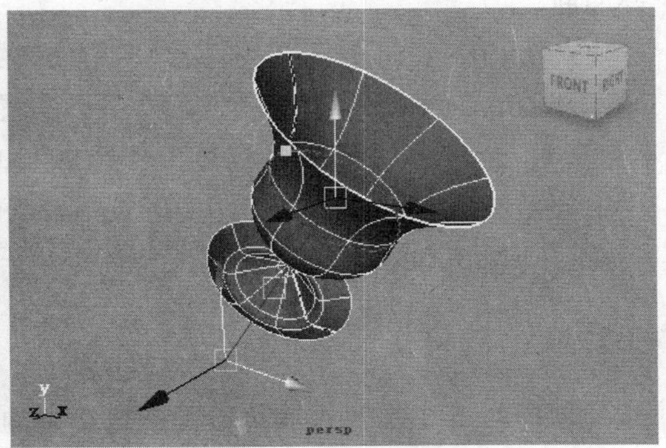

控制曲面的旋转轴
图 4-6

（5）选择 Surfaces → Revolve 命令，单击右侧的参数设置按钮，将可以打开 Revolve Options（旋转参数设置）对话框，如图 4-7 所示。

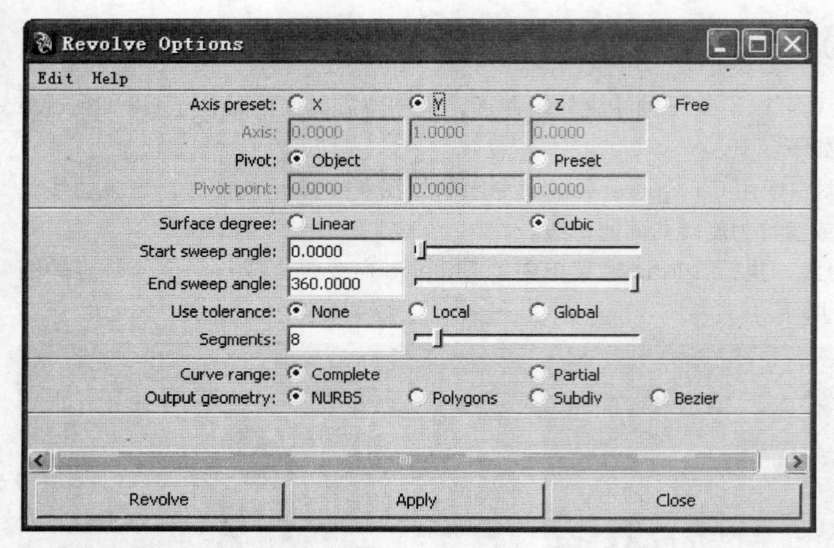

Revolve 参数设置对话框
图 4-7

该对话框中包括以下选项。

• Axis preset（预置轴向）：用于设置 4 种预置的轴向，选择 Free（自由）方式是通过下面的 Axis 坐标项设置进行定位。

• Pivot（轴心点）：用于设置曲面物体轴心点的坐标位置，选中 Object（物体）单选按钮，轴心点位置为世界坐标系的中心（0，0，0）；选中 Preset（预置）单选按钮，将通过下面的 Pivot point 选项设置轴心点的坐标位置。

• Surface degree（曲面精度）：其中 Linear（线性）为不平滑的直面；Cubic（三次方）为平滑的连续表面。

• Start/End sweep angle（开始 / 结束扫描角度）：用于确定旋转成形的角度，创建局部曲面。

• Segments（片段）：片段越多所创建的曲面越光滑。

• Curve range（曲线范围）：用于设置原始曲线的有效作用范围，默认为 Complete（完全），全部曲线都产生旋转；若选中 Partial（局部）单选按钮，则在创建完成后通道栏中会增加一个 subCurve（次级曲线）的输入项目，可以使用操纵器调节曲线的作用范围。

• Output geometry（输出几何体）：用于设置几何体的输出类型。

2. Loft（放样）

使用 Loft 工具可以通过以两条或更多的基本曲线作为剖面基线生成曲面，具体的操作步骤如下。

（1）使用 CV Curve Tool 命令绘制 4 条曲线作为基线，也就是曲面的剖面线，如图 4-8 所示。首先选取一条曲线作为第一条剖面线，然后按住 Shift 键顺序选择另外 3 条曲线，选择曲线的顺序决定剖面线的顺序。

（2）执行 Surfaces → Loft 命令，创建如图 4-9 所示的曲面造型。

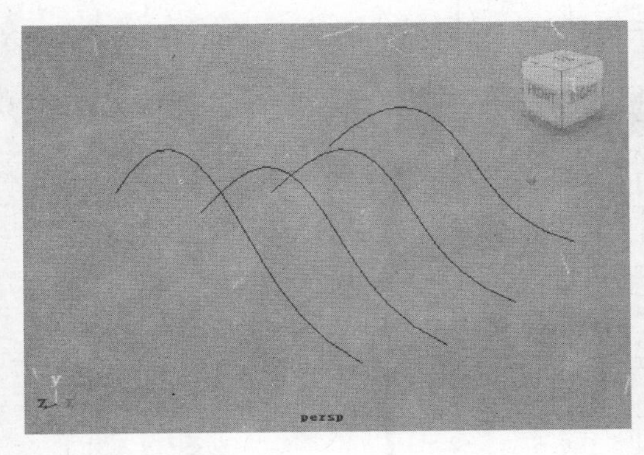

绘制 4 条曲线
图 4-8

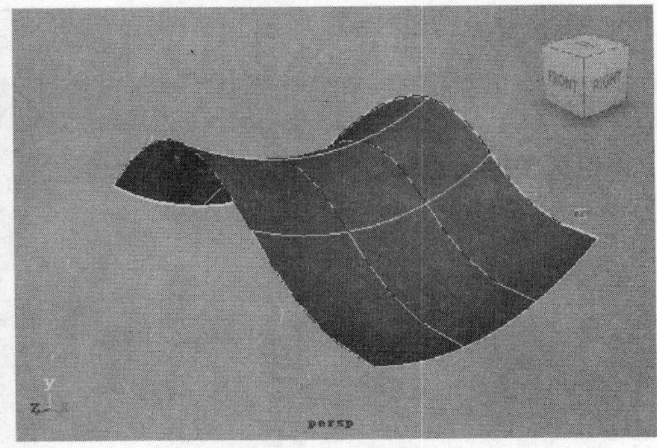

使用 Loft 命令生成曲面
图 4-9

除了可以使用若干条曲线创建曲面外，应用 Loft 工具还可以组合两个曲面的曲面元素，例如曲面上的曲线，具体的操作步骤如下。

（1）在视图中分别创建一个 NURBS 球体和一个 NURBS 圆柱体，如图 4-10 所示。

（2）在工具栏中单击 Select By Component Mode 图标，将造型切换为以组件方式显示。

（3）右击球体，选择 Isoparm 组件，分别选取球体上的一条 Iso 参数线和圆柱体上的一条 Iso 参数线，注意选取的先后顺序，如图 4-11 所示。

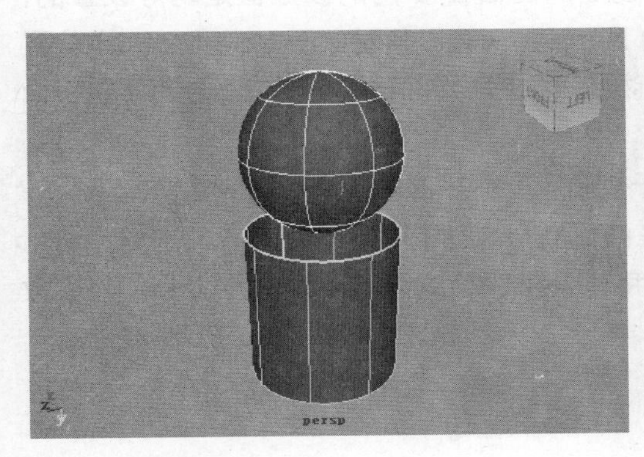

创建球体和圆柱体
图 4-10

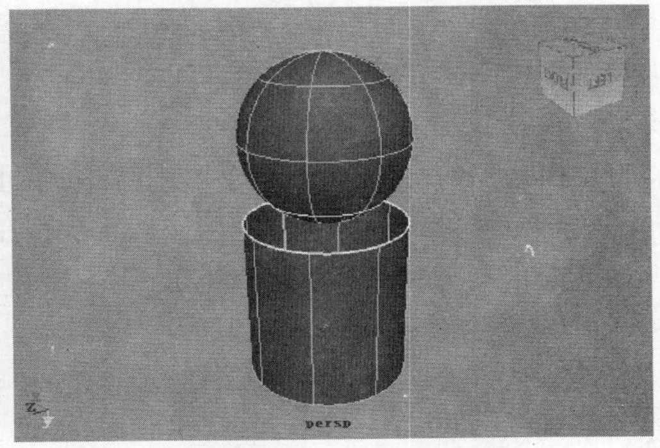

分别选取球体和圆柱体的 Iso 参数线
图 4-11

（4）执行 Loft 命令，以两条选中的曲线为剖面线生成连接面，结果如图 4-12 所示。

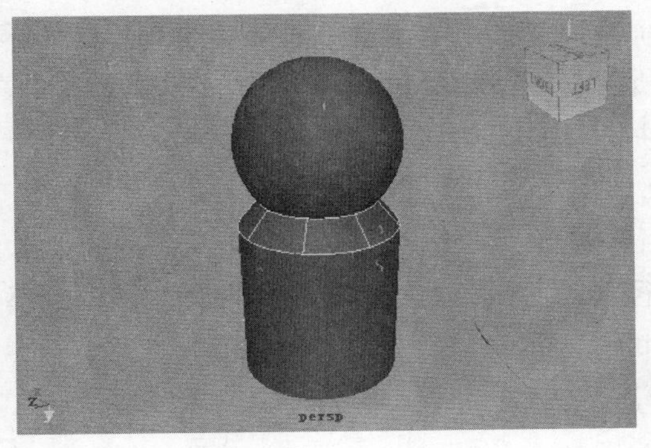

生成曲面
图 4-12

Loft 命令的参数设置对话框如图 4-13 所示，其中包括以下选项。

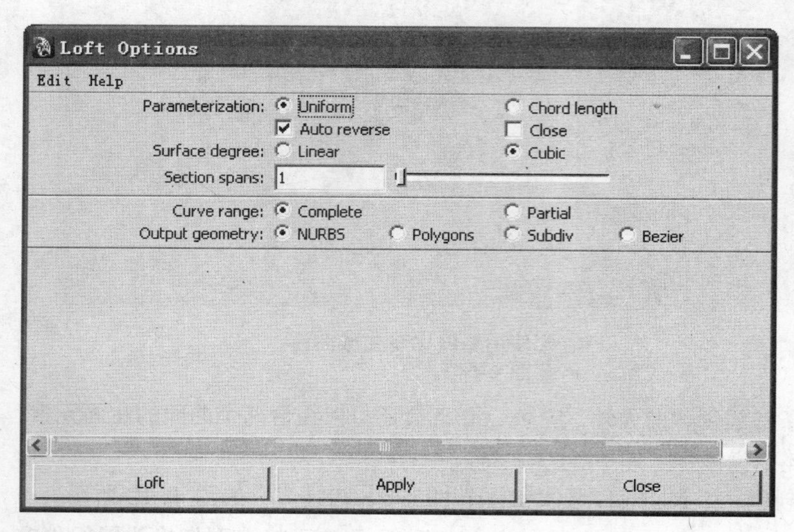

Loft 参数设置对话框
图 4-13

• Parameterization（参数化）：用于设置放样曲面 V 向的参数值方式。选择 Uniform（均匀）方式，轮廓曲线在 V 向将平行排列，创建的曲面在 U 向的参数值是均等设置的，第一条轮廓线对应于曲面 U 向（0，0）位置的 Isoparm，第二条对应于 U 向（1，0）位置的 Isoparm，以此类推；选择 Chord length（弦长）方式，创建的曲面在 U 向的参数值由各轮廓线起始点间的距离决定。

• Auto reverse（自动反向）复选框：用于控制所有曲线自动转变为同一方向。

• Close（封闭）复选框：用于确定是否在曲面的 U 向进行封闭。

• Section spans（截面片段）：用于设置每两条相邻轮廓线间曲面的片段数，片段数越多，曲面变形越细腻。

3. Planar（平面）

Planar 工具用来在一个或者多个曲线上创建完整的 NURBS 曲面，该工具的具体使用方法如下。

（1）创建一个 NURBS 圆环造型。

（2）在工具栏中单击 Select By Component Mode 按钮，进入组件显示模式，选择环状造型表面上的一条 Iso 参数线，如图 4-14 所示。执行 Surfaces 菜单中的 Planar 命令，将由这条曲线生成一个完整的平面造型，如图 4-15 所示。

4. Extrude（挤压）

使用 Extrude 命令，可以沿着一条曲线路径移动另一条曲线生成一个曲面。不同的移动方式生成不同形式的曲面，具体的操作步骤如下。

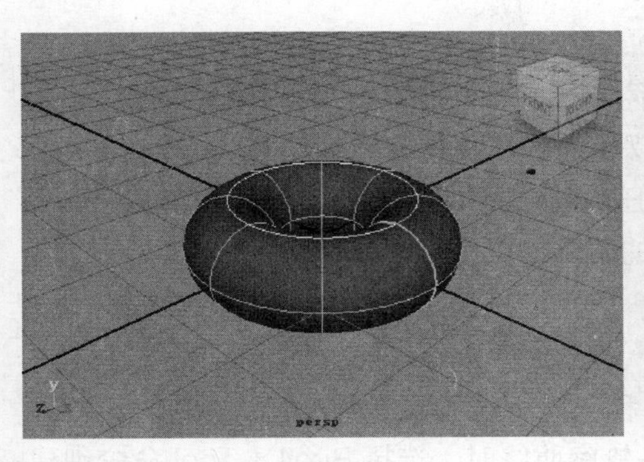

选择圆环体的 Iso 参数线
图 4-14

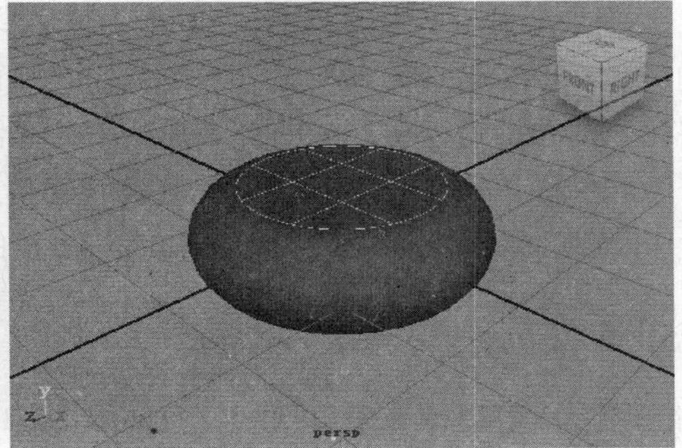

生成平面曲面
图 4-15

（1）使用 CV Curve Tool 命令绘制一条封闭曲线作为剖面曲线，再绘制一条曲线作为路径曲线，如图 4-16 所示。创建曲线后，首先选中剖面曲线，然后按住 Shift 键选中另一条作为路径的曲线，注意选择的顺序不能颠倒。

（2）执行 Surfaces → Extrude 命令，生成一个剖面曲线沿路径曲线移动的曲面，如图 4-17 所示。

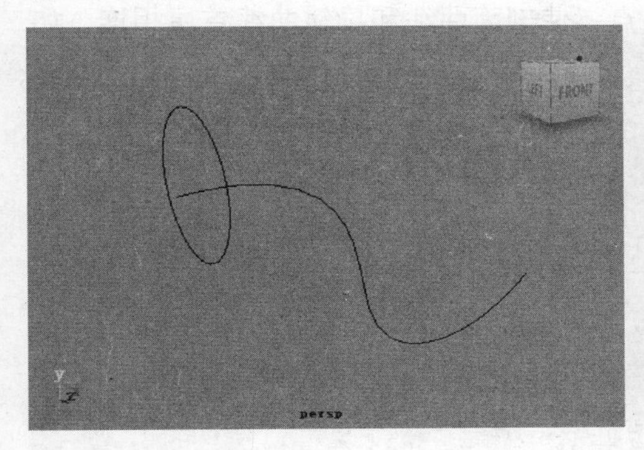

绘制两条曲线
图 4-16

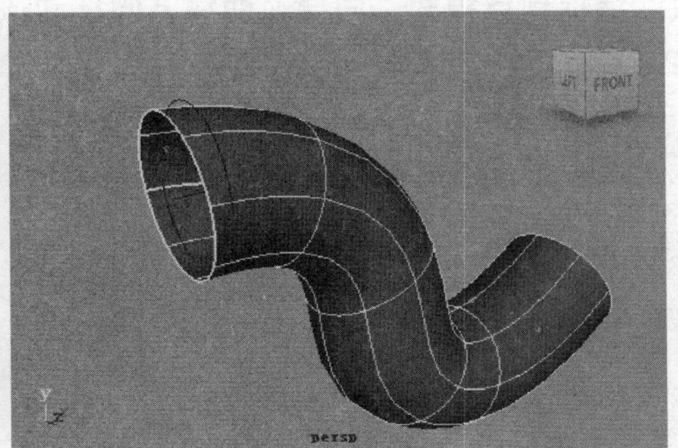

生成曲面
图 4-17

单击 Extrude 命令右侧的参数设置按钮，打开 Extrude Options 对话框，如图 4-18 所示。

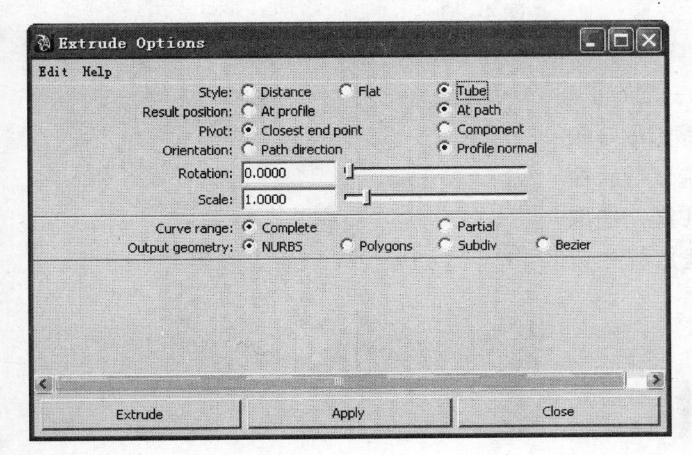

Extrude 参数设置对话框
图 4-18

第 4 章

• Style（类型）：用于提供 3 种挤压方式，Distance（距离）方式是将轮廓曲线沿指定的方向伸长；Flat（平板）方式是将轮廓线在路径上平行移动创建曲面；Tube（管状）方式是将轮廓曲线沿路径移动的同时进行旋转，以保证轮廓曲线与路径曲线的方向垂直。

• Rotation（旋转）：用于设置轮廓曲线在挤压的同时进行自身旋转。

• Scale（缩放）：用于设置轮廓曲线在挤压的同时进行自身缩放。

5. Birail（双轨）

Birail 工具包括 Birail 1、Birail 2 和 Birail 3+ 3 种工具。使用方法是以两条曲线作为导轨，在导轨上放置轮廓曲线以创建曲面。当只有 1 条轮廓曲线时，选择 Birail 1 Tool 命令创建曲面；当有 2 条轮廓曲线时，选择 Birail 2 Tool 命令创建曲面；当有 3 条以上轮廓曲线时，选择 Birail 3+ Tool 命令创建曲面。

该工具的具体使用方法如下。

（1）绘制一条剖面曲线和两条导轨曲线，通过移动工具和旋转工具布置 3 条曲线，使它们的位置如图 4–19 所示。

（2）在工具栏中单击 Select By Component Mode 按钮，选择剖面曲线两端的点，按 V 键激活捕捉到点模式，向导轨曲线方向移动该点，使剖面曲线和导轨曲线首尾相连，如图 4–20 所示。

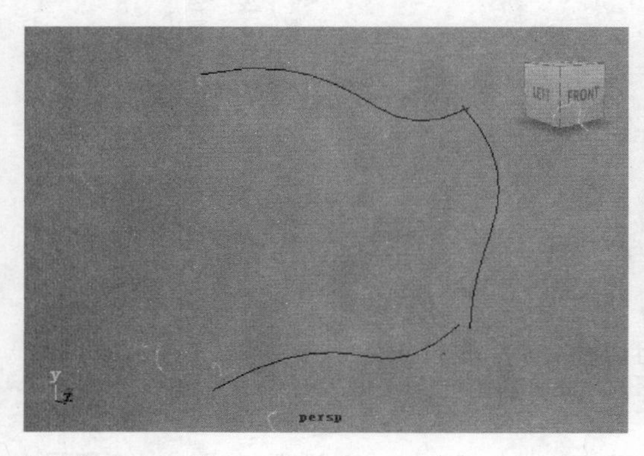

绘制 3 条曲线
图 4–19

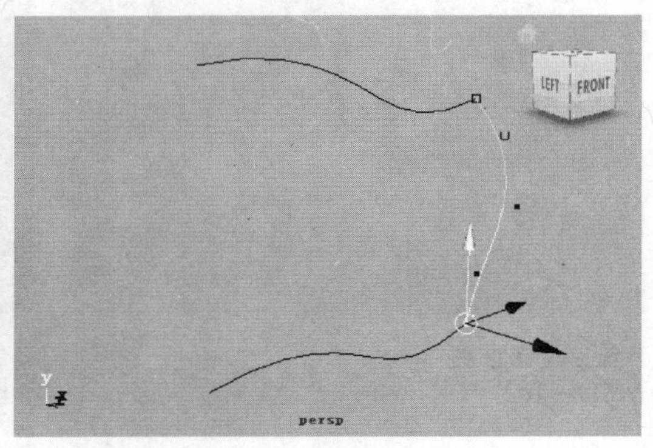

移动剖面曲线两端的点
图 4–20

（3）执行 Surfaces → Birail → Birail 1 Tool 命令，然后在提示光标下顺序选取 3 条曲线：先选取剖面曲线，再分别选取导轨曲线，选取过程中不需要按住 Shift 键，选取完毕后，Birail 1 工具自动将曲线放样生成曲面，如图 4–21 所示。

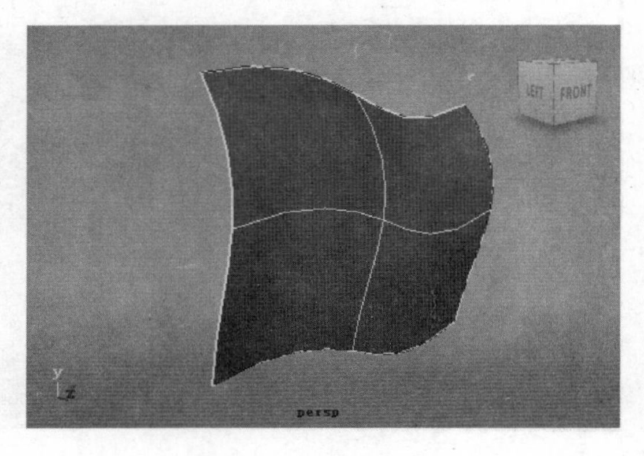

生成曲面
图 4–21

Birail 2 Tool 参数设置对话框中的参数项最全面，所以下面以 Birail 2 Tool 来进行介绍，Birail 2 Tool 参数设置对话框如图 4-22 所示。

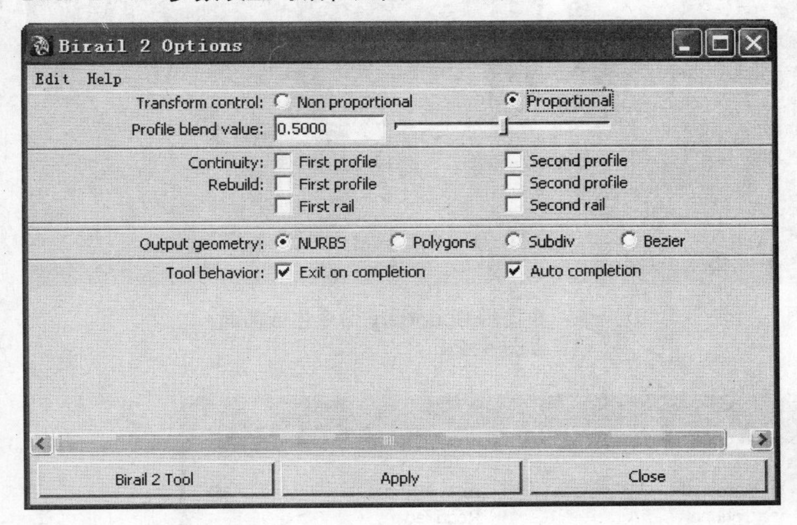

Birail 2 Tool 参数设置对话框
图 4-22

该对话框中包括以下选项。

• Transform control（变换控制）：用于设置沿轨道缩放轮廓曲线的方式，选择 Non proportional（不成比例）方式将产生直线过渡曲面；选择 Proportional（比例）方式将产生圆弧状过渡曲面。

• Profile blend value（轮廓融合值）：此设置针对 Birail 2 Tool 命令，用于改变两侧轮廓曲线对中间过渡曲面的影响力。

• Continuity（连续性）：用于控制各个轮廓曲线的连续性是否启用。

• Rebuild（重建）：用于设置曲线在建模前是否进行重建。

• Tool behavior（工具状态）：用于设置工具的使用方式。

6. Boundary（边界）

边界工具是用 3 条边界线或 4 条边界线创建三边形或者四边形曲面，边界曲线不必相交，但选择时必须按顺序进行，否则无法创建出曲面，该工具具体的使用方法如下。

（1）创建 4 条作为曲面边界线的空间曲线，通过移动工具和变形工具调整它们的位置，注意，不一定要求这 4 条曲线封闭，如图 4-23 所示。

（2）按一定的顺序选择这 4 条曲线，执行 Surfaces 菜单中的 Boundary 命令，生成如图 4-24 所示的封闭曲面，这是一个多边界曲面。

Boundary 命令的参数设置对话框如图 4-25 所示，其中包括以下选项。

• Curve ordering（曲线顺序）：选择 Automatic（自动）方式，将依据系统默认设置创建曲面；选择 As selected（依据选择）方式将按选取曲线的顺序创建曲面。

• Common end points（公共末节点）：用于确定在创建曲面前是否对末节点进行匹配，选择 Optional（随意）方式时，即使曲线末节点不匹配（相交），系统也会自动创建曲面；选择 Required（必须）方式时，必须所有曲线的末节点匹配才能创建曲面，由下面的 End

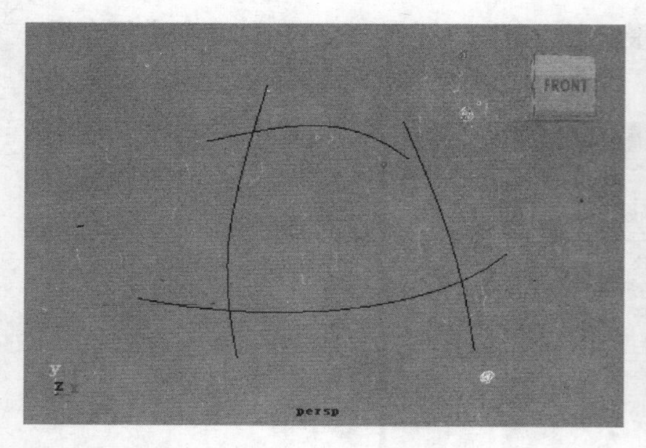

创建 4 条曲线
图 4-23

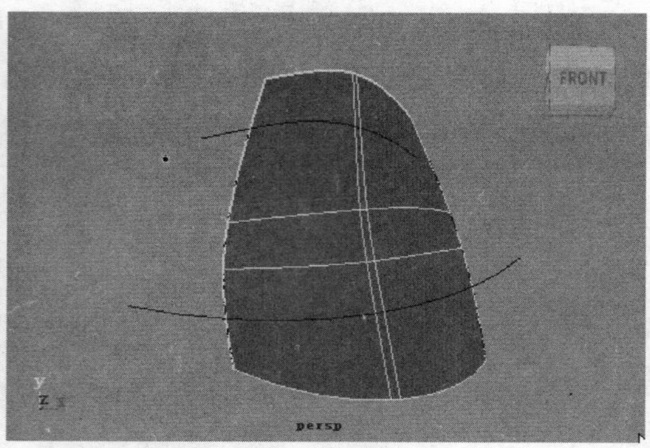

使用 Boundary 命令生成曲面
图 4-24

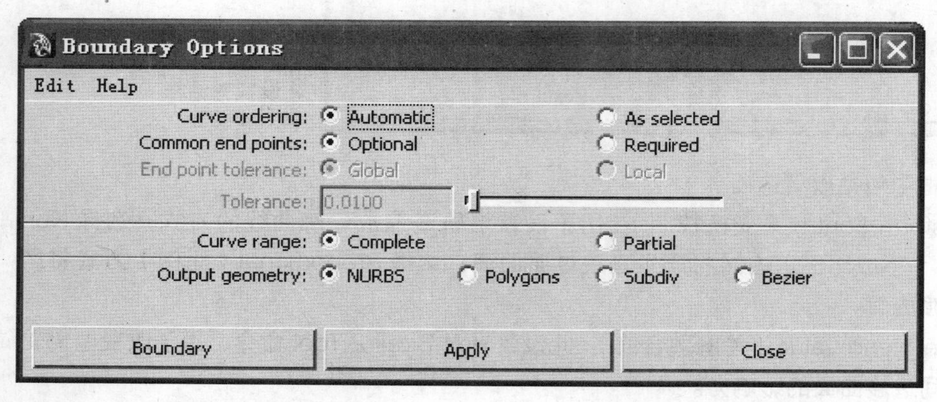

Boundary 参数设置对话框
图 4-25

point tolerance（末节点容差）和 Tolerance 选项进行设置。

7. Square（四方）

四方工具是在 3 条或 4 条相交的边界线上创建相同连续性的曲面。需要注意的是，所选择的边界线必须是相交的，选择时必须按照顺时针或逆时针方向依次进行，才能使用此工具创建 NURBS 曲面。

8. Bevel Plus（附加倒角）

附加倒角工具是通过对曲线进行挤压并倒角创建曲面。对于创建实体倒角文字和标志，此工具非常适用。需要注意的是，选择文字曲线时，应遵从由外到里的顺序进行选择操作，具体操作步骤如下。

（1）执行 Create 菜单中的 Text 命令，输入文本 MAYA，创建一个文字曲线造型，如图 4-26 所示。

（2）按照由外到里的顺序选择每个字母，分别执行 Bevel Plus 命令，生成三维文字曲面，如图 4-27 所示。

创建文字曲线
图 4-26

生成三维文字曲面
图 4-27

Bevel Plus 命令的参数设置对话框如图 4-28 所示，其中包括以下选项。

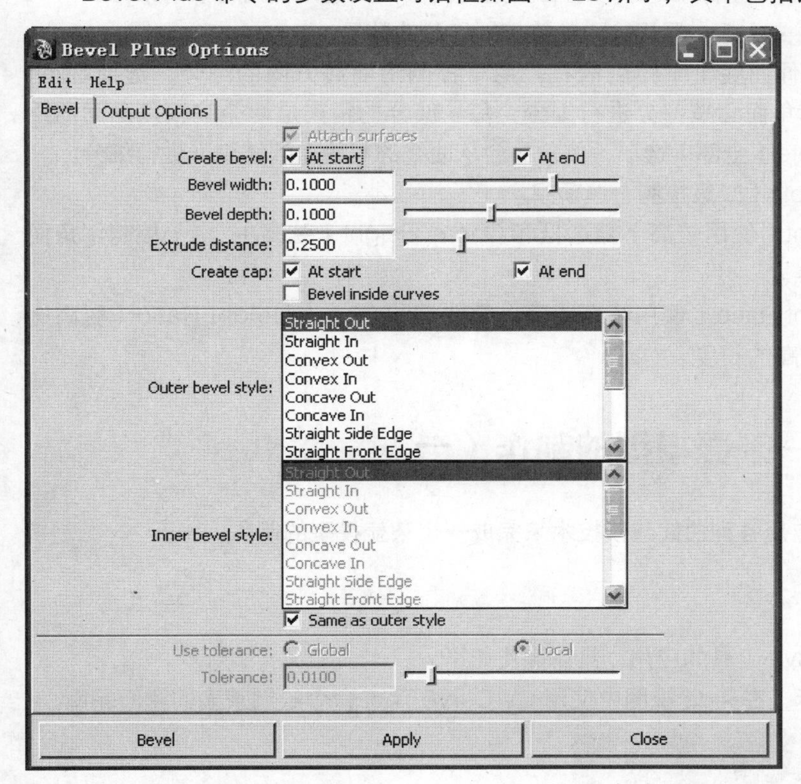

Bevel Plus 参数设置对话框
图 4-28

- Create bevel（创建倒角）：其中包括 At start 和 At end 复选框，用于控制生成的曲面是否进行前或后倒角。
- Extrude distance（挤压距离）：用于设置挤压边的垂直拉伸距离。
- Create cap（创建盖）：用于控制创建的倒角物体是否具有前盖或后盖。
- Outer/Inner bevel style（外 / 内倒角类型）下拉列表框：用于设置创建倒角物体的

内 / 外倒角样式。

- Same as outer style（与外倒角类型一样）复选框：选中此复选框后，创建出的倒角对象的内 / 外倒角样式一致。

单击 Output Options 标签，将打开 Output Options 选项卡，该选项卡中包括以下选项。

- Tessellation method（镶嵌细分方法）：用于控制倒角面的镶嵌细分，选中 Count（数量）单选按钮，可以控制倒角对象面的数量；选中 Sampling（取样）单选按钮，可以在不同的倒角部分指定不同的细分程度。
- Sampling Controls（采样控制）选项组。
  - Along extrusion（延伸挤压）下拉列表框：用于控制表面挤压方向进行的细分，选择 Section（部分）选项，将在挤压方向对倒角对象每一部分都进行细分数相同的细分；选择 Complete（全部）选项，将在挤压方向上控制整个倒角对象的细分。
  - Samples（取样）文本框：用于输入数值控制细分的数量。
  - Along curve（延伸曲线）下拉列表框：用于控制沿曲线方向的细分，选择 Span（段数）选项，倒角面会按部分进行细分，每一部分的距离是两个编辑点之间的距离；选择 Complete（全部）选项，倒角面会从曲线的起始点到结束点进行细分。
- Secondary Controls（二级控制）选项组。
  - Use Chord Height（使用弦高）复选框和 Chord Height（弦高）：用于控制倒角面到原始曲线的距离。
  - Use Chord Height Ratio（使用弦高比率）复选框和 Chord Height Ratio（弦高比率）：用于计算弦高的长度。

4.1.2 实例——茶壶模型的制作（一）

在本小节中将综合应用各种曲线建模技术来完成一个茶壶模型的制作。

1. 制作壶体

这部分将涉及 Revolve 工具的应用，具体操作如下。

（1）如图 4-29 所示，在 side 视图中使用 CV Curve Tool 命令绘制茶壶的侧面轮廓。

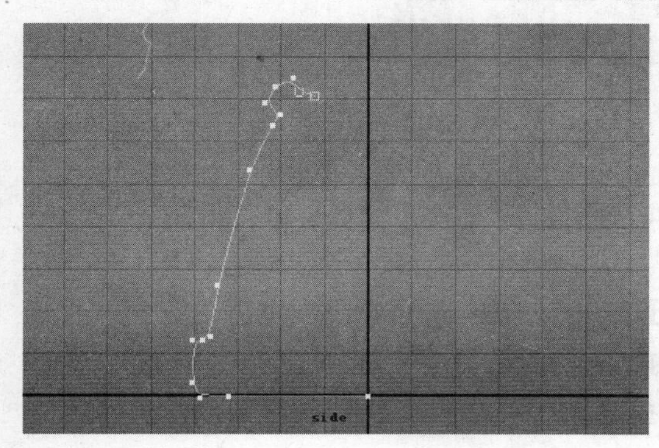

绘制茶壶的侧面轮廓

图 4-29

（2）选中轮廓曲线，执行 Surfaces → Revolve 命令，生成茶壶的主体曲面，如图 4-30 所示。再执行 Edit → Delete All By type → History 命令，删除该曲面的构造历史，同时也可删除生成该曲面的轮廓线。

（3）如图 4-31 所示，绘制茶壶盖的轮廓曲线，然后使用 Revolve 命令生成茶壶盖的造型，同样删除构造历史和壶盖曲线。

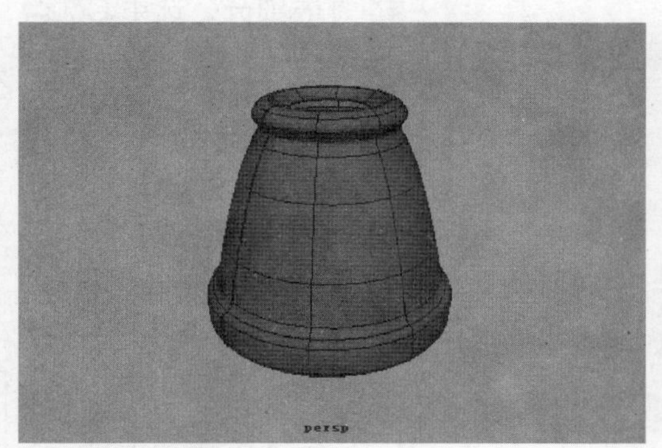

生成茶壶的主体曲面
图 4-30

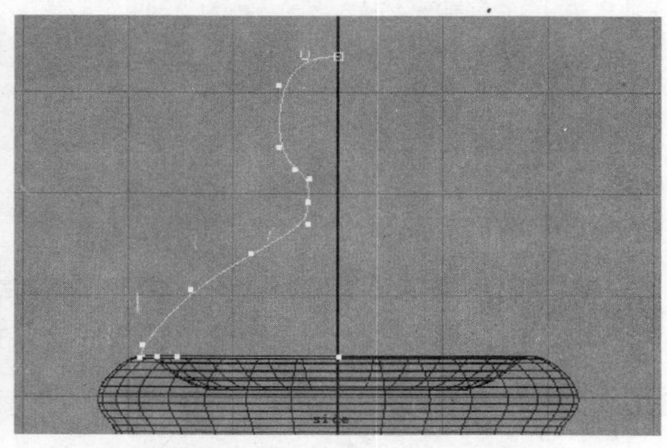

绘制茶壶盖的轮廓曲线
图 4-31

（4）按键盘上的数字键 3，使所有选中的造型自动光滑，结果如图 4-32 所示。

2. 制作壶嘴

这部分将涉及 Loft 工具的应用，具体操作如下。

（1）在 side 视图中绘制壶嘴位置的两条轮廓曲线，如图 4-33 所示，这两条曲线只是作为壶嘴部分建模的参考，而不是用来建模。

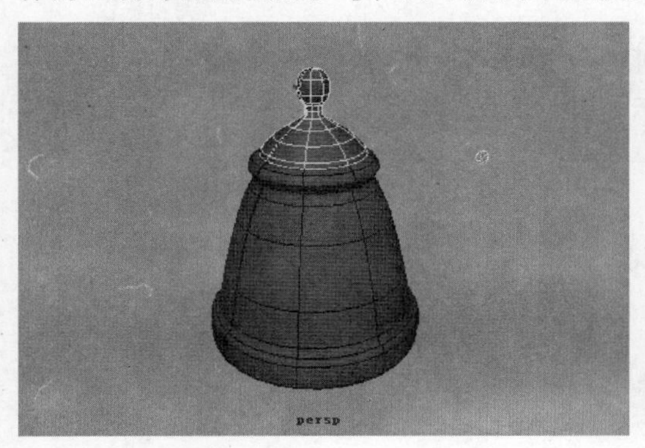

光滑显示的曲面造型
图 4-32

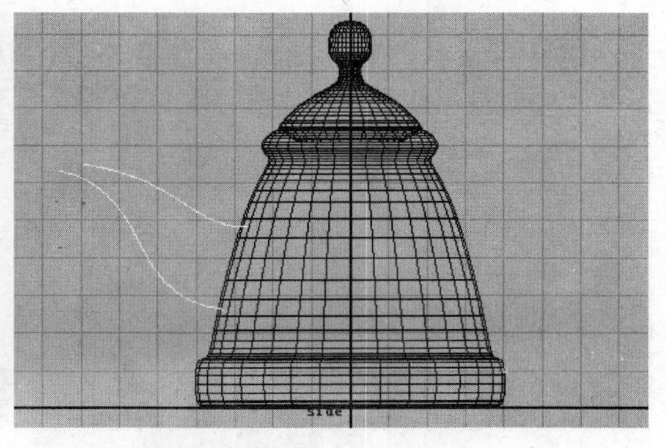

绘制壶嘴的两条轮廓曲线
图 4-33

（2）执行 Create → NURBS Primitives 命令，在 NURBS Primitives 子菜单中首先勾选 Interactive Creation（交互式创建）选项，然后执行 Create → NURBS Primitives → Circle 命令，采用交互式创建方式在 front 视图中绘制一个 NURBS 圆形，并调整其方向、大小，移动到壶嘴根部的位置，如图 4-34 所示。

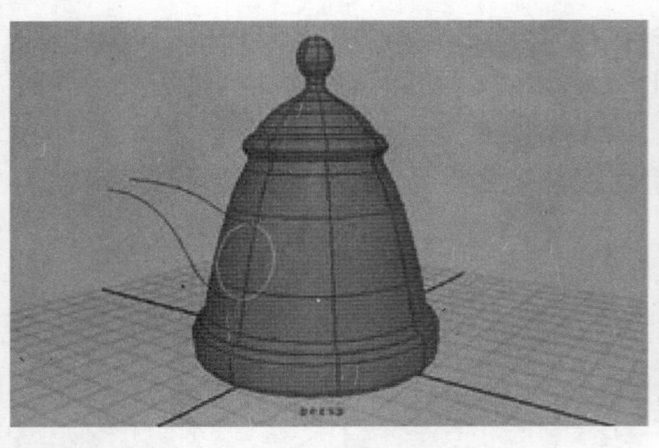

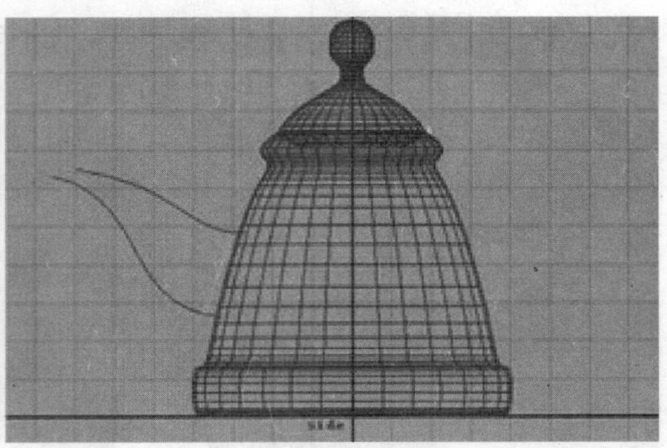

绘制 NURBS 圆形并调整到壶嘴根部位置
图 4-34

（3）选中 NURBS 圆形，按 Ctrl + D 组合键将其复制，调整复制出来的圆形的位置、大小和方向。重复这一步操作 4 次，最后结果如图 4-35 所示。

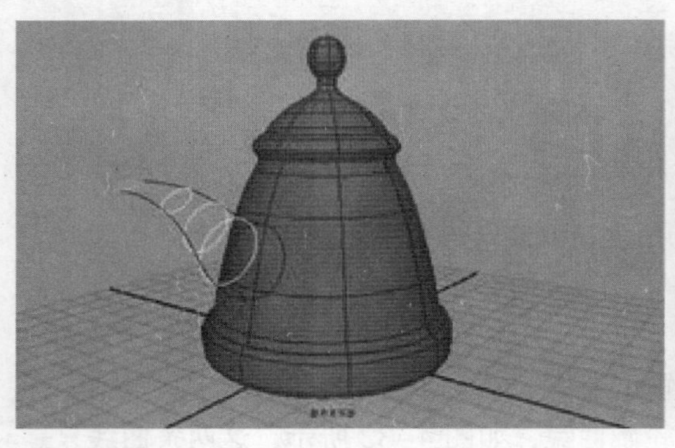

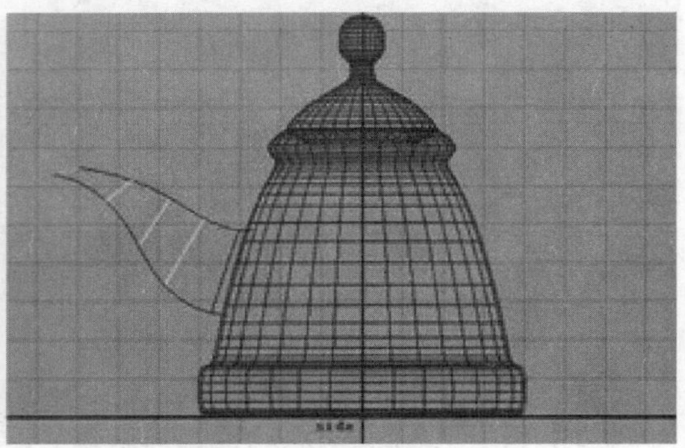

复制并调整圆形的位置、大小和方向
图 4-35

（4）配合 Shift 键，将上一步创建的 5 个圆形曲线按顺序逐个选取，然后执行 Surfaces→Loft 命令，放样生成壶嘴，效果如图 4-36 所示。

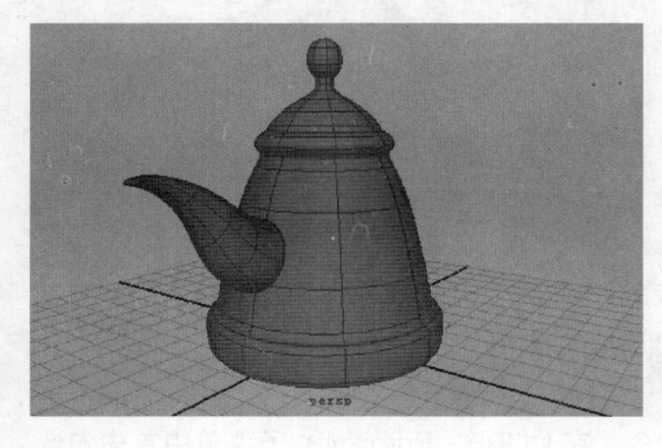

放样生成壶嘴
图 4-36

3. 制作把手

这部分将涉及 Extrude 工具的应用，具体操作如下。

（1）接下来制作茶壶的把手。在 side 视图中绘制把手的路径曲线，如图 4-37 所示。

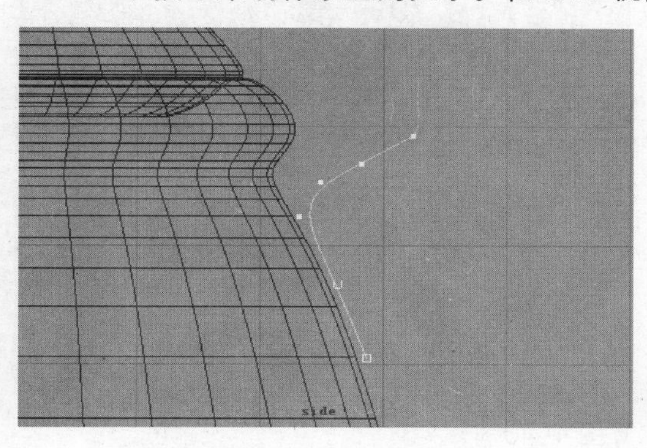

绘制把手的路径曲线
图 4-37

（2）在 top 视图中绘制一个 NURBS 圆形作为剖面，对其进行适当的缩放，调整到合适的位置，如图 4-38 所示。

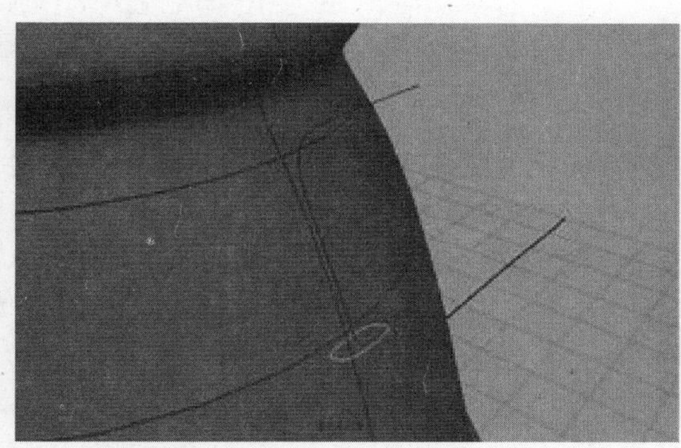

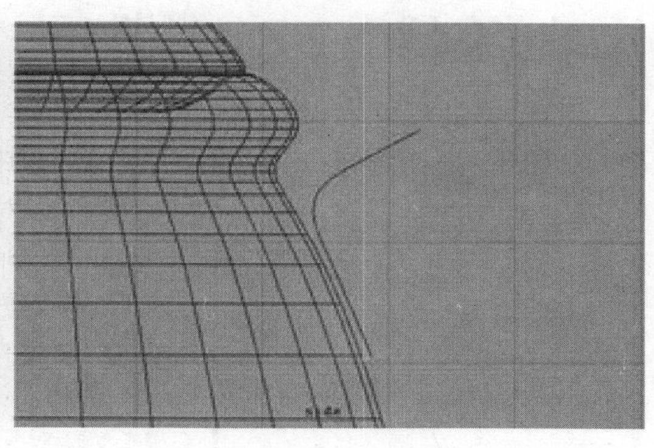

绘制剖面圆形并调整到合适的位置
图 4-38

（3）先选取圆形，再配合 Shift 键选取把手路径曲线，然后打开 Extrude 参数设置对话框，将参数设置为如图 4-39 所示。

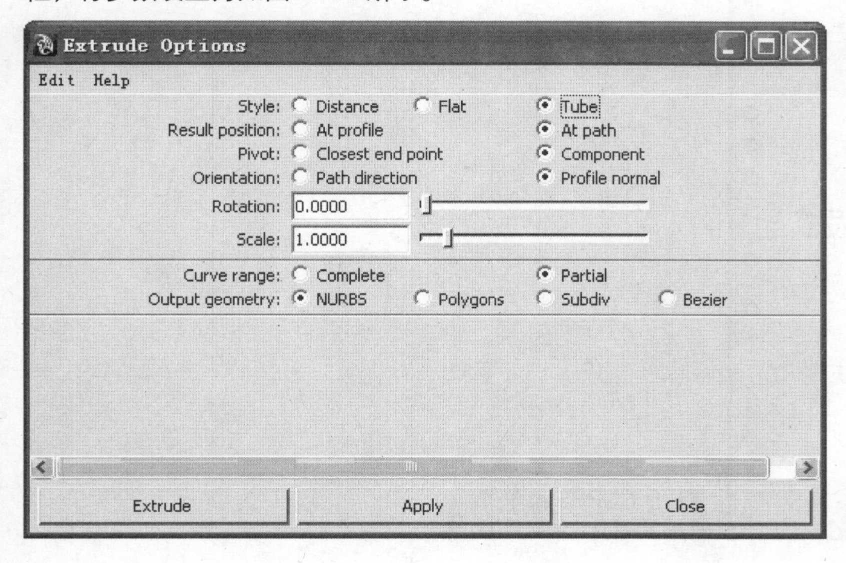

设置 Extrude 参数
图 4-39

（4）单击 Extrude 按钮，完成把手的创建，结果如图 4-40 所示。最后将场景文件保存。

至此一个茶壶造型已经初步创建完成。在制作过程中使用到了几个建立 NURBS 曲面的工具。在 4.2 节中，将继续介绍对已经建成的 NURBS 曲面进行编辑的各种方法和技巧，并最后完成茶壶造型的创建。

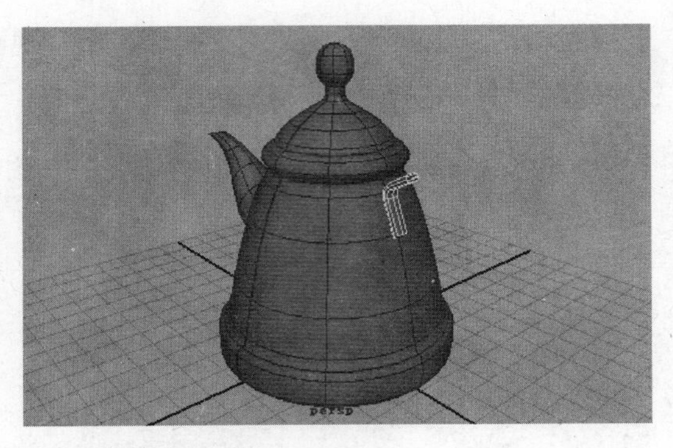

完成把手的创建
图 4-40

4.2 编辑 NURBS 曲面

MAYA 中拥有强大的曲面表面元素编辑工具，通过这些工具可以对曲面表面进行裁剪、黏结、分块、重组等操作。Edit NURBS 菜单如图 4-41 所示，下面就来了解一下这些工具的使用方法。有些曲面编辑工具的操作相对比较简单，将只在本节的实例中进行讲解。

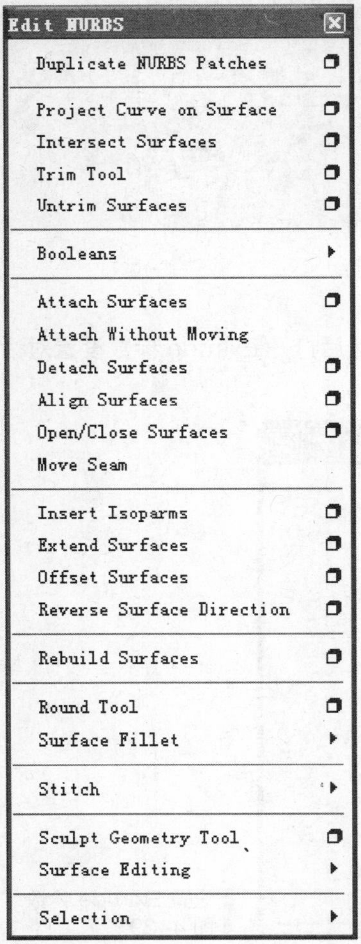

Edit NURBS

- Duplicate NURBS Patches
- Project Curve on Surface
- Intersect Surfaces
- Trim Tool
- Untrim Surfaces
- Booleans
- Attach Surfaces
- Attach Without Moving
- Detach Surfaces
- Align Surfaces
- Open/Close Surfaces
- Move Seam
- Insert Isoparms
- Extend Surfaces
- Offset Surfaces
- Reverse Surface Direction
- Rebuild Surfaces
- Round Tool
- Surface Fillet
- Stitch
- Sculpt Geometry Tool
- Surface Editing
- Selection

Edit NURBS 菜单
图 4-41

4.2.1 曲面编辑工具

1. Project Curve on Surface（映射曲线到曲面）

Project Curve on Surface 命令的作用是将曲线映射到曲面的表面，创建出曲面上的曲线，具体操作方法如下。

（1）在视图中创建一个 NURBS 圆柱体。

（2）选择 Create → Text 命令，单击右侧的参数设置按钮，打开 Text Curves 参数设置对话框，在该对话框中的 Text 文本框里输入 M，然后单击 Create 按钮，创建一条 M 文字曲线。将其移动到圆柱体前面的位置，如图 4-42 所示。

（3）在 front 视图中选择文字曲线，按住 Shift 键选择圆柱体，然后执行 Edit NURBS → Project Curve on Surface 命令，在圆柱体曲面上映射出 M 文字曲线，如图 4-43 所示。

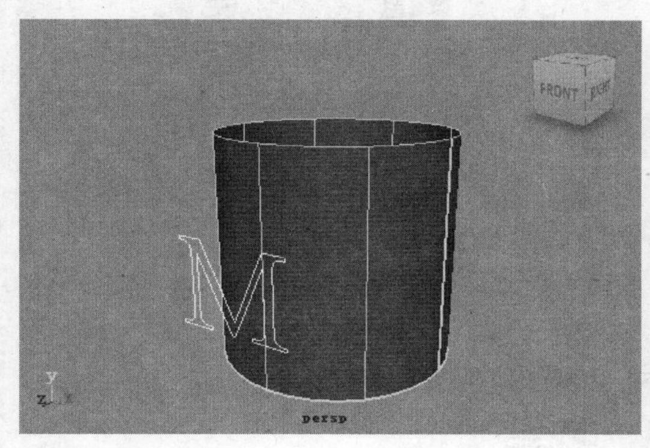

创建 M 文字曲线
图 4-42

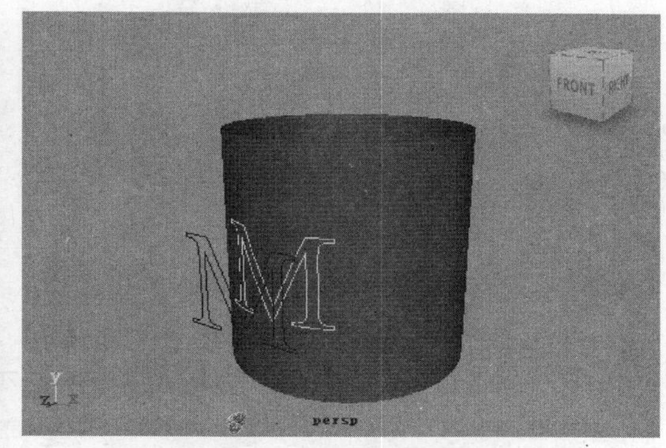

在圆柱体曲面上映射 M 文字曲线
图 4-43

Project Curve on Surface 参数设置对话框如图 4-44 所示，Project along（映射方向）选项用于设置曲线以哪种方式映射到曲面，选中 Active view（活动视图）单选按钮，将可以以当前选择的视图窗口作为映射方向；如果选中 Surface normal（曲面法线）单选按钮，那么将以曲面法线作为映射方向。

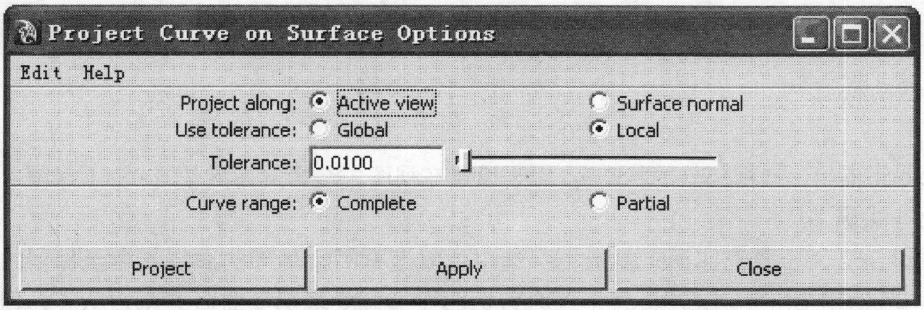

Project Curve on Surface 参数设置对话框
图 4-44

2. Trim Tool（剪切工具）

Trim Tool 命令的作用是根据曲面上曲线划出的范围对曲面进行剪切操作，具体操作方法如下。

（1）首先使用 Project Curve on Surface 命令将曲线映射到曲面上。

（2）执行 Edit NURBS → Trim Tool 命令，然后单击物体曲面，使它呈白色虚线状态。

（3）单击要保留的曲面部分，出现一个黄色立体锥形，如图 4-45 所示，按 Enter 键确认。在 persp 视图窗口中可以看到剪切后的效果，如图 4-46 所示。

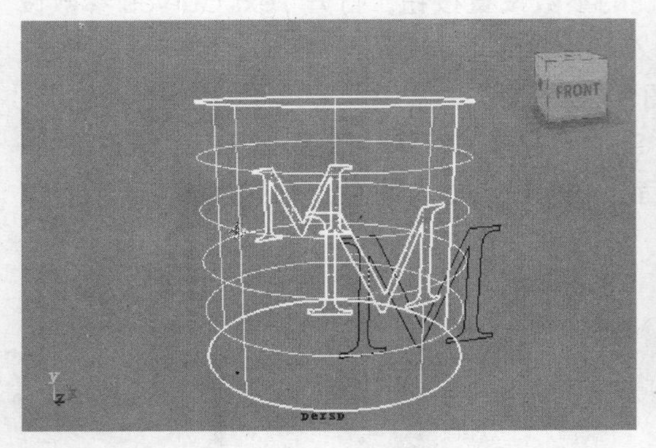

在保留的曲面部分出现一个黄色立体锥形
图 4-45

剪切后的效果
图 4-46

Trim Tool 参数设置对话框如图 4-47 所示，其中包括以下选项。

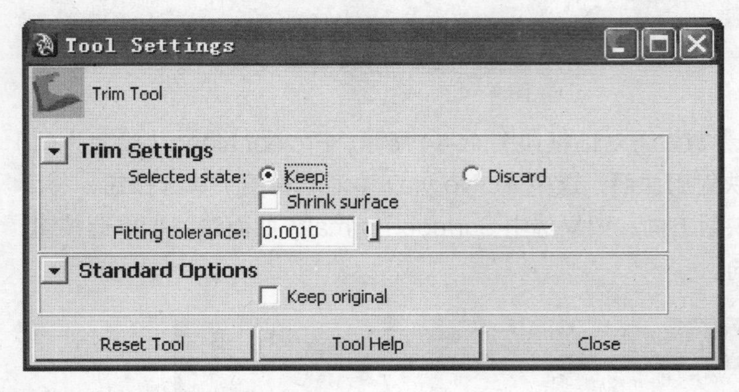

Trim Tool 参数设置对话框
图 4-47

- Selected state（选择部分的状态）：用于设置在视图中选择的区域是 Keep（保留），还是 Discard（去除）。
- Shrink surface（收缩曲面）复选框：选中此复选框后，基础曲面将收缩至保留的区域，并且不可使用 Untrim Surfaces（还原剪切曲面）命令来恢复曲面的原始状态，但可以使用 Undo 命令取消操作。
- Fitting tolerance（适宜的容差值）：用于设置剪切工具所用的曲面曲线的形状精度。

3. Booleans（布尔运算）

Booleans 工具可以对多个曲面造型进行相加、相减等布尔运算操作。执行 Edit NURBS → Booleans 命令，打开一个包含各种布尔运算的子菜单，如图 4-48 所示。

Booleans
Union Tool
Difference Tool
Intersection Tool

布尔运算的子菜单
图 4-48

首先来介绍布尔加运算的使用方法，具体操作如下。

（1）创建一个球体和一个立方体，调整它们的位置，如图 4-49 所示。

（2）执行 Edit NURBS → Booleans → Union Tool 命令，应用 Booleans 的合并运算，先选择立方体，按 Enter 键，然后再选择球体，再次按 Enter 键，实现两个曲面体的合并，如图 4-50 所示。

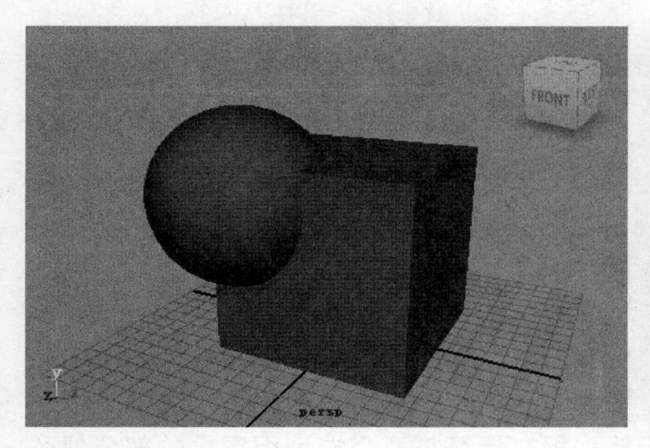

创建球体和立方体
图 4-49

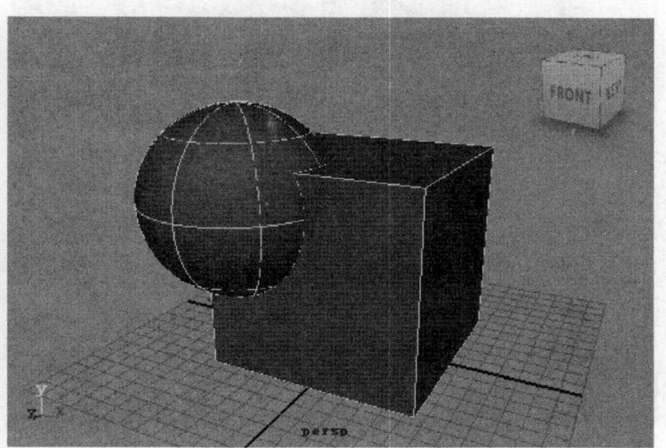

执行布尔运算合并曲面体
图 4-50

Booleans 命令 3 个工具的参数设置对话框相同，这里以 Union Tool 参数设置对话框为例进行介绍，如图 4-51 所示，其中包括以下选项。

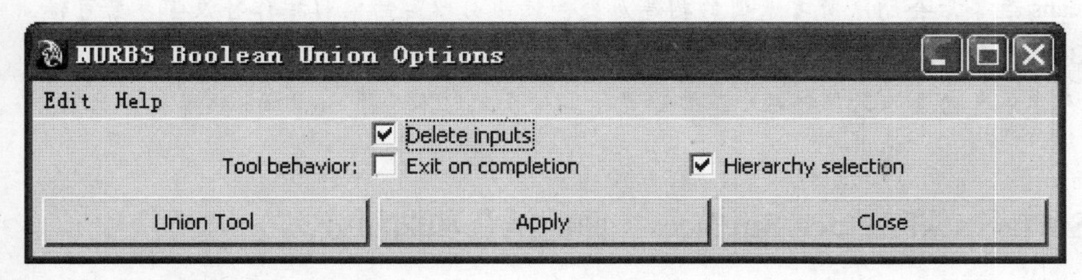

Union Tool 参数设置对话框
图 4-51

• Delete inputs（删除输入项）复选框：如果关闭了历史记录，选中此复选框，将会在布尔运算完成后，使原始物体与布尔运算的结果物体失去关联；取消此复选框的选择，将会保留相互之间的关联，对原始物体的修改将直接影响布尔运算的结果。

• Tool behavior（工具行为）：用于设置布尔运算工具的操作方式。选中 Exit on completion（完成后退出）复选框，在完成布尔运算后，将返回上一个工具的使用状态；

取消此复选框的选择，将保持布尔运算工具的使用状态。选中 Hierarchy selection（层级选择）复选框，将针对层级连接物体操作，直接单击就可选择整个层级物体；取消此复选框的选择，将只针对层级中单个的曲面进行选择。

Booleans 菜单中的 Difference Tool 命令可以进行相减运算，操作方法与 Union Tool 相似。首先选择立方体造型，然后按 Enter 键，再次选择球体造型，按 Enter 键，就得到了相减运算后的结果，如图 4-52 所示。

相减运算是区分“减数”对象和“被减数”对象的，先选择的造型为被减数对象，后选择的造型为减数对象，如果先选择球体，然后再选择立方体，则相减运算的结果如图 4-53 所示。

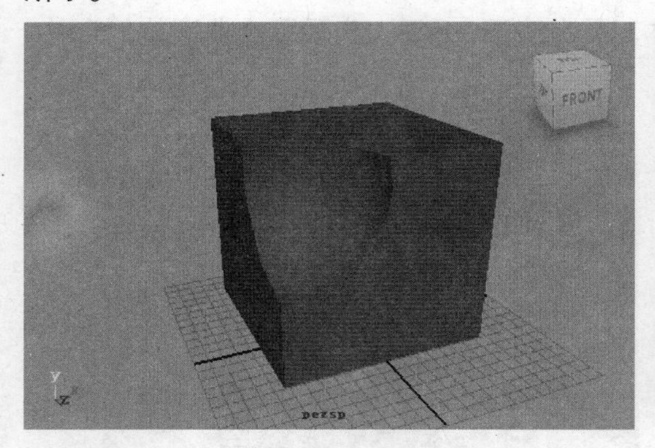

立方体与球体相减的布尔运算结果
图 4-52

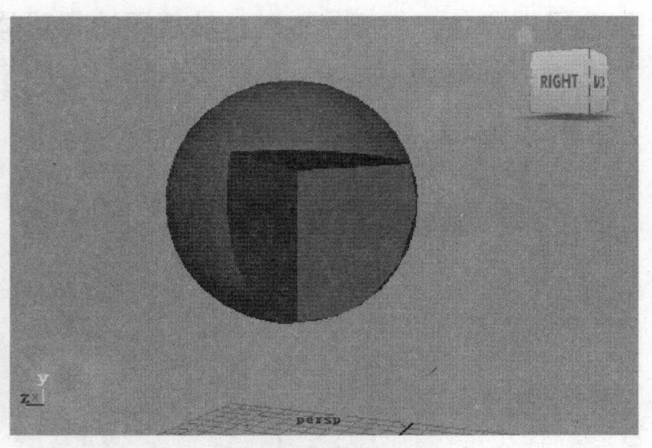

球体与立方体相减的布尔运算结果
图 4-53

最后一项布尔运算是 Intersection 相交运算，相交运算将两个造型相重叠的部分保留下来，而其他部分将被删除。

注意

① 应用 Booleans 运算合并两个曲面要求两个造型相交。

② Booleans 运算后会删除所有造型的构造历史，使曲面以后的编辑操作将没有参数可依，所以在使用 Booleans 工具合并形体之前一定要确认修改完毕。

③ 进行布尔运算时每次只能对两个造型合并，当对多个形体进行 Booleans 运算时，只能一对一地进行。

4. Attach Surfaces 和 Detach Surfaces（曲面结合和曲面分离）

Attach Surfaces 命令的作用是通过两个曲面上指定的 Iso 参数线，将两个曲面结合为一个曲面。Detach Surfaces 命令的作用是根据曲面上所选择的一条或多条 Iso 参数线，将曲面分离成两个或多个曲面。具体操作方法如下。

（1）创建一个 NURBS 圆锥体，右击圆锥体，在弹出的快捷菜单中选择 Isoparm 选项，然后选择一条 Iso 参数线，如图 4-54 所示。

（2）选择 Edit NUBRS → Detach Surfaces 命令，锥体将被分离成两个物体，如图 4-55 所示。

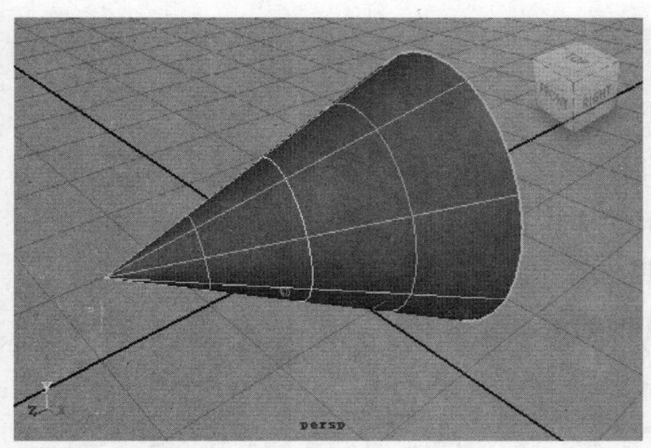

选择 Iso 参数线
图 4-54

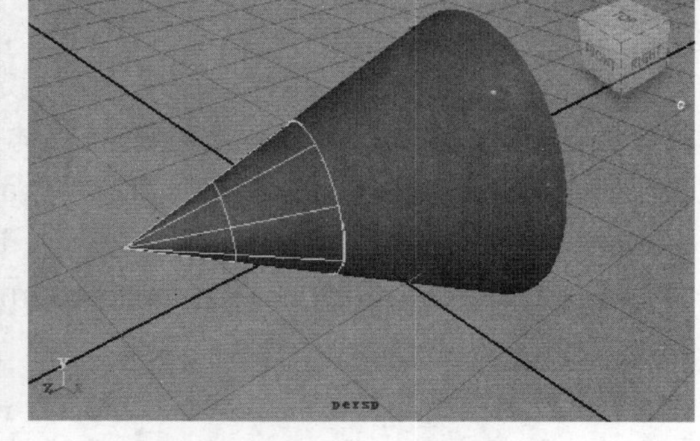

锥体被分离成两个物体
图 4-55

（3）选择上一步中圆锥体分离的两部分。

（4）选择 Edit NURBS → Attach Surfaces 命令，单击右侧的参数设置按钮，打开 Attach Surfaces Options 对话框，在该对话框中取消 Keep originals 复选框的选择，然后单击 Attach 按钮，就可以将已经分离开的两部分结合在一起。

Attach Surfaces 参数设置对话框如图 4-56 所示，其中包括以下选项。

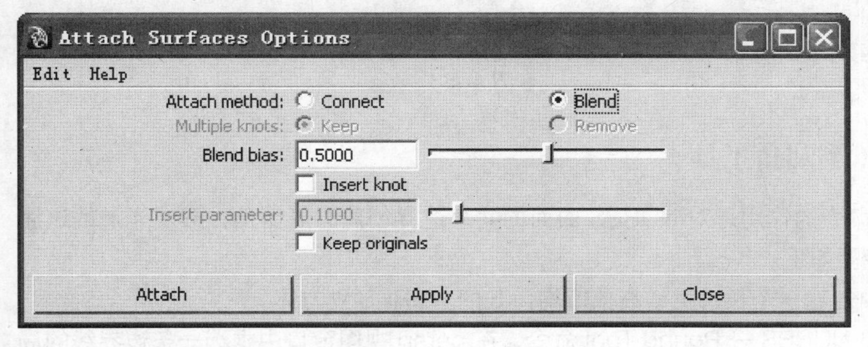

Attach Surfaces 参数设置对话框
图 4-56

• Attach method（结合方式）：用于设置不同的结合方式，选中 Connect（连接）单选按钮将不改变原始曲面的形态；选中 Blend（融合）单选按钮将会在两个曲面之间产生连续光滑的过渡曲面，这将改变原始曲面的形态。

• Multiple knots（多重节点）：用于设置结合后在结合处的多重节点是否保留，选中 Keep（保留）单选按钮为保留；选中 Remove（除去）单选按钮为去除。

• Blend bias（融合偏斜）：用于设置过渡曲面的连续性倾向，增大此值可以增大原始曲面的切线变形。

• Insert knot（插入节点）复选框：选中此复选框后，可以在连接处插入节点。

• Insert parameter（插入参数）：用于设置节点插入参数，值越小，结合曲面形状越接近两个曲面的曲率。

5. Insert Isoparms（插入 Iso 参数线）

Insert Isoparms 命令的作用是在曲面指定位置上添加 Iso 参数线，增加曲面的细分程度，以便更精细地进行曲面的编辑操作，具体操作如下。

（1）在造型上右击曲面，在曲面的 Isoparm 组件模式中，选择一条 Iso 参数线，单击并拖动到某个合适的位置，如图 4-57 所示，该位置出现一条黄色虚线。

（2）执行 Edit NURBS → Insert Isoparms 命令，可以看到曲面上增加了一条 Iso 参数线，如图 4-58 所示。

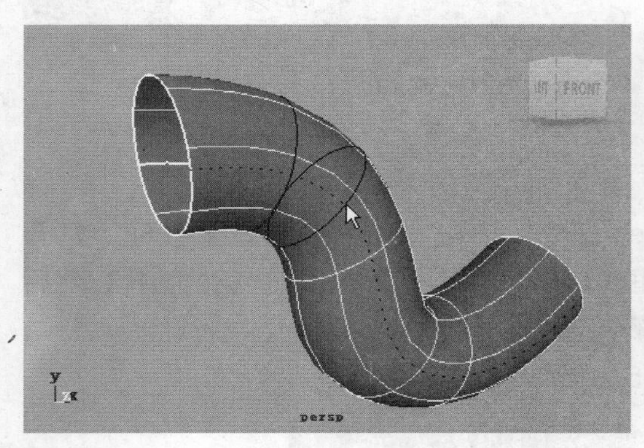

选择一条 Iso 参数线单击并拖动
图 4-57

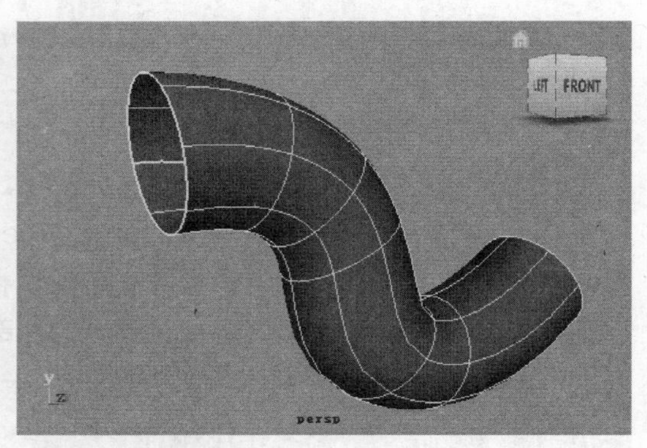

插入 Iso 参数线
图 4-58

6. Round Tool（倒圆角工具）

Round Tool 命令的作用是对 NURBS 曲面的共享边界创建圆形倒角，形成光滑的过渡曲面，具体操作步骤如下。

（1）在视图中创建一个长、宽、高数值均为 5 的 NURBS 立方体。

（2）执行 Edit NURBS → Round Tool 命令，在 persp 视图窗口中框选一条边界线的局部，产生一个黄色的角半径标志，旋转视图角度，分别将其余的 11 条边界线框选，如图 4-59 所示。按 Enter 键完成圆角的创建，如图 4-60 所示。

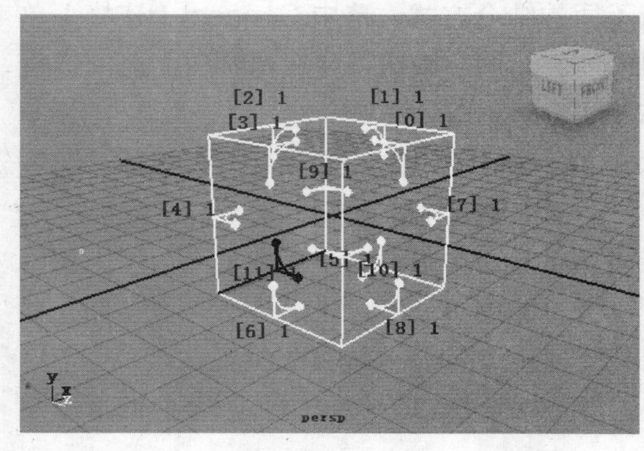

分别框选立方体的边界线
图 4-59

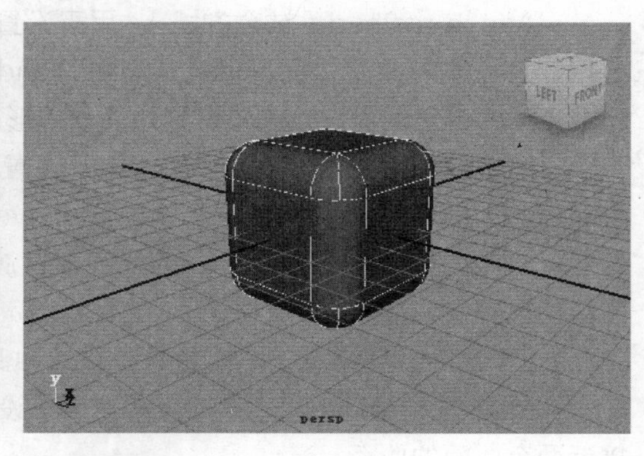

创建圆角
图 4-60

7. Surface Fillet（曲面填角）

Surface Fillet 命令的作用是在曲面间创建光滑的过渡曲面，它包含了 3 个子命令，分别用于相交和不相交曲面间填角的创建。Circular Fillet（圆形填角）命令只针对两个相交曲面进行填角；Freeform Fillet（自由填角）命令只针对两个指定曲面进行填角；Fillet Blend Tool（填角融合工具）命令可针对不相交的多个曲面进行填角。

1）Circular Fillet（圆形填角）

Circular Fillet 命令的作用是在两个相交曲面的相交边界处创建圆形填角曲面，产生平滑的转折，具体操作如下。

（1）在视图中分别创建一个 NURBS 圆柱体和 NURBS 面片，并调节其位置，如图 4-61 所示。

（2）选择圆柱体与面片表面，然后选择 Edit NURBS → Surface Fillet → Circular Fillet 命令，在两个对象之间进行填角，如图 4-62 所示。

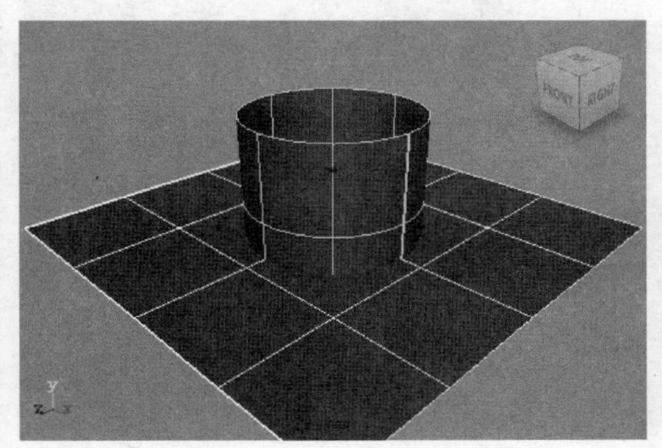

创建圆柱体和面片
图 4-61

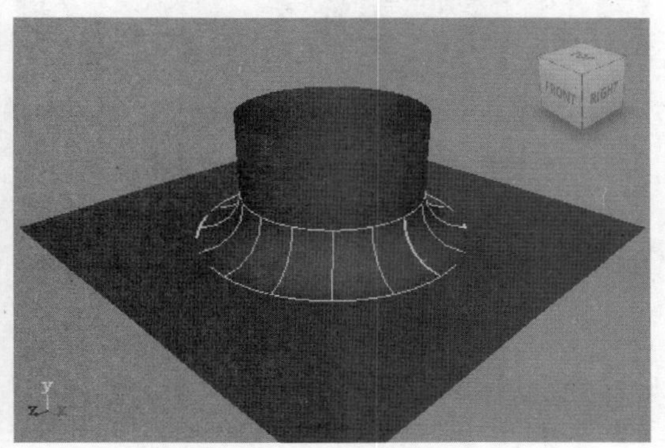

圆形填角
图 4-62

Circular Fillet 参数设置对话框如图 4-63 所示，其中包括以下选项。

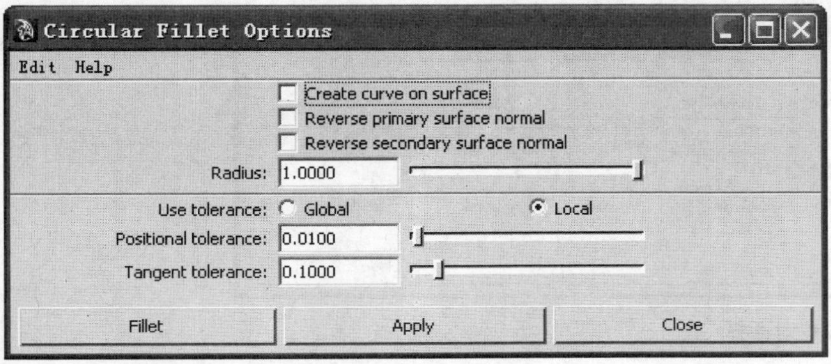

Circular Fillet Options
Edit Help
Create curve on surface
Reverse primary surface normal
Reverse secondary surface normal
Radius: 1.0000
Use tolerance: Global Local
Positional tolerance: 0.0100
Tangent tolerance: 0.1000
Fillet Apply Close

Circular Fillet 参数设置对话框
图 4-63

- Create curve on surface（创建曲面上的曲线）复选框：选中此复选框后，创建填角时会在曲面与填角曲面相交的地方创建曲线。

• Reverse primary surface normal（反转首选曲面法线）复选框和 Reverse secondary surface normal（反转次选曲面法线）复选框：这两个复选框分别用于控制两个相交曲面的法线方向。

• Radius（半径）：用于设置填角半径大小。

• Positional tolerance（位置容差）：值越低，填角曲面的片段划分数越多。

• Tangent tolerance（切线容差）：用于设置填角切线的容差。

2）Freeform Fillet（自由填角）

Freeform Fillet（自由填角）命令的作用是在两个曲面指定的曲线间创建自由的填角曲面，与这两个曲面是否相交无关，如图 4-64（a）、（b）所示。

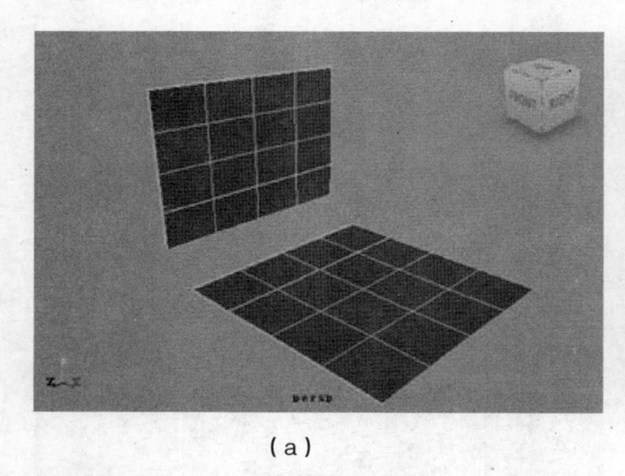

（a）

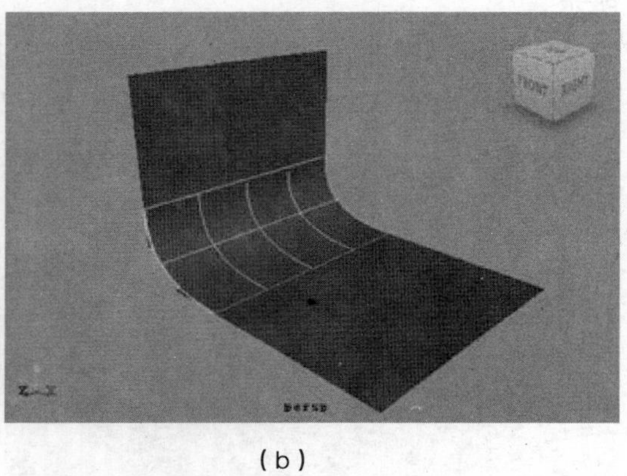

（b）

自由填角
图 4-64

Freeform Fillet 参数设置对话框如图 4-65 所示，其中包括以下选项。

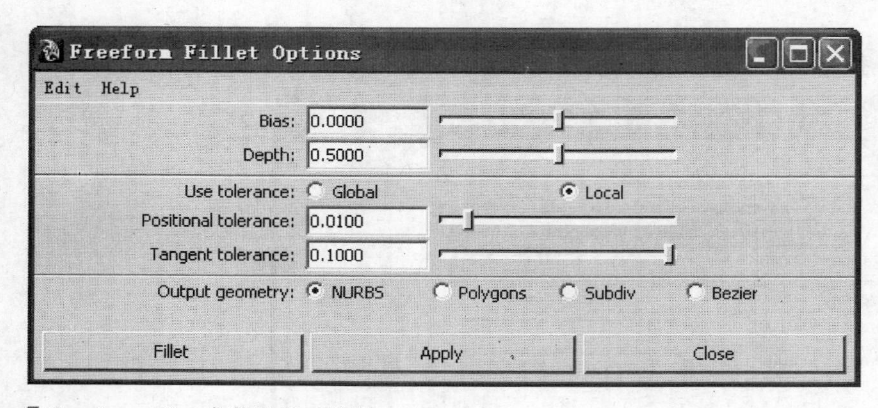

Freeform Fillet 参数设置对话框
图 4-65

• Bias（偏斜）：用于设置填角曲面的切线偏斜。

• Depth（深度）：用于设置填角曲面的曲率。

3）Fillet Blend Tool（填角融合工具）

Fillet Blend Tool 命令的作用是在由曲面上的曲线（包括 Iso 参数线、曲面上的曲线、剪切边界线）组成的两组曲线之间创建圆角过渡曲面，具体操作步骤如下。

（1）在视图中创建如图 4-66 所示的曲面造型，然后执行 Edit NURBS → Surface Fillet → Fillet Blend Tool 命令。

（2）选择上面的造型底部边缘的 Iso 参数线，按 Enter 键确认，然后选择下面造型顶部边缘的 Iso 参数线，按 Enter 键确认，就可以在两个曲面之间创建填角，如图 4-67 所示。

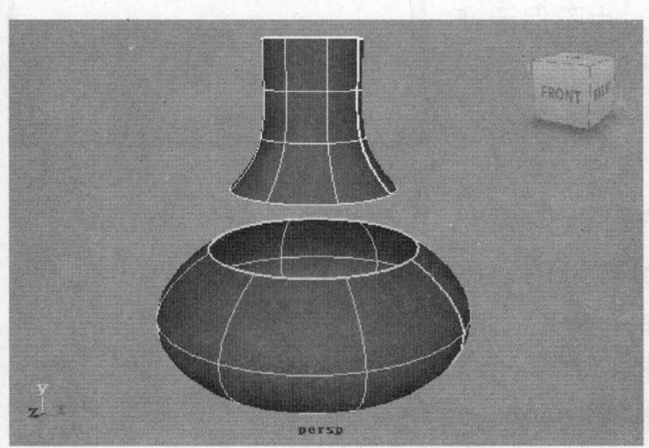

创建曲面造型
图 4-66

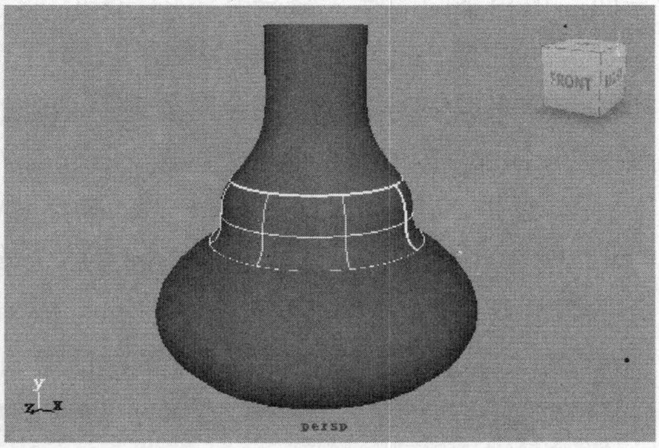

填角融合
图 4-67

Fillet Blend 参数设置对话框如图 4-68 所示，其中包括以下选项。

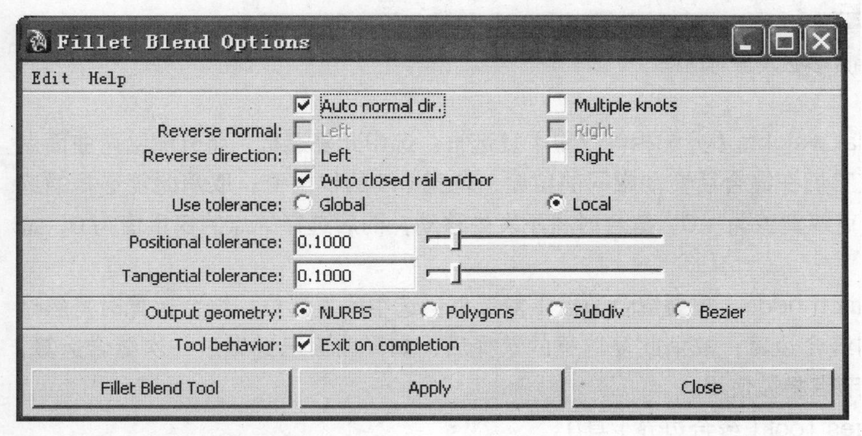

Fillet Blend 参数设置对话框
图 4-68

• Auto normal dir（自动设定法线方向）复选框：选中此复选框，可以自动进行曲面法线方向的设定。

• Reverse normal（反转法线）：Left（左）指第一次选择的曲面；Right（右）指第二次选择的曲面。

• Reverse direction（反转方向）：通过这个选项可以纠正融合曲面的扭曲现象，Left

（左）指第一次选择的曲面；Right（右）指第二次选择的曲面；Auto closed rail anchor（自动靠近轨道锚点）用于处理两个封闭曲面之间创建的融合曲面的旋转扭曲现象。

• Tool behavior（工具行为）：用于设置工具的使用方式，选中 Exit on completion（完成后退出）复选框，可以在完成融合曲面的创建后，恢复为上一次使用的工具状态。

8. Stitch（缝合工具）

Stitch 命令的作用是将曲面以不同的方式缝合在一起。与曲面填角不同的是，缝合并不创建新的曲面，也不保证产生平滑的过渡。Stitch 命令项中提供了 3 个子命令，如图 4-69 所示，主要是依据不同的缝合对象进行划分的。

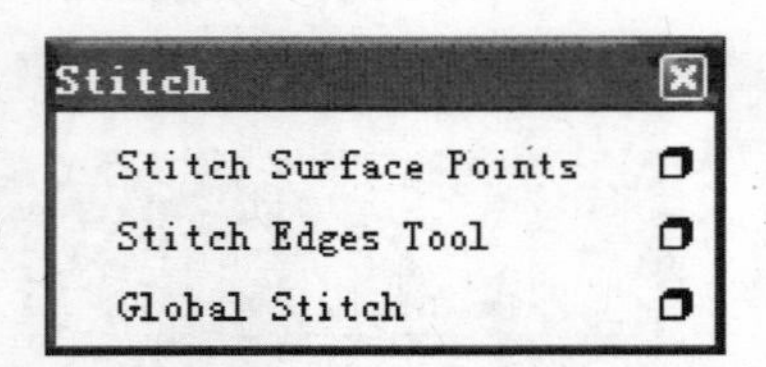

Stitch 命令项中的 3 个子命令
图 4-69

1）Stitch Surface Points（缝合曲面点）

依据曲面上的节点进行缝合，包括 CV 控制点、Edit Point 和 Surface Point。需要注意的是，只有在相同的节点分布情况下，才可以应用 Stitch Surface Points 工具。

· Stitch Surface Points 参数设置对话框如图 4-70 所示，其中包括以下选项。

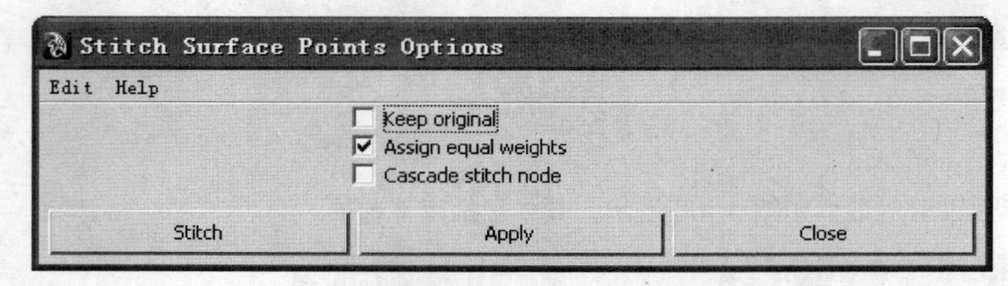

Stitch Surface Points 参数设置对话框
图 4-70

• Assign equal weights（分配相等权重）复选框：选中此复选框，将分配给两曲面点均等的权重值，使它们在缝合后变动相同的位置，均为 0.5 的权重值；取消此复选框的选择后，首先选择的点权重值为 1.0，缝合时将不发生移动，而后选择的点的权重值为 0，缝合时将发生移动。

• Cascade stitch node（重叠缝合节点）复选框：选中此复选框，缝合运算时将忽略曲面上已经做过的缝合运算；取消此复选框的选择后，如果曲面已经做过一次缝合运算，上一次运算的缝合节点将被使用。

2）Stitch Edges Tool（缝合边界工具）

依据曲面边界线进行缝合，只针对 Iso 参数线，不能用于剪切边界。Stitch Edges Tool 参数设置对话框如图 4-71 所示，其中包括以下选项。

• Blending（融合）：用于设置曲面边界被缝合时的整体融合情况，选中 Position（位置）复选框，则将两个曲面缝合，并使其拥有位置的连续性；选中 Tangent（切线）复选框，则将两个曲面缝合，并使其拥有切线的连续性，尽可能地使接缝处平滑。

• Weighting on edge1/edge2（边界 1/2 的权重）：改变两个边界 Iso 参数线的连接权重。

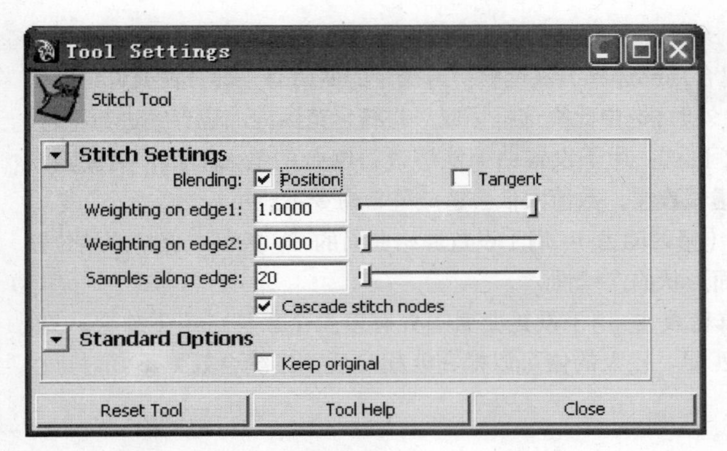

Stitch Edges Tool 参数设置对话框
图 4-71

• Samples along edge（沿边界采样）：用于缝合边界 CV 控制点的采样计算。

3）Global Stitch（全局缝合）

Global Stitch（全局缝合）工具可依据曲面直接进行缝合。Global Stitch 参数设置对话框如图 4-72 所示，其中包括以下选项。

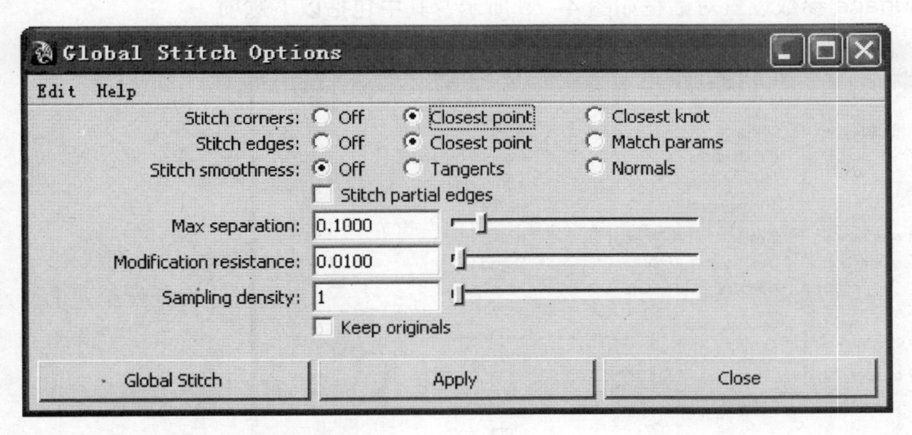

Global Stitch 参数设置对话框
图 4-72

• Stitch corners（缝合拐角）：用于设置在何处将曲面的拐角缝合到相邻的拐角或曲面边界上，Off（关闭）不明确将拐角缝合到何处；Closest point（靠近点）将拐角缝合到最近的点上；Closest knot（靠近节点）将拐角缝合到最近的节点上。

• Stitch edges（缝合边界）：用于指定相邻边界被缝合到何处，Off（关闭）不明确将边界缝合到何处；Closest point（靠近点）将边界缝合到最近的点上，不考虑参数化差别；Match params（均等参数）将尽力匹配曲面的参数，进行曲面面片的捕捉。

• Stitch smoothness（缝合处的平滑）：用于设置缝合处的平滑，Off（关闭）不保证边界区域平滑；Tangents（切线）保证 Iso 参数线垂直于邻近的边界线，将根据初始数值进行缩放，产生最大可能的连续性；Normals（法线）不要求 Iso 参数线与边界线垂直，但曲面仍将平滑连接。

- Stitch partial edges（缝合局部边界）复选框：当缝合的曲面有一部分在允许缝合范围内，而另一部分在允许范围之外时，选中此复选框可以只将缝合范围内的边界线进行缝合。
- Max separation（最大间距）：用于设置曲面能够进行缝合的最大间距，需要注意的是，数值太大会造成缝合的虚假连接，数值太低会造成缝合命令不能执行。
- Modification resistance（修改阻力）：用于设置原始曲面的 CV 控制点保持原始位置的弹力大小，用来平衡原始曲面形状的连续性。
- Sampling density（采样密度）：用于设置曲面边界有多少个采样点用于缝合计算，默认数值为 1，已经可以保持匹配。较大的值可以提高匹配品质，当缝合效果不好时可以提高此值来改善缝合效果。

9. Rebuild Surface（重建曲面）

Rebuild Surface 命令的作用是重新创建曲面，用于改变曲面的 Degree 数值、Iso 参数线的数目和分布、表面控制点的数目，是 NURBS 建模时经常使用的命令。它可以用来精简或提高曲面的精度，改变曲面表面的光滑程度，调整 Iso 参数线的分配，修改剪切曲面的剪切边界为 Iso 线等。

Rebuild Surface 参数设置对话框如图 4-73 所示，其中包括以下选项。

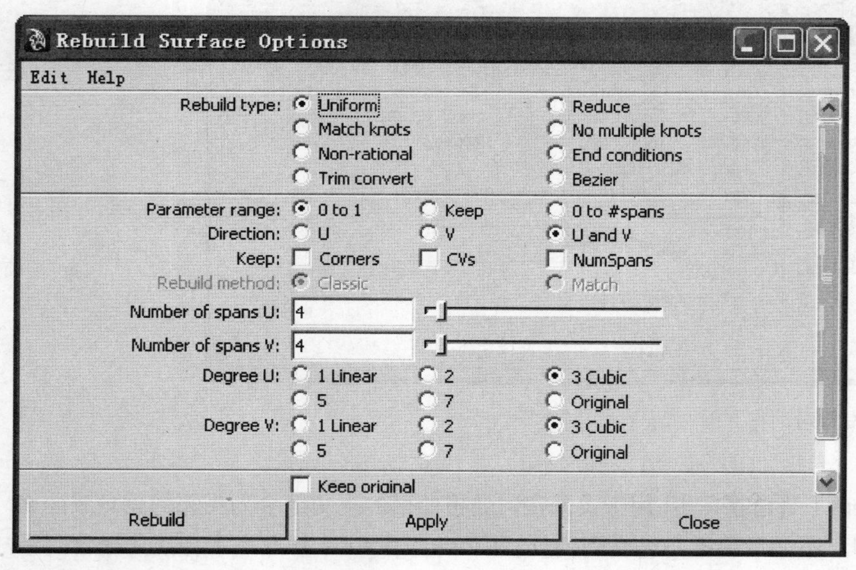

Rebuild Surface 参数设置对话框
图 4-73

- Rebuild type（重建类型）选项提供了以下 8 种重建类型。
  - ✧ Uniform（均匀）：按照重新设置的 U/V 向节点数平均划分曲面，由 Number of spans U/V（U/V 向段数）文本框设置数值来控制 U/V 向的节点数。
  - ✧ Reduce（精简）：在保证曲面形态和曲率不变的前提下，尽可能地减少片段的划分数。它受 Tolerance（容差）值的控制，容差值越大，精简越强烈，片段数越少。

- ◇ Match knots（匹配节点）：是针对两个以上曲面操作的，可以使原始曲面与最后选择的目标曲面的节点数、Degree 精度和片段划分数等完全相同。
- ◇ No multiple knots（无重合节点）：去除全部多重节点，使结果曲面和原曲面保持相同的 Degree 精度。
- ◇ Non-rational（无理）：在曲率高的区域插入更多的编辑点，使曲面保持原 Degree 精度。
- ◇ End conditions（末点状态）：选中此单选按钮可以使曲面重建为无多重节点的曲面。
- ◇ Trim convert（剪切转化）：将剪切的曲面转化为非剪切曲面。
- ◇ Bezier（贝塞尔）：将曲面重建为贝赛尔曲面。

• Parameter range（参数范围）：设置重建后曲面的 UV 参数被影响的方式。选中 0 to 1 单选按钮，可将 UV 参数值范围定义为 0~1；选中 Keep 单选按钮，重建曲面的 UV 参数值范围将与原始曲面匹配；选中 0 to #spans（0 至段数）单选按钮，可以设置 UV 值为 0 至片段数间的任何整数值，这样有利于通过数值输入方式选择点。

• Direction（方向）：设置曲面修改节点数目的方向。

• Keep（保留）：设置曲面重建所要保留的与原始曲面一致的项目，选中 Corners（角）复选框，可以保证重建曲面和原始曲面在三维空间中具有一致的边角；选中 CVs（控制点）复选框，可以保证控制点的数目不变；选中 NumSpans（段数）复选框，可以保持片段数不变。

• Number of spans U/V（U/V 向的段数）：分别设置重建曲面 U/V 向上的片段数。

• Degree U/V（U/V 精度）：分别设置重建曲线 U/V 向上的精度。

10. Sculpt Geometry Tool（雕刻曲面工具）

Sculpt Geometry Tool 的作用是使用特殊的雕刻笔，直接对曲面进行凸起或凹陷的刻画，它的功能实际就是对曲面上的 CV 控制点进行移动变换。Sculpt Geometry Tool 的参数设置对话框如图 4-74 所示。

Sculpt Geometry Tool 的参数设置对话框中包括 7 个选项组，分别用来对笔刷的形状、操作方式、笔触方向等进行设置。其中 Sculpt Parameters（雕刻参数）选项组里包括 5 种不同的操作方式：Push（推）、Pull（拉）、Smooth（平滑）、Relax（松弛）和 Erase（擦除）。

- Push（推）：类似雕塑黏土的推捏制作方法，可以在曲面上向内产生凹陷。
- Pull（拉）：可以在曲面上向外拖出凸起。
- Smooth（平滑）：使粗糙曲面产生平滑效果。
- Relax（松弛）：使曲面产生松弛效果。
- Erase（擦除）：用于将一系列操作恢复原状，还原为上一次更新前的状态。

使用雕刻曲面工具需要足够精细的表面划分，因为雕刻曲面工具是针对曲面上的 CV 控制点工作的，所以点越多，操作也越精细准确，可以通过 Rebuild Surfaces（重建曲面）命令增加曲面 U/V 向的 Spans（片段）数。对于使用缝合命令缝合过的曲面，如果同时在两个曲面上进行雕刻，系统会自动保持缝合状态，当单个曲面边界变形后，相应的边界会

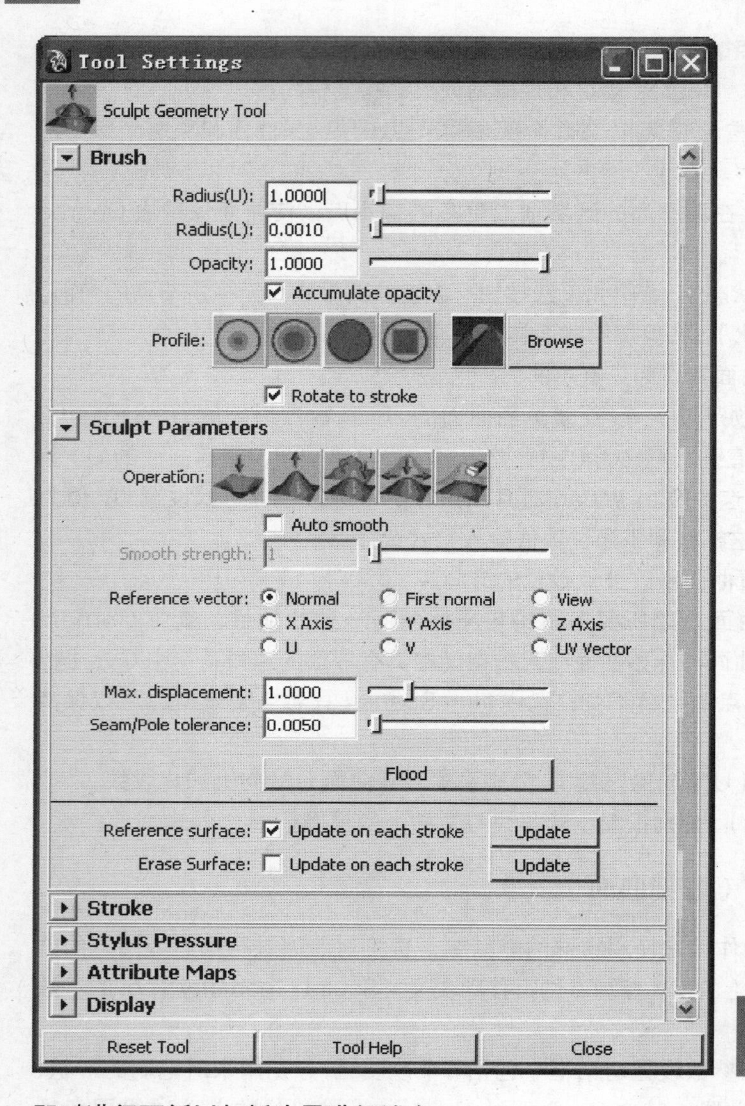

Sculpt Geometry Tool
参数设置对话框
图 4-74

即时进行更新以与新边界进行缝合。

技巧

使用雕刻曲面工具之前，选择 Edit → Delete by Type → History 命令，将所要雕刻的曲面的建造历史删除，这样可以加快雕刻速度。

4.2.2 实例——茶壶模型的制作（二）

在这个练习中将利用本节学习的曲面编辑工具，进一步完善茶壶造型的创建。

1. 增加曲面精度

这部分将涉及 Move Seam 命令和 Insert Isoparms 命令的应用，具体操作如下。

（1）为了稍后的剪切操作能够正确进行，首先需要将壶体部分的曲面接缝转移到合适的位置，同时还需要增加曲面的精度以保证壶嘴和壶体造型的衔接平滑、自然。打开 4.1 节练习保存的场景文件，观察一下壶体曲面的接缝。选择壶体并右击，进入 Isoparm 组件模式，可以看到正对壶嘴的位置有一条较粗的 Iso 参数线，这条 Iso 参数线便是壶体曲面的接缝，如图 4–75 所示。

（2）选择壶把手一侧的一条 Iso 参数线，如图 4–76 所示，执行 Edit NURBS → Move Seam 命令，这样就将壶体曲面的接缝移动到了此位置。

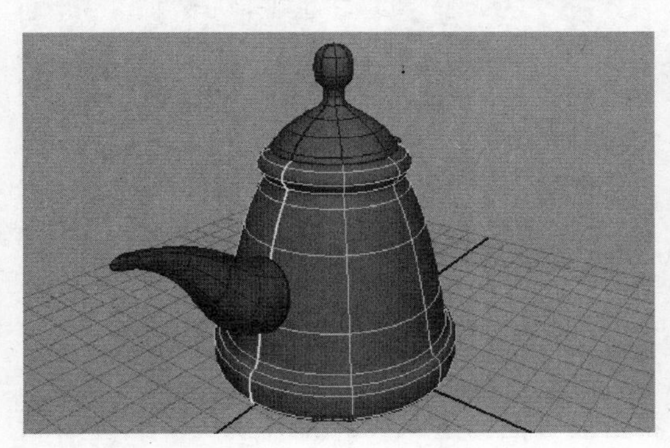

壶体曲面的接缝
图 4–75

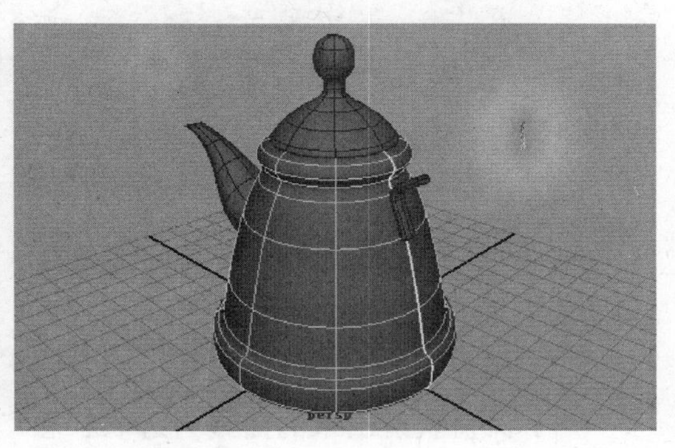

选择 Iso 参数线
图 4–76

（3）选中正对壶嘴的 Iso 参数线并拖动到如图 4–77 所示的位置，执行 Edit NURBS → Insert Isoparms 命令，该位置增加一条 Iso 参数线。

（4）重复上一步操作若干次，以增加壶体部分的曲面精度，结果如图 4–78 所示。

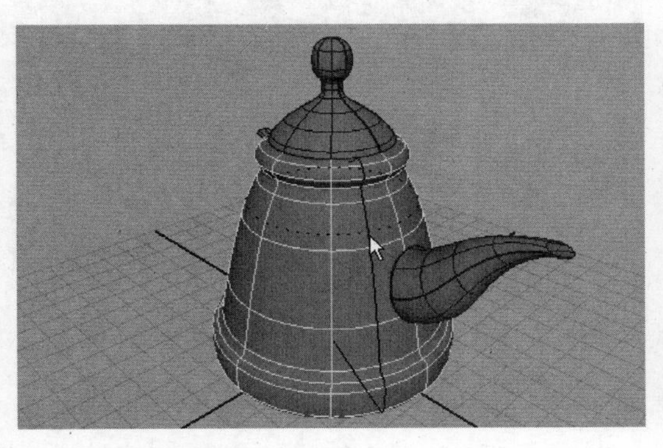

在图示位置增加 Iso 参数线
图 4–77

增加壶体部分的曲面精度
图 4–78

2. 将壶体和壶嘴对接

这部分将涉及 Project Curve on Surface、Freeform Fillet 和 Trim Tool 命令的应用，具体操作如下。

（1）右击壶嘴部分造型，进入 Isoparm 组件模式，选取壶嘴根部的 Iso 参数线，执行 Edit Curves → Duplicate Surface Curves 命令，将该参数线复制成一条独立的曲线。

（2）保持复制曲线选取状态，执行 Modify → Center Pivot 命令，将曲线轴心点对齐到曲线中心。使用缩放工具略微将其放大，如图 4-79 所示。

（3）保持曲线为选取状态，配合 Shift 键选取壶体，执行 Edit NURBS → Project Curve on Surface 命令，将该曲线映射到壶体上，如图 4-80 所示。

调整复制曲线的大小
图 4-79

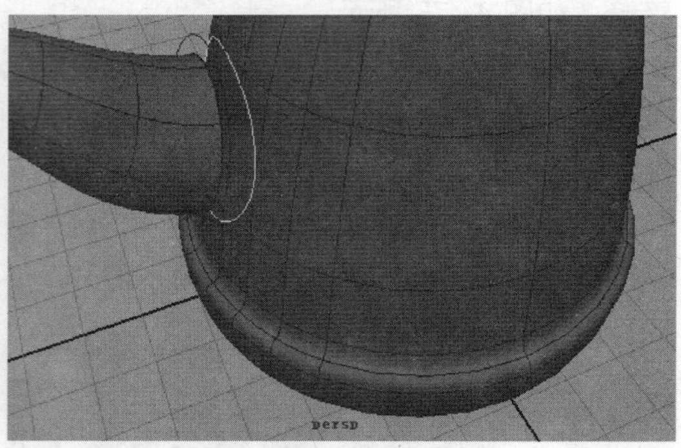

将曲线映射到壶体
图 4-80

（4）保持映射出来的曲线为选取状态，右击壶嘴曲面进入 Isoparm 模式，配合 Shift 键选择壶嘴根部的 Iso 参数线，执行 Edit NURBS → Surface Fillet → Freeform Fillet 命令，创建填角曲面，如图 4-81（a）、（b）所示。

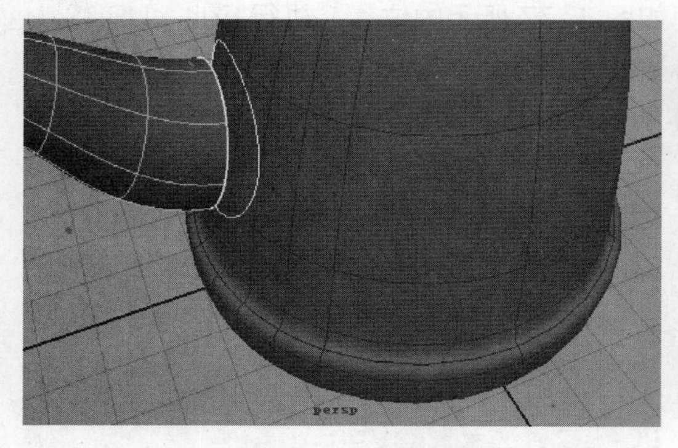

（a）增选壶嘴根部的 Iso 参数线

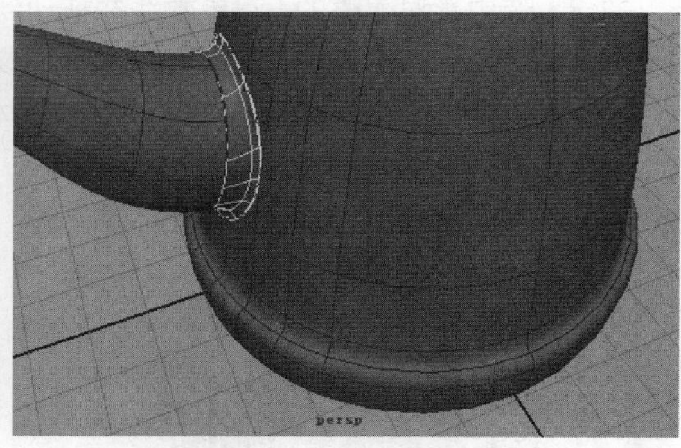

（b）创建填角曲面

图 4-81

（5）选择壶体曲面，执行 Edit NURBS → Trim Tool 命令，可以看到壶体变为线框显示，从中可以观察到不同的剪切区域，如图 4-82 所示。在壶体上壶嘴以外的任意区域单击，然后按下 Enter 键确定，完成剪切操作。

（6）选择壶嘴部分造型，配合 Shift 键选择填角曲面。单击 Edit NURBS → Align Surfaces 参数设置按钮，在 Align Surfaces 参数设置对话框中，如图 4-83 所示进行参数设置。单击 Align 按钮执行命令，将两部分曲面对接。

（7）选择壶体造型，单击 Edit NURBS → Rebuild Surface 右侧的参数设置按钮，在 Rebuild Surface 参数设置对话框中，依照图 4-84 所示设置参数，单击 Rebuild 按钮重建曲面。结果如图 4-85 所示。对壶嘴造型执行同样的操作重建曲面。

persp

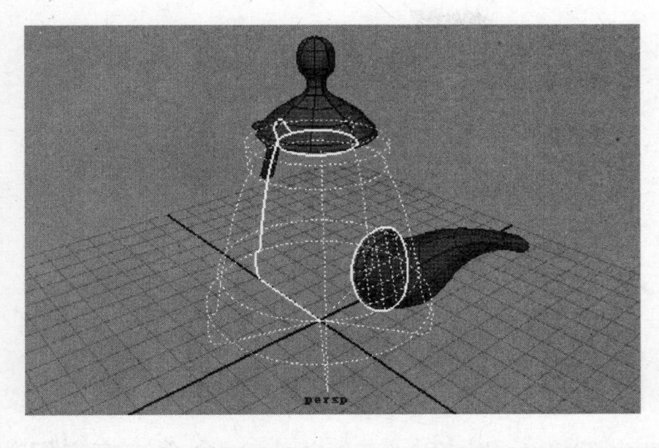

壶体变为线框显示
图 4-82

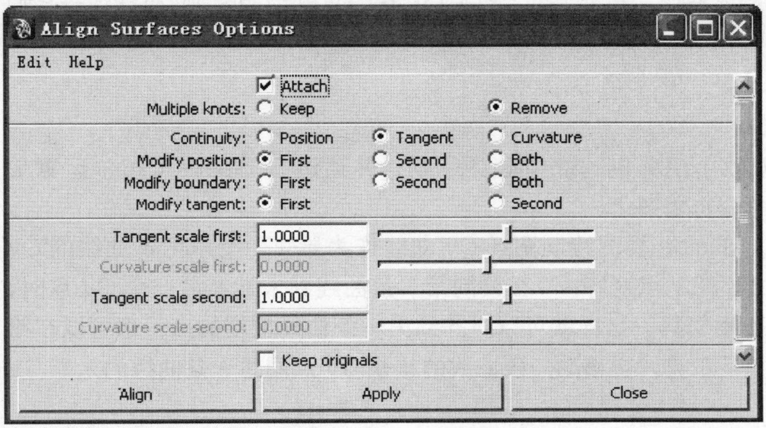

Align Surfaces Options
Edit Help
Attach
Multiple knots: Keep Remove
Continuity: Position Tangent Curvature
Modify position: First Second Both
Modify boundary: First Second Both
Modify tangent: First Second
Tangent scale first: 1.0000
Curvature scale first: 0.0000
Tangent scale second: 1.0000
Curvature scale second: 0.0000
Keep originals
Align
Apply
Close

设置 Align Surfaces 参数
图 4-83

Rebuild Surface Options
Edit Help
Rebuild type: Uniform Reduce
Match knots No multiple knots
Non-rational End conditions
Trim convert Bezier
Parameter range: 0 to 1 Keep 0 to #spans
Direction: U V U and V
Keep: Corners CVs NumSpans
Rebuild method: Classic Match
Number of spans U: 4
Number of spans V: 4
Degree U: 1 Linear 2 3 Cubic
5 7 Original
Degree V: 1 Linear 2 3 Cubic
5 7 Original
Keep original
Output geometry: NURBS Polygons Subdiv
Rebuild
Apply
Close

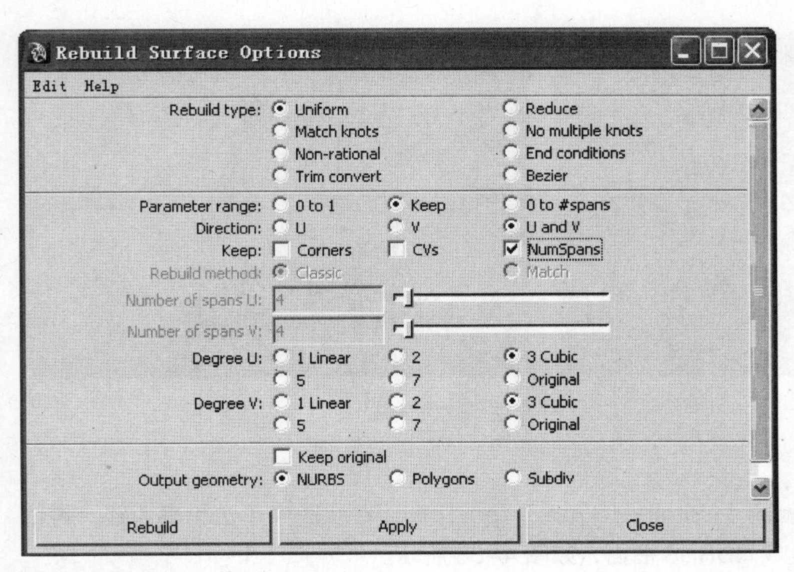

设置 Rebuild Surface 参数
图 4-84

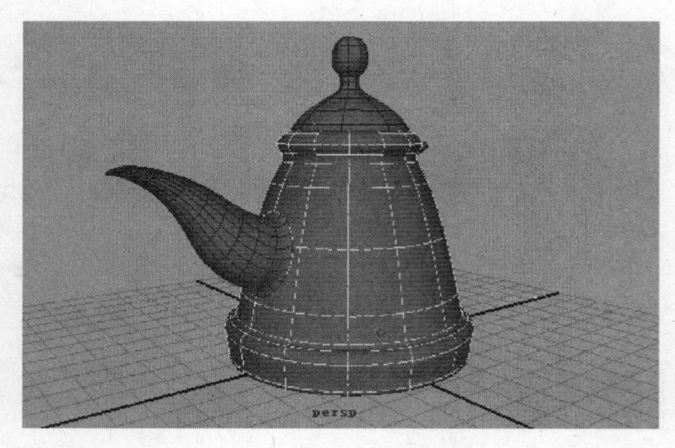

重建曲面
图 4-85

（8）分别选择壶嘴和壶体曲面，执行 Edit → Delete by Type → History 命令，将它们的构造历史删除。

3. 制作手柄

下面将使用 Birail（双轨）工具制作咖啡壶的手柄，并通过 Booleans（布尔运算）、Round Tool（圆滑工具）命令将之细化。

（1）如图 4-86 所示，在 side 视图绘制两条 CV 曲线作为导轨，要求两条曲线的 CV 点数量一致，并且它们末端的 CV 点对齐——在绘制第二条曲线到末端最后一个 CV 点时，可以按下快捷键 V 激活点捕捉工具，这样就可以对齐到另一条曲线相应的点；也可以在绘制结束后按下 V 键激活点捕捉工具，再移动一条曲线的末端 CV 点同另一条曲线的末端 CV 点对齐。

（2）在 front 视图中绘制一条曲线作为轮廓线，将其旋转并移动到图 4-87 所示的位置，激活点捕捉工具移动曲线的两个端点，使其分别同上一步绘制的两条曲线的起始点对齐。

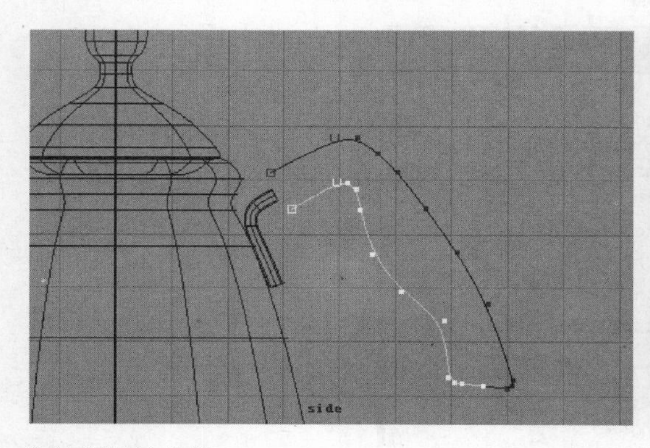

绘制导轨曲线
图 4-86

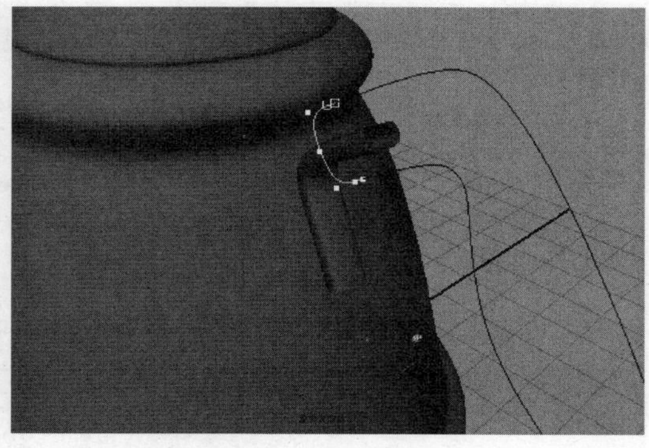

绘制轮廓曲线
图 4-87

（3）选择菜单 Surfaces → Birail → Birail 1 Tool 命令，在视图中单击轮廓曲线，再依次单击两条导轨曲线，生成 NURBS 曲面，如图 4-88 所示。

（4）选择手柄曲面，按下 Ctrl +D 组合键将其复制，在通道栏中 Scale X 数值框中输入 -1，将复制出的曲面的镜像。将两个手柄曲面选择，单击 Edit NURBS → Attach Surfaces 命令

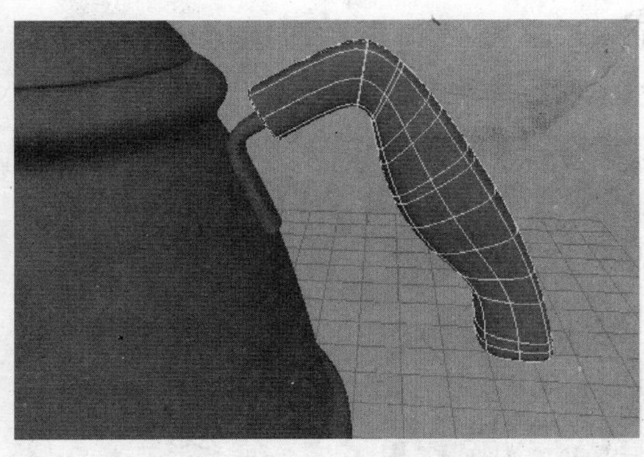

双轨成型生成曲面
图 4-88

后的参数设置按钮，在结合曲面命令参数设置对话框中，取消 Keep originals（保留原始）复选框的勾选，在 Attach method（结合方式）中选择 Blend（融合）方式，如图 4-89 所示，单击 Attach 按钮，两个曲面将结合为一个，如图 4-90 所示。

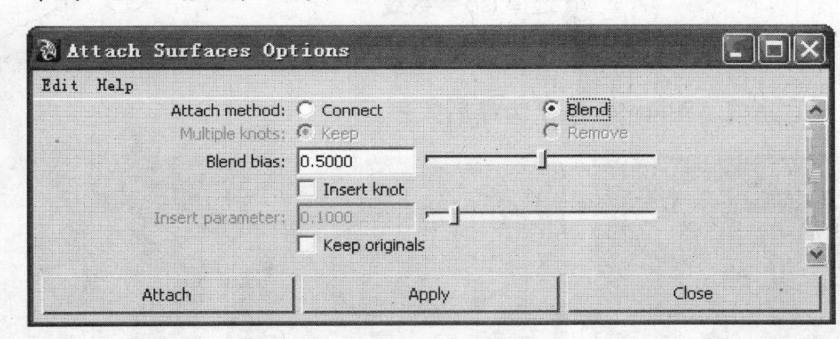

结合曲面命令的参数设置对话框
图 4-89

（5）目前手柄的两个曲面只是结合到一起，而其接缝处并未闭合。单击 Edit NURBS → Open/Close Surfaces 命令的参数设置按钮，在开闭曲面命令的参数设置对话框中，设置 Surface direction（曲面方向）选项为 V，Shape 选项为 Blend，单击 Open/Close 按钮完成曲面闭合。将手柄曲面的构造历史删除。

（6）选取手柄架和手柄曲面进入 Iso 参数线编辑模式，选择 Edit NURBS → Surface Fillet → Fillet Blend Tool 命令，如图 4-91 所示，首先单击手柄架顶端的 Iso 参数线，按 Enter 键确定，再单击手柄顶端的 Iso 参数线，按 Enter 键完成填角融合操作。结果如图 4-92 所示。

结合曲面
图 4-90

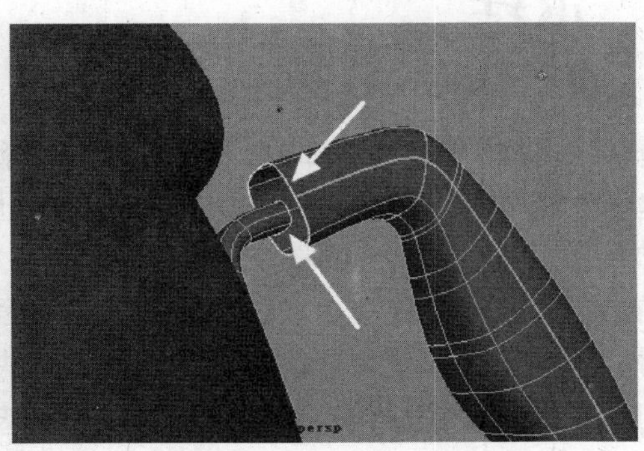

选择所示的 Iso 参数线
图 4-91

（7）将视图切换到茶壶下部，选择手柄架底端图 4-93 所示的 Iso 参数线，执行 Surface → Planar 命令创建封闭平面，如图 4-94 所示。

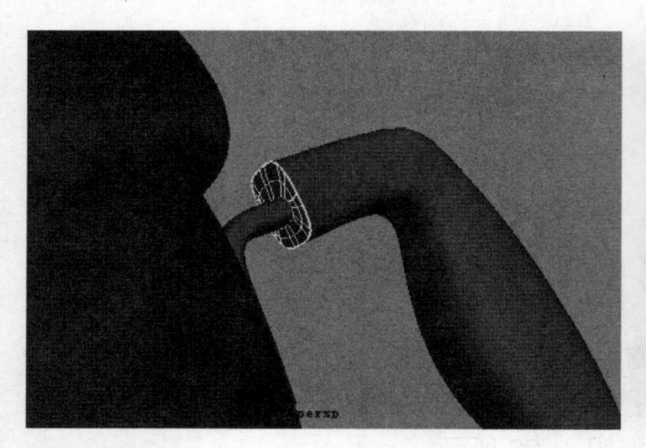

创建填角曲面
图 4-92

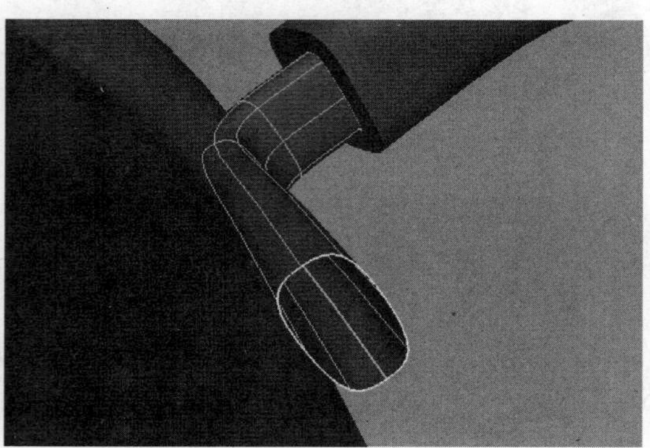

选择 Iso 参数线
图 4-93

（8）茶壶模型的制作至此完成，图 4-95 所示为最后效果。

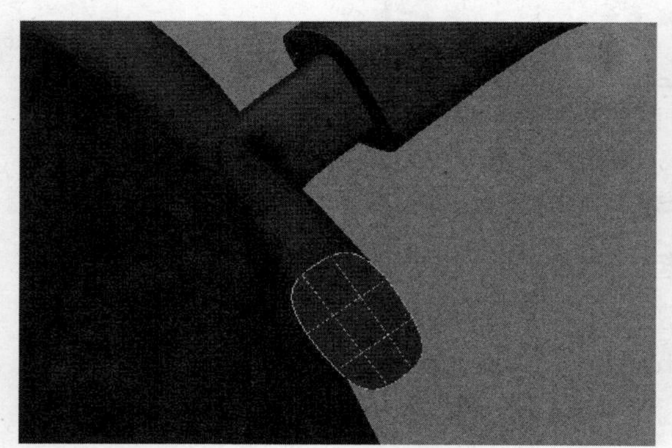

创建封闭平面
图 4-94

茶壶完成效果
图 4-95

4.3 小结

本章主要讲述了 NURBS 曲面的创建和编辑方法。NURBS 建模工具是 MAYA 软件的 3 种建模工具中比较灵活的一种，NURBS 曲面也可以很方便地转换为多边形，从而有利于进一步编辑或输出到其他的程序。

在使用 NURBS 建模时，如果曲面从某种程度上说是规则的，则可以先创建 NURBS 几何体，再对其进行编辑修改，这种方法比较快捷；如果曲面需要大量的细节，那么通过绘制剖面曲线然后使用相应工具生成曲面的方法会更好，通常的情况下需要将两种方法结合使用。

习题与实践

1. 选择题

（1）能够通过旋转曲线的方式创建曲面的命令是（　　）。

A. Extrude　　B. Planar

C. Loft　　D. Revolve

（2）能够将曲线映射到曲面的命令是（　　）。

A. Project Curve on Surface　　B. Rebuild Surfaces

C. Align Surfaces　　D. Bevel Plus

（3）能够对曲面进行重建的命令是（　　）。

A. Attach Surfaces　　B. Booleans

C. Move Seam　　D. Rebuild Surfaces

2. 问答题

（1）曲面的组成部分包括哪些？

（2）Birail 工具包括几种？如何使用？

（3）Extrude 命令可以实现什么样的效果？如何使用？

（4）如何在曲面上插入 Iso 参数线？如何移动 Iso 参数线？

3. 实践

（1）使用本章中介绍的方法制作一个饮料瓶的模型。

（2）搜集一些工业造型设计方面的资料，尝试制作一些工业产品模型。

多边形建模

教学重点与难点

- 多边形的元素
- 多边形元素的选择
- 创建多边形
- 编辑多边形

本章介绍多边形建模。多边形建模是在三维制作软件中最先发展的建模方式，与NURBS建模技术相比，多边形建模技术应用得较为广泛，也比较容易掌握。一般做法是先创建模型的大体形状，然后通过不断增加细节来建立模型，对于游戏中的模型多采用此种建模方式。

多边形建模与NURBS建模在效果上各有千秋，NURBS建模对于曲面的细节表现得比较完美，但对于一些具有尖锐棱角的模型使用NURBS方法就难以很好地创建，而多边形建模技术可以完成尖锐棱角类型模型的建模工作。

在前面建模基础部分中已经介绍过基本多边形造型的创建方法，在本章中将进一步介绍复杂多边形模型的创建方法和对其进行编辑修改的方法。

5.1 多边形的概念

Polygon（多边形）包含以下元素：Vertices（顶点）、Edges（边）、Faces（面）、UVs（UV点）以及Normals（法线）。

1. Vertices（顶点）

顶点是多边形造型中最基本的元素，它是三维空间中的点，编辑它的位置将直接影响多边形造型的形状。选中多边形造型，按F9键，将显示出多边形的顶点，如图5-1所示。

2. Edges（边）

边是Faces（面）的边缘部分，由两个有序顶点连接而成，一个完整的多边形造型就是由许多边将面拼接而形成的。选中多边形造型，按F10键，将进入边的编辑模式，如图5-2所示。调节Edges也可以修改Polygon模型的形状。

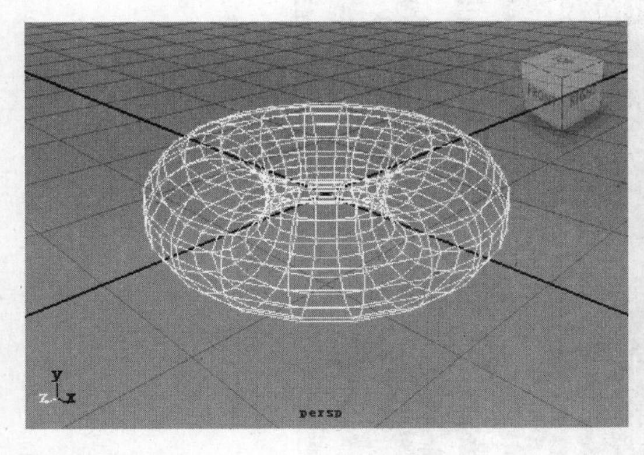

多边形的顶点
图5-1

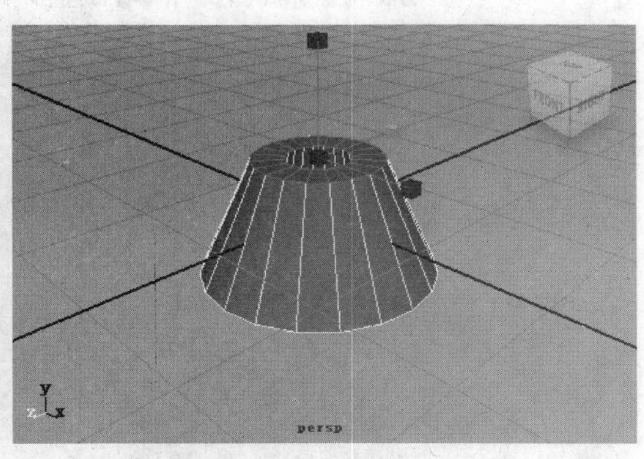

多边形的边
图5-2

3. Faces（面）

面是由连接在一起的边构成的，一个完整的 Polygon 物体是由一系列的面组成的。按 F11 键，将进入面的编辑模式，如图 5-3 所示。调节 Faces 同样可以修改 Polygon 模型的形状。

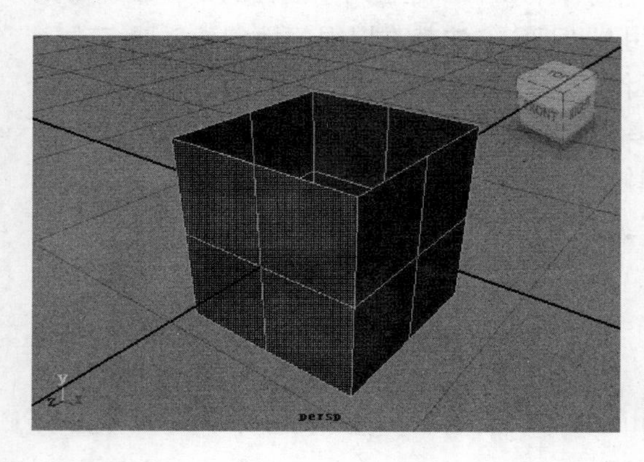

多边形的面
图 5-3

4. UVs（UV 点）

UV 点也是一种多边形上的点，通过编辑 UV 点，可以设置多边形的 UV（贴图坐标）。如果多边形物体上没有 UV，那么它上面的纹理既不能显示，也不能渲染。UV 可以分别通过 Create UVs 和 Edit UVs 菜单来创建和修改。UV 点只能在 UV Texture Editor 里进行移动，而不能在三维空间里移动，修改 UV 点不会影响 Polygon 物体的形状，如图 5-4 所示。

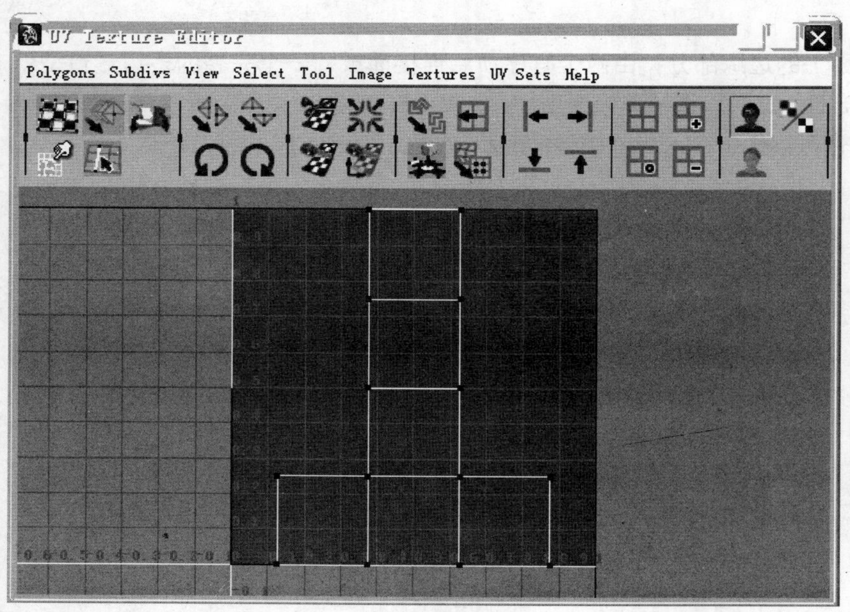

多边形的 UV 点
图 5-4

5. Normals（法线）

多边形法线是一条垂直于面上所有直线或曲线的直线。法线是有方向的，它的方向由多边形顶点的顺序决定。法线的主要用途在于对多边形面的受光计算，这对渲染很重要。

法线可以显示为面法线或点法线。默认的情况下，多边形造型的法线是不显示出来的，如果需要查看法线，可以执行 Display → Polygons → Face Normals/Vertex Normals 命令，显示出多边形面的法线，如图 5-5 所示。

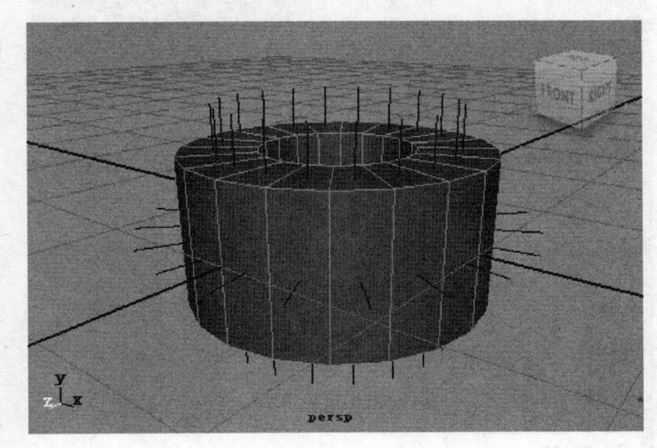

多边形的法线
图 5-5

6. 多边形实体和壳体

实体是指由一组面组成的封闭多边形物体，它的每一条边都由两个面共享，具有内部和外部法线方向。一些基本几何体，例如球体、圆柱体、立方体、圆环体等，都属于多边形实体。

壳体是指组成多边形物体的一组或多组连续的面。一个多边形物体内部可能有一个或多个壳体，多个壳体之间的表面是不相连的。

5.2 创建多边形

在 MAYA 中可以通过几种方法来创建多边形造型，除了前面讲过的通过 Create 菜单的 Polygon Primitives 子菜单中的命令来创建之外，还可以用 Surfaces 菜单中的任意命令直接从 NURBS 曲线中生成多边形表面，或者将现有的 NURBS 曲面转换成为多边形表面，这两种方法生成曲面的过程是类似的。也可以使用 Create Polygon Tool 命令一个面接着一个面地进行多边形的绘制。

5.2.1 Create Polygon Tool（创建多边形工具）

使用 Mesh 菜单中的 Create Polygon Tool 命令可以建立任意形状的多边形造型。下面介绍 Create Polygon Tool 命令的使用方法和技巧。

（1）选择 Mesh 菜单中的 Create Polygon Tool 命令。

（2）在当前工作窗口中单击鼠标左键，布置第一个控制点，在新的位置单击鼠标左键，布置另外一个控制点。如果在新的位置按住鼠标左键不放，会出现如图 5-6 所示的连接到起点的虚线。按住鼠标进行拖动，可以调整点的位置。

（3）在结束操作之前，按 Insert 键，将在最新建立的点上显示位移变换控制器，以对该点的位置进行重新布置，如图 5-7 所示。

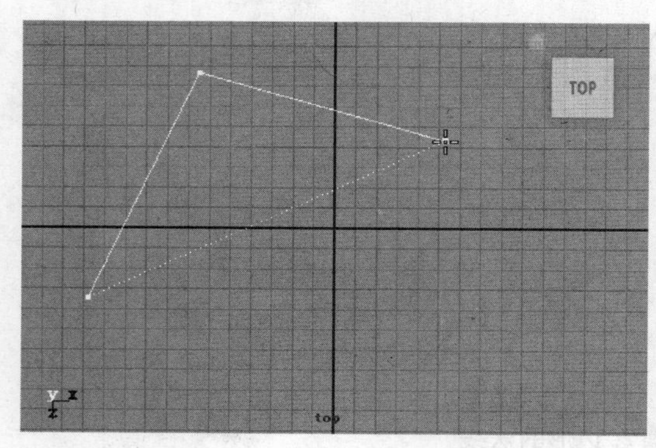

创建多边形控制点
图 5-6

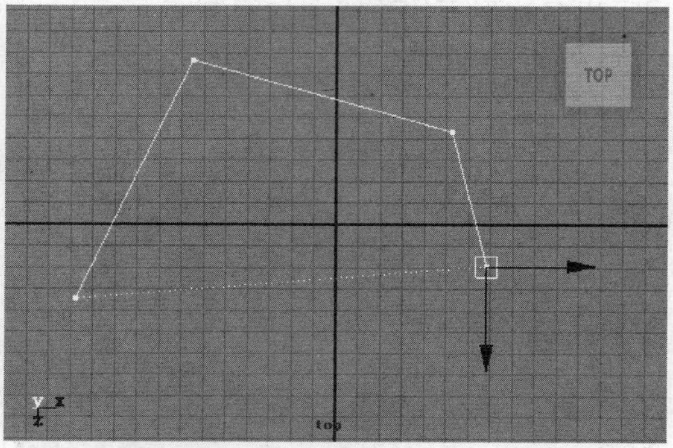

显示位移变换控制器
图 5-7

（4）多边形要求是封闭的，完成各个节点的布置后，按 Enter 键结束多边形的创建，建立好的多边形如图 5-8 所示。

（5）前面建立的是一个封闭的多边形，还可以使用 Create Polygon Tool 命令创建中空的多边形造型。

（6）在当前工作窗口中布置一系列点，生成一个不封闭的多边形，然后按住 Ctrl 键，在不封闭的多边形内部单击鼠标左键，这时，多边形将自动封闭，同时在它的内部出现新的控制点，继续单击鼠标左键，在多边形内部布置点，如图 5-9 所示。

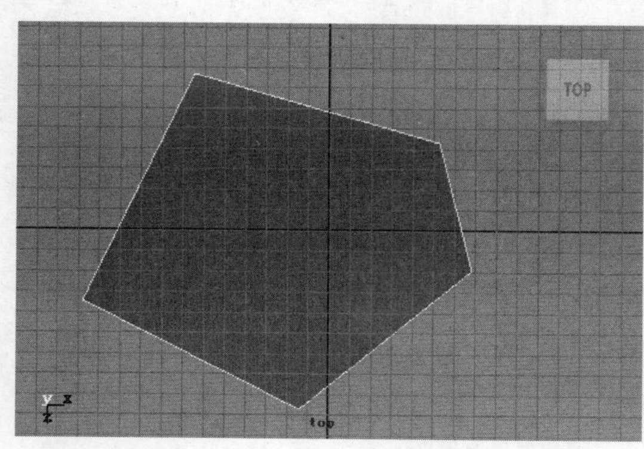

使用 Create Polygon Tool 创建的多边形
图 5-8

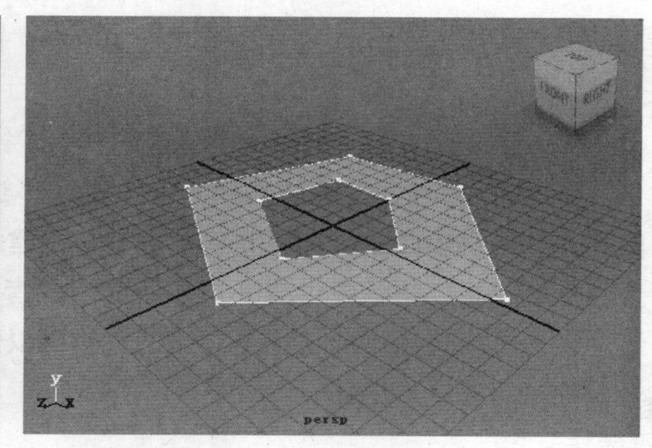

创建中空的多边形
图 5-9

（7）想结束这个“孔”的创建时，按住 Ctrl 键，在多边形内部的其他地方单击则可建立一个新的“孔”。

选择 Mesh → Create Polygon Tool 命令，单击其右侧的参数设置按钮，该命令的参数设置对话框如图 5-10 所示，其中包括以下选项。

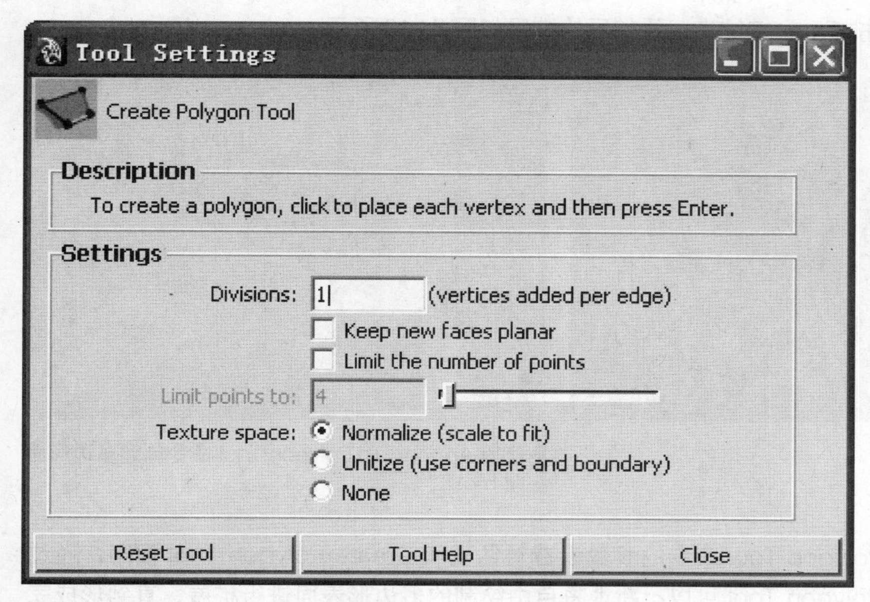

Create Polygon Tool 参数设置对话框
图 5-10

- Divisions：用于设置创建多边形面时每条边界被细分的数量。
- Limit points to：用于设置新多边形的顶点数目，当设置的点等于此数目时，将自动闭合多边形，并且可以在视图中通过继续单击来创建新的多边形，而不用重新选择工具。
- Texture space：提供了贴图坐标的设置选项。
  - None：不创建贴图坐标。
  - Normalize：纹理坐标被缩放以匹配 0~1 的纹理空间。
  - Unitize：纹理坐标被放置在 0~1 的纹理空间的边界和边角处。一个拥有 3 个顶点的多边形将会有一个三角形的 UV 纹理贴图（侧边长度相同），当多边形的顶点多于 3 个时，将会有方形 UV 纹理贴图。

5.2.2 Append To Polygon Tool（扩展多边形工具）

多边形面的边界是进一步放样建模的基础，围绕着边界，可以生成新的多边形面，这样不断地扩展下去，就构成了完整的造型。下面的例子用来说明如何对多边形边界进行编辑操作。

（1）使用 Create Polygon Tool 命令在当前工作窗口中创建一个多边形。

（2）执行 Edit Mesh 菜单中的 Append To Polygon Tool 命令，场景中显示 Append To Polygon 工具的十字形光标，在多边形上选择需要添加多边形面的一条边界，在各边界上将出现如图 5-11 所示的控制点和控制面。

（3）按照使用 Create Polygon Tool 工具的方法顺序地在当前工作窗口中布置节点，建立新的多边形面，按 Enter 键结束，添加后的结果如图 5-12 所示。

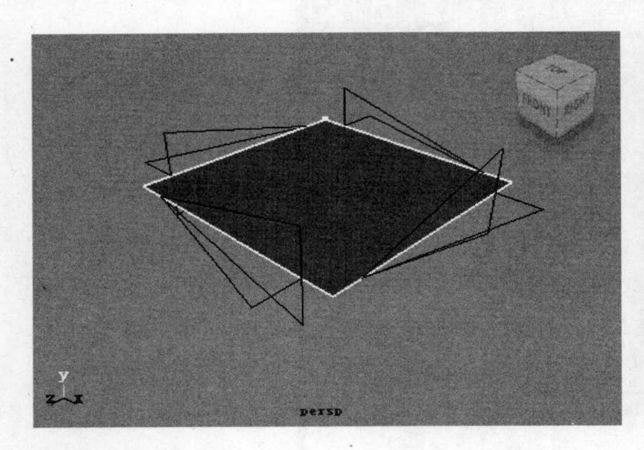

控制点和控制面
图 5-11

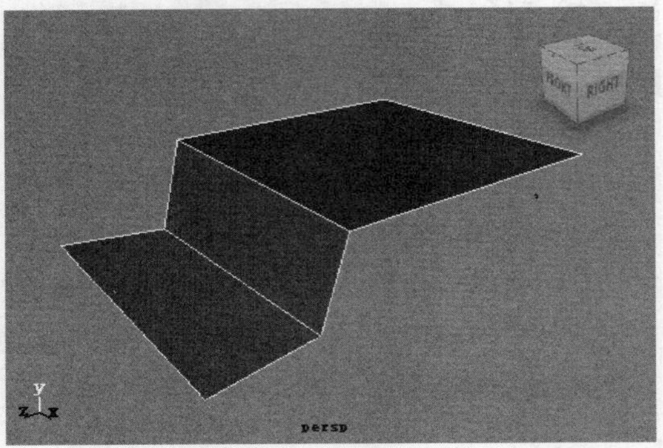

使用 Append To Polygon Tool 命令创建多边形面
图 5-12

Append To Polygon Tool 命令的参数设置对话框和 Create Polygon Tool 相同，通过使用 Append To Polygon Tool 可以不断地将自由绘制的多边形表面进行扩展，直到形成完整的多边形造型，这是一种十分有效的建模方式。

5.2.3 Extrude（挤压）

在前面曲线建模部分曾经介绍过 Extrude 命令，它可以将平面曲线挤压成一个立体造型。对多边形造型中的面对象同样可以施加 Extrude 操作，具体的操作步骤如下。

（1）选中一个多边形造型，按 F12 键切换到面编辑模式。

（2）选择需要进行挤压操作的面，然后执行 Edit Mesh → Extrude 命令，将在选择的表面处出现一个挤压操作手柄，如图 5-13 所示。

（3）挤压操作手柄显示的方向是由造型的局部坐标系统设定的，它的 Z 轴方向就是造型表面的法线方向，拖动 Z 轴就可以在该方向上移动挤压出的多边形面，如图 5-14 所示。

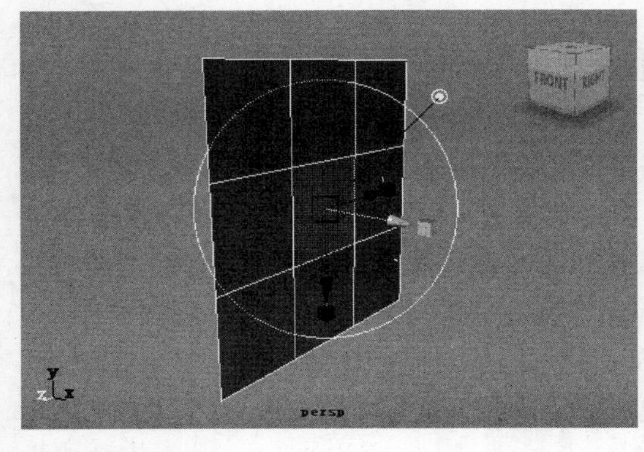

挤压操作手柄
图 5-13

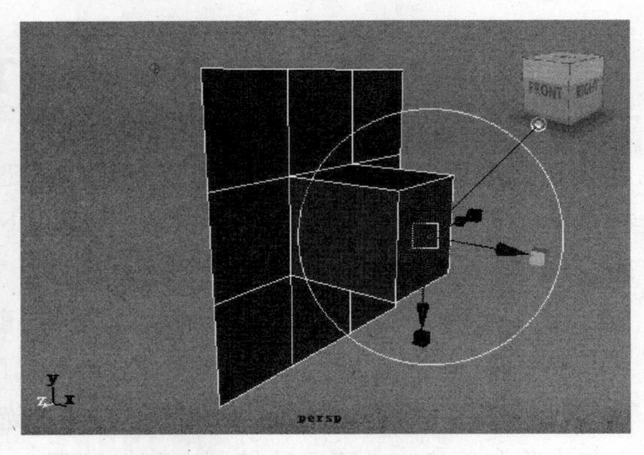

拖动 Z 轴移动挤压出的多边形面
图 5-14

（4）对挤出的面进行缩放和旋转等变换操作，以使造型符合需要，如图 5-15 所示。

（5）在视图中绘制一条 NURBS 曲线，选择多边形面，配合 Shift 键选取曲线，如图 5-16 所示。

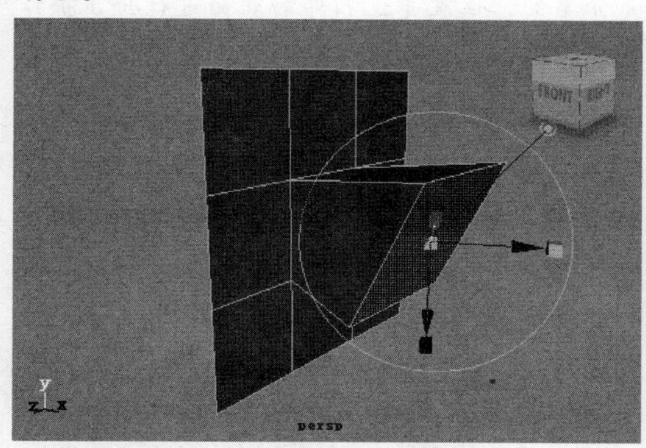

对挤出面的变换操作
图 5-15

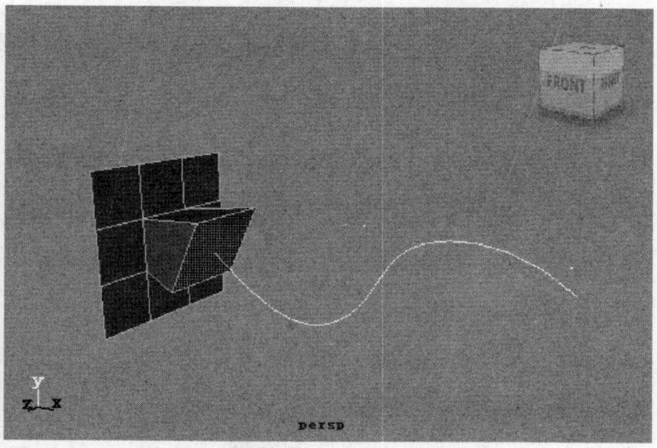

选择多边形面和曲线
图 5-16

（6）打开 Extrude 参数设置对话框，如图 5-17 所示，对该命令进行参数设置，然后单击 Extrude 按钮，结果如图 5-18 所示。

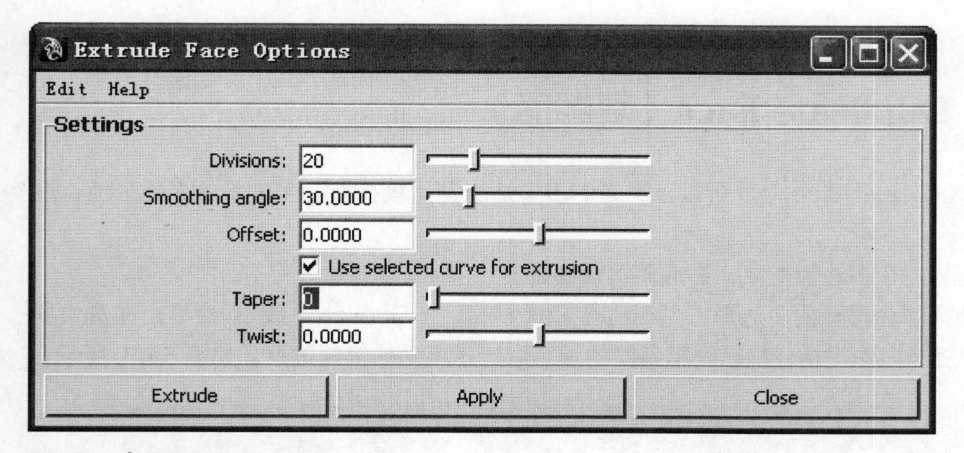

Extrude 面参数设置对话框
图 5-17

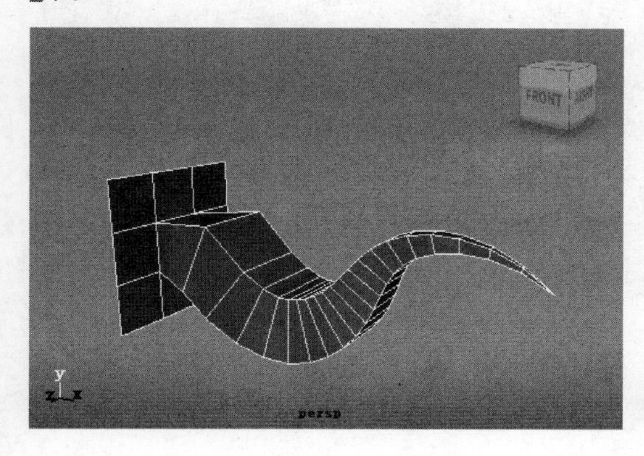

沿曲线挤压
图 5-18

注意

若 Edit Mesh 菜单中的 Keep Faces Together 选项的状态不同，挤压操作的结果也不相同。当该选项没有选中时，挤压出的多边形的各个表面是分离的，也就是说相邻的表面进行挤压操作时不会互相影响；如果将该选项选中，则进行挤压操作时各个面将连接在一起。如图 5-19 所示为当对多边形球体的面进行挤压时，Keep Faces Together 选项选中和未选中时的不同挤压结果。

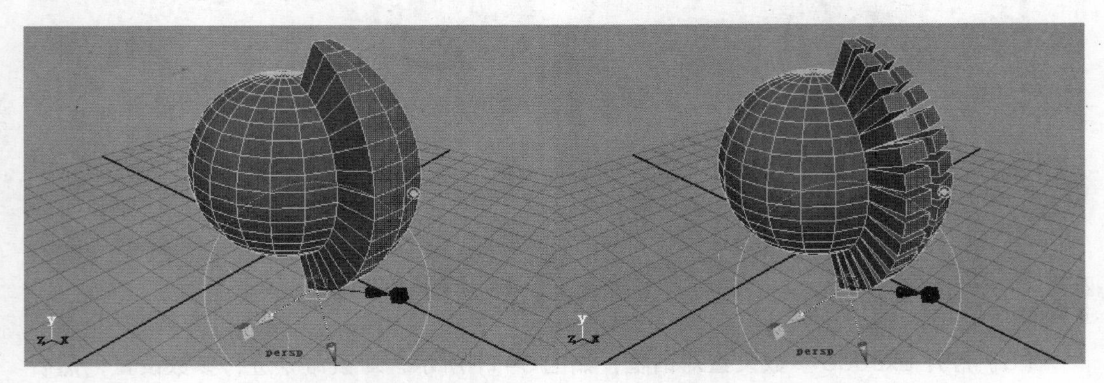

Keep Faces Together 选项对操作结果的影响（左图为选中该选项，右图为未选中该选项）
图 5-19

5.2.4 Duplicate Face（复制面）

使用 Duplicate Face 命令可以以原有的多边形造型为模板复制生成新的多边形面，具体步骤如下。

（1）选择一个多边形对象，进入面编辑模式。

（2）选择作为模板的多边形，然后执行 Edit Mesh → Duplicate Face 命令，在选中的面上将出现复制操作手柄，拖动手柄不同的轴可以产生不同的复制效果，如图 5-20 所示。

使用 Duplicate Face 命令复制多边形面
图 5-20

提示

默认情况下，复制后的面不再属于原来的多边形物体，而是分离出来的单独对象，但可以在 Duplicate Face 属性对话框中取消 Separate duplicated faces 复选框的选择，使它们仍然是一个多边形物体的元素。

5.2.5 Booleans（布尔运算）

同 NURBS 造型的 Booleans 运算一样，也可以对多边形造型进行 Booleans 操作以生成复杂的多边形造型。执行 Mesh → Booleans 命令打开布尔操作子菜单，如图 5-21 所示，在该菜单中可以选择布尔运算的类型，如图 5-22~ 图 5-24 所示为不同布尔运算类型的操作结果。

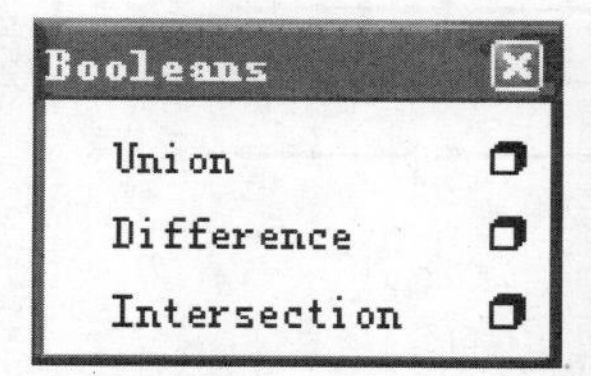

多边形布尔操作子菜单
图 5-21（上）

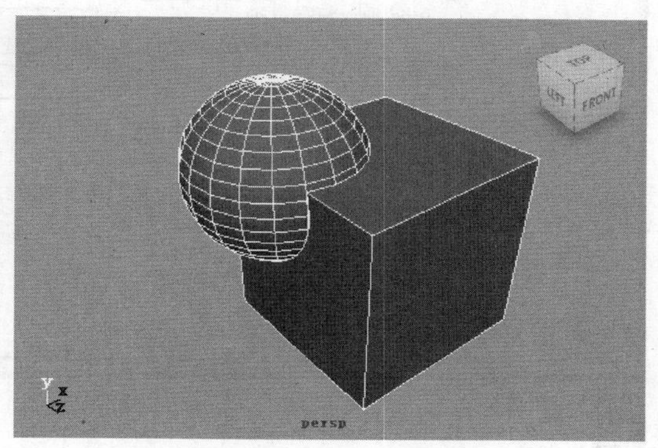

Union 类型的布尔运算
图 5-22（右）

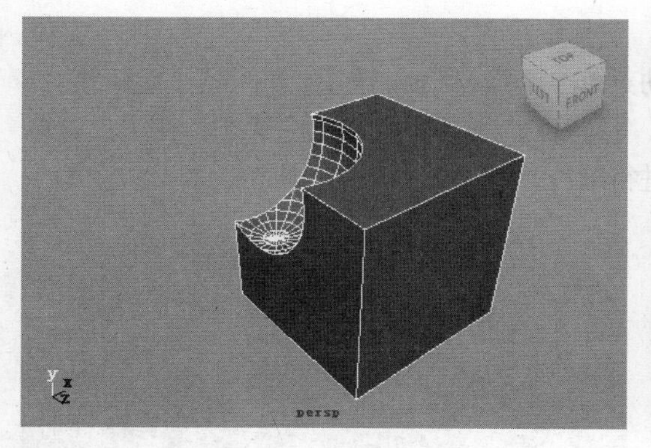

Difference 类型的布尔运算
图 5-23

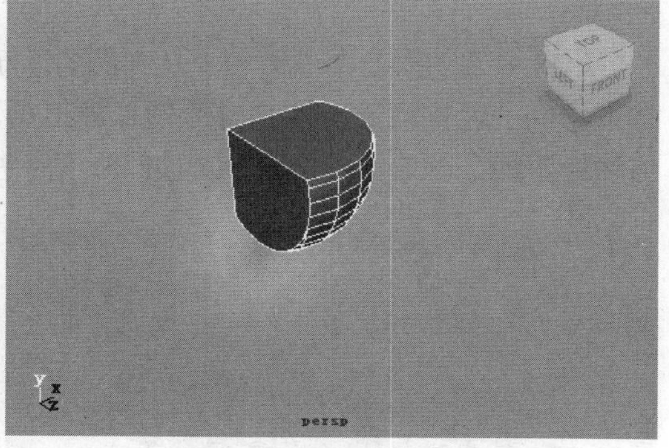

Intersection 类型的布尔运算
图 5-24

提示

有时，两个多边形对象以某些方式相交会使得不能进行必要的布尔运算，这时会得到一个错误提示，或者这两个对象都消失，在这种情况下，稍微移动其中一个对象再试一次即可。有时，多边形对象可能需要首先进行清理，例如删除那些带有零区域的表面。

5.2.6 实例——创建一个螺丝起子模型

本节中将运用多边形建模的有关知识创建一个螺丝起子模型，具体操作步骤如下。

（1）启动 MAYA，按 F3 键进入 Polygons 模块，选择 Create → polygon primitives → Cylinder 命令，单击右侧的参数设置按钮，在圆柱体创建参数设置对话框中，设置 Axis 参数为 X，其他参数设置如图 5-25 所示，然后单击 Create 按钮创建圆柱体，再按 R 键激活缩放工具，对圆柱体的 X 轴进行缩放，如图 5-26 所示。

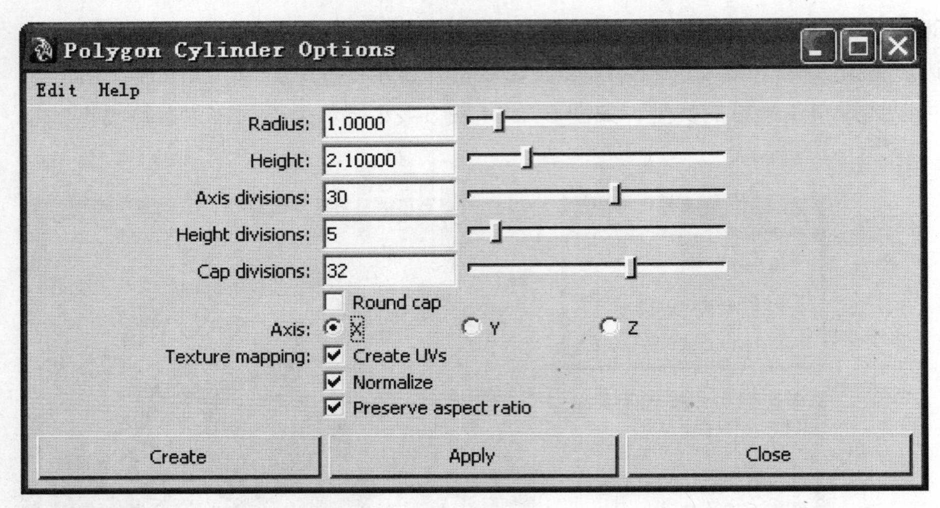

多边形圆柱体的参数设置对话框
图 5-25

（2）在圆柱体上单击右键，从弹出的浮动菜单中选择 Vertex 选项，进入顶点编辑模式。选取中间的两排顶点，按 R 键激活缩放工具，注意保持所选顶点的选中状态，在中央黄色方块的手柄上，单击并拖动，对该部分顶点进行缩放，结果如图 5-27 所示。

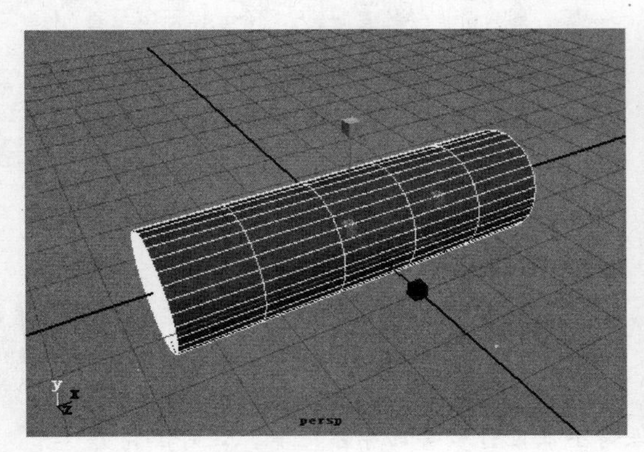

沿 X 轴方向缩放圆柱体
图 5-26

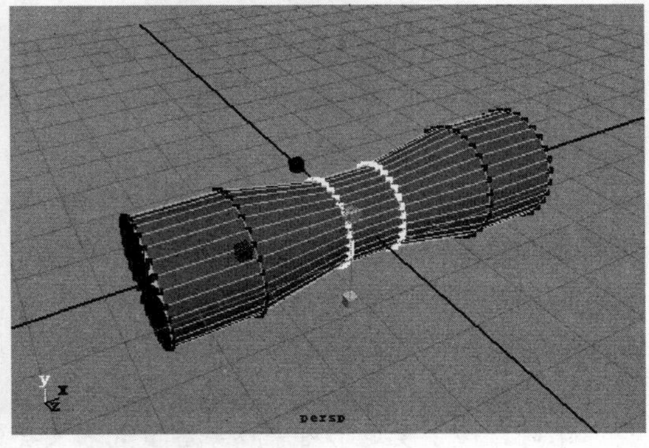

缩放圆柱体中心的两排顶点
图 5-27

（3）框选如图 5-28 所示的顶点，按 W 键激活移动工具，将它们沿 X 轴方向进行移动。

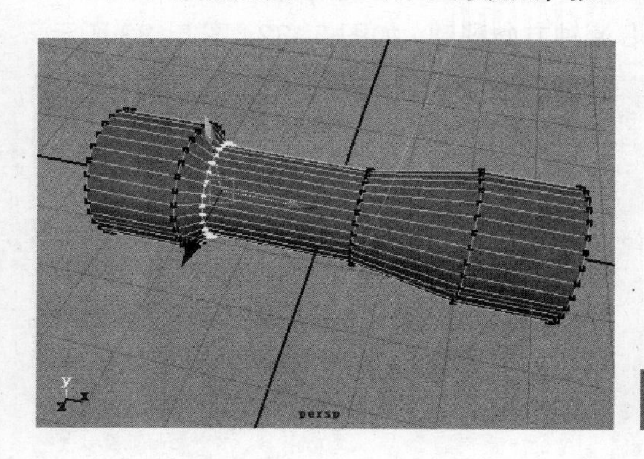

沿 X 轴方向移动顶点
图 5-28

（4）依照图 5-29、图 5-30 所示，移动并缩放圆柱体其他部分的顶点。

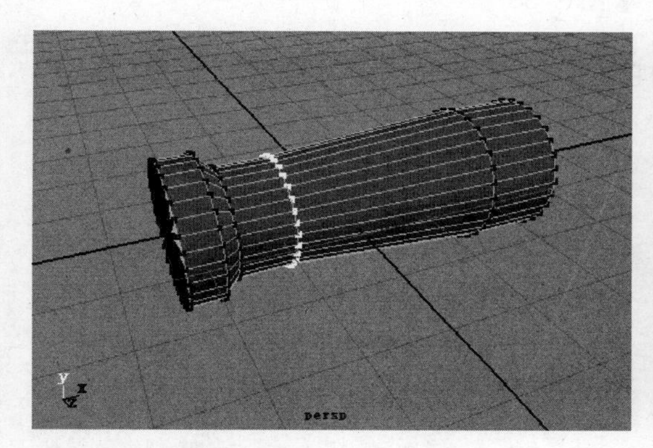

移动并缩放圆柱体顶点
图 5-29

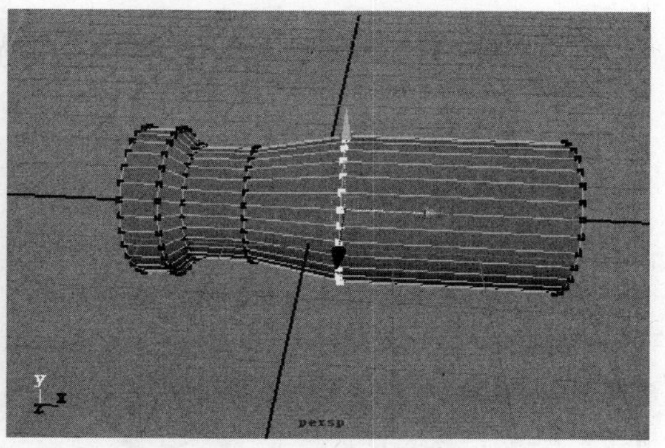

继续移动并缩放圆柱体顶点
图 5-30

（5）接下来将通过布尔运算的方式完成起子手柄部分的建模。在场景中创建一个多边形球体，参数设置如图 5-31 所示。

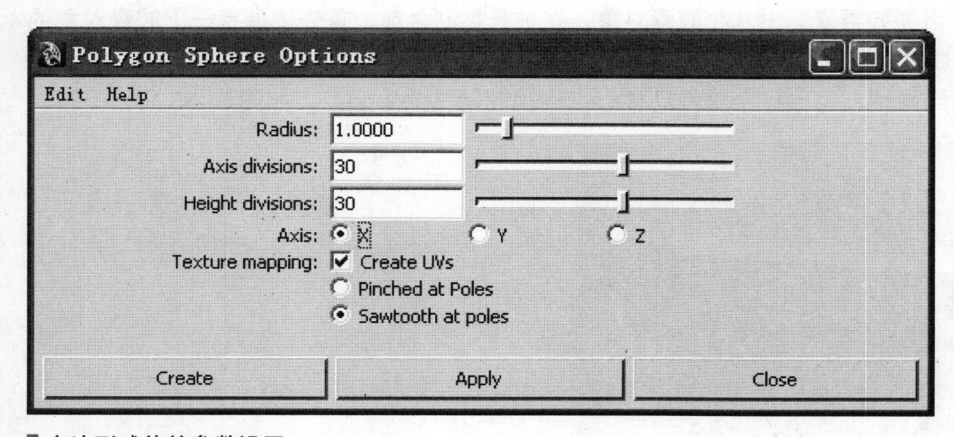

多边形球体的参数设置
图 5-31

（6）下面要将这个球体修改成类似胶囊一样的形状。进入多边形顶点编辑模式，在 front 视图中，选择球体右半边部分的顶点将其沿 X 轴方向移动，如图 5-32、图 5-33 所示。

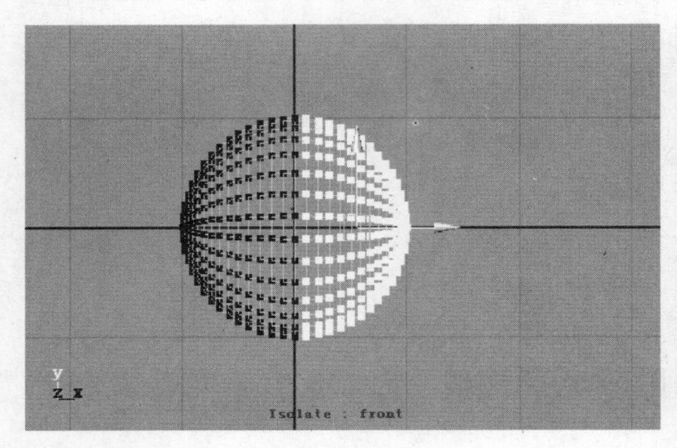

选择球体右半边部分的顶点
图 5-32

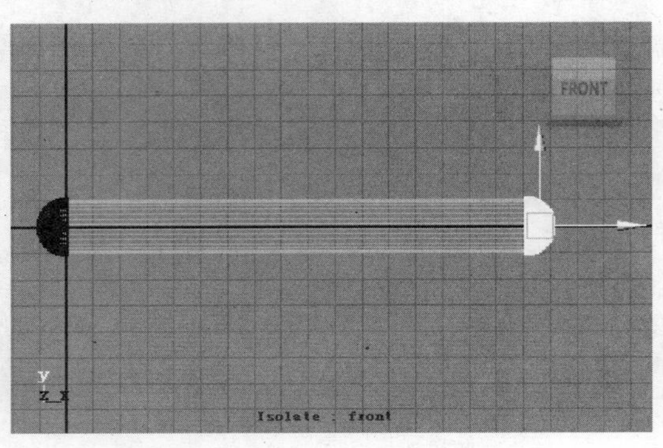

沿 X 轴方向移动顶点
图 5-33

（7）接着对胶囊对象进行整体缩放，移动它的位置使它嵌入起子的手柄部分，如图 5-34 所示。

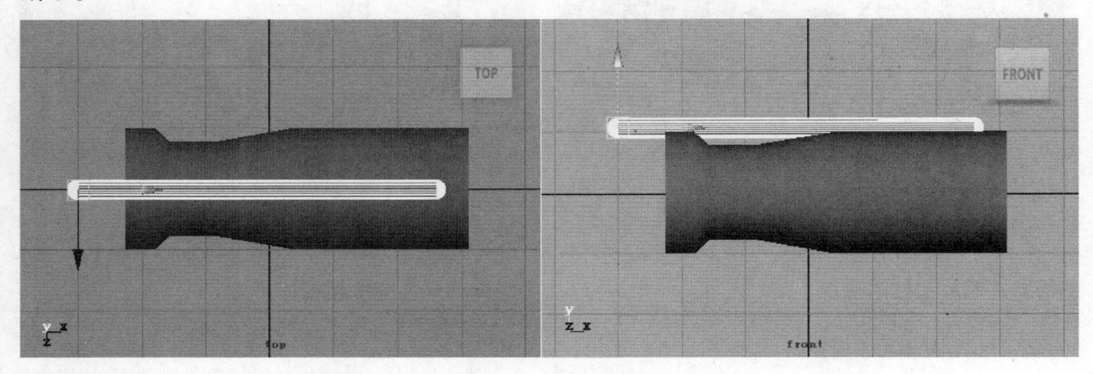

调整胶囊物体的位置（左图为顶视图，右图为前视图）
图 5-34

（8）下面需要再复制出几个胶囊对象，在进行复制之前，首先要调整一下胶囊对象的轴心点。在胶囊对象选中的状态下，按 Insert 键，进入对象轴心点编辑模式，按住 X 键不放，使操作捕捉到网格，用鼠标中键拖动轴心点到视图网格的中心点，如图 5-35 所示。再次

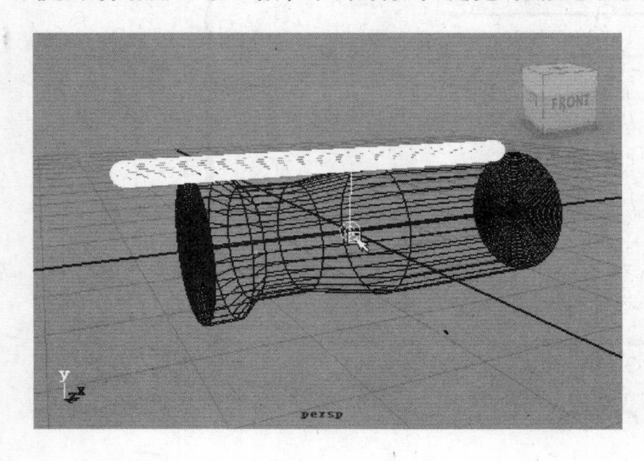

编辑胶囊对象的轴心点位置
图 5-35

按 Insert 键退出轴心点的编辑模式。

（9）选择胶囊对象，按 Ctrl+D 组合键将其复制，保持复制对象为选中状态，在视图右侧的 Channel Box 的 Rotate X 参数文本框中输入 45，按 Enter 键，如图 5-36 所示，此时视图中复制的对象将沿着 X 轴方向旋转 45° ，如图 5-37 所示。

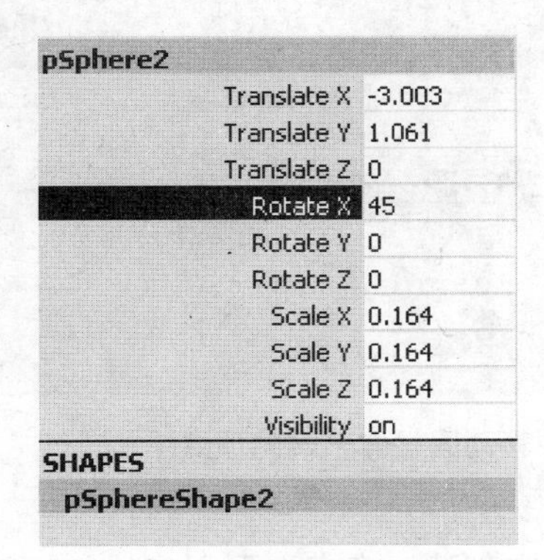

在 Rotate X 参数文本框中输入数值
图 5-36

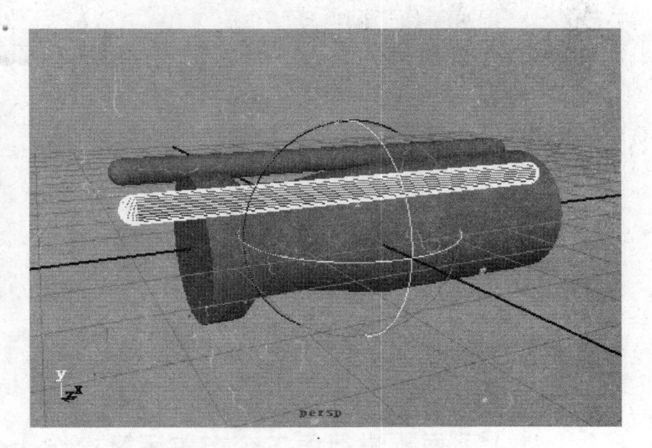

复制物体沿着 X 轴方向旋转 45°
图 5-37

（10）保持复制物体的选中状态，按 Ctrl +D 组合键再次进行复制，这次在 Channel Box 的 Rotate X 参数文本框中输入 90。以该数值递增 45° 计算，重复以上操作，直到场景中共计有 8 个胶囊物体为止，如图 5-38 所示。

（11）选择手柄物体，执行 Mesh → Smooth 命令两次，增加对象的多边形数量，以使接下来的布尔操作更加精确。

（12）选择全部胶囊对象，执行 Mesh → Combine 命令，将它们合并为一个多边形对象。下面进行布尔运算操作，再次选择手柄对象，然后选择合并后的胶囊物体，执行 Mesh → Booleans → Difference 命令，结果如图 5-39 所示。这样，螺丝起子的手柄部分造型就完成了。

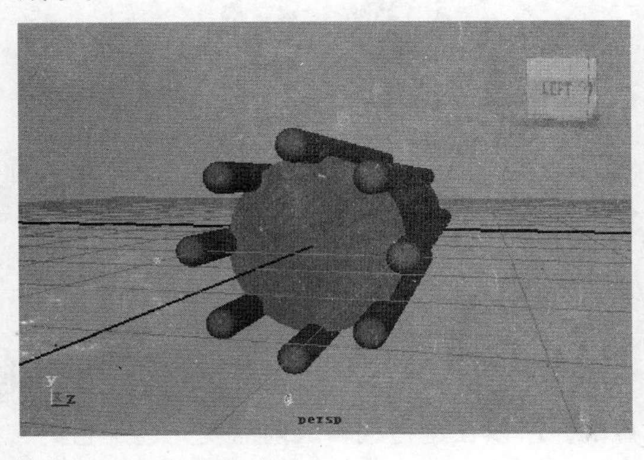

复制出 8 个胶囊对象
图 5-38

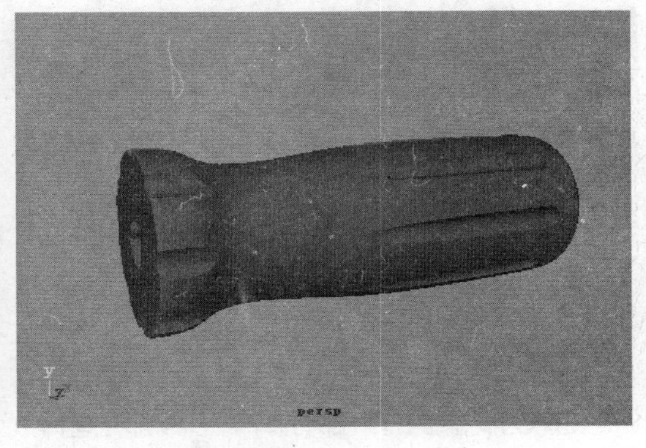

螺丝起子的手柄部分造型
图 5-39

（13）在场景中创建一个圆柱体，其参数沿用创建手柄圆柱体时的设置，分别对圆柱体的 X 轴方向以及整体进行缩放，如图 5-40 所示。

第5章

（14）在顶点编辑模式中选取圆柱体末端的 3 排顶点，沿 X 轴方向移动并适当缩放，如图 5-41 所示。

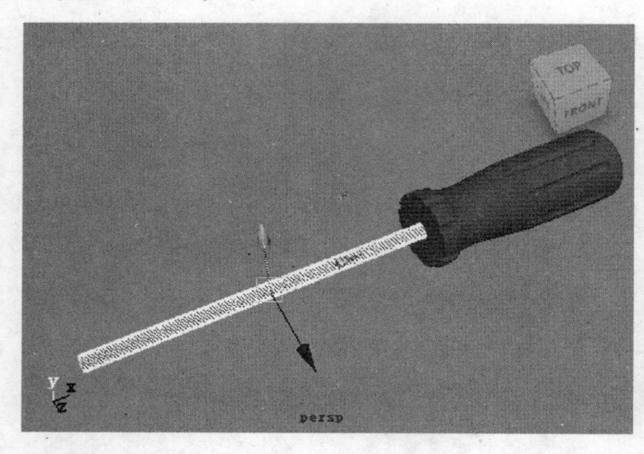

缩放圆柱体
图 5-40

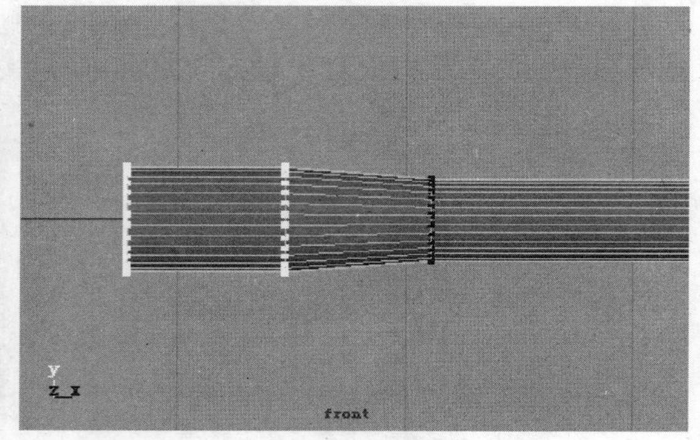

缩放并移动圆柱体末端的顶点
图 5-41

（15）下面要进行第二个布尔运算操作。在场景中创建一个多边形立方体，将其旋转、移动到如图 5-42 所示的位置，然后依次选择圆柱体和立方体，执行 Mesh → Booleans → Difference 命令，进行布尔运算。

（16）对螺丝起子头部的另一侧重复上一步的布尔运算操作。最后，进入顶点编辑模式，对螺丝起子头部外形进行调整，制作完成的螺丝起子模型如图 5-43 所示。

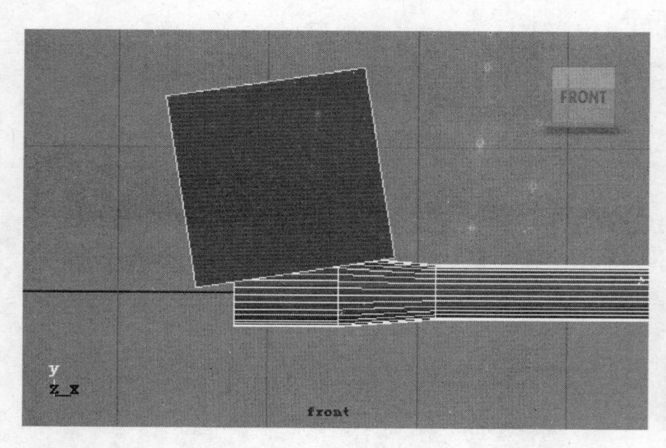

缩放并移动立方体
图 5-42

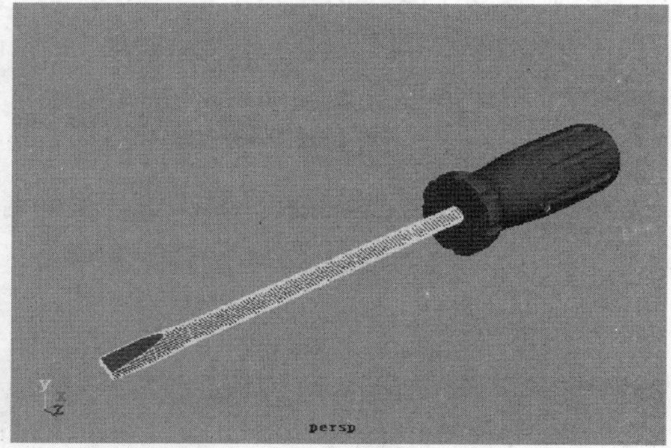

制作完成的螺丝起子模型
图 5-43

5.3 选择多边形元素

多边形建模的大部分编辑工具都是基于元素的，所以在进行编辑之前需要先选定它们。MAYA 提供了几种技术来完成这项工作，最常用的方法是在多边形表面通过鼠标右键进行选择，也可以使用快捷键或 Select 菜单中提供的工具。如果要同时选择不同类型的元素，可以通过状态行中的组合图标，进入元素操作级别选定多个元素。

1. 通过快捷键选择

可使用下列快捷键来选择多边形的元素。

- F8 键：在物体和元素间切换。
- F9 键：选择顶点。
- F10 键：选择边。
- F11 键：选择面。
- F12 键：选择 UV 点。

2. 通过菜单选择

在 Select 菜单中可以看到相关的选择工具。

- Select Edge Loop Tool（选择循环边工具）：使用该工具在多边形边上双击可以选择所有的循环边，如图 5-44 所示。
- Select Edge Ring Tool（选择平行边工具）：使用该工具在多边形边上双击可以选择所有的平行边，如图 5-45 所示。

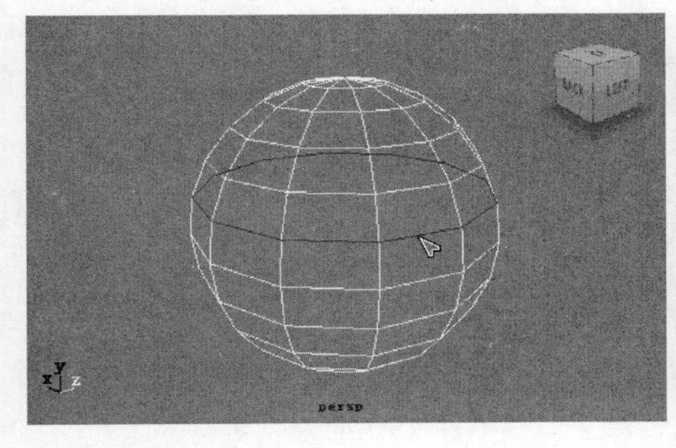

选择循环边工具
图 5-44

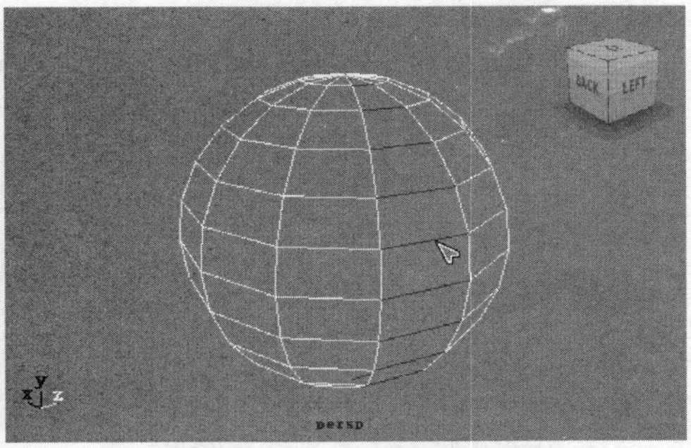

选择平行边工具
图 5-45

- Grow Selection Region（扩大选择区域）：使选定的元素增加一个单元，如图 5-46 所示。
- Shrink Selection Region（收缩选择区域）：使选定的元素减少一个单元，如图 5-47 所示。

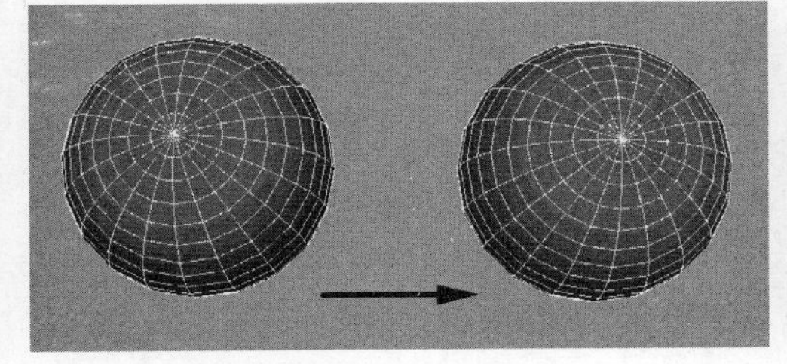

扩大选择区域
图 5-46

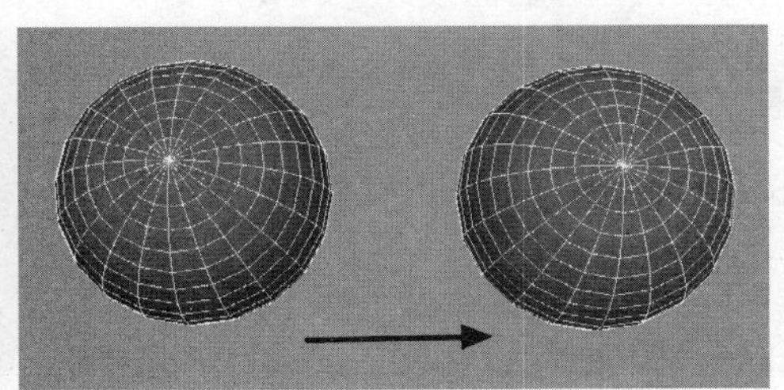

收缩选择区域
图 5-47

• Select Selection Boundary（选择边界）：只选中所选元素的边界而不选择其余的元素。

• Convert Selection（转化选择）：把选定的元素转为另一种元素类型，如图 5-48 所示。

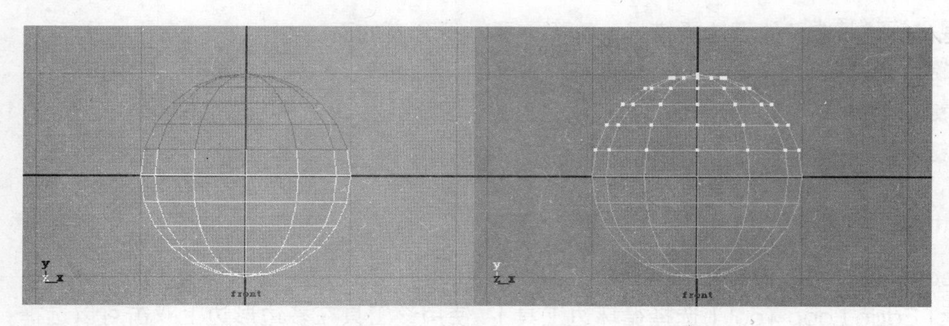

转化选择
图 5-48

3. 约束选择

在 Select 菜单的底部是 Select Using Constraints 命令，它是一个高级工具，下面是这个工具的某些功能。

- 可限制选择的特定区域，例如边界元素或内部元素。
- 可以仅选择硬边或仅选择软边。
- 可以仅选择三角形面、四边形面或其他多边形面。
- 可以随机选择组元素。
- 可以扩展或缩小选定的区域，或者选择选中区的边界。

5.4 编辑多边形命令

1. Combine（联结）

Mesh 菜单下的 Combine 命令的功能有些类似于布尔运算中的 Union 命令，但是 Combine 操作不会改变对象形状，也不会剪切对象的相交部分，只是简单地将两个对象变成一个对象，但各自的纹理边界和外壳保持不变。

2. Separate（分开）

Separate 命令是将具有两个或多个壳体的多边形对象分开，而成为单个壳体的多边形对象。

3. Extract（抽取）

Extract 命令是把选中的面从它相邻的面中提取出来，使它们不再有共同的顶点和边。

默认设置是使任何被提取的面自动分离出来，成为各自独立的多边形物体。如果要提取面但又要保持它们为原多边形物体的一部分，可以在 Extract 命令的参数设置对话框中取消 Separate extracted faces 复选框的选择。

Extract 命令的具体操作方法如下。

（1）进入多边形造型的面选择模式，选择需要进行分离的面。

（2）执行 Mesh → Extract 命令，在选择的面上将出现分离操作手柄，拖动手柄将选择的面从多边形造型上分离出来，如图 5-49（a）、（b）所示。

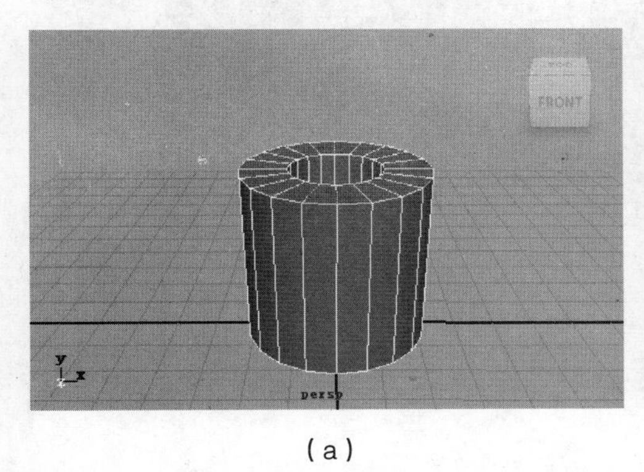

（a）

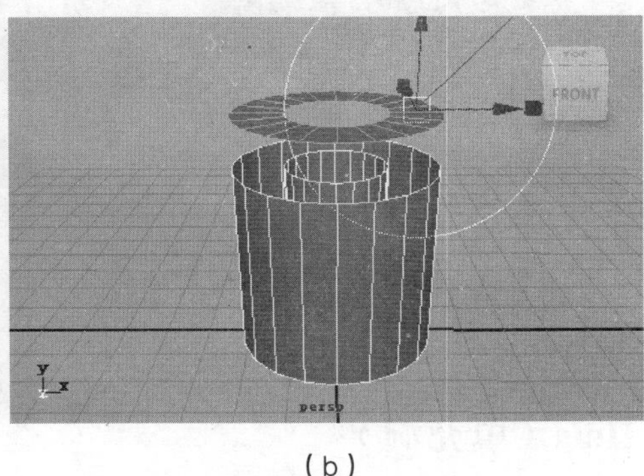

（b）

使用 Extract 命令抽取多边形面
图 5-49

4. Make Hole Tool（创建洞工具）

通过执行 Mesh → Make Hole Tool 命令，可以在选择的多边形面上建立一个洞。在系统默认设置下，Make Hole Tool 用选择的第二个面在第一个面上挤压，产生一个洞。

具体操作步骤如下。

（1）首先在场景中建立一个多边形造型，然后进入面选择模式，选择多边形的一个面。

（2）执行 Edit Mesh → Duplicate Face 命令，复制选中的多边形面，然后使用移动工具将复制出的面与多边形造型分离，如图 5-50 所示。

（3）执行 Mesh → Make Hole Tool 命令，单击多边形造型上将要创建洞的面，再选择复制的面，按 Enter 键完成创建洞的操作，如图 5-51 所示。

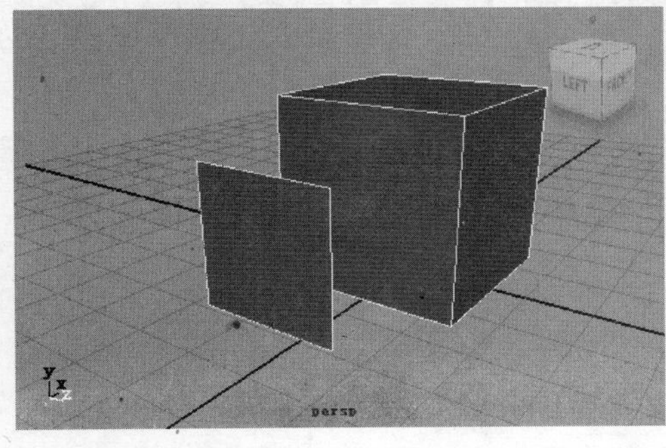

移动复制出的面
图 5-50

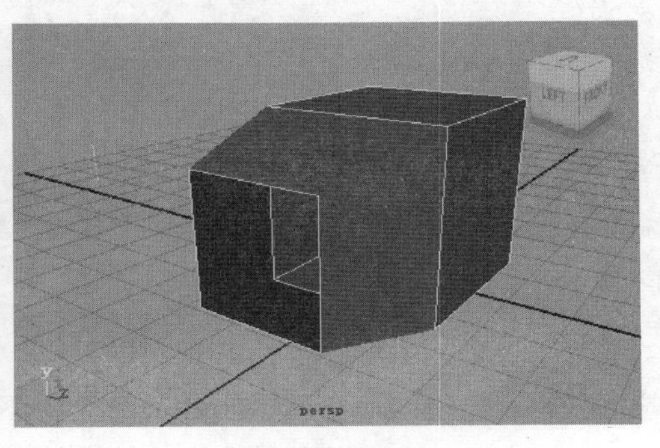

使用 Make Hole Tod 命令创建洞
图 5-51

（4）当然也可以直接将复制出的面造型放置在多边形需要创建洞的面上，这样操作的结果是直接在多边形造型上创建洞，如图 5-52（a）、（b）所示。

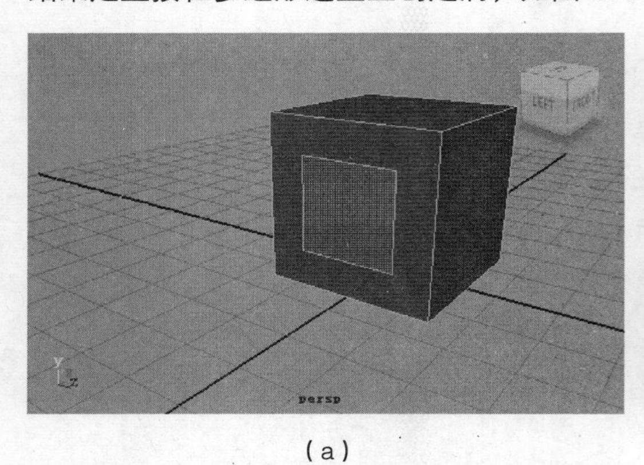

（a）

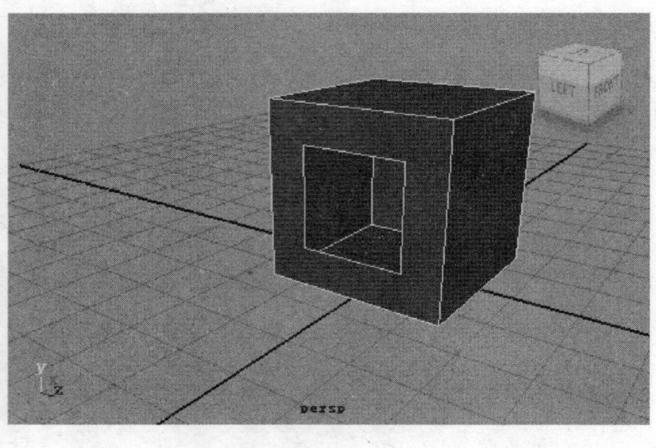

（b）

直接在多边形造型上创建洞
图 5-52

5. Fill Hole（填充洞）

Fill Hole 命令和 Make Hole Tool 命令的作用恰恰相反，是将有洞的多边形填充成实体。

6. Smooth（圆滑）

Smooth 命令可以把每个顶点和边扩展到新增的面中从而圆滑多边形。执行 Mesh → Smooth 命令可细分一个表面，或细分表面的选定面。按照 Smooth 参数设置对话框中的细分设置（系统默认的设置为 1）可以建立一个光滑的表面。与 Subdivide 命令不同，Smooth 命令实际上是通过移动顶点来使表面更光滑，默认时它通常产生的是四边形。如图 5-53 所示为不同细分设置参数得到的不同的圆滑结果。

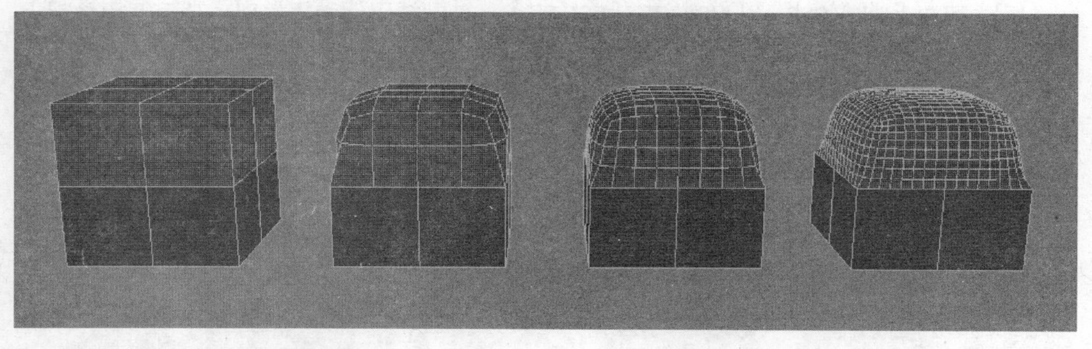

使用不同细分参数圆滑多边形面
图 5-53

若执行 Mesh → Average Vertices 命令，不必将面细分就能对表面进行光滑处理。使用 Average Vertices 命令能保持表面的结构并产生和使用 Sculpt Polygons 工具的 Smooth 命令一样的效果。

7. Mirror Geometry（镜像几何体）

Mirror Geometry 命令是常用的多边形建模工具。如图 5-54（a）、（b）所示，该命令是将模型左边的一半进行复制，设置缩放值为 -1，并放置在另一边，最后再将所有的边界边合并，所有的步骤均在一步之内完成。由于镜像时要注意法线的翻转，因此最好使复制部分的法线和原始部分的法线保持一致。

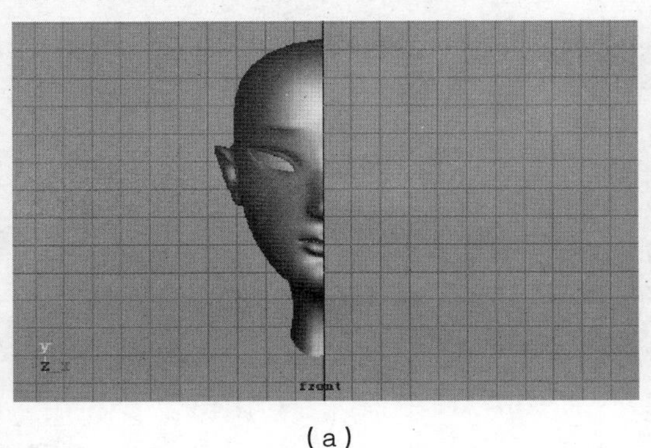

（a）

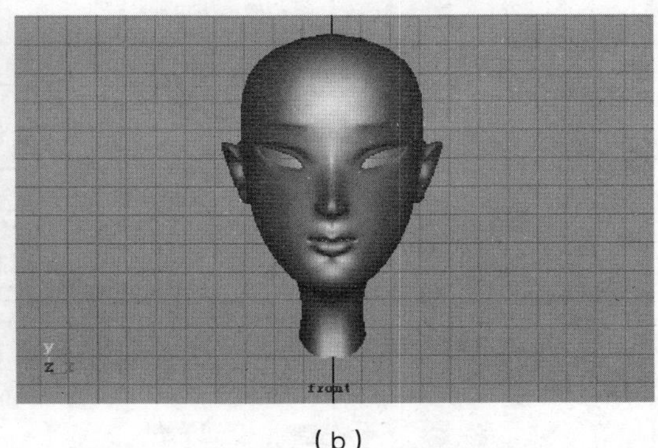

（b）

使用 Mirror Geometry 命令镜像几何体
图 5-54

8. Bridge（桥接）

Bridge 命令用来将一个多边形对象内的边界连接起来，具体操作步骤如下。

（1）创建如图 5-55 所示的多边形对象，注意这两个多边形壳体同属于一个多边形对象，在创建时，可以通过前面讲过的 Combine 命令将两个多边形对象合并成一个对象。

（2）选择多边形上开放的边，如图 5-56 所示。

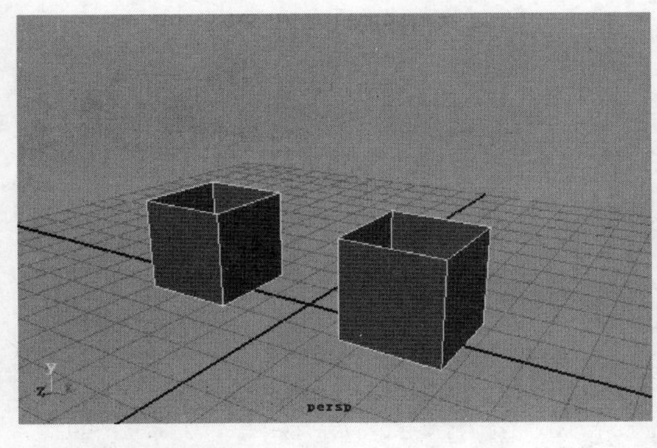

创建多边形对象
图 5-55

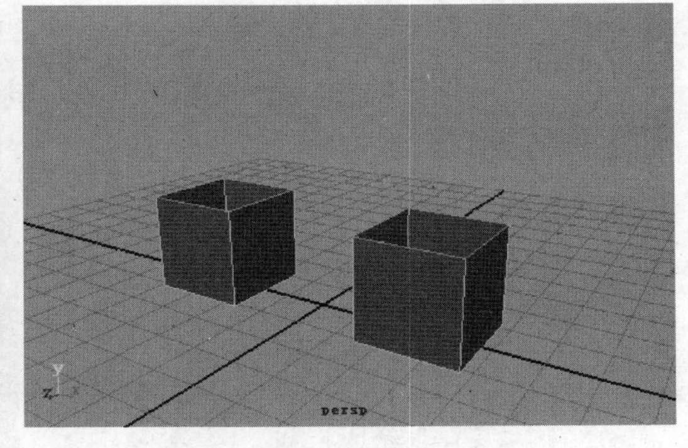

选择多边形对象上开放的边
图 5-56

（3）选择 Edit Mesh → Bridge 命令，单击右侧的参数设置按钮，打开其参数设置对话框，如图 5-57 所示进行参数设置。

（4）单击 Bridge 按钮，结果如图 5-58 所示。

Bridge Options

Edit Help

Description

Bridge constructs faces between pairs of border edges or faces on a single mesh.

Settings

Bridge type: Linear path / Smooth path / Smooth path + curve

Twist: 0.0000

Taper: 0.5

Divisions: 20

Smoothing angle: 30.0000

Bridge | Apply | Close

设置 Bridge 命令参数
图 5-57

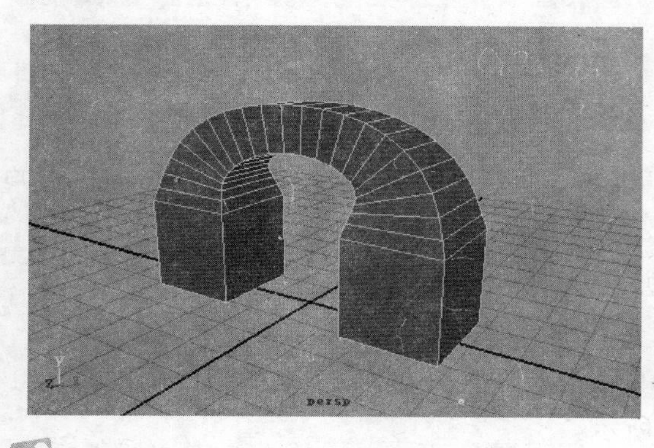

通过 Bridge 命令将多边形物体的开放边桥接
图 5-58

9. Cut Face Tool（剪切面工具）

Cut Face Tool 命令可以剪切指定的一组多边形面，使这些面在剪切处产生一个分段，如图 5-59（a）、（b）所示。

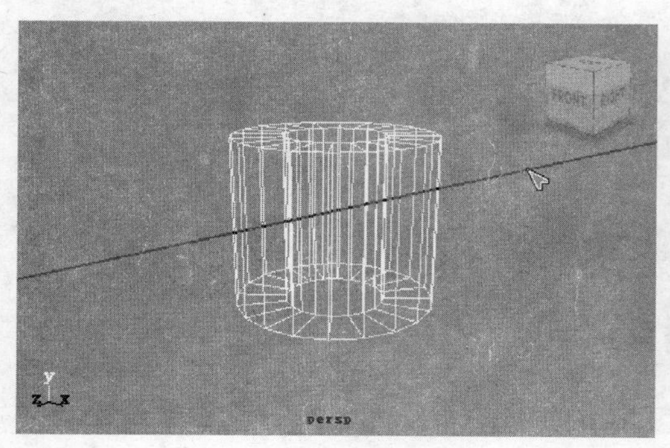

（a）

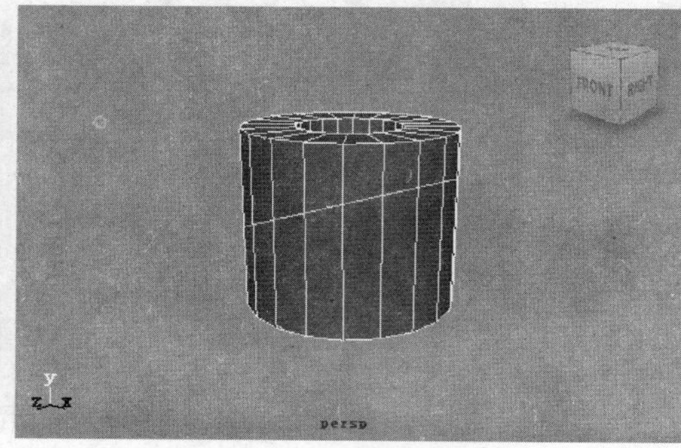

（b）

使用 Cut Face Tool 剪切多边形面
图 5-59

10. Split Polygon Tool（分割多边形工具）

Split Polygon Tool 是在处理多边形时用得最多的工具之一。使用该工具可以对多边形面进行精细分割。下面以一个简单的立方体建模为例来介绍 Split Polygon Tool 的使用。

创建一个正方体，选择 Edit Mesh → Split Polygon Tool 命令，这时鼠标指针变为一个箭头，在上面的边上单击，出现一个亮绿色的点，表示一个顶点，再在另一条边上单击，如图 5-60 所示，最后在第一个绿色点处单击，形成一个三角形的分割面。注意，可以沿着顶边来移动最后的点，按 Enter 键完成操作。

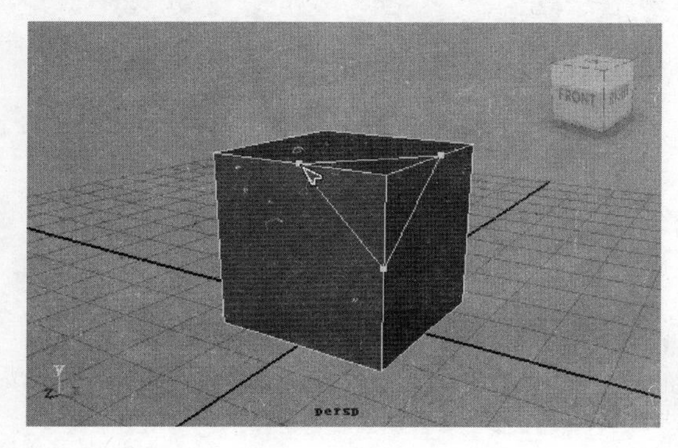

使用 Split Polygon Tool 分割多边形
图 5-60

提示

在使用 Split Polygon Tool 时，如果想把某个切点位置放置到一条边的端点，不要直接去单击这条边的端点，这样很容易选择错误的边，应该先单击相应边的中部然后拖动到它的端点。

11. Insert Edge Loop Tool（插入循环边工具）

Insert Edge Loop Tool 命令可以在多边形表面的指定位置插入环形边，如图 5-61 所示。该命令通过判断多边形的边数来产生切线，当遇到三角形面或大于四边形的多边形面时，就会结束命令。

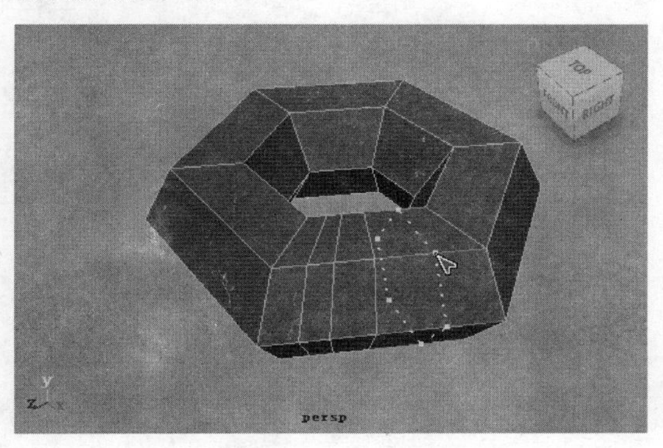

使用 Insert Edge Loop Tool 插入循环边
图 5-61

12. Offset Edge Loop Tool（偏移循环边工具）

Offset Edge Loop Tool 命令可以在指定的循环边两侧生成两条偏移边，如图 5-62

(a)、(b)所示。

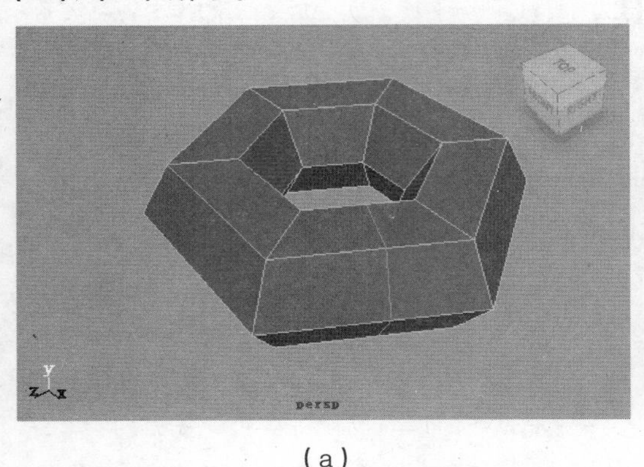

(a)

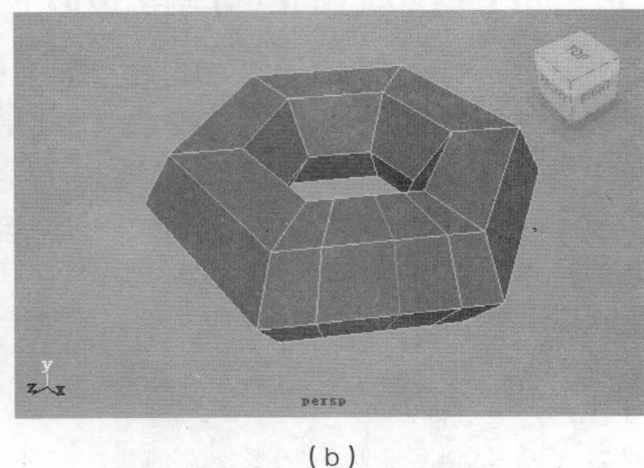

(b)

使用 Offset Edge Loop Tool 创建两条偏移的循环边
图 5-62

13. Add Division（添加细分）

Add Division 命令可以对选择的面或边进行细分操作，通过 Division levels 参数可设置细分数量，如图 5-63（a）、（b）所示。

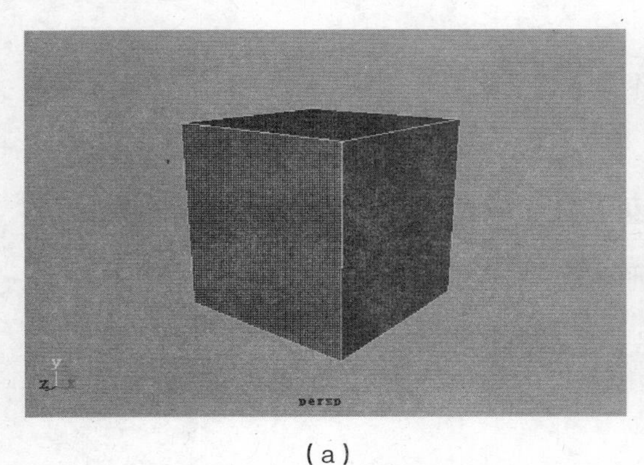

(a)

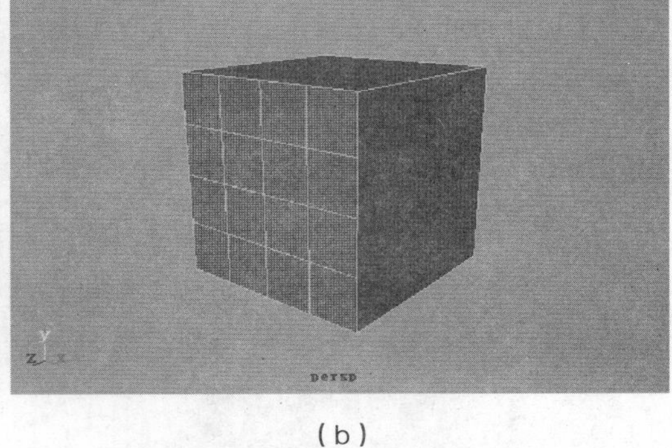

(b)

使用 Add Division 命令对选定面进行细分
图 5-63

14. Poke Face（刺分面）

使用 Poke Face 命令可以在选择面的中心产生一个新的顶点，通过控制手柄对该顶点进行移动操作，可以对面进行刺分，如图 5-64（a）、（b）所示。

15. Wedge Face（楔入面）

Wedge Face 命令用于挤压弧形的面，可以设置弧度与细化分数，具体操作如下。

（1）创建一个立方体，首先选取用来挤压的面，然后配合 Shift 键选择一条边作为旋转

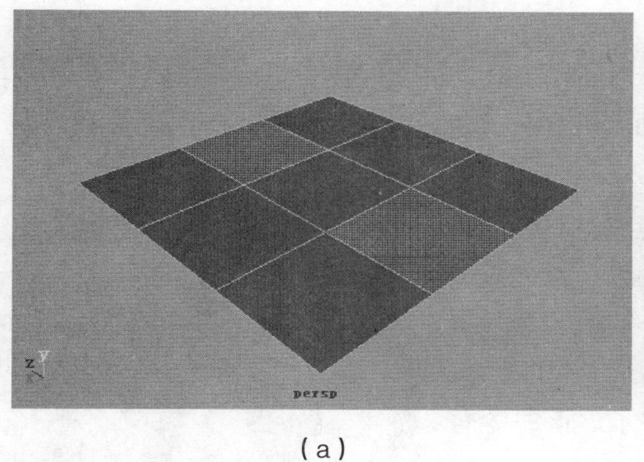

(a)

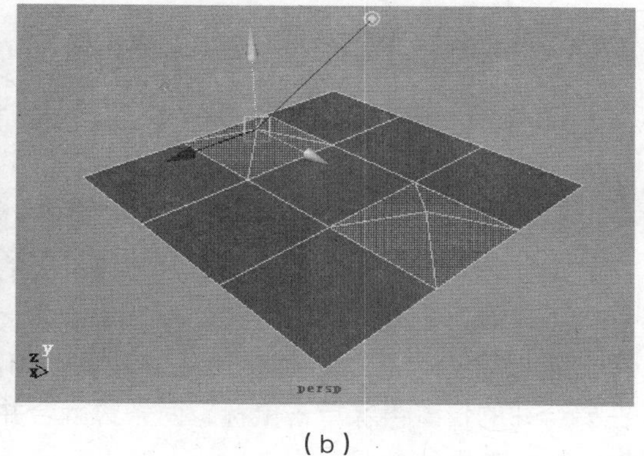

(b)

使用 Poke Face 命令对选定面进行刺分
图 5-64

轴，如图 5-65 所示。

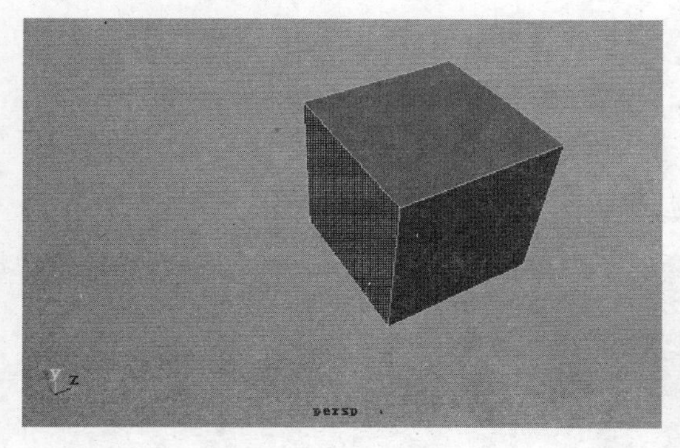

选择多边形的面和边
图 5-65

（2）执行 Edit Mesh → Wedge Face 命令，结果如图 5-66 所示。图 5-67 所示为增大该命令的 Divisions 参数值得到的不同结果。

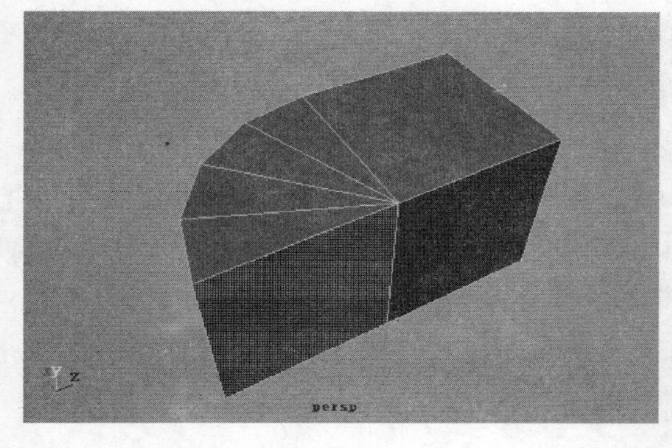

执行 Wedge Face 命令
图 5-66

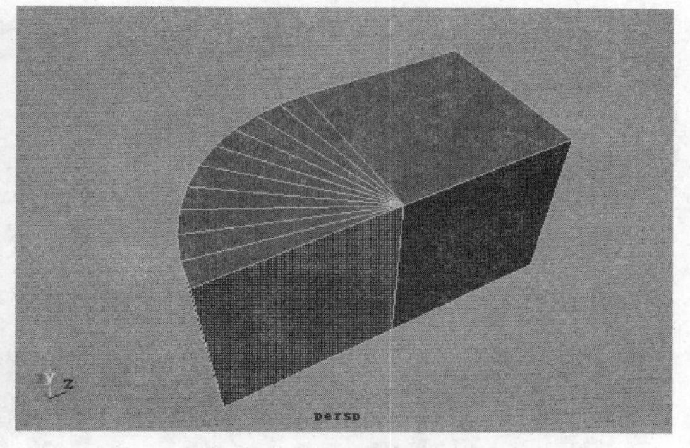

增大 Divisions 参数值得到的结果
图 5-67

16. Merge（合并）

Merge 命令的功能是将所选的多边形元素合并为一个顶点，这个顶点为多条边所共享。

17. Collapse（塌陷）

Collapse 命令可以将选择的多边形边或面合并为一个点。

18. Merge Edge Tool（合并边工具）

Merge Edge Tool 的功能是合并边界上的边。当选择了这个工具时，边界上的边就会变粗，单击第一条边，然后再单击第二条边，两条边都会变成橘黄色，如图 5-68 所示，在要合并的位置再次单击鼠标，两条边就合并了。该命令有 3 个参数选项。

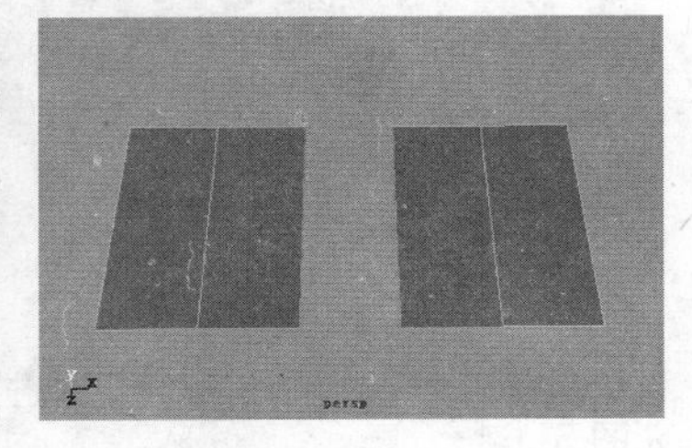

选择要合并的边
图 5-68

• Created between first and second edge：在第一条边和第二条边中间的位置创建新的边，而第一条边和第二条边删除，这是系统默认的选项。

• First edge selected becomes new edge：第一次选择的边成为新的边，另一条边删除。

• Second edge selected becomes new edge：第二次选择的边成为新的边，另一条边删除。

图 5-69（a）、（b）、（c）所示为分别勾选 3 个不同选项时执行该命令的不同结果。

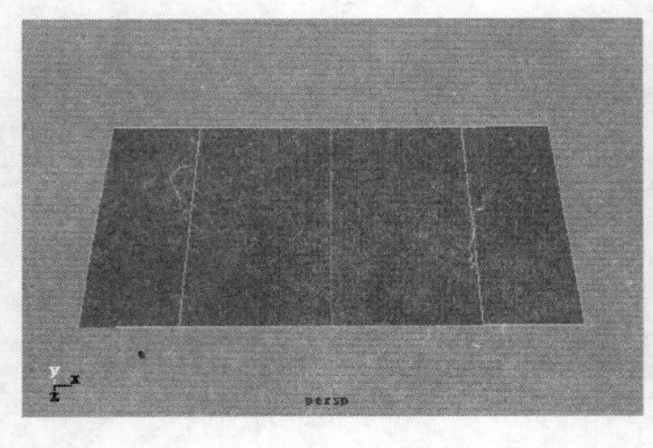

（a）

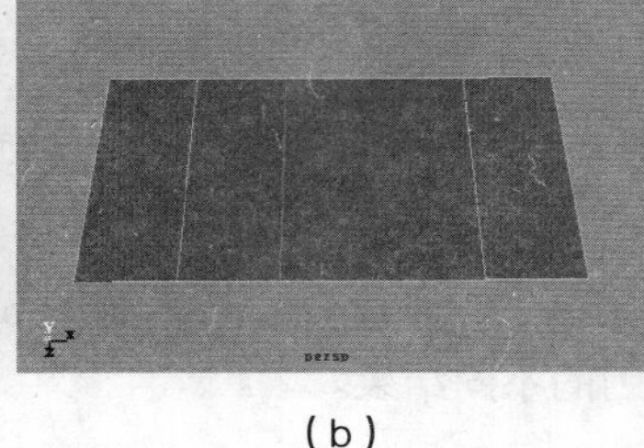

（b）

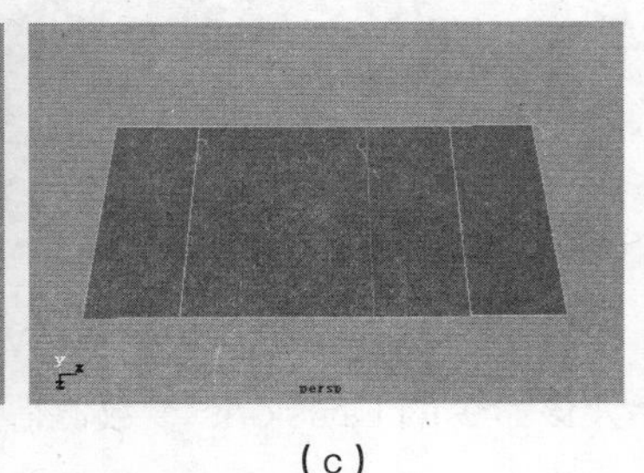

（c）

不同的参数得到不同的合并结果
图 5-69

19. Bevel（倒角）

Bevel 命令可以对多边形的边进行光滑处理，使造型具有圆滑的边角。如图 5-70 所示。Bevel 命令参数设置面板中 Width 值用于设置倒角偏移量。Segments 值用于设置倒角部位

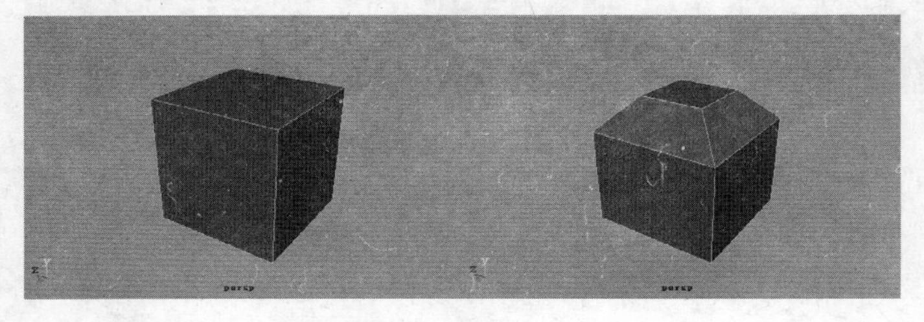

选定多边形的边进行倒角
图 5-70

的分段数。分段数越高，倒角越细腻。提高分段数后的倒角效果如图 5-71 所示。

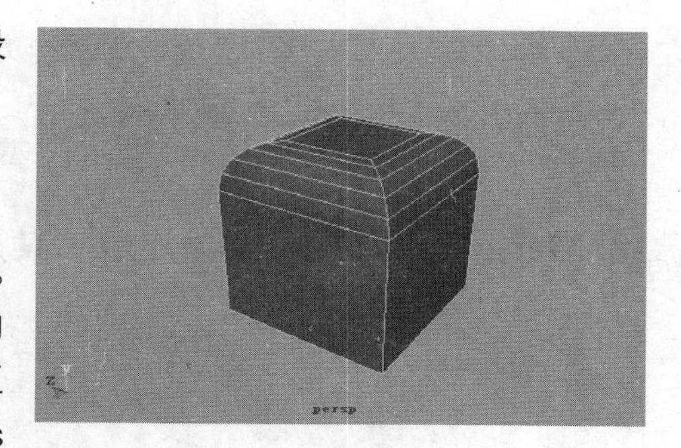
提高分段数后的倒角效果
图 5-71

20. Reverse（反转法线）

法线在编辑多边形时起着非常重要的作用。在分离或合并各种多边形时，有时会发现它们的法线方向并不一致，这样就会造成边界边不能正确地合并，也不能正确地进行纹理贴图。Normals 菜单下的 Reverse 命令可以翻转选定面的正面和反面，从而也就翻转了它们法线的方向。

Normals 菜单下的 Soften Edge（柔化边）和 Harden Edge（锐化边）命令可以将多边形面的边在软边与硬边之间进行转化，转化为软边有时可以起到类似光滑表面的效果，例如，镜像几何体在合并物体、合并多重边之后，中间会有硬的接缝，此时执行 Soften Edge 命令可以将其变得光滑。

5.5 实例——场景制作

本节中将运用多边形建模的有关知识制作一个场景，主体是一个卡通风格的房子。有关这类场景的参考图片有很多，可以找一张来作为制作参考。本节会涉及一些常用多边形建模工具的使用，需要说明的是这里只是提供给大家一些方法和思路，有些效果也不是只有一个命令才能完成。重要的是要举一反三，根据实际情况找出更好、更恰当的编辑方式，而不是局限于某个命令的使用。

5.5.1 创建房子的主体部分

（1）在视图中创建一个 Width 值为 14、Depth 和 Height 值均为 8 的多边形立方体。如图 5-72 所示。

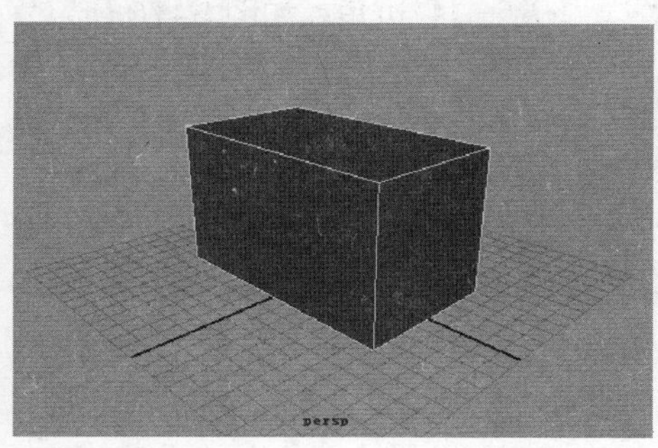
创建立方体
图 5-72

（2）选择立方体顶部的面，执行菜单 Edit Mesh→Extrude 命令或者单击工具架上的按钮，将立方体的面挤出，在挤出面的操纵手柄上任意一个方块上单击，手柄变成中心缩放模式，如图 5-73 所示。

（3）单击并拖动手柄中心的浅蓝色方块，使挤出面略微放大，如图 5-74 所示。

（4）保持刚刚挤出的面在选中状态，再次执行 Extrude 命令，向上拖动蓝色箭头，使挤出面向上移动，如图 5–75 所示，单击并拖动绿色方块将挤出面在 Y 轴方向上缩放，如图 5–76 所示。

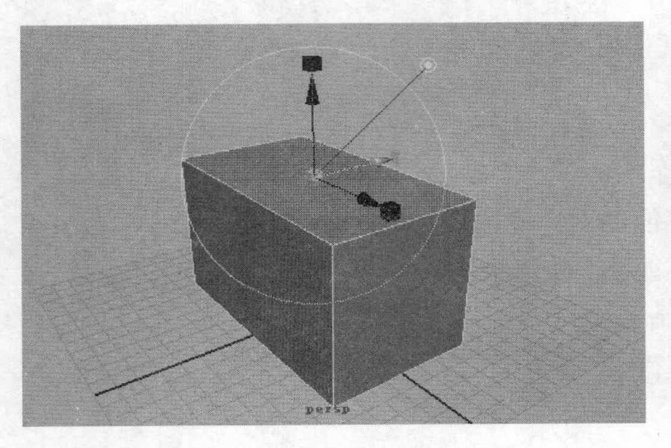

挤出立方体顶部的面并准备对其缩放
图 5–73

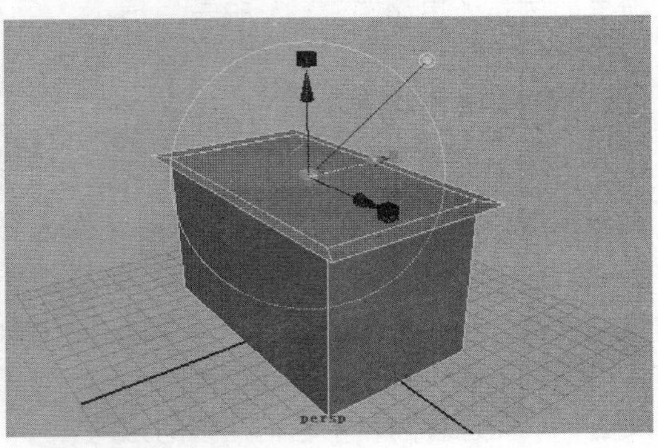

略微放大挤出的面
图 5–74

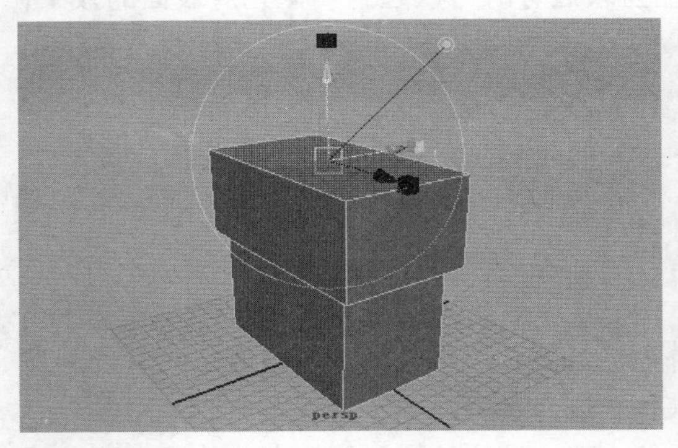

挤出面并向上移动
图 5–75

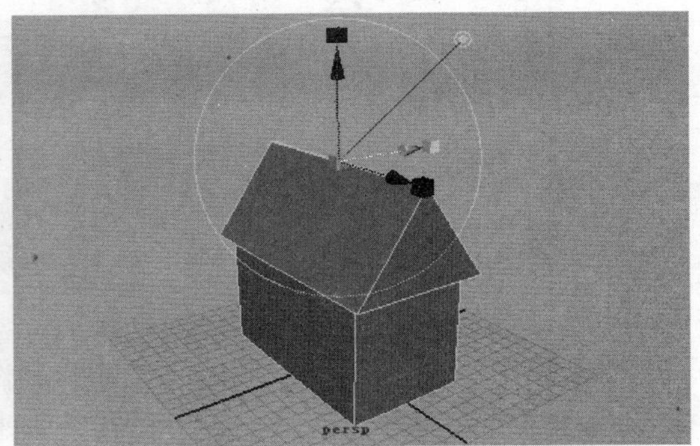

将挤出面在 Y 轴方向上缩放
图 5–76

（5）选择房子顶部如图 5–77 所示的面，执行 Extrude 命令，将挤出面略微放大，再次执行 Extrude 命令，挤出房顶的厚度，如图 5–78、图 5–79 所示。

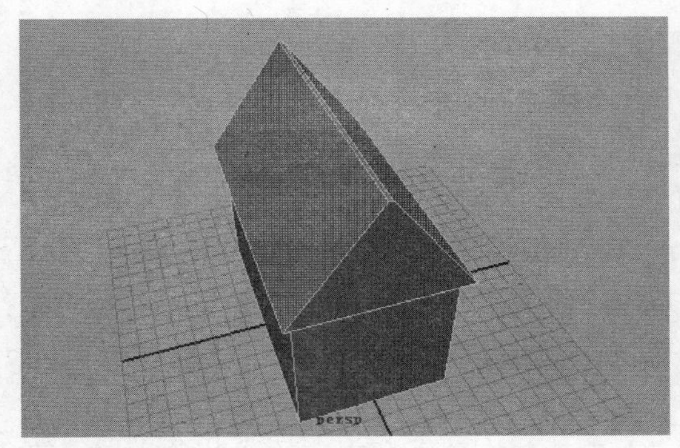

选择图示的面
图 5–77

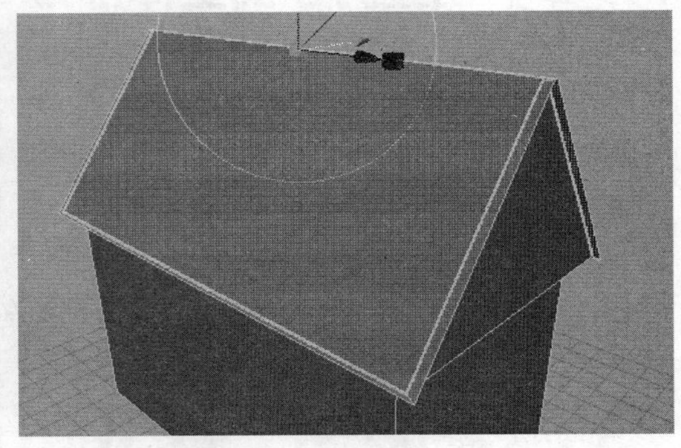

略微放大挤出的面
图 5–78

（6）为了使以后的编辑操作更加方便，下面需要将房顶部分从房子主体中分离出来。选择图 5–80 所示的面，执行 Mesh → Extract 命令，将所选面同其他面分离；在模型上右击，

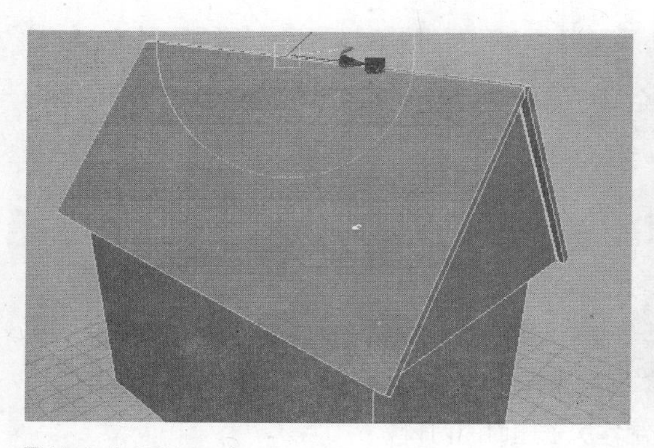

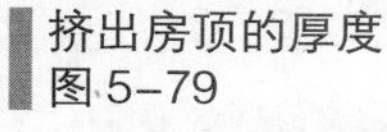
挤出房顶的厚度
图 5-79

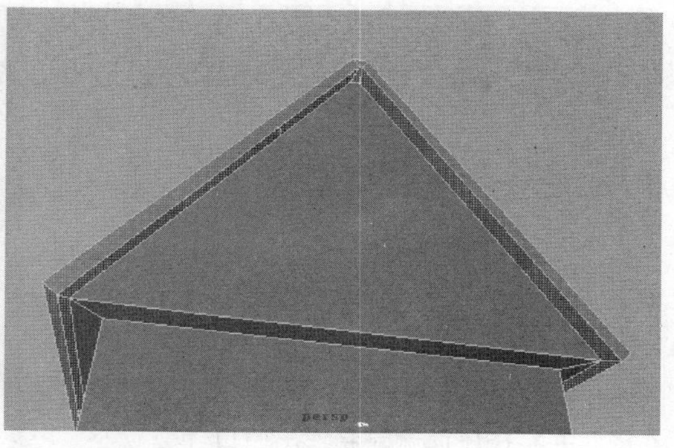

选择图示的面
图 5-80

从右键快捷菜单中选择 Object Mode，进入多边形物体模式，然后执行 Mesh → Separate 命令，将模型分开，成为房顶和墙体两个多边形物体。

（7）使用与上一步相同的方法，将墙体分离成两部分，一部分是直角部分的墙体，另一部分是尖角部分的墙体，如图 5-81 所示。

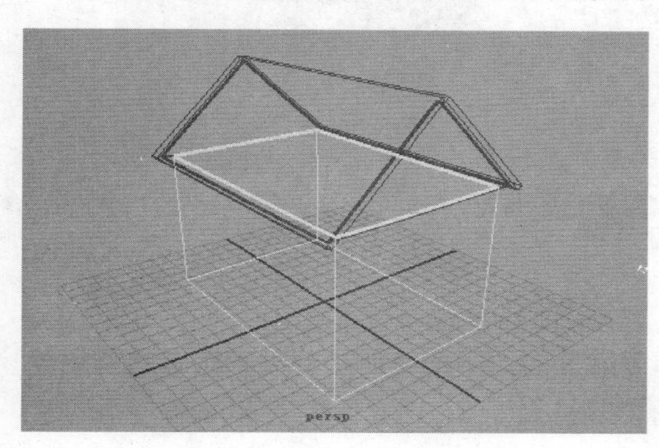

将墙体分离成直角和尖角两部分
图 5-81

5.5.2 细化墙体结构

（1）选择直角部分墙体，执行 Edit Mesh → Insert Edge Loop Tool 命令，使用插入循环边工具在模型上插入几条循环边，如图 5-82 所示。

（2）选择图 5-83 所示的面挤出，并将这个面向后移动一段距离，大约等于墙的厚度，将挤压出的面删除，制作出房子侧面的门口，如图 5-84 所示，用同样方法制作房子正面的窗口，如图 5-85 所示。

（3）在视图中创建一个采用系统默认参数的圆柱体，将其沿着 X 轴方向旋转 90°。

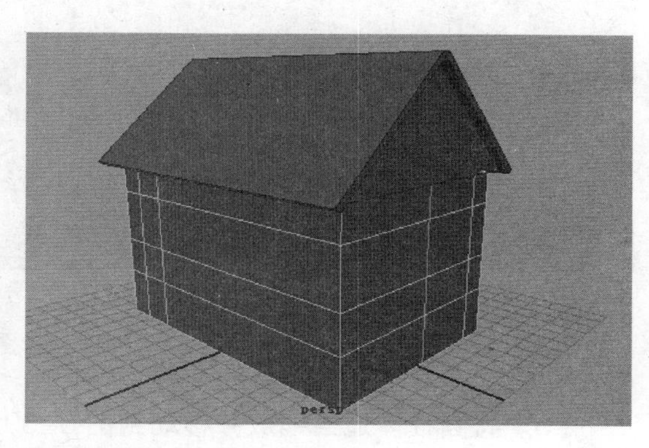

插入循环边
图 5-82

挤压并将挤压面删除制作出门口
图 5-83

制作房子侧面的门口
图 5-84

制作房子正面的窗口
图 5-85

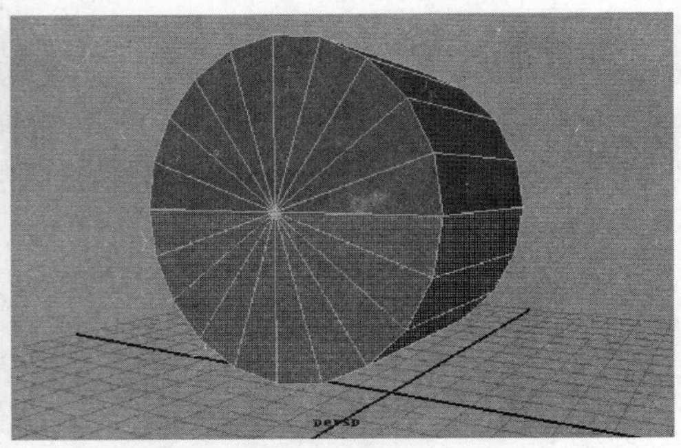

删除圆柱体的面
图 5-86

选择圆柱体如图 5-86 所示的面删除。

（4）进入圆柱体的边编辑模式，在圆柱体删除面后留下的空洞边缘处双击选择空洞处的一圈边，执行 Mesh → Fill Hole 命令将空洞填补，如图 5-87 所示。选择填补空洞产生的面挤出并向下移动，如图 5-88 所示。

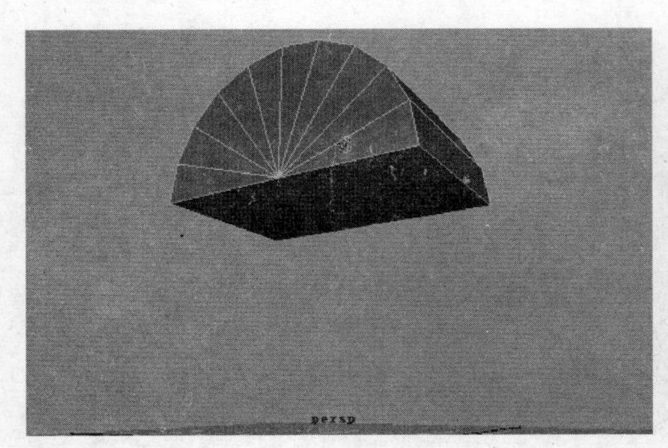

填补空洞
图 5-87

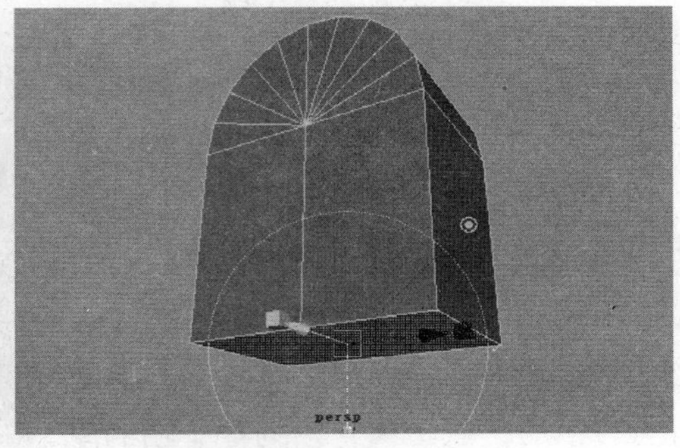

将面挤出并向下移动
图 5-88

（5）将圆柱体适当缩放并移动到图 5-89 所示的位置。首先选择直角部分墙体，接着加选圆柱体，执行 Mesh → Booleans → Difference 命令进行布尔的差集运算，产生房子正面弧形的门洞，如图 5-90 所示。将门洞内部的面删除以产生空洞。

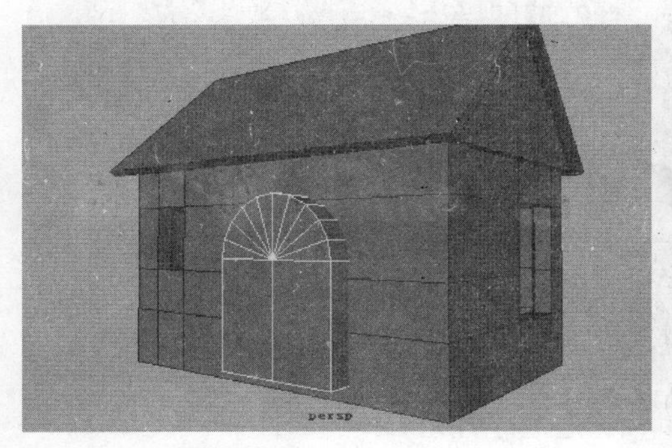

移动圆柱体的位置
图 5-89

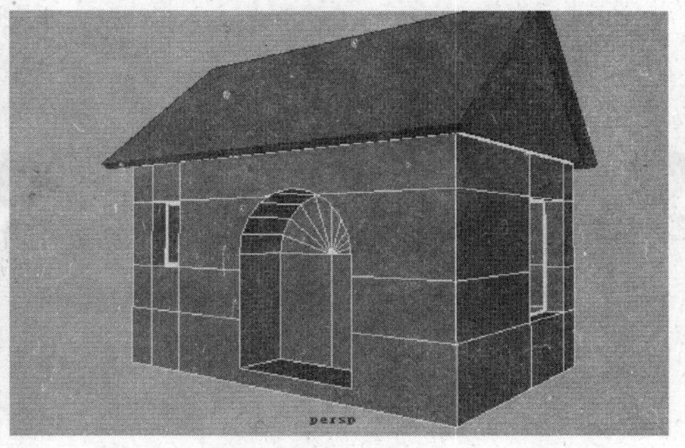

布尔差集运算的结果
图 5-90

（6）使用与以上步骤相同的方法制作出尖角墙面的窗洞、坡形屋顶上的窗洞以及烟囱等细节，具体过程这里不再赘述。结果如图 5-91~ 图 5-93 所示。

房子主体的基本形
图 5-91

坡形屋顶上的窗洞
图 5-92

烟囱的效果
图 5-93

（7）目前模型的边缘部分看起来有些生硬，这是由于模型的各个转角部分都是锐利的直角的缘故。试着选择房顶如图 5-94 所示的一条边，执行 Edit Mesh → Bevel 命令对其进行倒角，如图 5-95 所示。如果倒角效果过大或过小，可以在通道栏 INPUTS 项中调整 polyBevel 命令参数的 Offset 值进行修改。用同样的方法对模型上过于尖锐的部分进行必要的倒角操作。

选择房顶的一条边
图 5-94

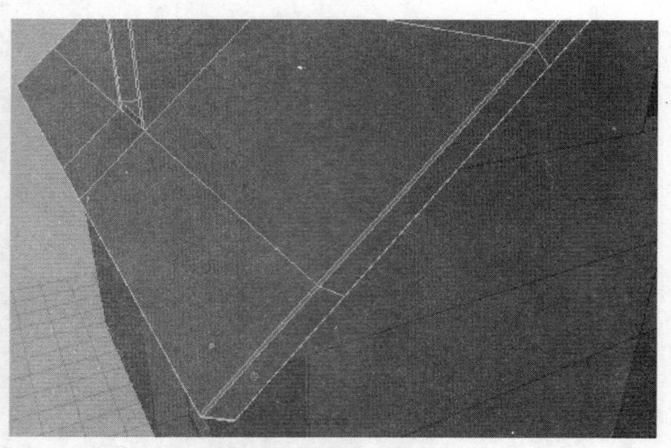

对所选边进行倒角操作
图 5-95

5.5.3 门、窗等部分的建模

（1）下面来制作弧形门的门框部分。在视图中创建一个立方体，对立方体垂直方向的4条边进行适当的倒角，删除立方体顶部及侧面的5个面，仅仅保留其底部的面，对其进行适当的缩放并移动到图5-96所示的位置。

（2）在front视图下绘制一条CV曲线，如图5-97所示。

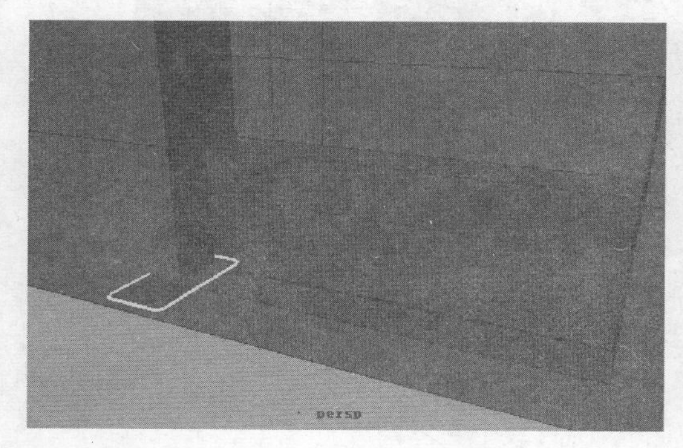

移动多边形面到图示的位置
图 5-96

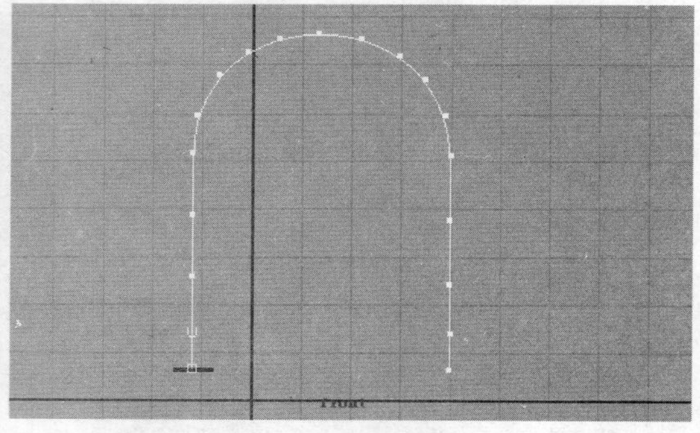

绘制 CV 曲线
图 5-97

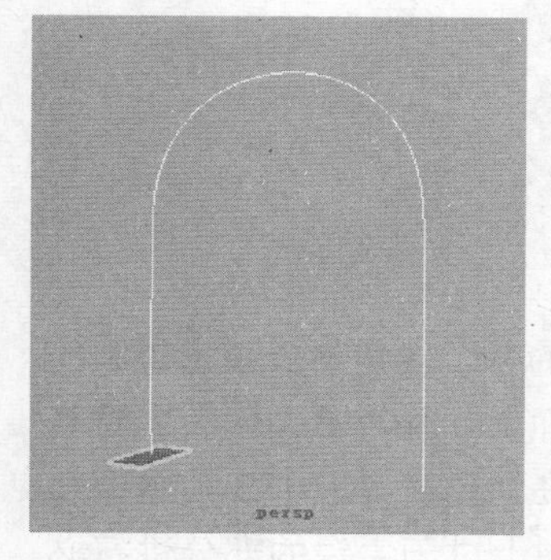

选择立方体的面和 CV 曲线
图 5-98

（3）选择立方体余下的底部的面，按Shift键同时选中CV曲线，如图5-98所示，单击Edit Mesh → Extrude命令后的参数设置按钮，打开挤出命令参数设置对话框，在对话框中将Divisions（分段数）参数值设为30，如图5-99所示，单击Extrude按钮进行挤出，生成弧形门框的基本形，如图5-100所示。

（4）从图5-100中能够看出，弧形门框纵向的分段数并不均匀。可以尝试使用Edit Mesh菜单中的Insert Edge Loop Tool为其插入循环边线，使用Slide Edge Tool调整循环边的位置；对于多余的循环边，使用Delete Edge/Vertex Tool将

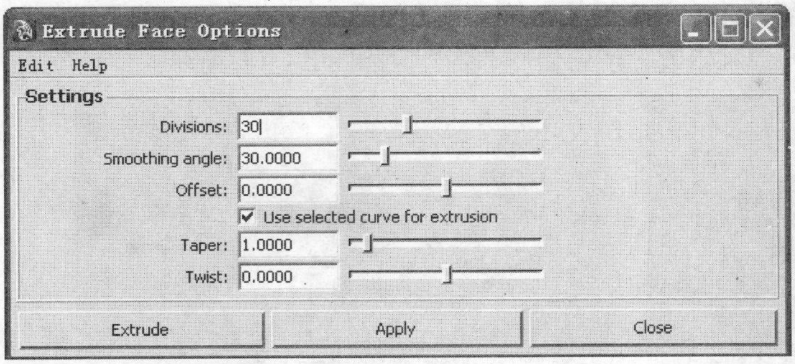

设置挤出命令的参数
图 5-99

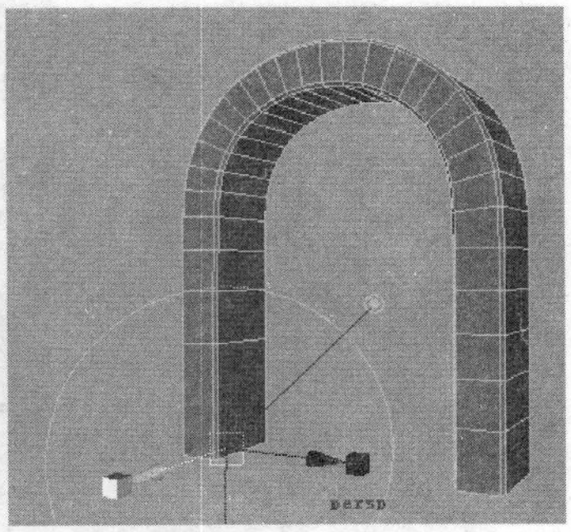

生成弧形门框的基本形
图 5-100

其删除。

（5）双击选择弧形门框的一圈循环边，如图 5-101 所示，执行 Edit Mesh → Offset Edge Loop Tool 命令，使用偏移循环边工具生成两条偏移循环边，如图 5-102 所示，接着使用缩放工具将这条循环边略微缩小，如图 5-103 所示。重复这一步操作完成门框的细节，图 5-104 所示为门框的整体效果。

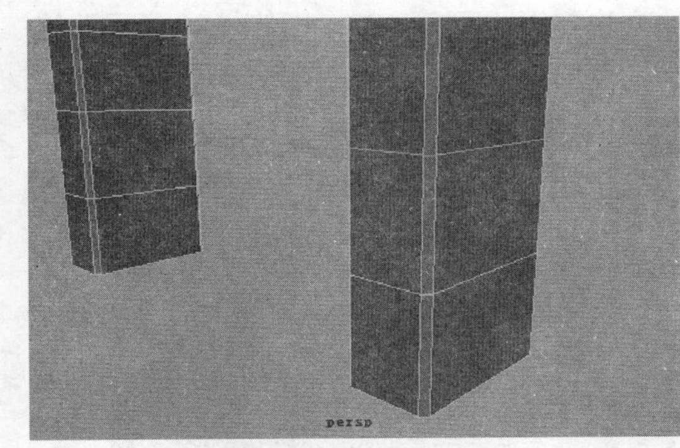

选择弧形门框的一圈循环边
图 5-101

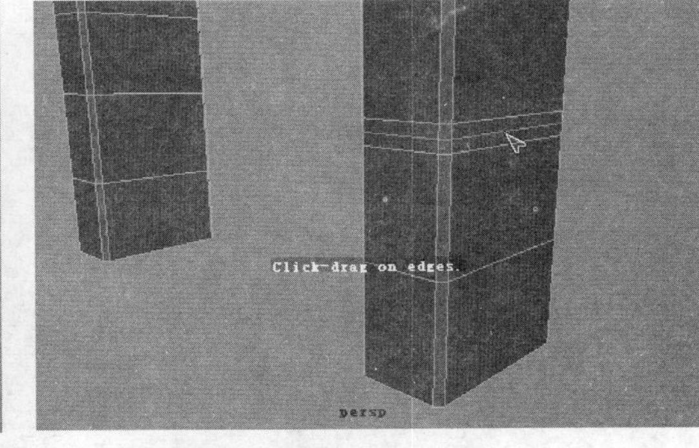

生成两条偏移循环边
图 5-102

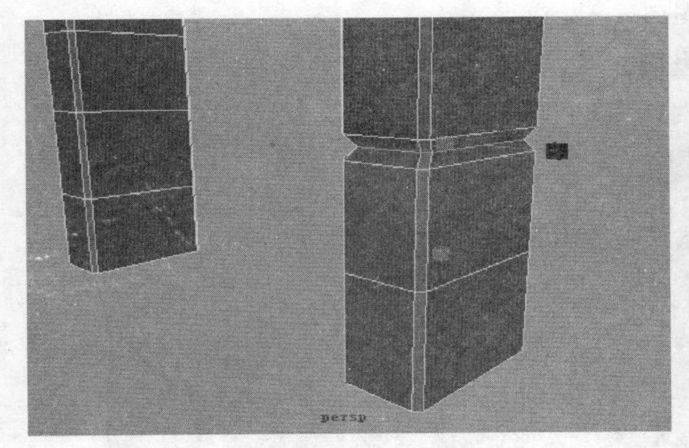

对循环边进行缩放
图 5-103

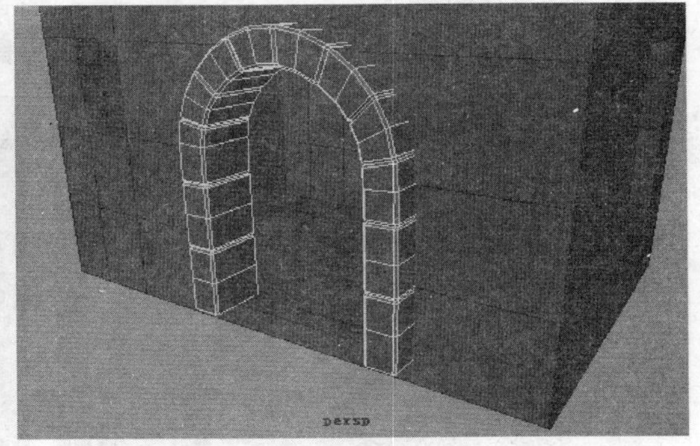

门框的整体效果
图 5-104

（6）接下来进行房子底部石阶的建模。创建一个立方体，对其进行倒角、添加循环边、调整顶点等编辑操作，使石阶看起来有些磨损的自然效果，如图 5-105 所示，将石阶复制并排列起来，针对这些石阶进行单独修改，使它们形态各异，如图 5-106 所示。

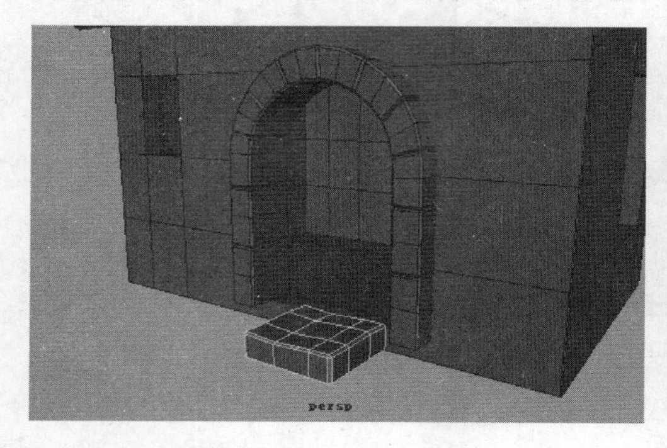

制作房子底部的石阶
图 5-105

将石阶复制并排列
图 5-106

（7）弧形门的门板也是通过对立方体进行复制、编辑得到的。使用球体并对其 Z 轴进行缩放，旋转并调整它们的位置，制作出用于固定门板的铁钉的钉头，如图 5-107 所示。

（8）使用圆管物体制作房檐下面的排水装置，如图 5-108 所示。房子的其他部分如窗板、木制的棚子以及台阶等，都可以使用上面的方法制作。图 5-109、图 5-110 所示为这些部分的细节。

弧形门门板的制作
图 5-107

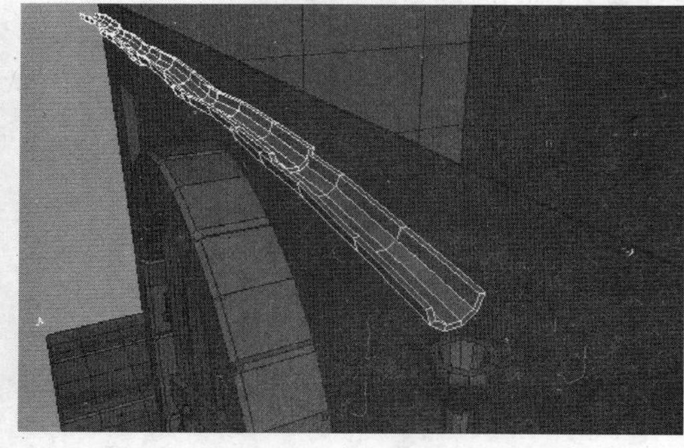

房檐下面的排水装置
图 5-108

窗板部分
图 5-109

木制的棚子以及台阶
图 5-110

（9）卡通风格的场景建模基本完成，整体效果如图 5-111 所示，图 5-112 所示为加入环境、灯光和投影后的渲染效果。

卡通风格场景的整体效果
图 5-111

加入环境、灯光和投影后的渲染效果
图 5-112

5.6 小结

本章学习了多边形的概念以及常用的多边形建模工具。多边形建模历史比较久，各大三维软件都对这种建模方式提供了完美的支持，有着应用面广、通用性强等特点（尤其在游戏和建筑领域的制作中）。另外，通过与细分表面建模技术的结合，更能够发挥出它易学易用的优势，具有其他方式不可替代的优越性。

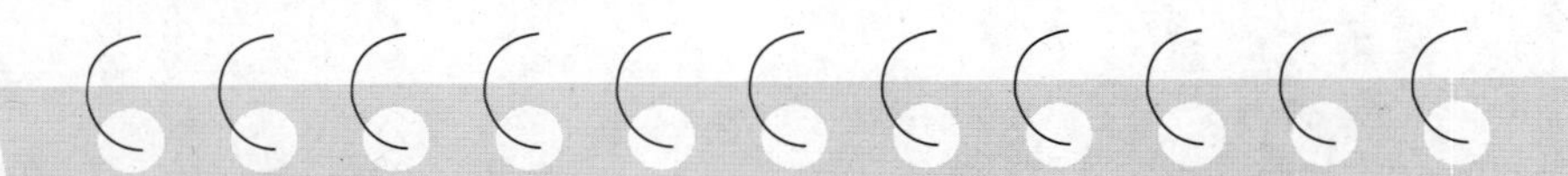

习题与实践

1. 选择题

（1）能够将两个或多个多边形物体合并成为一个多边形对象的命令是（　）。

A. Combine　　B. Separate

C. Extract　　D. Duplicate Face

（2）能够沿着曲线挤出多边形面的命令是（　）。

A. Bridge　　B. Extrude

C. Poke Face　　D. Booleans

（3）能够对多边形或多边形上选定的面进行光滑处理并增加多边形面的命令是（　）。

A. Merge　　B. Booleans

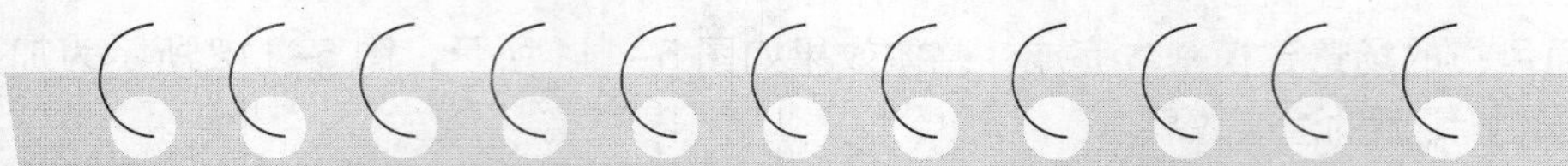

C. Smooth　　　　　　　D. Bevel

2. 问答题

（1）多边形的元素包括哪些？

（2）布尔运算有哪几种类型？

（3）Insert Edge Loop Tool命令和Offset Edge Loop Tool命令有什么不同？

（4）如何设置物体的轴心点？

（5）Create Polygon Tool命令和Append To Polygon Tool命令有什么不同？如何使用？

3. 实践

（1）使用本章中介绍的方法制作一个沙发模型和液晶显示器模型。

（2）搜集一些游戏场景和角色的资料，尝试制作游戏场景和角色模型。

教学重点与难点

- 细分表面的编辑模式
- 编辑细分表面
- 实例操作

本章介绍细分表面建模。细分表面建模是一种结合了多边形建模和 NURBS 建模优点的、效率很高的建模方式，这种建模方式目前已经广泛应用于影视、广告等各个行业。细分表面法不仅用于建模，还可以应用于纹理、动画和渲染，而且还可同时交互地使用 NURBS 和多边形建模技术。细分表面既可以像 NURBS 表面一样光滑和连续，又可以表现多边形表面的任意拓扑结构。这种建模方式适合于生物角色之类模型的制作。

6.1 细分表面建模基础

细分表面的编辑可以在两种模式下进行，一种是软件提供的细分表面 Standard（标准）模式；另一种是 Polygon Proxy（多边形代理）模式，在 Polygon Proxy 模式下，使用的仍然是多边形的建模工具。在细分表面模型上右击，从弹出的菜单中选择 Standard 或 Polygon 命令就可以实现两种模式之间的切换。

在选中细分表面模型时，通过执行 Display → Subdiv Surfaces 命令可以显示出细分表面的各个组成元素，包括 Vertices（点）、Edges（边）、Faces（面）、UVs（UV 点）、Normals（Shaded Mode）法线和 UV Borders（Texture Editor）（UV 边界）。

通过 Subdiv Surfaces 菜单下的命令可以控制细分表面的显示方式，有 Hull（壳）、Rough（低）、Medium（中）和 Fine（高）4 种显示级别。同 NURBS 模型一样，其中低、中和高显示级别的快捷键也是数字键 1、2 和 3，无论是在 Polygon Proxy 模式还是 Standard 模式下，这 3 种显示状态都适用。

6.1.1 Standard（标准）模式

在创建细分表面后，默认状态下就是 Standard 编辑模式，处于 Standard 模式时，细分表面具有点、边、面和 UV 点 4 种元素，如图 6-1 所示。

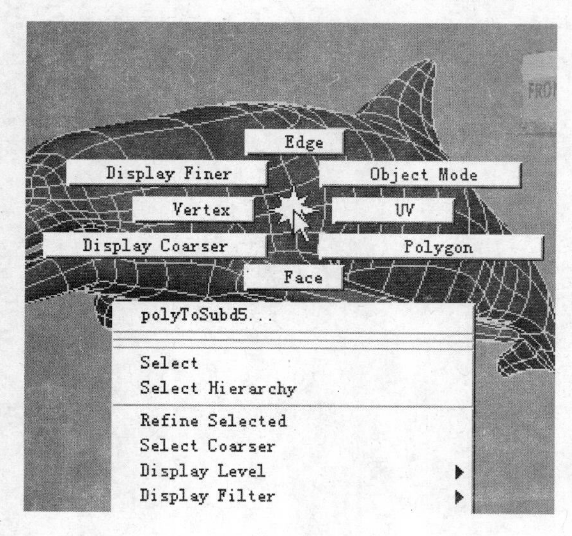

细分表面在 Standard 模式下的右键菜单
图 6-1

细分表面模型可以根据当前所处的细分级别来显示不同级别的点、边、面和 UV 点元素。例如，如果选择了一个面，然后右击鼠标，在快捷菜单中选择 Refine Selected 命令可将选择的元素区域进行细分，就会进入下一个精细级别，如 0 到 1；如果选择 Select Coarser 命令，就会进入上一个粗糙级别，如 1 到 0，如图 6-2 所示。

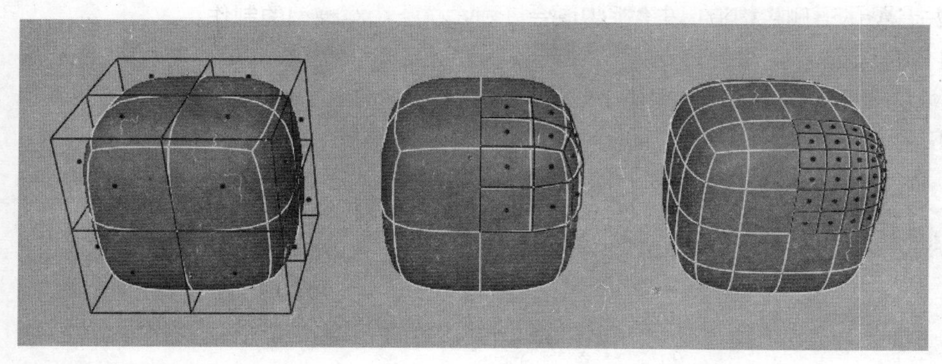

细分表面的不同显示级别
图 6-2

细分表面建模可以从一个粗糙的多边形建模开始，并使用 Standard 模式中的层次级别进行细节建模，当在粗糙级别中不能完成建模时，则可以进入较高的显示级别。在任何建模阶段，都可以从 Polygon Proxy 模式切换到 Standard 模式，此种模式下的细分表面没有构造历史，如果表面有变形或有其他任何构造历史，当切换到 Standard 模式时，它们都将被删除。

6.1.2 Polygon Proxy（多边形代理）模式

通过右键快捷菜单即可进入 Polygon Proxy 模式，如图 6-3 所示。当细分表面模型被从 Standard 模式切换到 Polygon Proxy 模式时，会在 0 级表面创建一个与细分表面基础网格相匹配的 Polygon，即多边形代理网格，如图 6-4 所示。在 Polygon Proxy 模式中，就可以使用多边形工具对多边形代理网格进行编辑。当切换到 Standard 模式时，多边形代理网格自动消失。

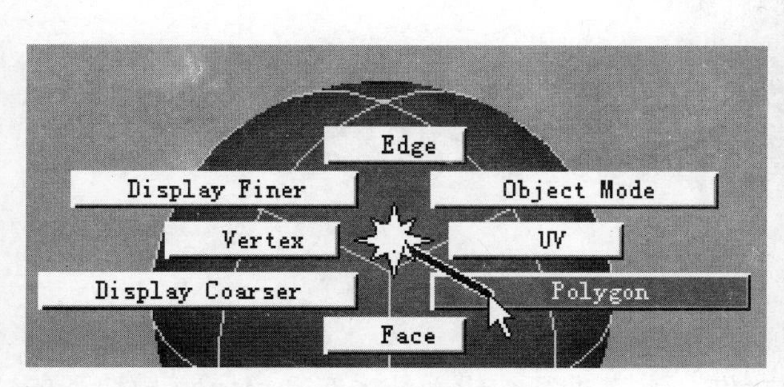

通过右键菜单进入多边形代理模式
图 6-3

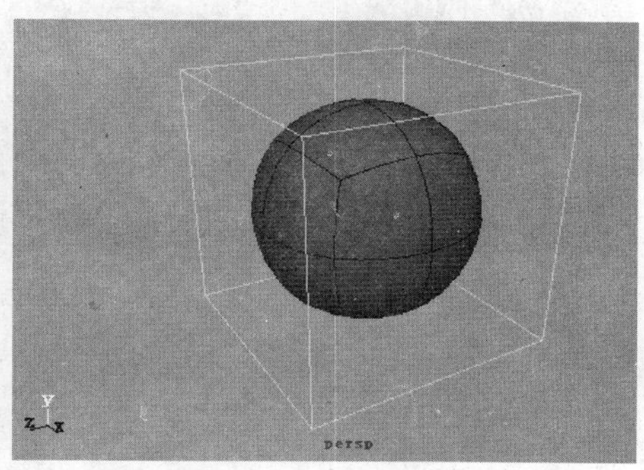

多边形代理网格
图 6-4

处于 Polygon Proxy 模式中时，仍然具有点、边、面和 UV 点 4 种元素，这实际上是多边形代理网格的元素。

在任何建模阶段都可以切换到 Polygon Proxy 模式，但是如果在 Standard 模式中模型已经产生了变形，已映射 UVs 或创建了其他的构造历史，就不能切换到 Polygon Proxy 模式，此时需要首先在物体上删除构造历史然后切换到 Polygon Proxy 模式。

选择细分表面元素有两种方法，一种是在视图中单击选择或框选；另一种是使用 Surfaces 模块的 Subdiv Surfaces 菜单中的元素转换选择命令，例如 Convert Selection to Faces 等，使用方法与 Polygons 模块 Select 菜单中的同名命令一样。

6.2 创建细分表面

细分表面模型的创建方法主要包括以下 3 种。

- 通过选择 Create → Subdiv Primitives 命令，再选择 Subdiv Primitives 子菜单中的各个命令项创建细分表面基本体。
- 通过选择 Modify → Covert 命令，将多边形或 NURBS 转换为细分表面。
- 通过从 NURBS 工具中选择细分表面（Subdivision）作为输出几何体。

从细分表面的基本体开始创建细分表面模型是最快速和最可靠的方法，但是，细分表面的基本体不包括任何创建选项，并且在创建后对于原始物体的改变不能产生建造历史。如果想改变原始物体的创建选项，可以从一个多边形或 NURBS 基本几何体开始将它们转换为细分表面。

在 Subdiv Primitives 菜单中提供了 6 种细分表面基本体，分别是 Spheres（球体）、Cube（立方体）、Cylinder（圆柱体）、Cone（圆锥体）、Plane（平面）和 Torus（圆环体），如图 6-5 所示。

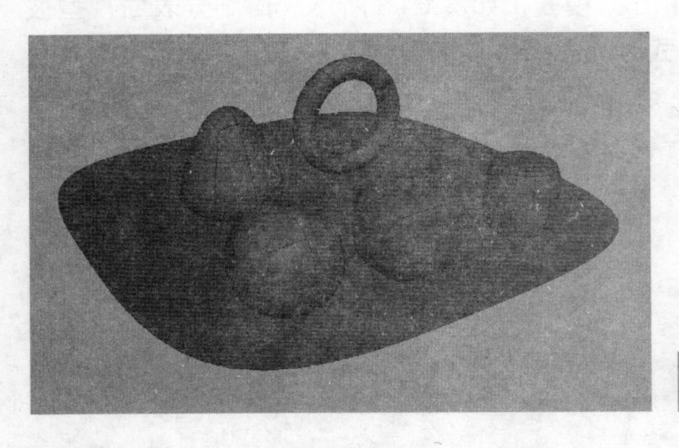

细分表面的 6 种基本体
图 6-5

6.3 编辑细分表面

除了可以使用多边形的建模工具对细分表面进行编辑之外，在 Surfaces 模块下的 Subdiv Surfaces 菜单中也有一系列专用于细分表面的编辑工具，如图 6-6 所示。

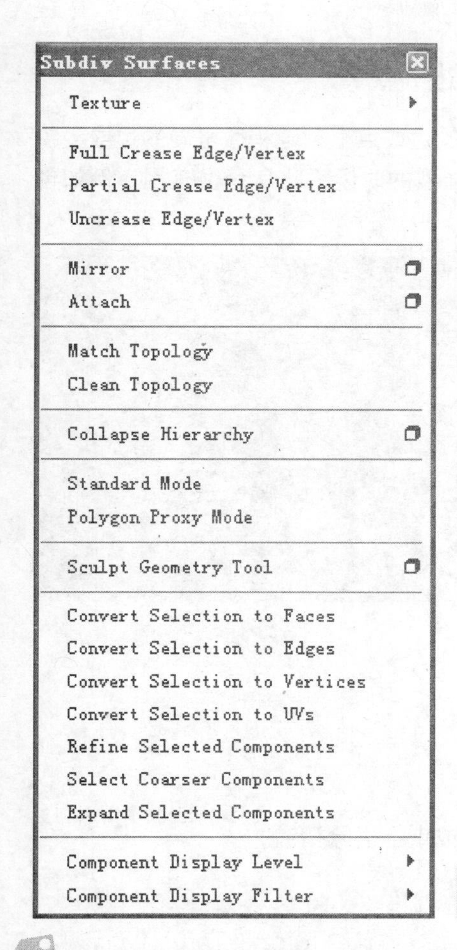

Subdiv Surfaces 菜单
图 6-6

1. Full Crease Edge/Vertex（创建完全褶皱边 / 点）

通过 Full Crease Edge/Vertex 命令可以在选定的边上创建坚硬的边，或是在选定点上创建尖锐的点，从而形成褶皱，如图 6-7（a）、（b）所示。

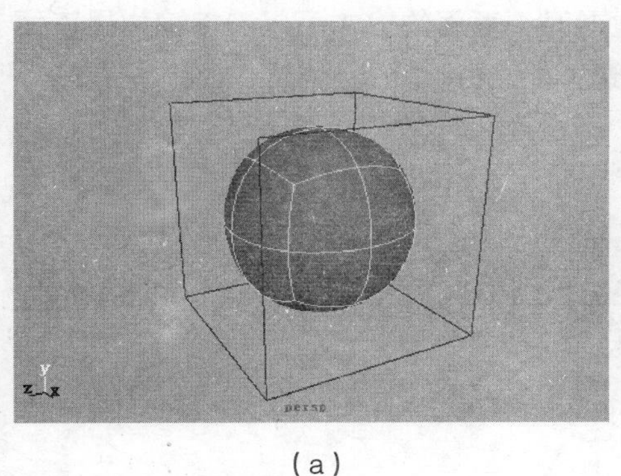

（a）

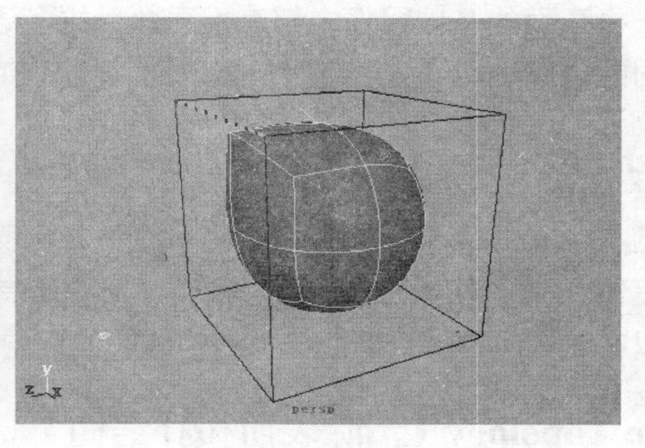

（b）

创建完全褶皱
图 6-7

2. Partial Crease Edge/ Vertex（创建部分褶皱边 / 点）

通过 Partial Crease Edge/Vertex 命令可以在选定的边或点上创建稍微坚硬的边或尖锐的点。当希望得到硬边的效果但又不希望这种效果太强烈的时候，此命令很有用，例如创建嘴唇上的边等，如图 6-8（a）、（b）所示。

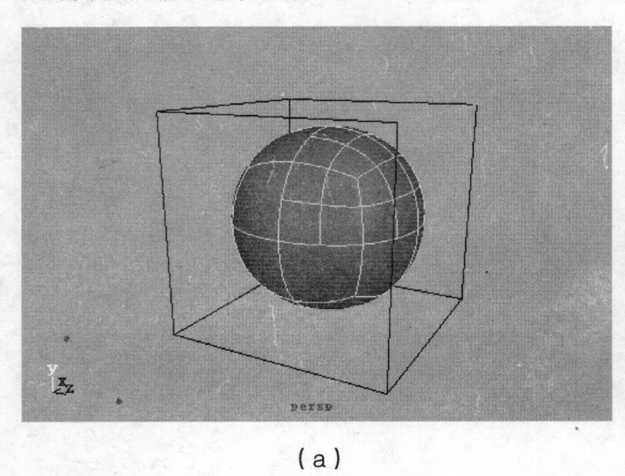

（a）

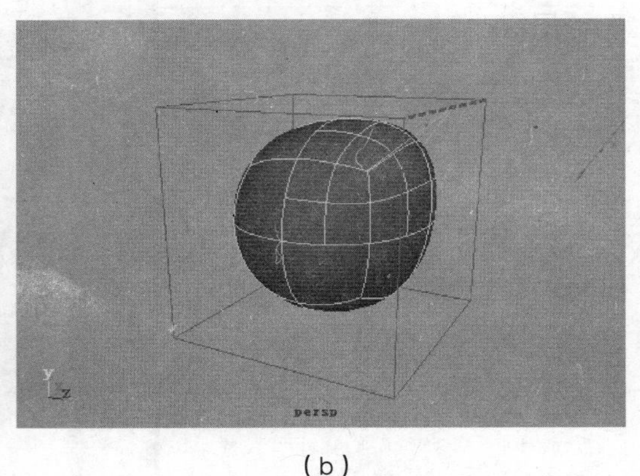

（b）

创建部分褶皱
图 6-8

3. Uncrease Edge/ Vertex（去除褶皱边 / 点）

通过 Uncrease Edge/Vertex 命令可以在选定的边或点上去除褶皱。

4. Mirror（镜像）

通过 Mirror 命令可以相对 X、Y 或 Z 轴复制并翻转选择的细分表面模型。

5. Attach（合并细分表面）

通过 Attach 命令可以将两个细分表面合并为一个单一的细分表面。需要注意的是，只有当每一个表面的基础网格中都有相同数目的多边形时，表面的边才可以连接，如果表面没有相同的边数，物体可以成组，但是面上的点和边不能合并。

6. Match Topology（匹配表面拓扑结构）

通过 Match Topology 命令可以将多个细分表面进行混合，例如要进行角色头部不同姿势的复制，为了混合细分表面，表面必须在所有的级别中有相同的点。Match Topology 命令可以在需要时增加点到所选择的物体以匹配点。

7. Clean Topology（清除表面拓扑结构）

通过 Clean Topology 命令可以删除被创建而没有编辑的元素。删除额外的、不适用的元素可以提高 MAYA 细分表面的操作速度，也可以减小文件的大小。

8. Collapse Hierarchy（塌陷层级）

通过 Collapse Hierarchy 命令可以塌陷层级，所谓塌陷层级，就是将选中的大于 0 的层级塌陷为 0 层级。例如，如果塌陷层级 2，那么原来的层级 2 就变为层级 0，而原来的层级 3 就变为层级 1，依此类推。在 Collapse Hierarchy 的选项设置对话框里可以输入要塌陷的层级数。

9. Component Display Level（组件显示级别）

通过 Component Display Level 子菜单中的命令，可以选择进入下一个精细层级或进入上一个粗糙层级，同样的操作可以在右键快捷菜单中完成。

6.4 实例——创建一个羊角锤的造型

本节将通过一个制作如图 6-9 所示的羊角锤模型的简单实例，介绍细分表面建模的大致流程，以及一些常用工具的使用方法。

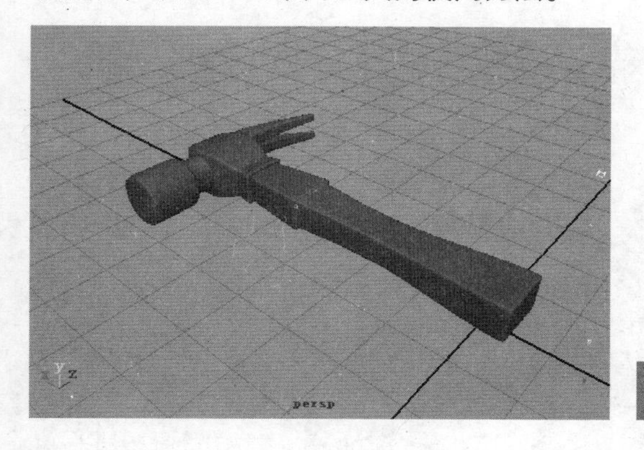

羊角锤细分表面模型
图 6-9

1. 制作锤柄部分

具体操作步骤如下。

（1）重新建立一个场景。执行 Create → Subdiv Primitives → Cube 命令，在视图中创建一个默认参数设置的细分立方体，在 X 轴方向对其略微缩放并在 Y 轴方向移动它的位置，按数字键 3 使立方体平滑显示，如图 6-10 所示。

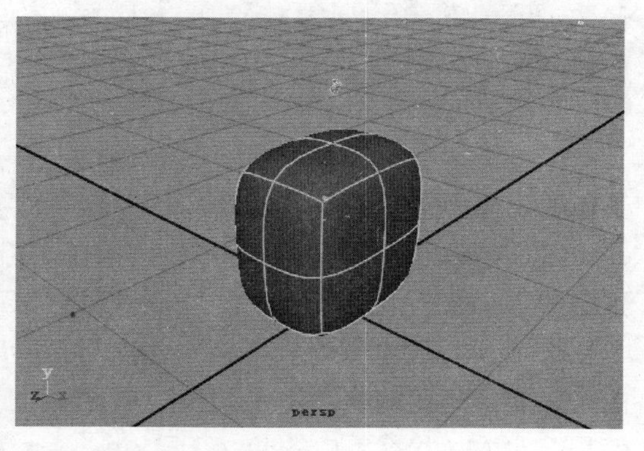

创建并调整细分立方体
图 6-10

（2）按 F3 键进入 Polygon 编辑模式，在细分立方体上右击，从弹出的菜单中选择 Polygon 选项，进入多边形代理模式，然后选择立方体顶部的多边形面，如图 6-11 所示。

（3）确保 Edit Mesh 菜单中 Keep Face Together 选项为勾选状态，执行 Edit Mesh → Extrude 命令，或者直接单击工具架上的按钮，对选择的面进行挤压，然后在视图中出现的操纵控制器的 Z 轴方向上移动一段距离，如图 6-12 所示。

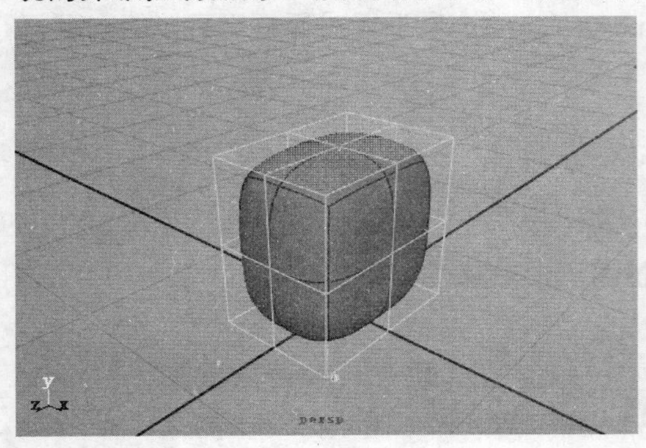

选择立方体顶部的面
图 6-11

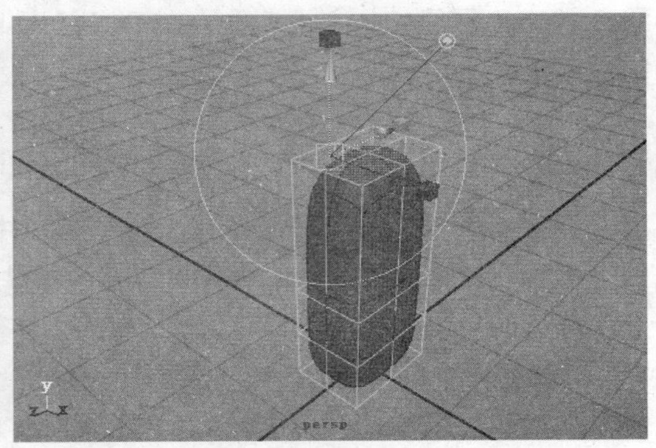

挤压选定的面并向上移动
图 6-12

（4）单击操纵控制器上其中一个缩放手柄，这时会在操纵控制器中心出现整体缩放图标，单击图标并依照图 6-13 所示进行缩放。

（5）参照图 6-14 所示，再次选择顶部的面，对其进行挤压、移动和缩放等操作，并根据实际情况重复以上操作。

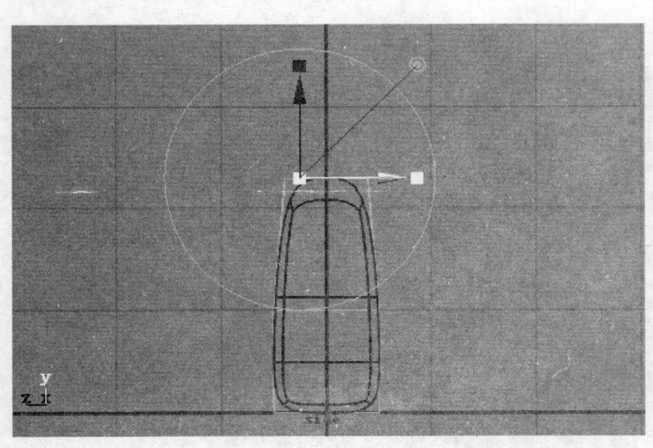

整体缩放
图 6-13

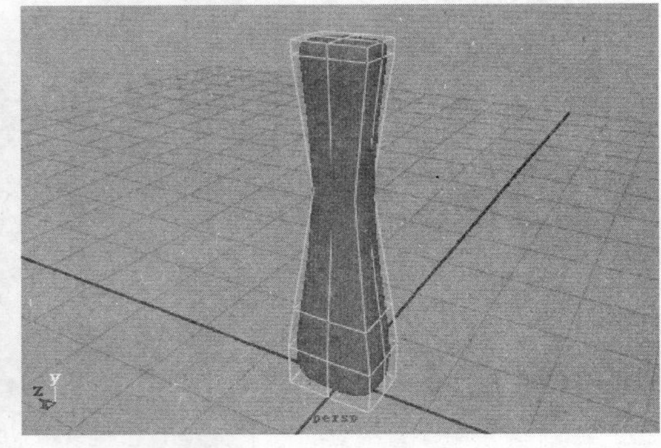

重复挤压操作
图 6-14

（6）再次挤压面，这次不要移动挤压出来的面，而只是对其略微放大，如图 6-15 所示。下面要制作的是锤子手柄和锤头的连接部分。

（7）再次进行挤压，并将挤压出的面向上移动一段距离，可以看到刚刚编辑的这个位置形成了一个小小的“台阶”，如图 6-16 所示。

（8）重复以上操作，锤柄的主体部分初步成型，结果如图 6-17 所示。这里需要说明的是，如果挤压的次数不够，模型将会缺乏应有的细节。除了 Extrude 工具外，这时可以使用 Edit Mesh 菜单中的 Insert Edge Loop Tool 或者 Offset Edge Loop Tool 命令为模型增加分段。图 6-18 所示是模型的多边形表面结构。

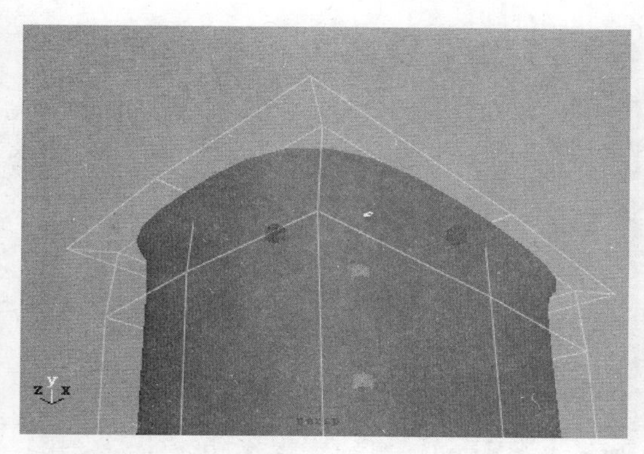

略微放大挤压出的面
图 6-15

挤压出一个“台阶”
图 6-16

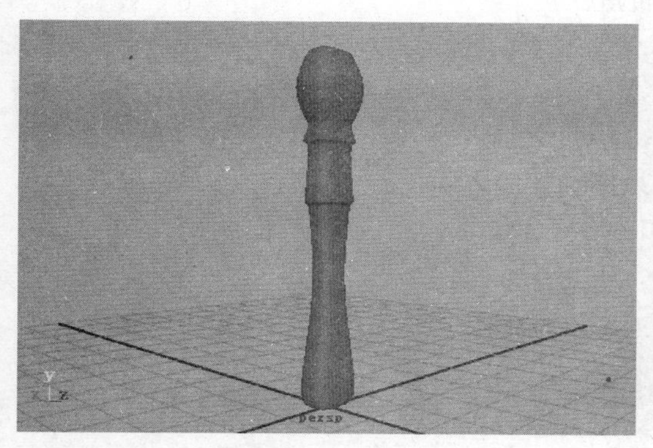

锤柄主体部分初步成型
图 6-17

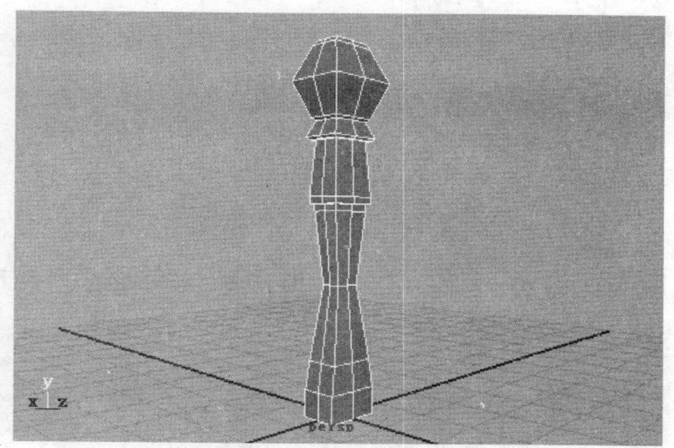

多边形表面结构
图 6-18

（9）下面将刚刚制作完成的部分进行倒角，为模型增加一些细节。仍然是在多边形代理模式下，将锤子手柄部分垂直的 4 条边全部选取，如图 6-19 所示。

（10）选择 Edit Mesh → Bevel 命令，单击右侧的参数设置按钮，在 Bevel 参数设置对话框中，设定 Width（倒角宽度）值为一个合适的值，本例中设为 0.1，单击 Bevel 按钮完成倒角，结果如图 6-20 所示。图 6-21 所示为倒角前后不同的渲染结果。

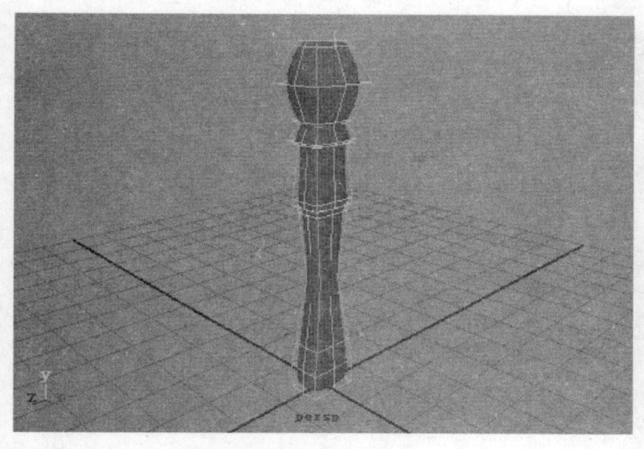

选择锤子手柄部分垂直的 4 条边
图 6-19

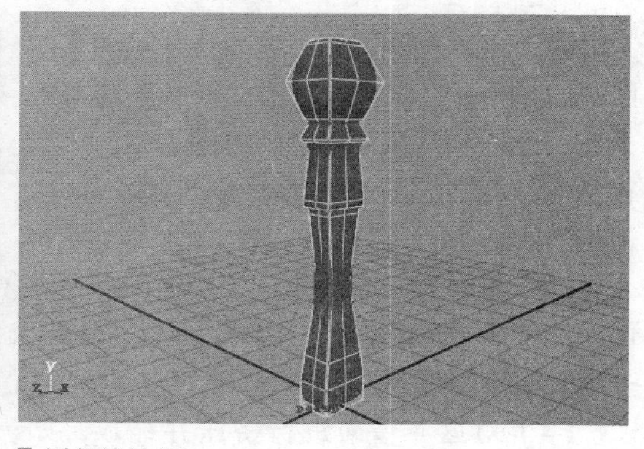

倒角的结果
图 6-20

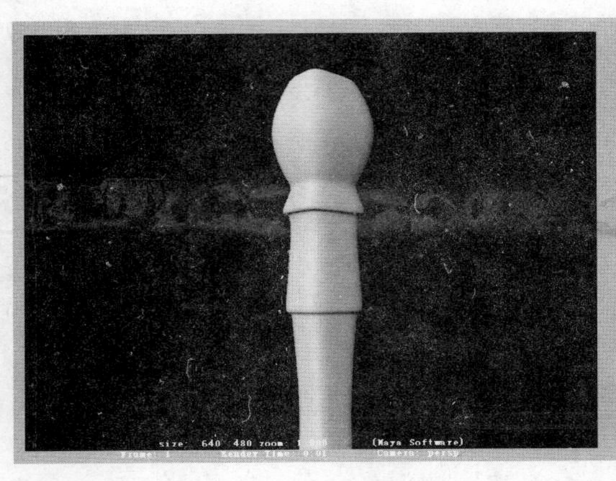

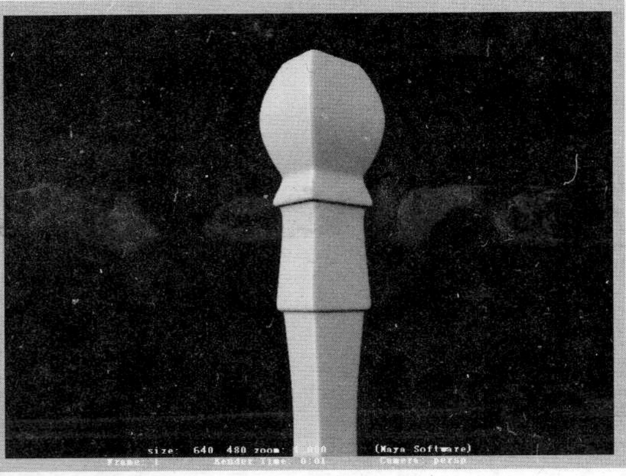

倒角前后不同的渲染结果（左图为倒角前,右图为倒角后）
图 6-21

2. 制作锤头和锤尾

接下来制作锤头和锤尾的“羊角”部分，具体操作步骤如下。

（1）仍然是在多边形代理模式下，选择如图 6-22 所示的面进行挤压操作，并将挤出面略微缩放，如图 6-23 所示。

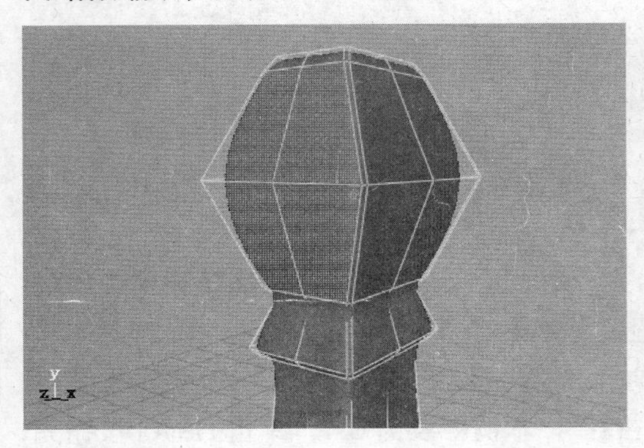

选择面并进行挤压
图 6-22

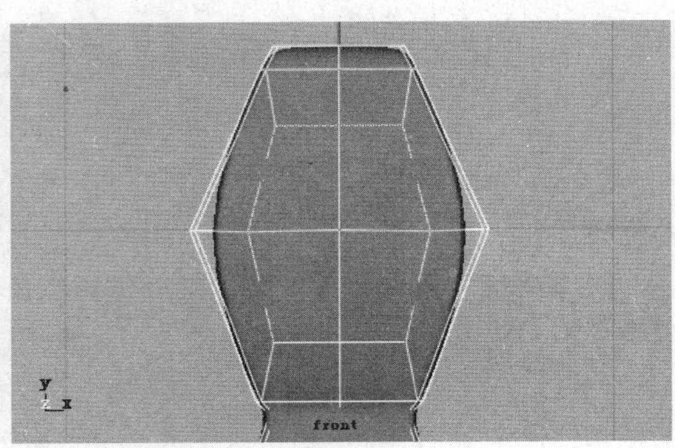

缩放挤压出的面
图 6-23

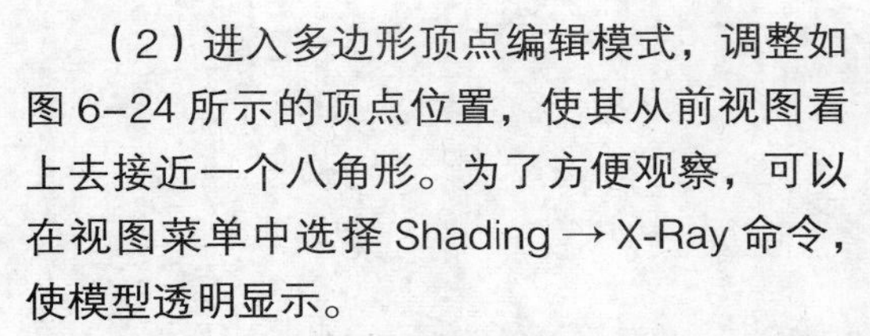

（2）进入多边形顶点编辑模式，调整如图 6-24 所示的顶点位置，使其从前视图看上去接近一个八角形。为了方便观察，可以在视图菜单中选择 Shading → X-Ray 命令，使模型透明显示。

（3）选择这 4 个新挤压出的面，在视图中对其 Z 轴方向略微进行缩放，使它们接近一个平面，如图 6-25 所示。

（4）对这 4 个面进行挤压并缩放，如图 6-26 所示。

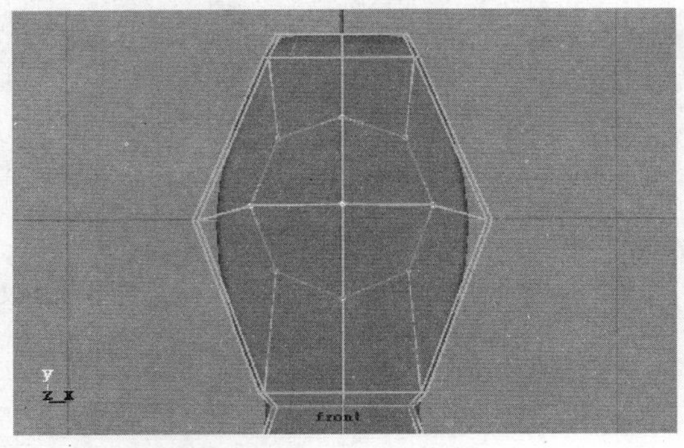

调整顶点的位置呈近似的八角形
图 6-24

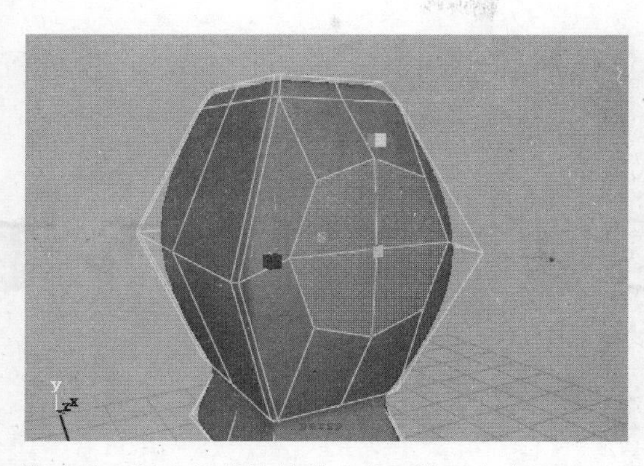

通过 Z 轴方向的缩放使 4 个面接近一个平面
图 6-25

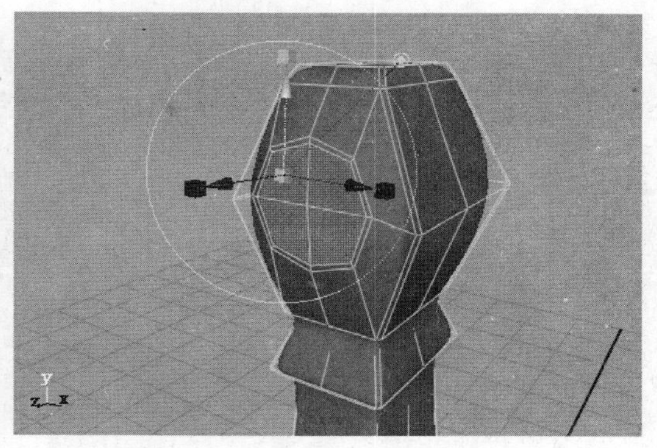

挤压并缩放此 4 个面
图 6-26

（5）依照图 6-27 所示，重复以上操作，锤头部分就初步成型了，如图 6-28 和图 6-29 所示分别为这部分在 top 视图与 side 视图中的效果。

（6）下面来制作锤尾的“羊角”。选择如图 6-30 所示的两个面进行挤压，调整挤压后该部分的形状，如图 6-31 所示。

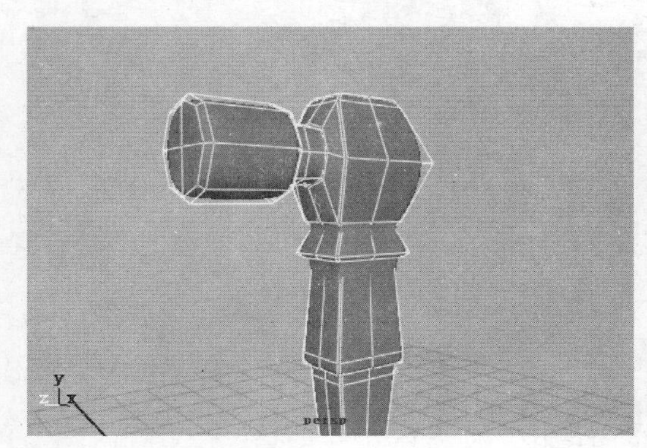

锤头部分初步成型
图 6-27

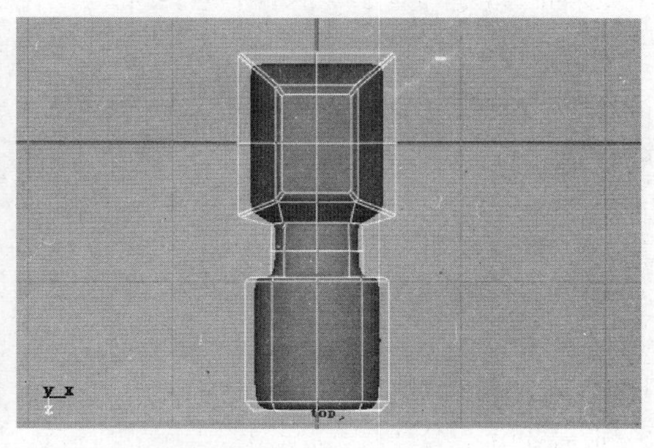

从顶视图观察锤头部分
图 6-28

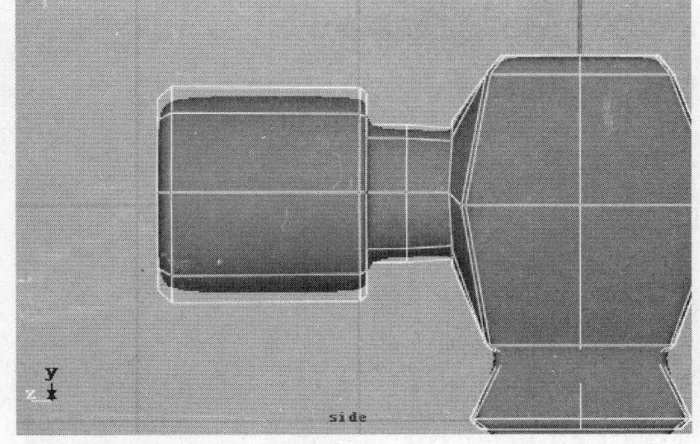

从侧视图观察锤头部分
图 6-29

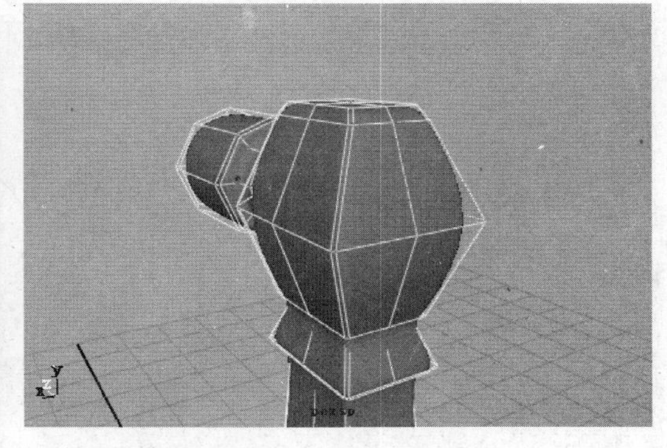

选择两个面进行挤压
图 6-30

（7）如图 6-32 和图 6-33 所示，挤压并配合操纵手柄对其进行缩放、移动和旋转。

调整挤压后的形状
图 6-31

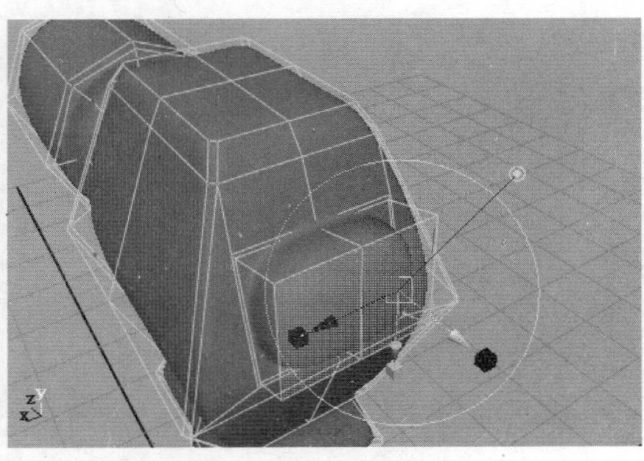

挤压和变换操作（透视视图）
图 6-32

（8）继续将图 6-34 所示的面进行挤压，不过这次需要去掉 Edit Mesh 菜单中 Keep Face Together 选项的勾选，因为锤尾部分要从这里开始分开。

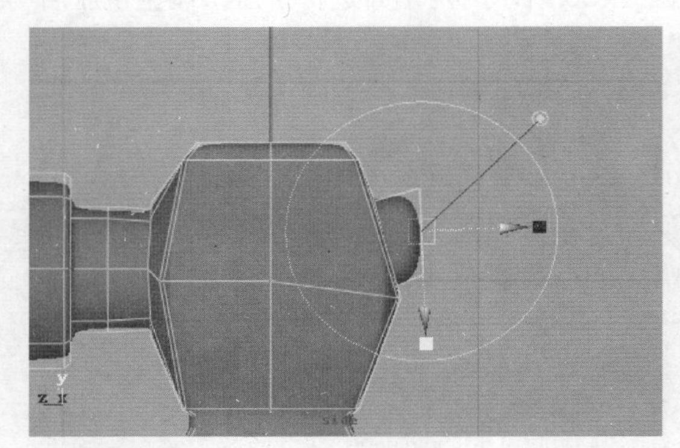

挤压和变换操作（侧视图）
图 6-33

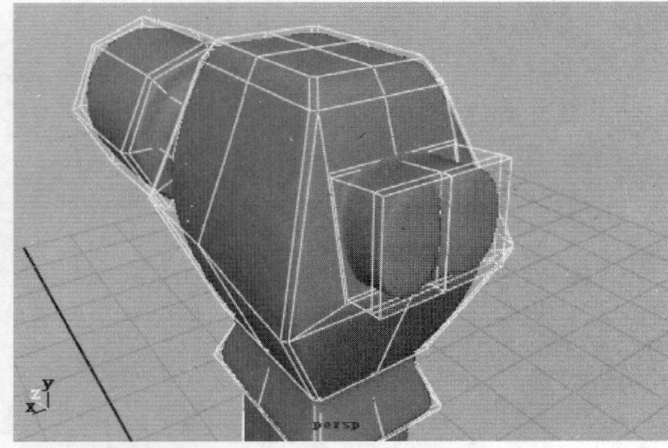

挤压锤尾的分开部分
图 6-34

（9）经过数次的挤压操作，并调整挤压部分的多个顶点，得到结果如图 6-35 所示。如图 6-36 和图 6-37 所示分别为锤尾部从 top 视图与 side 视图观察的样子。

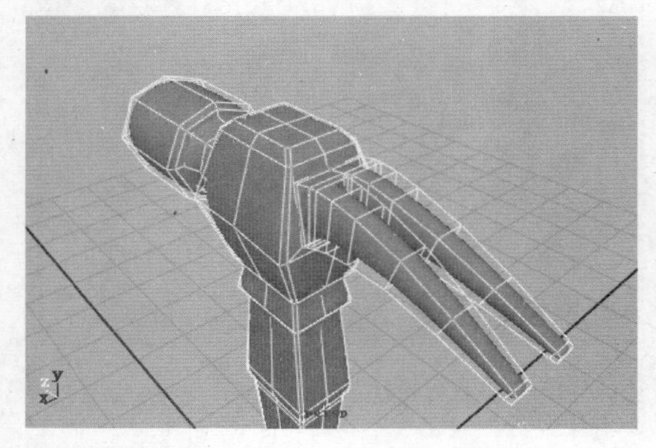

锤尾部分的外形
图 6-35

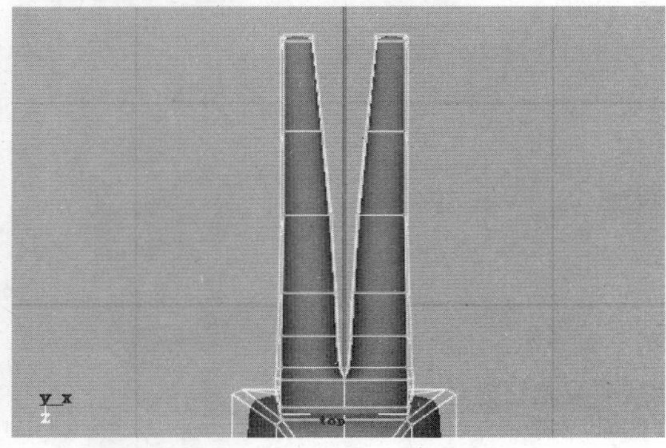

从 top 视图观察锤尾
图 6-36

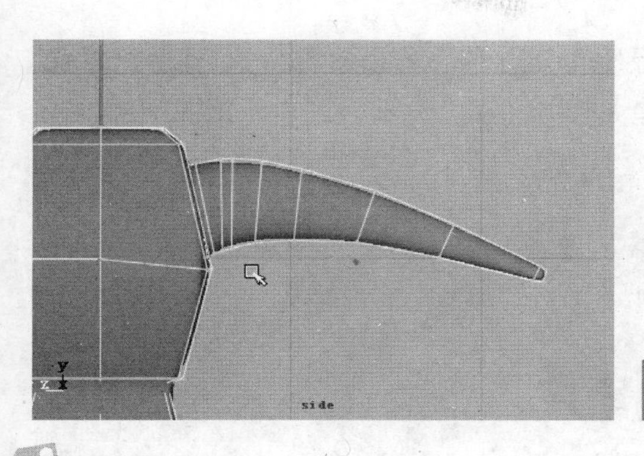

从 side 视图观察锤尾
图 6-37

3. 细节塑造

具体操作步骤如下。

（1）在模型上右击，从弹出的菜单中选择 Standard 选项，进入细分表面的标准编辑模式，并按 F4 键切换到 Surfaces 模块。下面将要给模型添加更多的细节。

（2）从右键菜单中进入 Edge 编辑模式，选择锤柄与锤头衔接部分如图 6-38 所示的一圈边线，执行 Subdiv Surfaces → Full Crease Edges 命令，创建完全褶皱，这个位置将出现一条比较锐利的边线。

（3）继续在锤头和锤尾部分执行 Full Crease Edges 命令，创建完全褶皱，如图 6-39 和图 6-40 所示。

创建完全褶皱
图 6-38

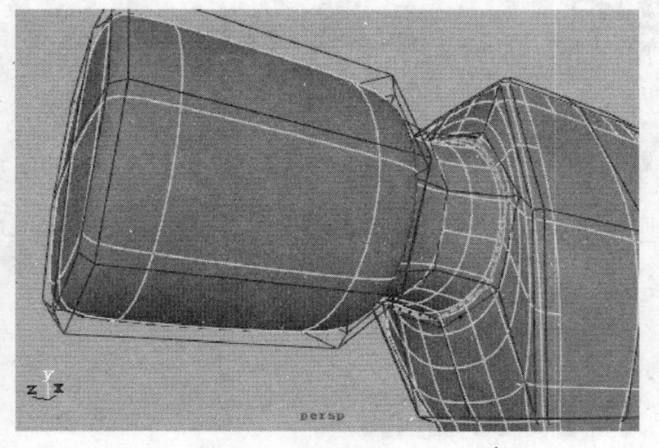

在锤头处创建完全褶皱
图 6-39

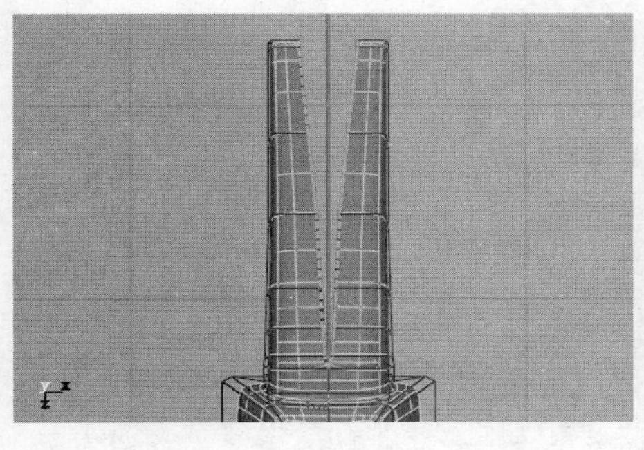

（a）

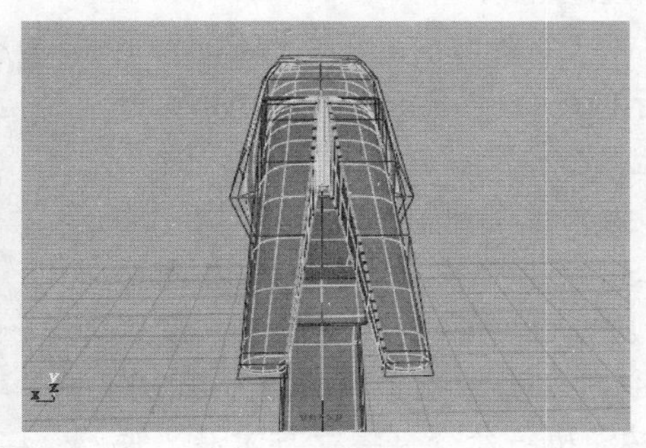

（b）

在锤尾羊角的内侧创建完全褶皱
图 6-40

（4）对于锤尾羊角的外侧部分，则可以执行 Partial Crease Edges 命令，创建部分褶皱，使其产生稍微尖锐的效果，如图 6-41（a）、（b）所示。

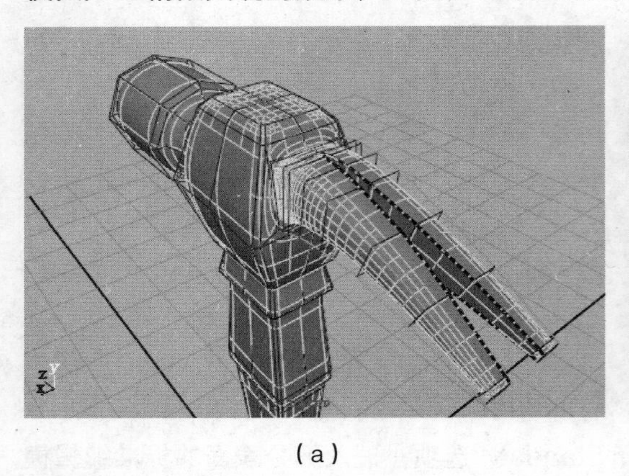

（a）

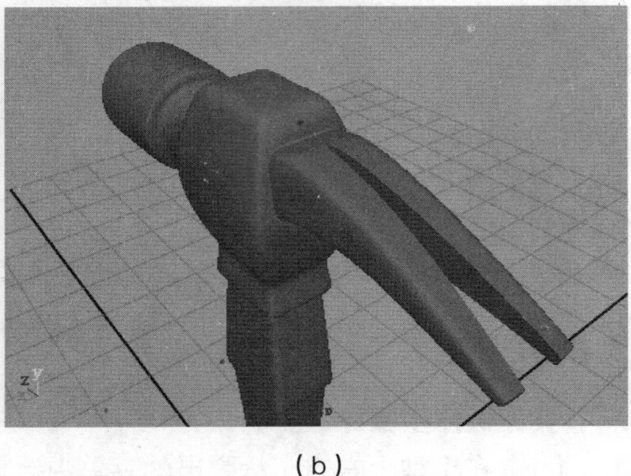

（b）

创建部分褶皱
图 6-41

（5）根据实际情况继续调整各部分边线的尖锐度。还可以在 Standard 编辑模式中使用移动、缩放等工具细致调整锤子各部分的形状，完成本实例的制作。

6.5 实例——卡通角色模型制作

这是一个综合实例，涉及 NURBS 曲线、NURBS 曲面、多边形以及细分表面的编辑等多个环节，也会应用到各种建模方式的相关命令，可以说是对前面各章节中所讲述的建模方法的一个综合练习。

6.5.1 头部的建模

具体操作步骤如下。

（1）建立一个新场景，切换到 Polygon 模块，执行 Create → Polygon Primitive → Cube 命令创建一个多边形立方体，这个立方体将作为角色头部建模的基本型。选择 Mesh → Smooth 命令右侧的参数设置按钮，打开圆滑命令参数设置面板，设置 Division levels（细分级别）参数值为 2，单击 Smooth 按钮执行命令。将立方体沿 Y 轴方向向上移动一段距离，如图 6-42 所示。

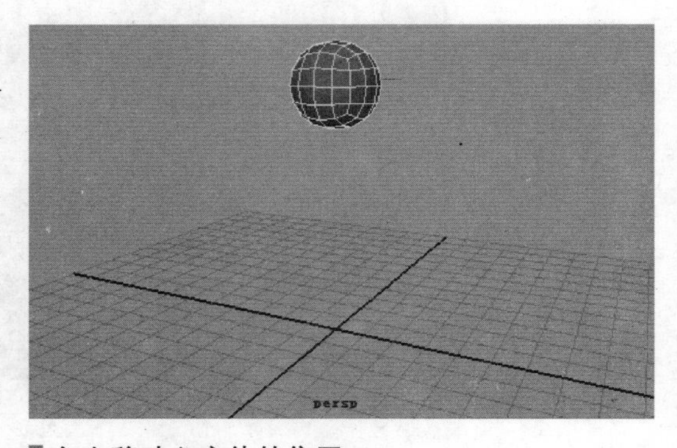

向上移动立方体的位置
图 6-42

（2）进入多边形顶点编辑模式，在各个

视图中调节头部的外形，如图 6-43 所示。

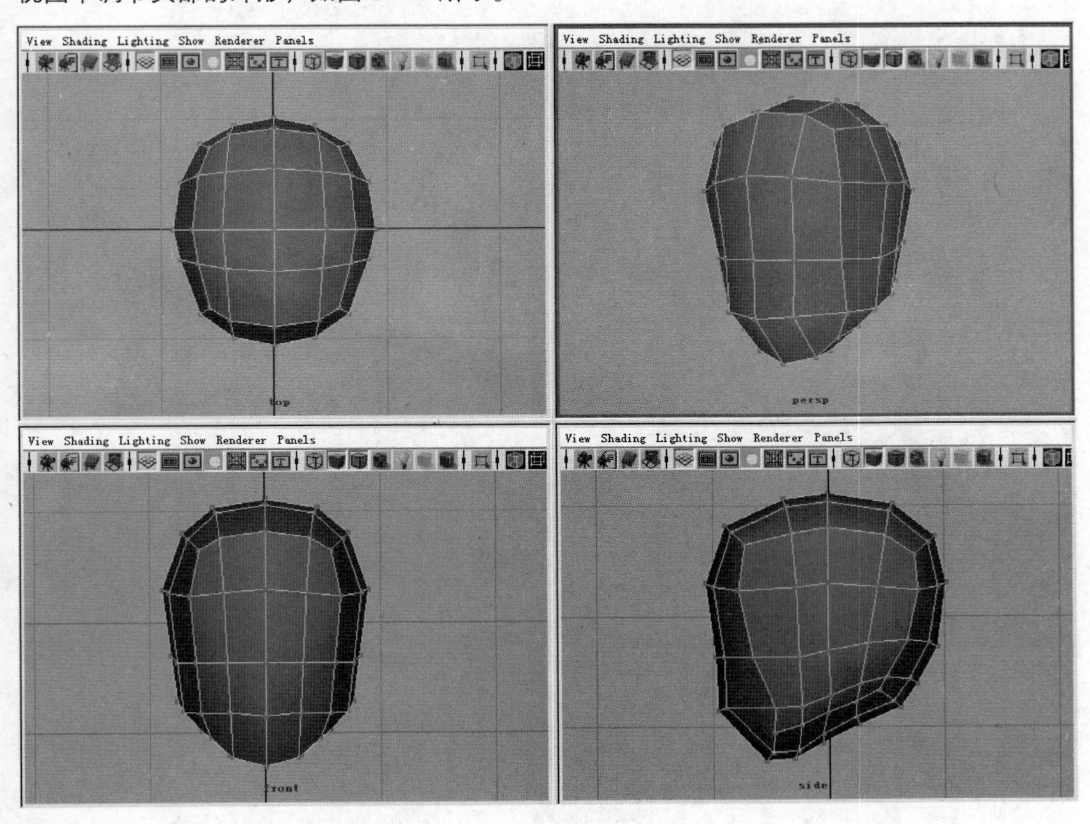

调整头部的外形
图 6-43

（3）选取并删除图 6-44 所示的多边形面。然后进入多边形边编辑模式，在删除面后留下的空洞边缘处双击，这样就选择了空洞处的一圈边线，如图 6-45 所示。

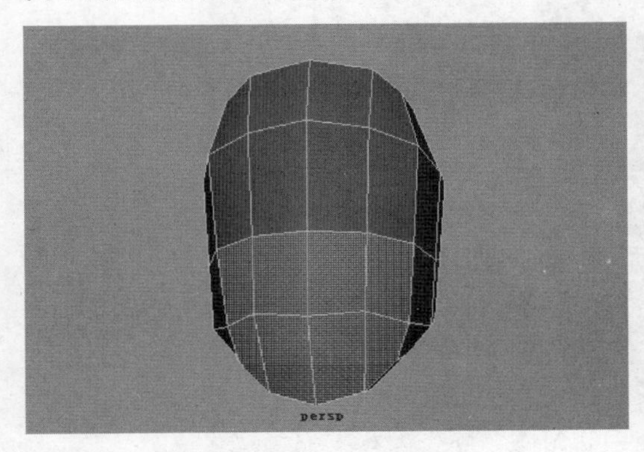

选取所示的面删除
图 6-44

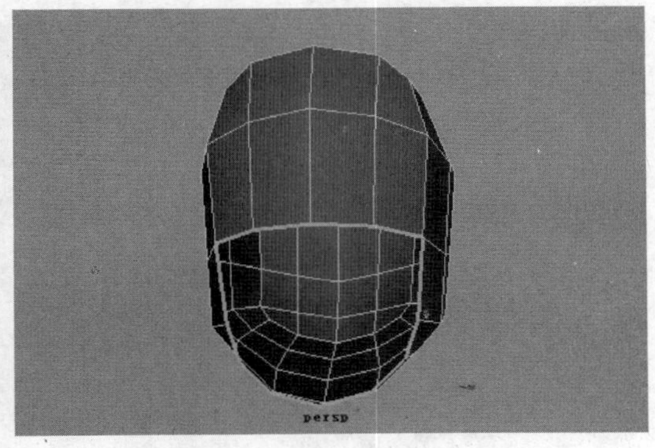

选择空洞处的一圈边线
图 6-45

（4）确认 Edit Mesh 菜单中 Keep Face Together 选项在选中状态，执行 Edit Mesh → Extrude 命令将所选边挤出，使用缩放和移动工具调整其形状，如图 6-46 所示。

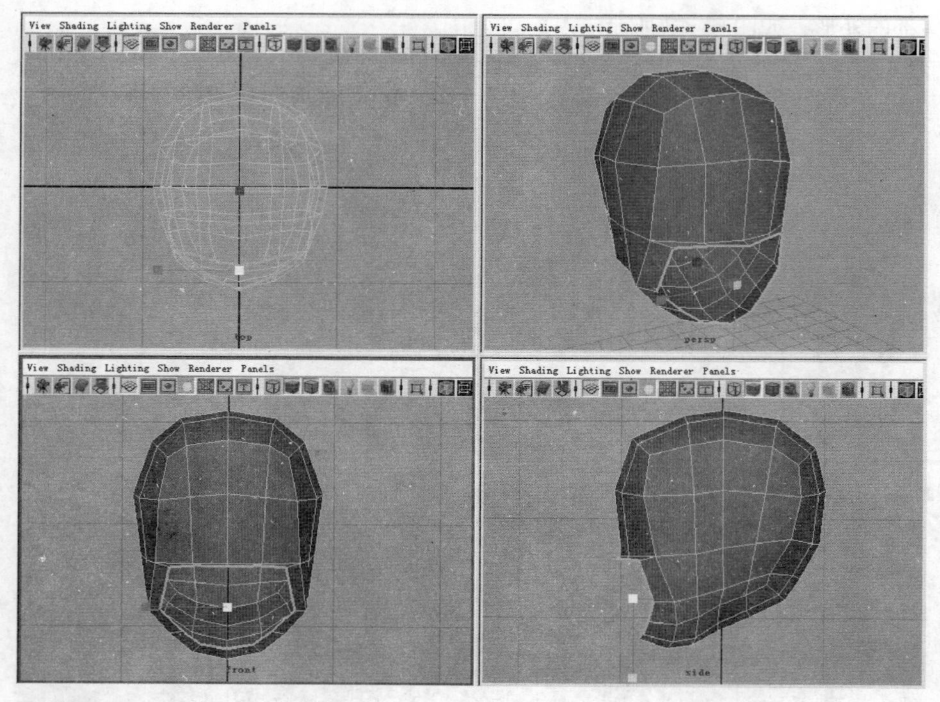

调整挤出边的形状
图 6-46

（5）重复上一步操作，继续挤出边并调整形状，如图 6-47 所示。

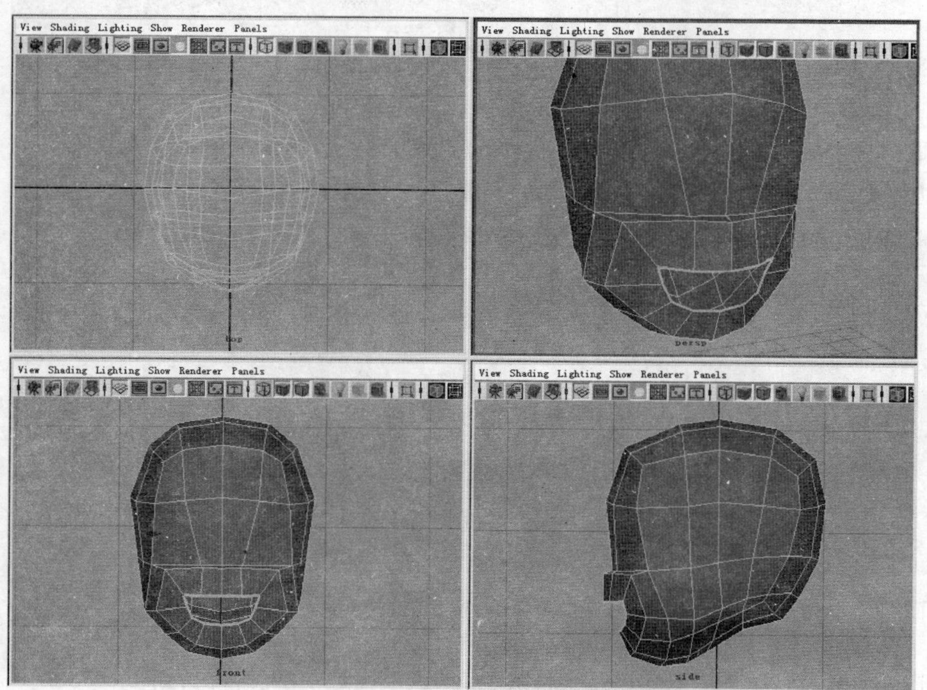

继续挤出边并调整形状
图 6-47

（6）在 Edit Mesh 菜单下选择 Insert Edge Loop Tool 命令，在图 6-48 所示的位置添加两条循环边线。

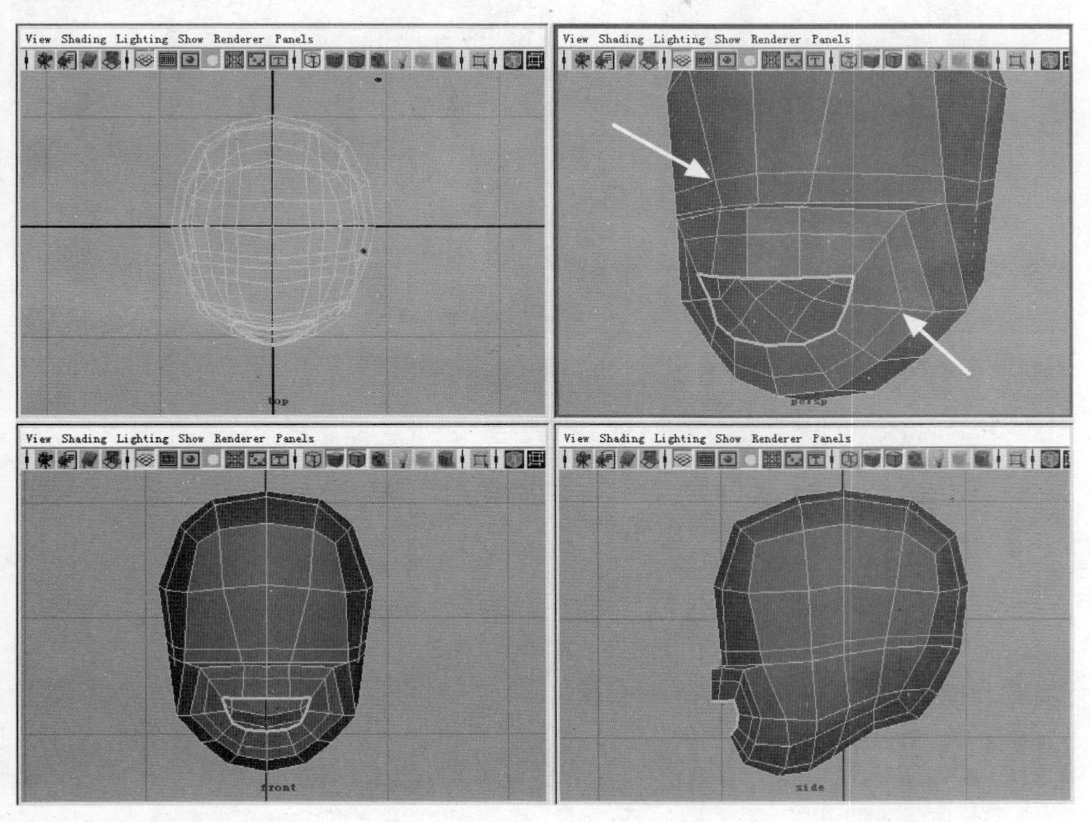

添加两条循环边线
图 6-48

（7）下面来制作角色的鼻子。如图 6-49 所示，调整头部正面顶点的位置。选择图 6-50 所示的 4 个面分两次挤出，并调整挤出面的形状，如图 6-51 所示。

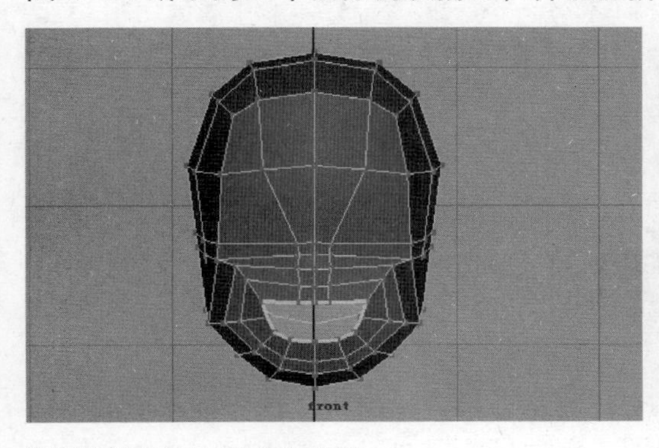

调整头部正面顶点的位置
图 6-49

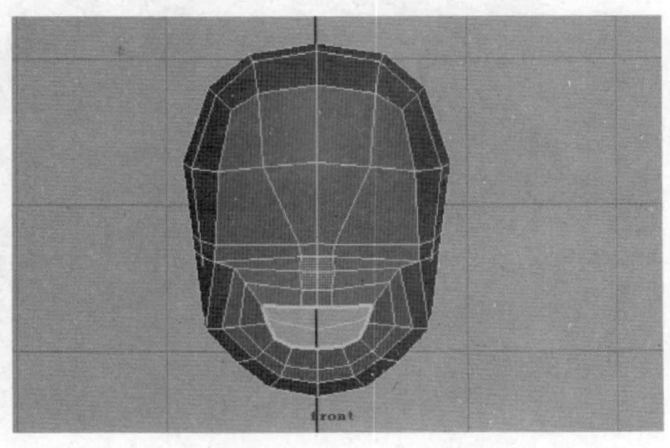

选择图示的 4 个面
图 6-50

（8）将头部模型底部如图 6-52 所示的 4 个面删除，然后挤出空洞周围的边线，制作

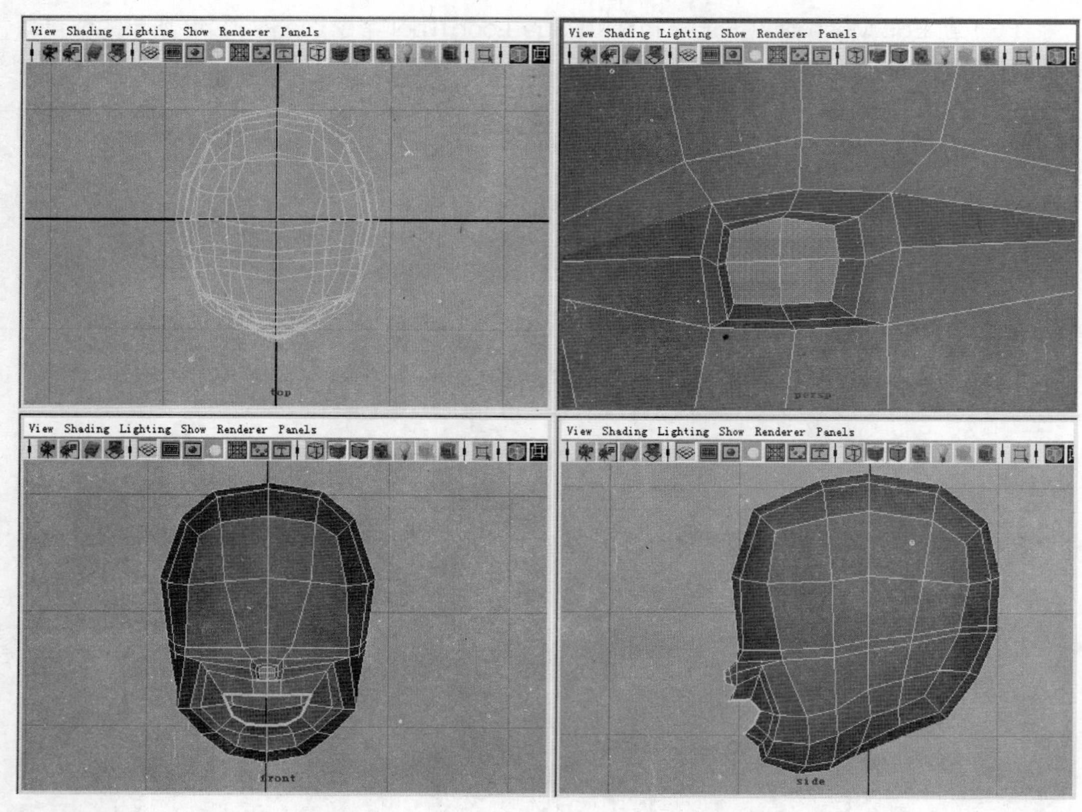

调整挤出面的形状
图 6–51

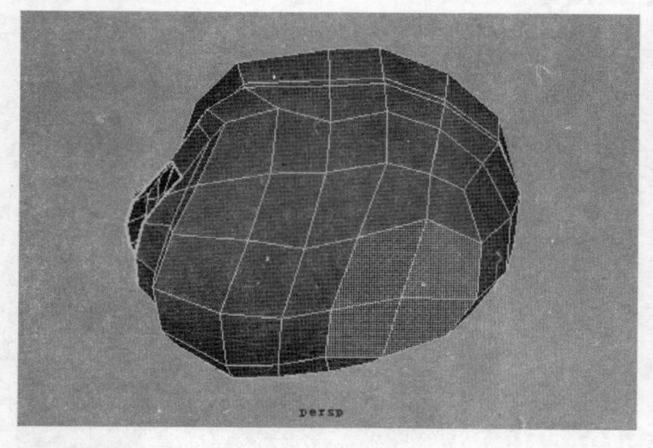

删除图示的 4 个面
图 6–52

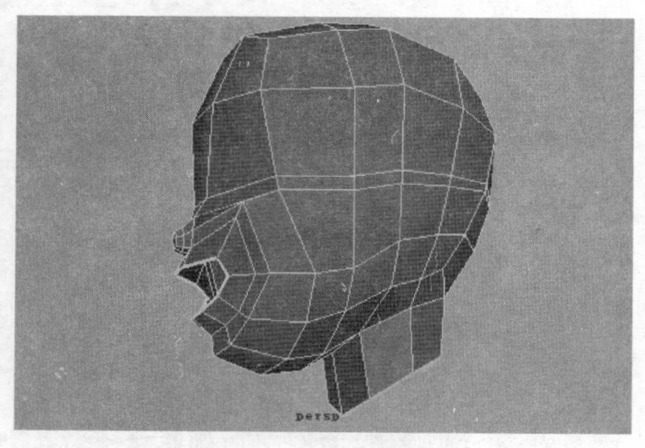

制作角色的颈部
图 6–53

出角色的颈部，如图 6–53 所示。

（9）头部模型的左右两侧是对称的，下面可以将其中一半删除，然后使用关联方式镜像复制出另一半，接下来只需要针对其中之一进行修改，另一半也会相应地变化。在 front 视图中框选头部右侧的面将其删除，如图 6–54 所示。选择模型，单击菜单 Edit → Duplicate Special 右侧的参数设置按钮，打开复制选项窗口，参照图 6–55 所示进行设置，

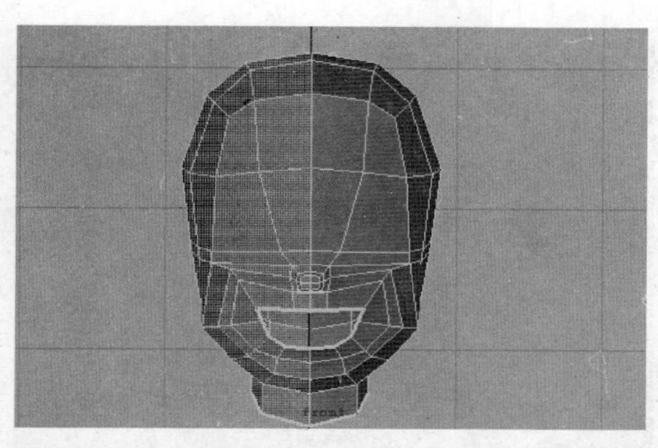

删除所示的面
图 6-54

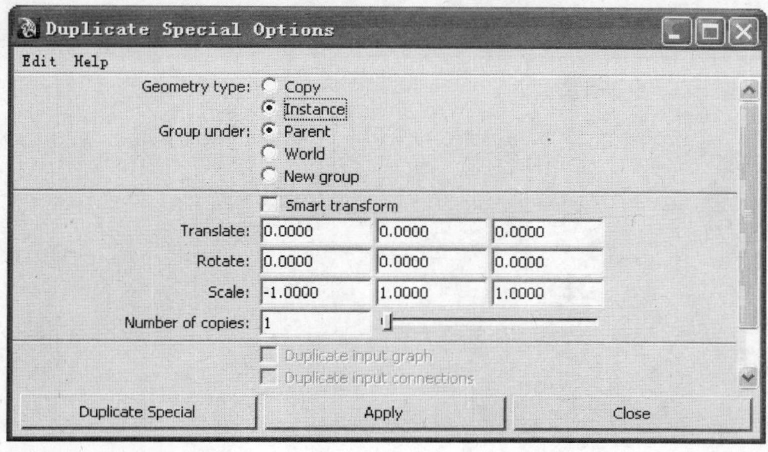

设置镜像复制参数
图 6-55

单击 Duplicate Special 按钮完成镜像复制操作。

（10）选择嘴部空洞处的边线将其挤出，向后移动一段距离。再次挤出向后移动并适度缩放，制作出口腔内部结构，如图 6-56 和图 6-57 所示。

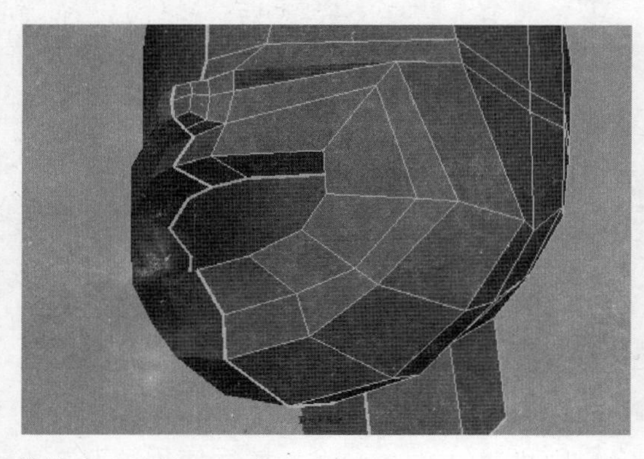

挤出边线并向后移动
图 6-56

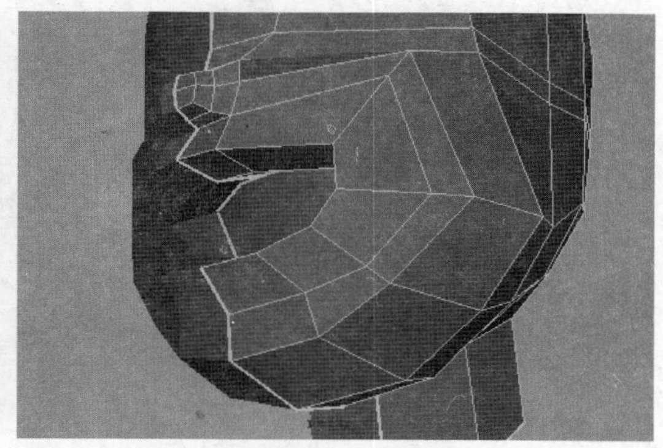

再次挤出边线并向后移动
图 6-57

（11）在嘴部周围插入 4 条循环线，在嘴角至脑后的位置插入一条循环线，调整面部的整体外形，如图 6-58 所示。

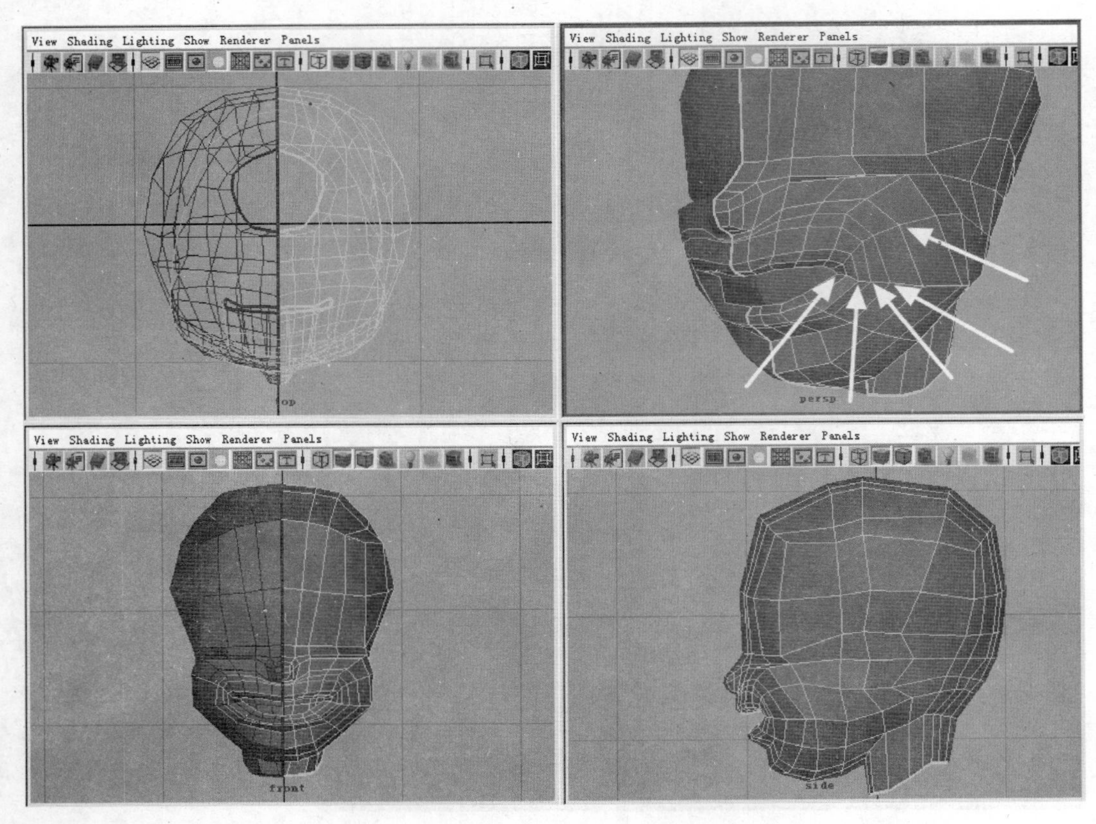

在图示的位置插入循环边
图 6-58

（12）选择头部侧面图 6-59 所示位置的两个面挤出 2 次，调整该部分形状，制作出耳部轮廓，如图 6-60 所示。

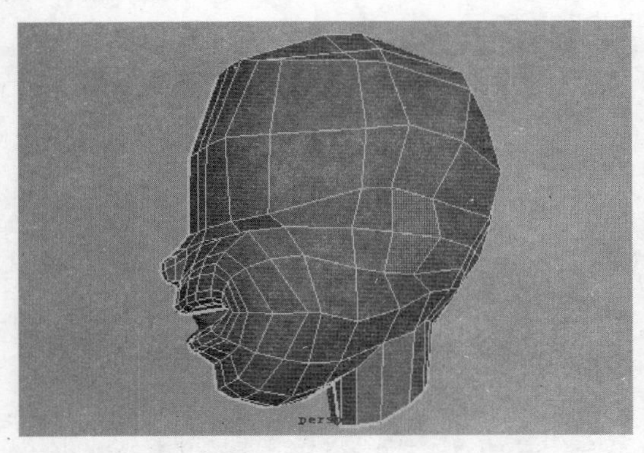

选择所示的面挤出
图 6-59

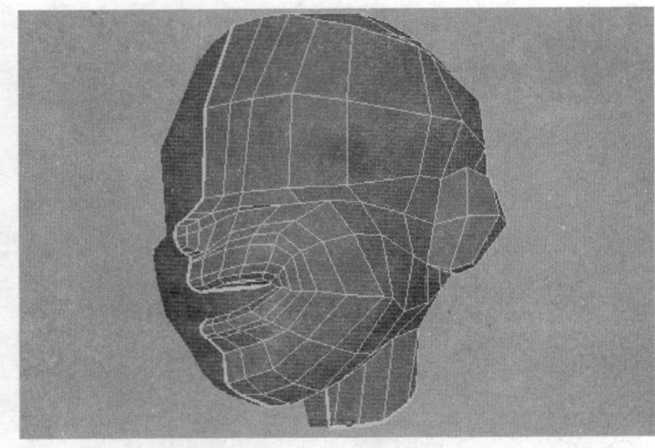

调整挤出部分的形状
图 6-60

（13）依照图 6-61 和图 6-62 所示制作出耳蜗形状。

（14）按下数字键 3 使多边形细分显示，使用 Insert Edge Loop Tool 命令根据需要插入循环线，增强头部和耳部细节，如图 6-63 和图 6-64 所示。

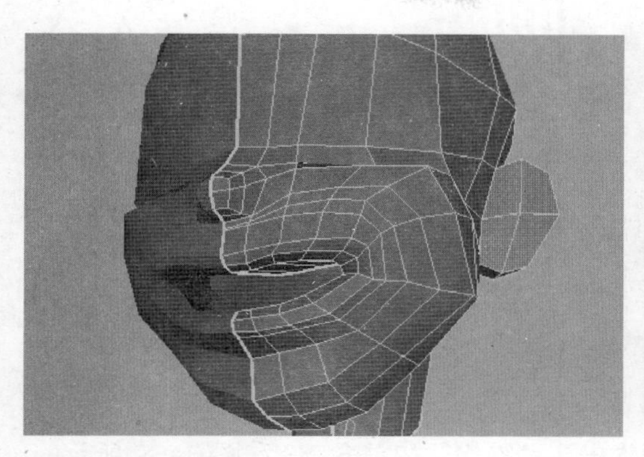

选择所示的面挤出
图 6-61

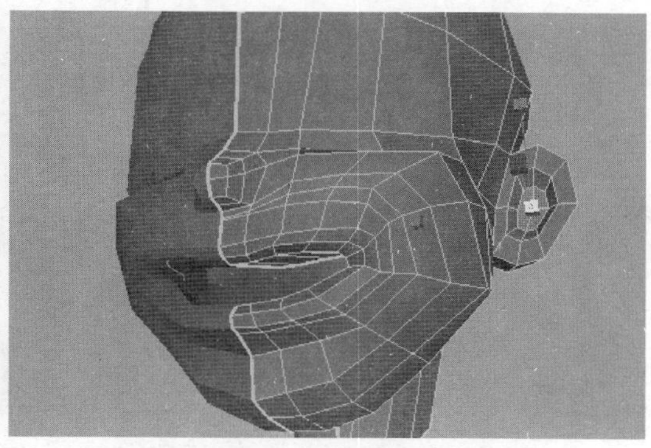

再次挤出并适当缩放
图 6-62

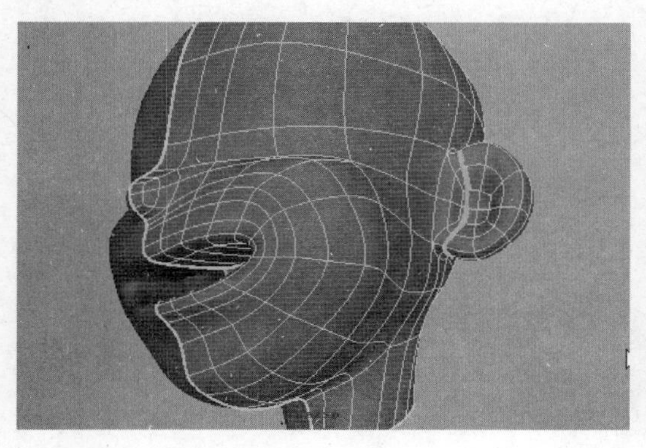

在耳部插入循环边
图 6-63

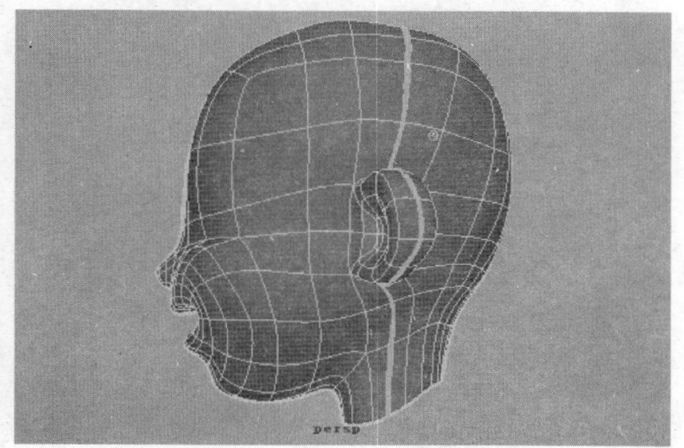

在头部插入循环边
图 6-64

（15）卡通角色的眼睛由立方体经过 Smooth 等命令修改后得到，如图 6-65 所示。

（16）眼眉部分的制作，首先需要绘制一条曲线，使其贴合在眼睛上方的位置；再创建一个立方体，调整大小并放置在曲线的起点处，如图 6-66 所示，选择立方体靠近曲线的面，按下 Shift 键同时选中曲线，执行 Extrude 命令挤出。在通道栏 INPUTS 项中设置挤出的各项参数，如图 6-67 所示。根据需要对眉毛部分添加边线。

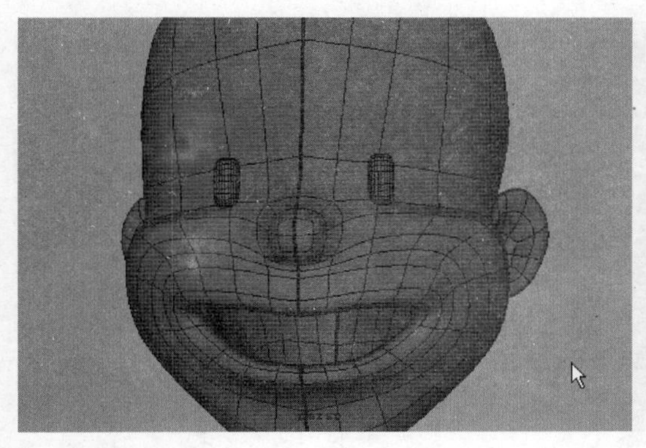

角色的眼睛
图 6-65

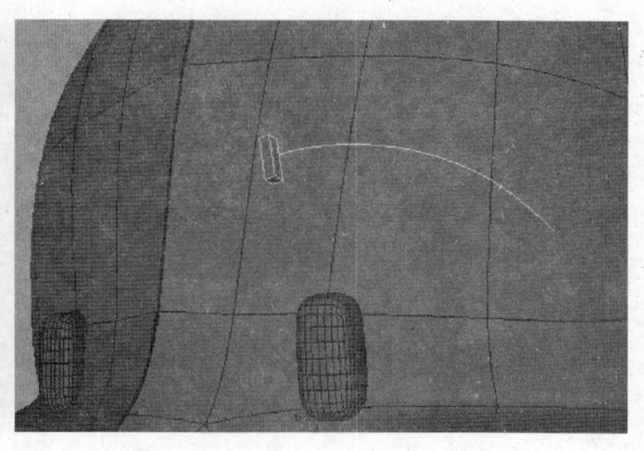

准备挤出眼眉
图 6-66

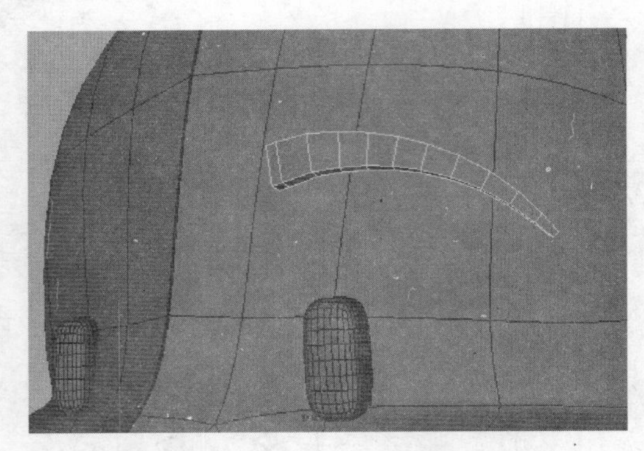

Divisions	10
Twist	0
Taper	0.15
Smoothing Angle	30

设置挤出的参数
图 6-67

（17）选取头部顶端的面分两次挤出，制作出头发结构，如图 6-68 和图 6-69 所示。

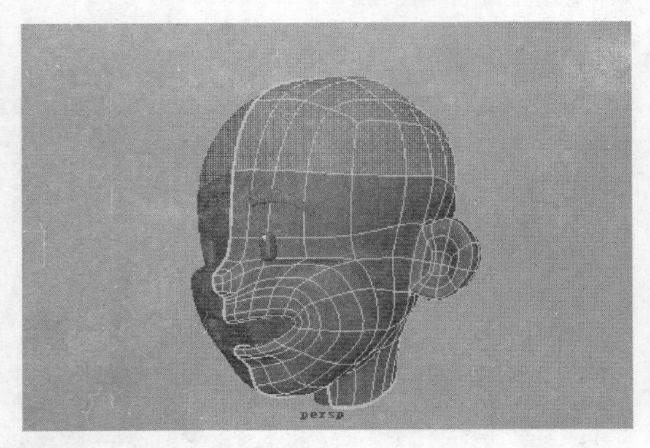

选择所示的面挤出
图 6-68

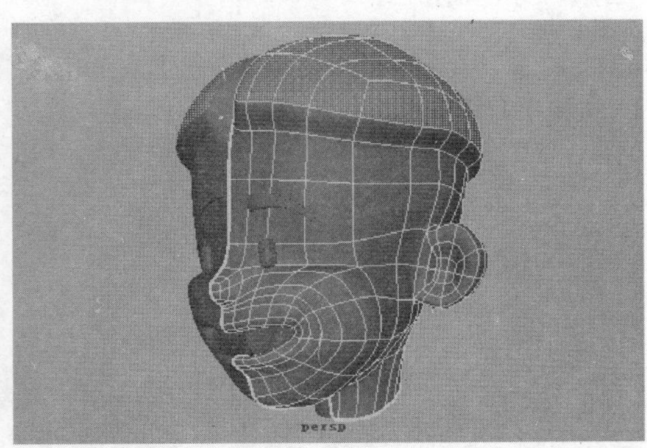

再次挤出
图 6-69

（18）选择左右两部分头部模型，执行 Mesh → Combine 命令将它们结合为一个多边形物体。在 front 视图中选取模型中间位置的一排顶点，如图 6-70 所示，执行 Edit Mesh → Merge 命令将顶点合并。如果出现部分顶点不能合并的情况，试着调整 Merge 命令参数设置中的 Threshold（阈值）后再进行合并。

（19）选取口腔内部空洞处的边线，执行 Mesh → Fill Hole 命令将空洞填充。角色的牙齿由两个多边形 Pipe 修改得到，具体结构如图 6-71 所示。这样模型的头部便制作完成了。

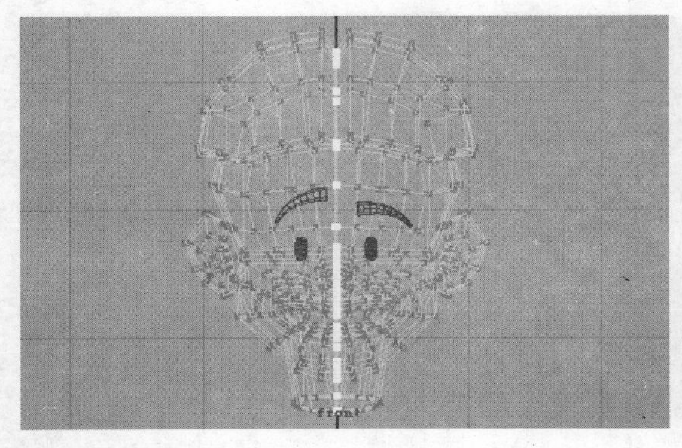

选取需要合并的顶点
图 6-70

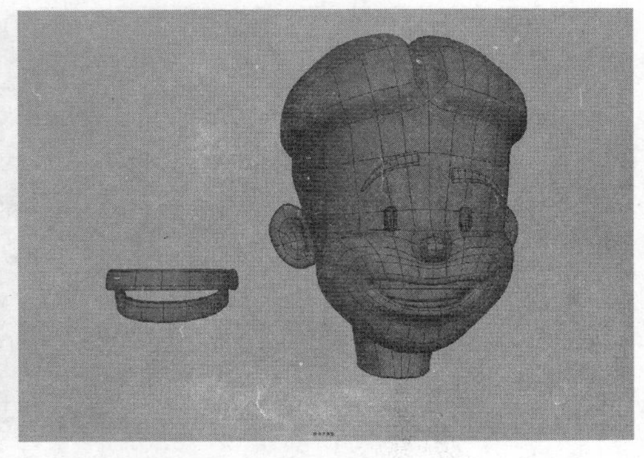

角色的口腔和牙齿结构
图 6-71

6.5.2 身体部分的建模

具体操作步骤如下。

（1）首先制作角色的T恤。在side视图中绘制2条CV曲线，在front视图绘制1条CV曲线，要求3条曲线的CV点数量一致，如图6-72和图6-73所示。

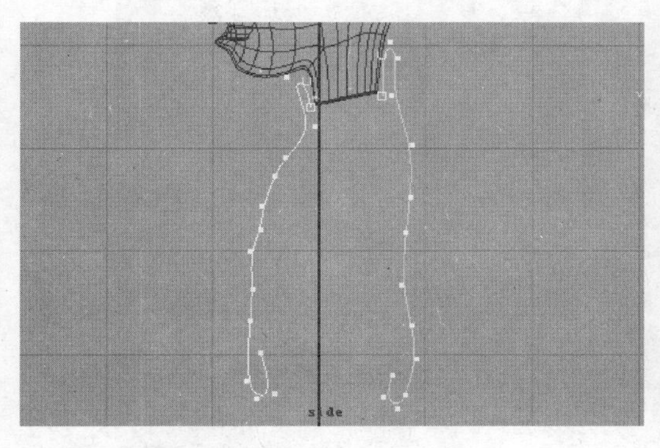

绘制2条CV曲线
图6-72

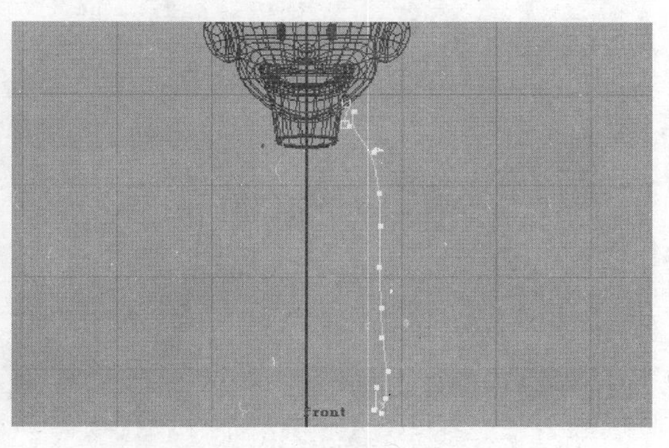

绘制1条CV曲线
图6-73

（2）依次选取这3条曲线，执行Surfaces→Loft命令，生成放样成型曲面，在通道栏中INPUTS项中设置Loft的Section Spans参数为4，结果如图6-74所示。

（3）选择Modify→Convert→NURBS to Polygons命令参数，在NURBS转换多边形设置窗口中设置Type（类型）为Quads（四边形），Tessellation method（细分方式）选项为Count（数量），Count数值为100，如图6-75所示，单击Tessellate按钮完成NURBS到多边形的转换。

放样成型曲面
图6-74

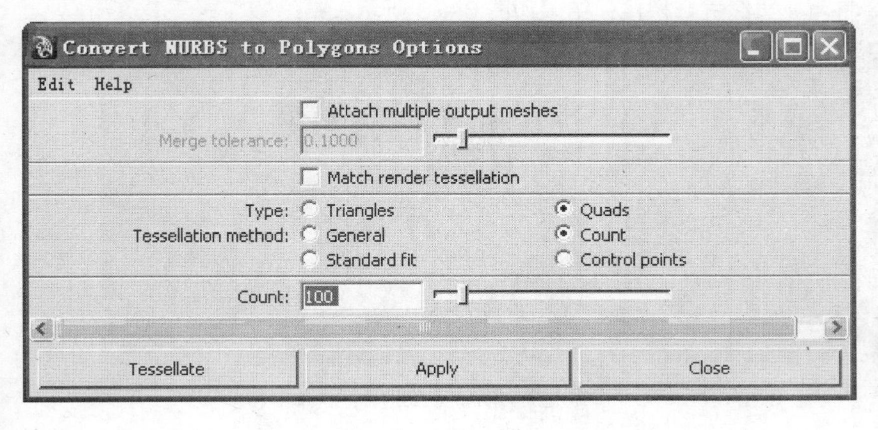

NURBS转换多边形参数设置
图6-75

（4）创建一个多边形圆柱体，Subdivisions Axis 参数设为 8，Subdivisions Height 值设为 3，将圆柱体的底面和端面删除，旋转并移动到如图 6-76 所示的位置。

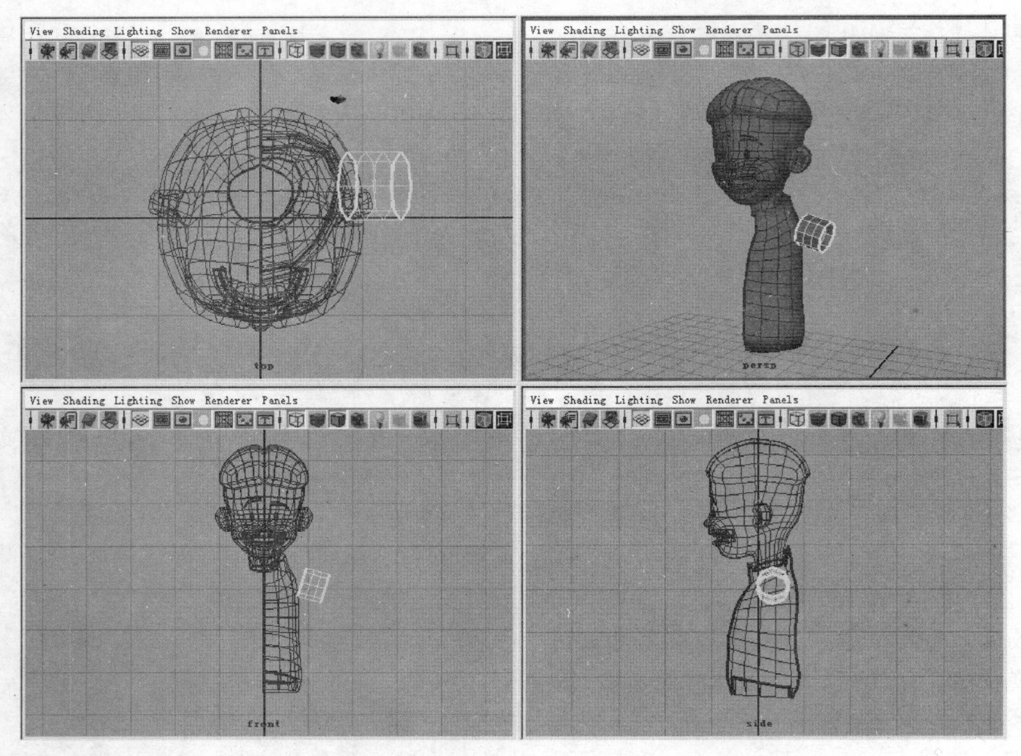

放置圆柱体到所示位置
图 6-76

（5）选择圆柱体和 NURBS 转换的多边形物体，执行 Combine 命令将二者结合为一个多边形物体。将如图 6-77 所示的 4 个面删除，留下一个空洞，调整空洞周围的顶点位置，使其接近于圆柱体的根部形状。

（6）选择空洞周围的一圈边线以及圆柱体根部的一圈边线，如图 6-78 所示，执行 Edit → Bridge 命令将两处边线进行桥接，结果如图 6-79 所示。

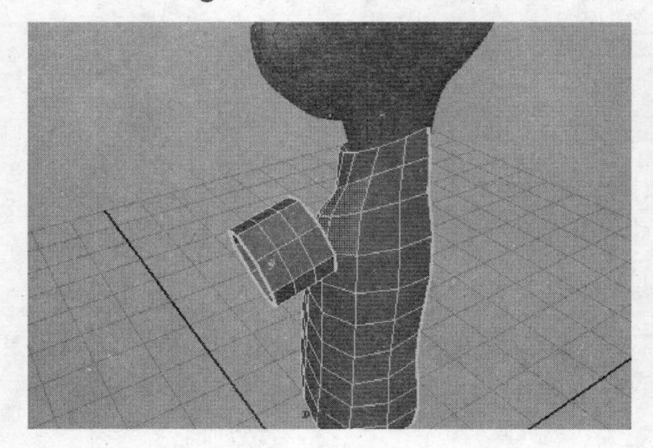

将所示的面删除
图 6-77

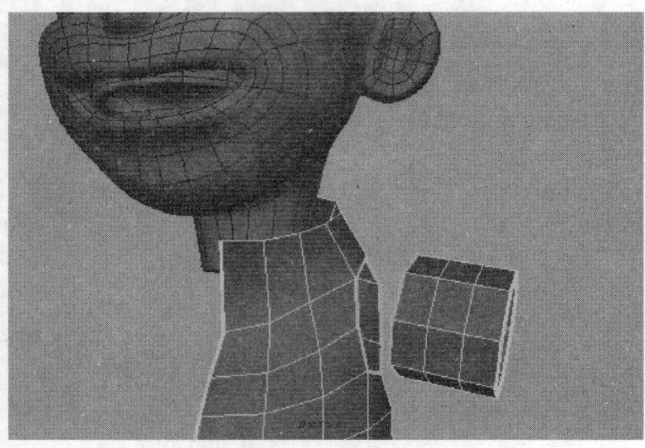

选择所示的边线
图 6-78

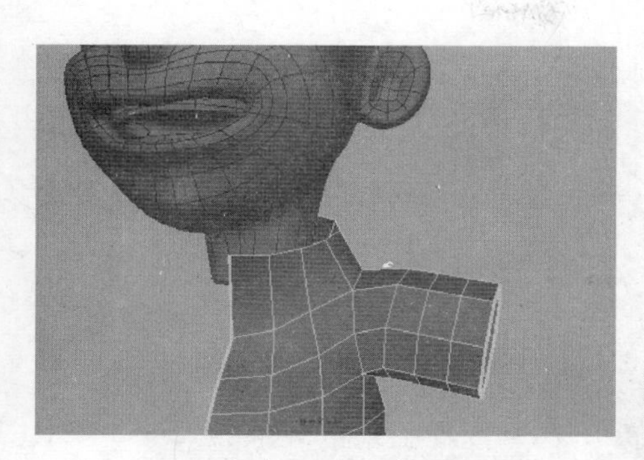
执行桥接命令
图 6-79

（7）修改该部分的整体造型，在领口、袖口等处插入边线等，为角色的 T 恤添加一些细节，最后镜像复制出另一半并缝合成一体，如图 6-80 所示。

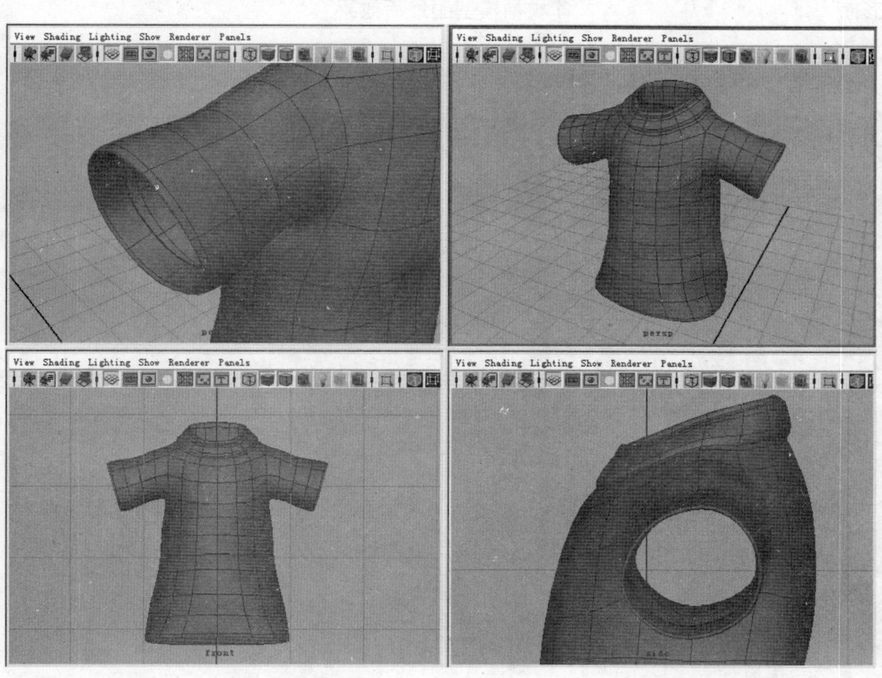

为 T 恤添加细节
图 6-80

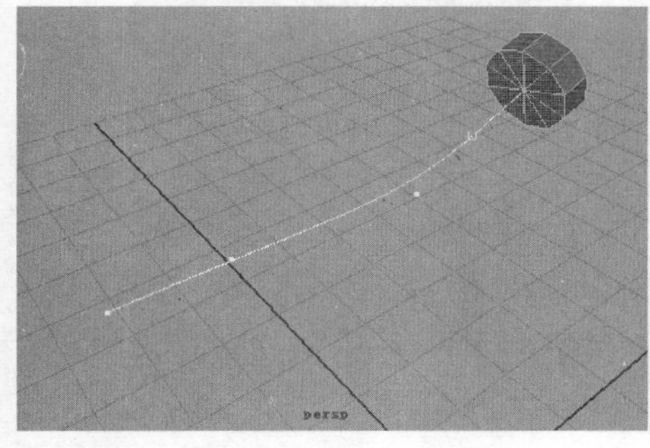

圆柱体和曲线的位置
图 6-81

（8）角色贴身的长衣袖部分可以通过对多边形面沿着路径挤出的方式来得到。创建一个圆柱体并放置到合适位置，绘制一条曲线作为路径，如图 6-81 所示；选择要挤出的圆柱体面和曲线，执行 Extrude 命令，在通道栏中设置合适的 Divisions 参数，结果如图 6-82 所示。图 6-83 所示为衣袖模型的最后效果。

（9）手部模型从一个立方体开始，经过挤出、插入循环边、切割等细化操作，以及针对点、边和面的各种调节得到，如图 6-84 所示。

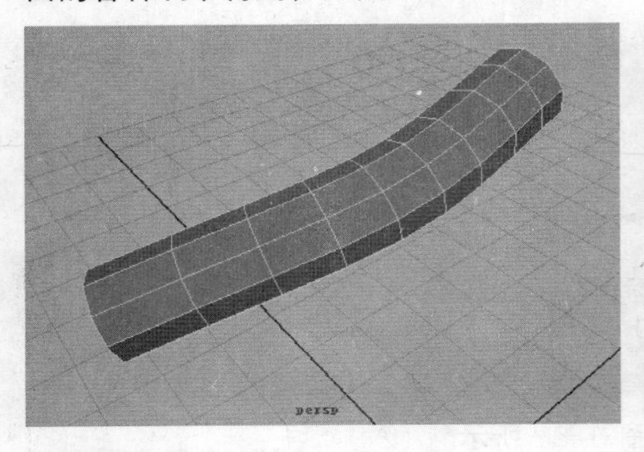

沿路径挤出多边形面
图 6-82

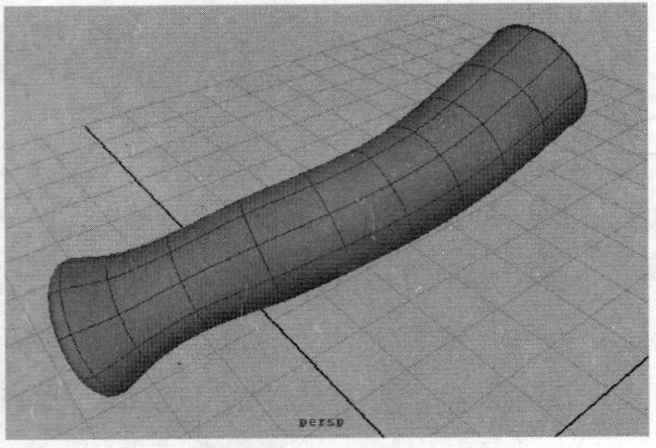

衣袖模型的最后效果
图 6-83

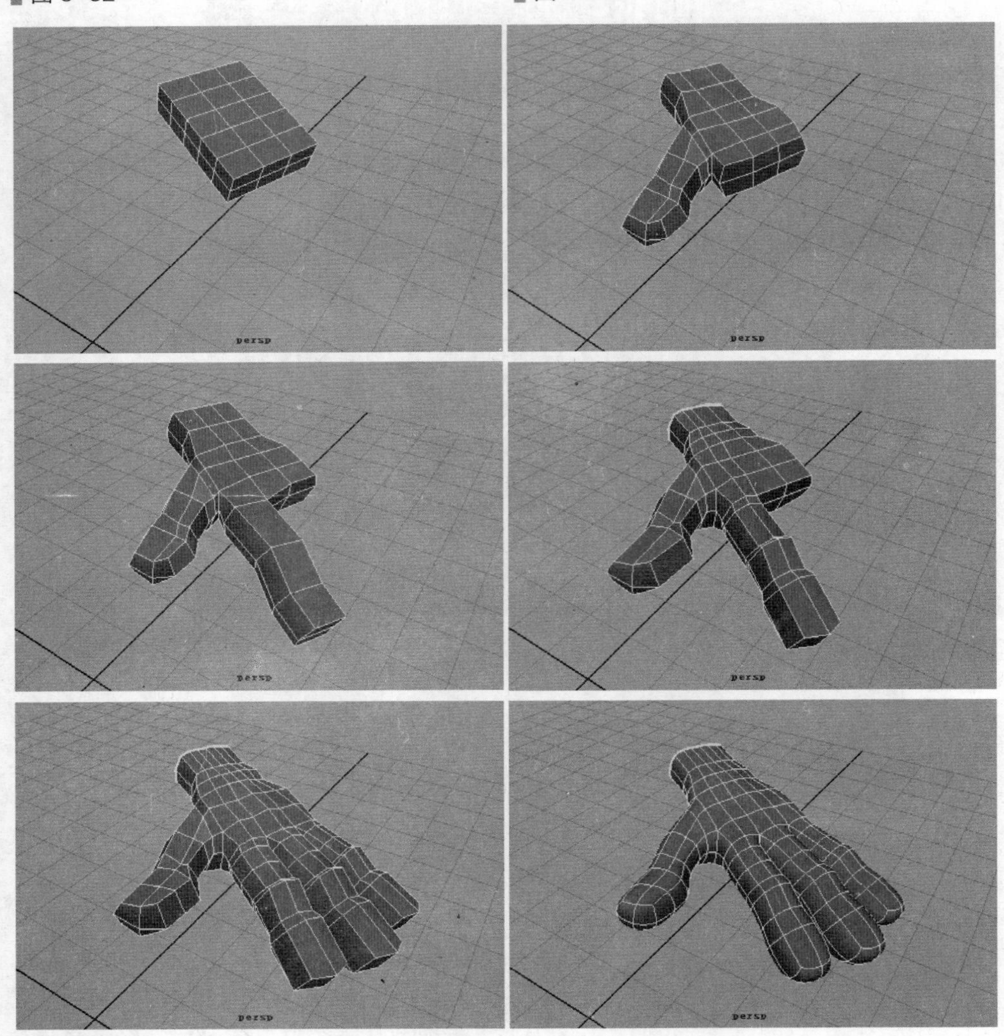

手部模型的制作过程
图 6-84

（10）角色的裤子和鞋可以参照上面的步骤，使用 NURBS 放样生成曲面命令以及通过对多边形几何体进行适当的修改得到，如图 6-85 所示。

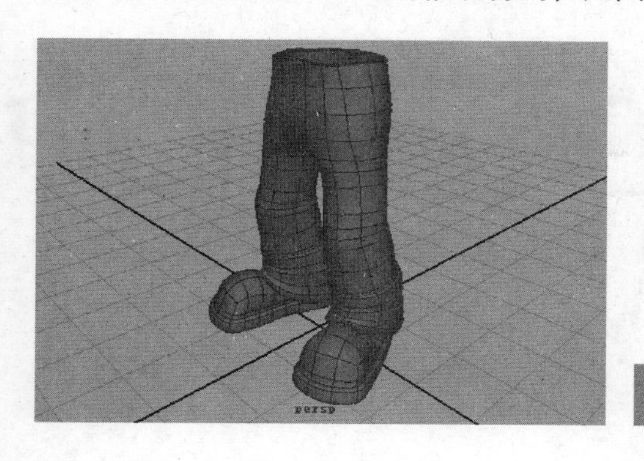

裤子和鞋
图 6-85

6.5.3 细分表面的应用

具体操作步骤如下。

（1）选择鞋子模型，执行 Modify → Convert → Polygons to Subdiv 命令将其转换为细分表面物体，按下数字键 3 使其平滑显示，如图 6-86 所示。

（2）选择细分表面的鞋子模型，在右键菜单中进入面编辑模式，选择如图 6-87 所示的细分面，在右键菜单中选择 Refine Selected 命令将所选面进行细分。

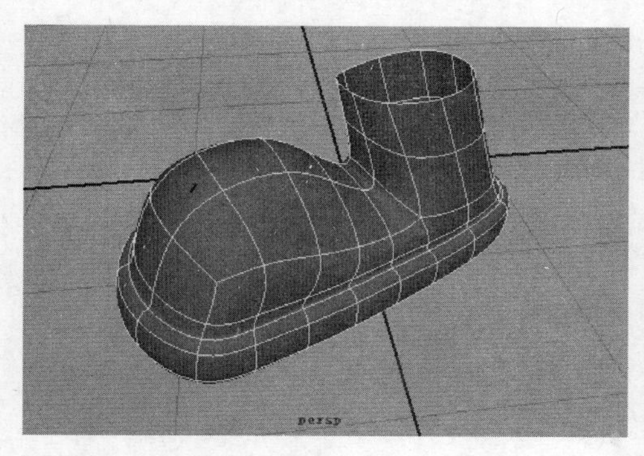

转换为细分表面的鞋子
图 6-86

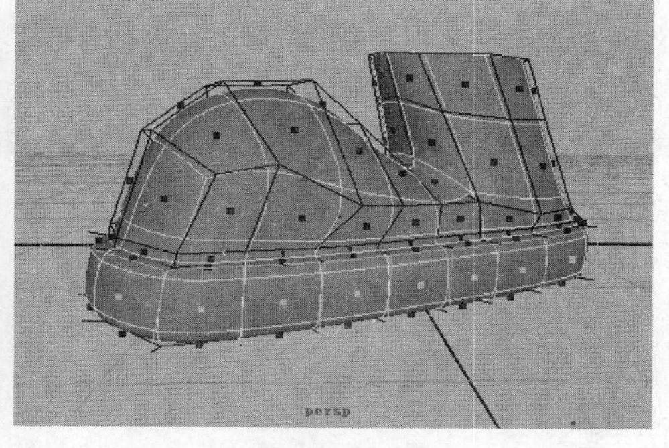

选择所示的面进行细分
图 6-87

（3）选择鞋子外侧图 6-88 所示的边，将其向外移动一段距离，如图 6-89 所示。对鞋子内侧进行同样的修改。

（4）选择鞋底上沿的一圈边线，执行 Subdiv Surfaces → Full Crease Edge/Vertex 命令，使这条边产生坚硬的效果，如图 6-90 所示。

（5）根据需要，可以针对鞋子的不同部位进行上一步相同的操作，完成鞋子模型的细化。图 6-91 所示为鞋子模型完成后的效果。

（6）利用细分表面的特点还可以对手部模型进行细化。将多边形手部模型转换为细分表面后，进入细分表面的 Polygon 编辑模式，选择食指顶端的 2 个面，如图 6-92 所示，执行 Extrude 命令对选定面挤出，沿 Z 轴方向向下移动一些并将其略微缩小，如图 6–93 所示；再次挤出并沿 Z 轴方向向上移动一些，制作出指甲部分，如图 6–94 所示，利用操纵手柄旋转挤出面，使其末端略微向上翘起。

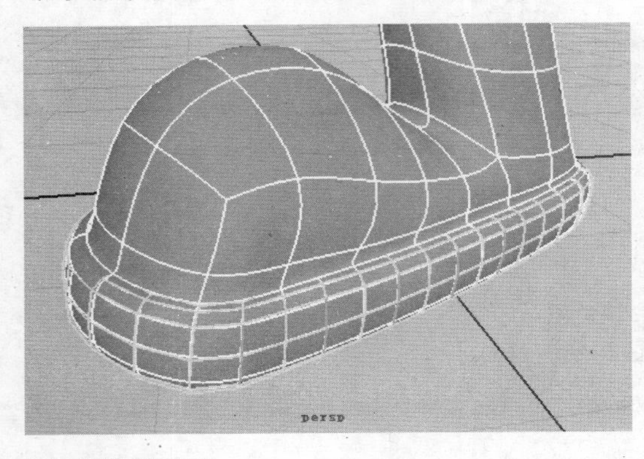

选择鞋子的边
图 6–88

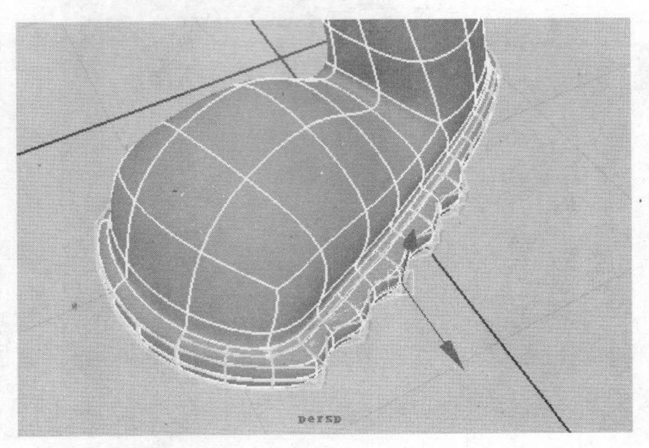

移动鞋子的边
图 6–89

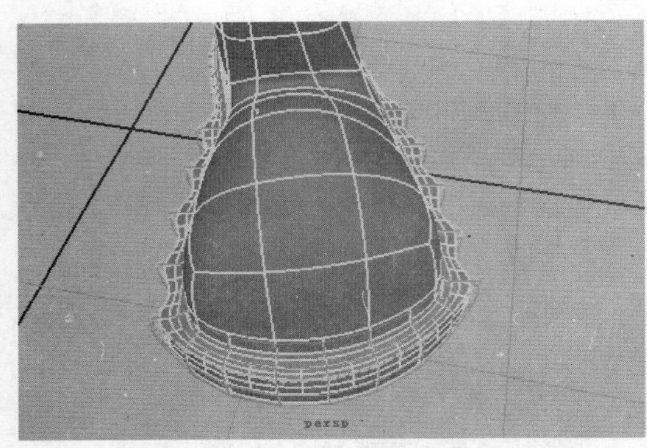

使所选边产生坚硬的效果
图 6–90

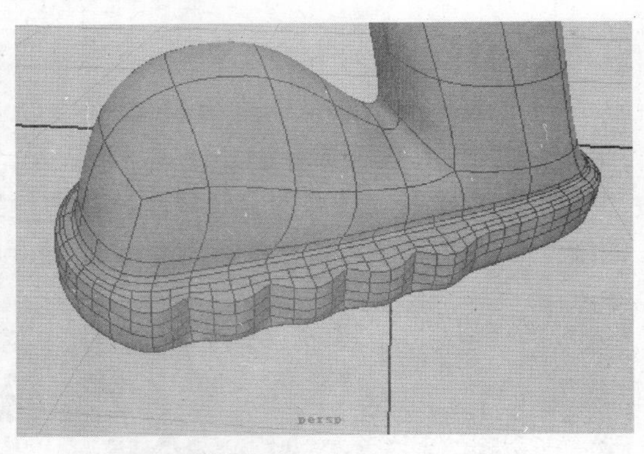

鞋子模型完成后的效果
图 6–91

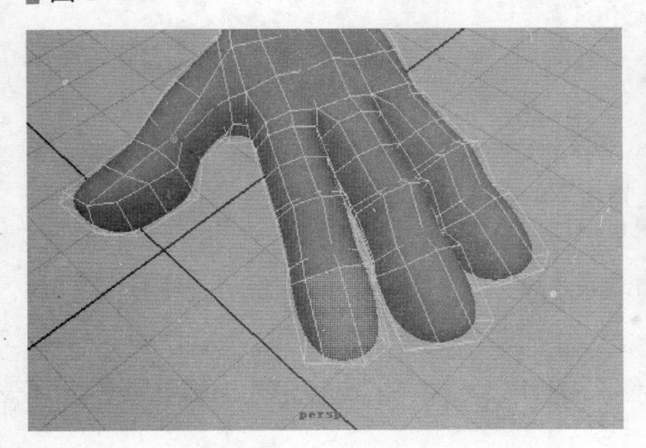

选择食指顶端的 2 个面
图 6–92

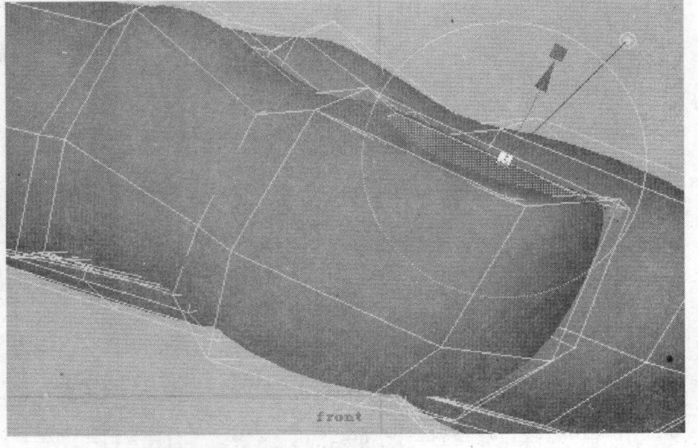

对挤出面进行移动和缩放
图 6–93

（7）右击进入 Standard 模式中，选取指甲底部边缘的一圈边，执行 Full Crease Edge/Vertex 命令，以产生沟槽状的效果，如图 6–95 所示。图 6–96 所示为手部模型完成后的效果。

（8）根据需要对各个部分的模型进行调整和细化，可以尝试添加些细节，诸如衣纹、兜子、纽扣等，图 6-97 所示为卡通角色模型的整体效果。

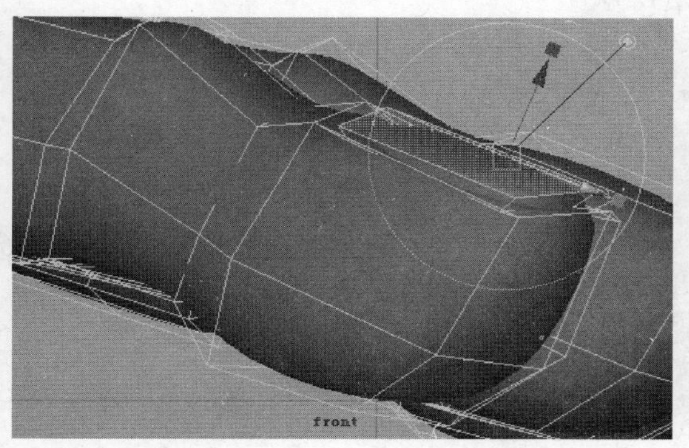

再次挤出并移动
图 6-94

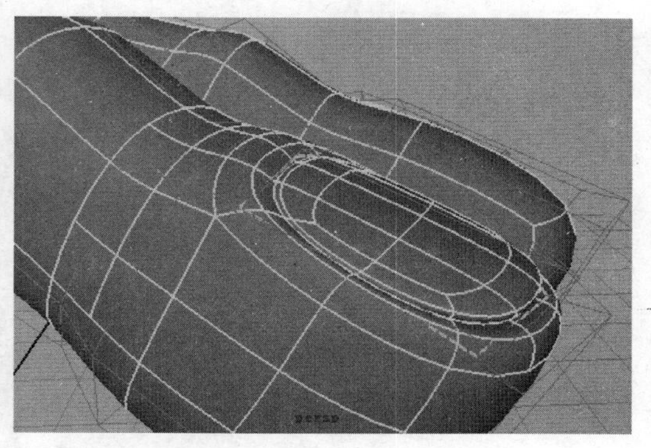

制作指甲缝处的沟槽
图 6-95

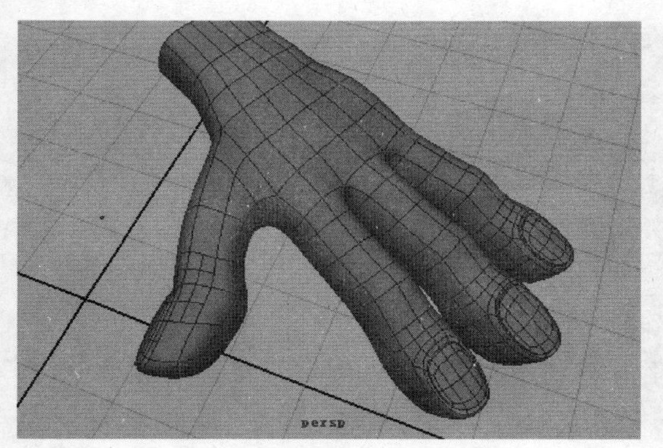

手部模型完成后的效果
图 6-96

卡通角色模型的整体效果
图 6-97

6.6 小结

本章主要通过实例介绍了细分表面建模的方法和技巧。利用细分表面技术可以快速创建高分辨率的多边形表面，细分平滑技术提供了对多边形数量的精细控制，可以更方便地用于渲染或显示细节层级；通过部分和全部褶皱工具可以更加方便地创建圆形、有机形体和硬边物体。目前，许多知名的三维软件都对细分表面建模技术提供了支持，有的软件甚至把它作为主流的建模工具，这种结合了传统建模方法优点的技术显然极具发展的潜力。

习题与实践

1. 选择题

（1）能够在细分表面选定的边上创建完全褶皱效果的命令是（　）。

A. Attach　　B. Mirror

C. Full Crease Edges　　D. Partial Crease Edges

（2）专门用于细分表面编辑的菜单位于（　）模块。

A. Surfaces　　B. Rendering

C. Polygons　　D. Animation

2. 问答题

（1）细分表面有哪两种编辑模式？如何在两种模式间进行切换？

（2）如何将细分表面模型上选定的元素进行细分？

（3）主要有哪些方式可以创建细分表面模型？

（4）如何在各个精细层级中进行切换？

3. 实践

（1）使用本章中介绍的方法制作一个卡通角色的模型。

（2）使用细分表面建模方法制作一些曲面模型，例如电饭煲、吸尘器等，并将这种建模方法同 NURBS 建模方法进行比较。

第7章 灯光与材质

教学重点与难点

- 灯光的设置
- 材质编辑界面
- 了解材质节点
- 贴图坐标的编辑

本章介绍灯光与材质。模型可以定义物体的形状，而材质则可以定义物体表面的光影效果以及颜色、透明度和纹理等细节。当创建了物体的模型，赋予了材质纹理之后，就需要使用各种灯光，创建并调整摄像机以及设置渲染参数等来渲染模型了。

在各种形式的艺术作品中，光的表现对作品的品质有着很深的影响，灯光的设置在三维制作中也始终是一个重要的环节。

除了最终的渲染之外，MAYA 还具有方便观察与调整的交互式渲染功能，使用该功能可以很方便地一边进行制作，一边观察渲染效果。

7.1 灯光类型

三维场景中的灯光是一种特殊的物体，它本身并不能着色显示，而只能在操作视图中观察到，但是灯光可以影响它周围物体的亮度、饱和度、光泽和色彩。将灯光和材质有机地结合起来，可以使一个简单的三维造型产生强烈的色彩和明暗对比，从而使三维造型更真实，更具有表现力。

MAYA 中有 6 种不同类型的灯光：Ambient Light（环境光）、Area Light（区域光）、Directional Light（平行光）、Point Light（点光）、Spot Light（聚光灯）和 Volume Light（体积光）。所有这些灯光都可以通过在主菜单中执行 Create → Lights 命令或通过 Hypershade 窗口中的创建渲染节点面板进行创建。图 7-1 所示为创建渲染节点面板中的灯光类型。

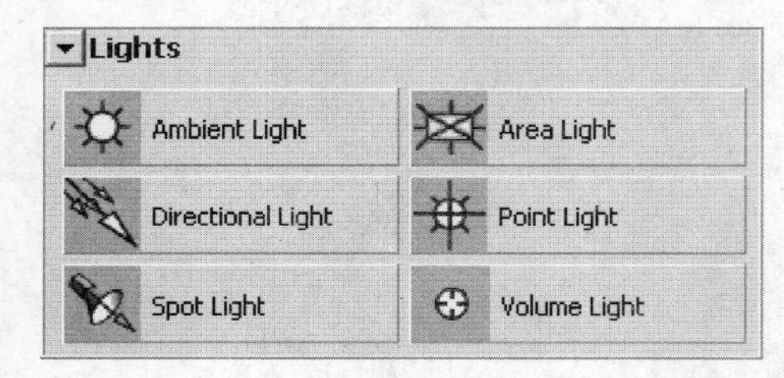

创建渲染节点面板中的灯光类型
图 7-1

• Ambient Light（环境光）：环境光是普遍照射场景内所有区域的光，一般只作为辅助光使用，它的模拟光线沿所有方向发射，效果如图 7-2 所示。

环境光效果
图 7-2

• Area Light（区域光）：区域光是一种有一定发光区域的灯光类型，它与其他的灯光有很大的区别，聚光灯或点光源的发光点都只有一点，但区域光的发光点是一个区域，可以产生出很真实的柔和阴影，如图 7-3 所示。

• Directional Light（平行光）：平行光照明效果只与灯光的方向有关，与灯光的位置无关，光线相互平行，不会产生夹角。这种灯光可以用来模拟太阳等光源，默认情况下的MAYA 场景均使用平行光，如图 7-4 所示。

区域光效果
图 7-3

平行光效果
图 7-4

• Point Light（点光）：点光是从一个点向外发射的灯光，点光照明效果只和灯光的位置有关，离点光源越近，光照强度也越大，光线从它所在的位置向所有方向均匀照射，灯光的角度和缩放不会对光线产生影响，这种灯光可以用来模拟白炽灯效果，如图 7-5 所示。

• Spot Light（聚光灯）：聚光灯是一种被经常使用的灯光，它具有明显的光照范围，产生类似于手电筒等灯光的照明效果，在三维空间中形成一个圆锥形的照射范围，如图7-6所示。

点光效果
图 7-5

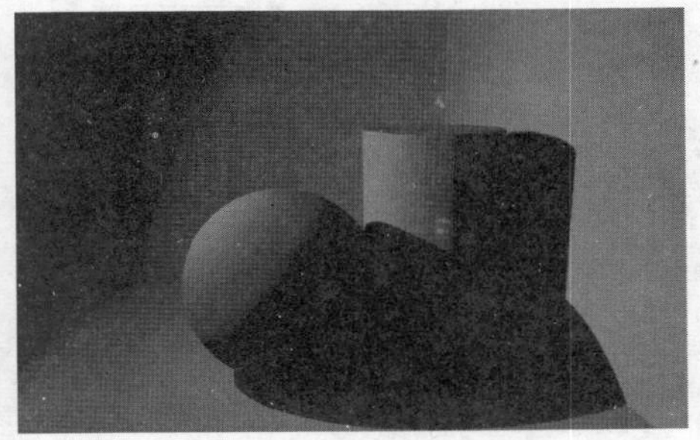

聚光灯效果
图 7-6

• Volume Light（体积光）：体积光是一种可以方便地控制光照范围、灯光颜色变化和衰减效果的灯光，经常用于场景的局部照明。体积光的体积大小决定光照的范围和灯光的强度衰减，只有光照范围内的对象才会被照亮，如图 7-7 所示。

体积光效果
图 7-7

7.2 设置灯光

现实世界中存在各种各样的光源，例如太阳、电灯、烛光、火光等，每一种光源都向外发射光线，不同光源发射出的光线具有各自的照明特性，如照明的色彩、强度、方向等。在 MAYA 场景中创建的光源也是这样，它们也具有几个主要的属性，分别为位置、颜色、强度、衰减度以及阴影效果。

7.2.1 灯光的基本属性

下面详细介绍灯光的属性，因为 6 种灯光的基本属性都大同小异，因此在这里选取最为典型的聚光灯来进行讲解。

首先在场景中创建一盏聚光灯；其次选中聚光灯，并按 Ctrl + A 组合键打开聚光灯属性设置对话框，如图 7–8 所示。

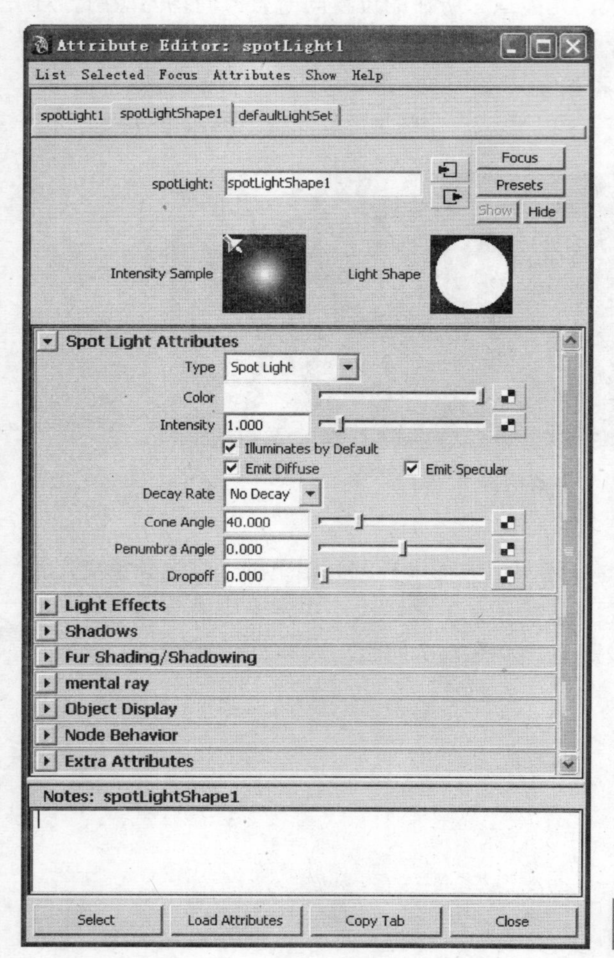

聚光灯属性设置对话框

图 7–8

• Type（类型）：设置灯光的类型，通过单击 Type（类型）右侧的下拉按钮，在弹出的下拉列表框中可将聚光灯改变成点光、平行光或体积光等，当改变灯光类型时，相同部分的属性将被保留下来，而不同部分的属性将使用默认值来代替。

• Color（颜色）：用来控制灯光的颜色。MAYA 中的颜色有两种调节方法：一种是 RGB 方式；另一种是 HSV 方式。如图 7-9 所示，系统默认的是 HSV 调节方式，是通过色相、饱和度和明度来进行调节的，这种调节方法的好处是明度值可以无限提高，而且也可以为负值。

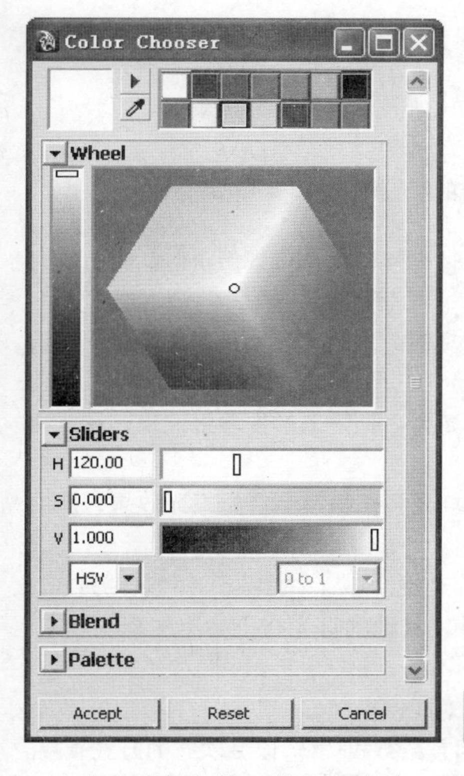

通过 HSV 调节方式调节灯光颜色
图 7-9

当灯光颜色的 V 值为负值时，表示灯光吸收光线，可以用这种方法来降低某处的亮度，如图 7-10 和图 7-11 所示。

灯光的 V 值为正值时的效果
图 7-10

灯光的 V 值为负值时的效果
图 7-11

灯光的很多属性都有贴图按钮，例如 Color（颜色）后面的按钮可以打开颜色通道，在颜色通道中可以贴上 MAYA 的程序纹理，也可以贴上位图纹理，可以通过这种方式来模拟树的阴影、电影放映机的效果等，如图 7-12 所示。

使用灯光的颜色通道贴图模拟树影效果
图 7-12

• Intensity（强度）：用来设置灯光的发光强度，该属性同样也可以为负值，为负值时表示灯光吸收光线，可用来降低某处的亮度。

✧ Illuminates by Default（默认照明）：勾选该选项时灯光才起照明作用，如果取消该选项的选择，灯光将不起任何照明作用。

✧ Emit Diffuse（发射照明）：勾选该选项时，灯光会在物体上产生漫射效果；反之将不会产生漫射效果。

✧ Emit Specular（发射高光）：勾选该选项时，灯光将在物体上产生高光效果；反之将不会产生高光效果。

• Decay Rate（灯光衰减）：用来设置灯光强度的衰减，MAYA 提供了 4 种衰减方式。

✧ No Decay（不衰减）：除了衰减类型的灯光外，其他的灯光将不会产生衰减效果，也就是关闭衰减效果。

✧ Linear（线性衰减）：灯光呈线性衰减，衰减相对缓慢。

✧ Quadratic（2 次方衰减）：灯光与现实生活中的衰减方式一样，以 2 次方的方式衰减。

✧ Cubic（3 次方衰减）：灯光衰减速度很快，以 3 次方的方式衰减。

• Cone Angle（圆锥角度）：该属性用来控制聚光灯照射角度的范围，角度值在 0.006 ~ 179.994 范围之间变化。

• Penumbra Angle（半影角）：用来控制聚光灯在照射范围内产生向外或向内的扩散效果。

• Dropoff（衰减）：用来控制聚光灯在照射范围内从边界到中心的衰减效果，其参数在 0~255 范围之间变化，值越大衰减的强度越大。

7.2.2 阴影属性

灯光不仅会照亮场景中的对象，同时也会产生阴影。在 MAYA 中，背光阴影的产生是与造型表面的法线方向相关的，并且在建立灯光后进行渲染时自动产生背光阴影效果。然而投射阴影效果是系统经过对光源和造型之间的位置进行计算得到的，在默认的情况下，MAYA 在渲染时并不产生投射阴影效果，如果需要在最终的渲染结果中产生投射阴影效果，就需要对光源的投射阴影属性进行设置。

在 MAYA 中有两种阴影方式：一种是 Depth Map Shadows（深度贴图阴影），是使用阴影贴图来模拟阴影效果；另一种是 Ray Trace Shadows（光线跟踪阴影），是通过跟踪光线路径生成的，可以使透明物体产生透明的阴影。深度贴图阴影的参数设置对话框如图 7-13 所示。

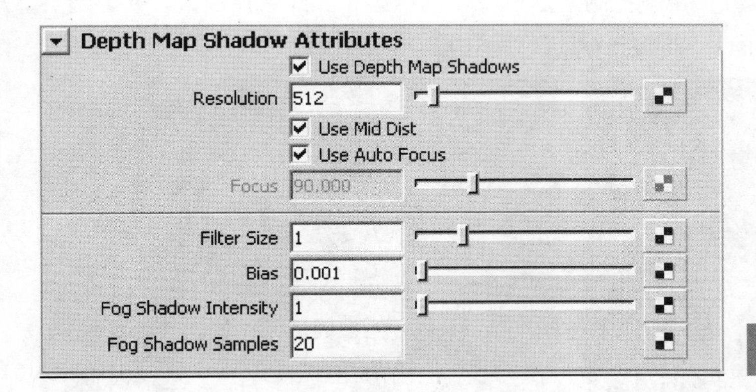

深度贴图阴影的参数设置对话框
图 7-13

• Use Depth Map Shadows（使用深度贴图阴影）：勾选该选项就可以打开深度贴图阴影功能。

• Resolution（分辨率）：用来控制阴影深度贴图的尺寸大小。分辨率参数值越小，阴影质量越粗糙，渲染速度就越快；反之阴影质量就越高，渲染速度也就越慢。

• Filter Size（过滤尺寸）：用来控制阴影边界的模糊大小。如图 7-14 和图 7-15 所示分别为 Filter Size 值为 1 和 5 时的阴影效果。

Filter Size 值为 1 时的阴影效果
图 7-14

Filter Size 值为 5 时的阴影效果
图 7-15

• Bias（偏移）：用于设置深度贴图阴影的偏移值，增大此值可以使阴影脱离与物体的交界处。

光线跟踪阴影的参数设置对话框如图 7-16 所示。

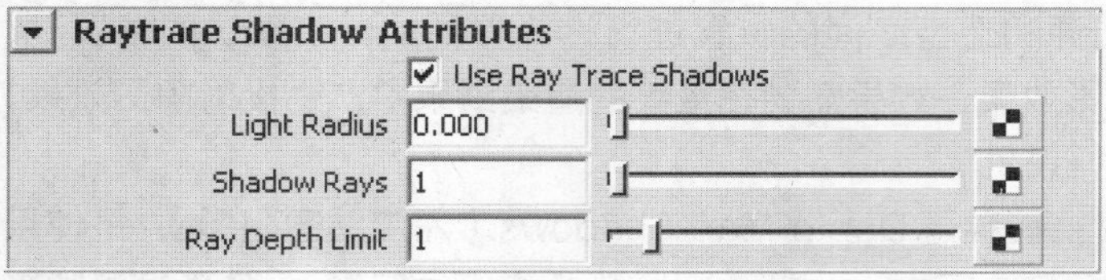

Raytrace Shadow Attributes
☑ Use Ray Trace Shadows
Light Radius 0.000
Shadow Rays 1
Ray Depth Limit 1

光线跟踪阴影的参数设置对话框
图 7-16

• Use Ray Trace Shadows（使用光线跟踪阴影）：勾选该选项时就可以打开光线跟踪阴影功能。

• Light Radius（灯光半径）：用来控制阴影边界模糊的大小。此数值越大，阴影边界越模糊；反之阴影边界就越清晰，如图 7-17 和图 7-18 所示。

灯光半径值为 0 时的阴影效果
图 7-17

灯光半径值为 1 时的阴影效果
图 7-18

• Shadow Rays（阴影采样）：用来控制光线跟踪阴影的质量。此数值越大，阴影质量就越高，渲染速度也就越慢。

• Ray Depth Limit（光线最大限制）：用来控制灯光的光线在投射阴影前被折射或反射的最大次数。

Depth Map Shadows（深度贴图阴影）与 Ray Trace Shadows(光线跟踪阴影）的区别在于，Depth Map Shadows（深度贴图阴影）是通过计算光和物体之间的位置来产生阴影贴图，不能使透明物体产生透明的阴影，渲染速度相对比较快；Ray Trace Shadows（光线跟踪阴影）是跟踪光线路径生成的，同时可以生成真实的阴影，可以使透明物体产生透明的阴影。

7.2.3 灯光的操控

光源的位置和方向属性决定光源对场景中各个部分的照射效果。对于光源的位置属性可以使用位移变形工具来进行设置，而光源的方向属性可以使用旋转变形工具进行设置。

使用灯光操纵器可以在视图中交互地调节灯光的属性。灯光操纵器显示在摄像机视图和灯光视图中，选择灯光后，单击工具栏中的显示操纵器工具按钮就可以观察到灯光操纵器了，如图 7-19 所示是聚光灯的灯光操纵器。这种方式可以准确地确定目标点和灯光的位置，它同时还具备一个扩展手柄，可以对灯光的一些特殊属性进行控制，例如光照范围和灯光雾等。

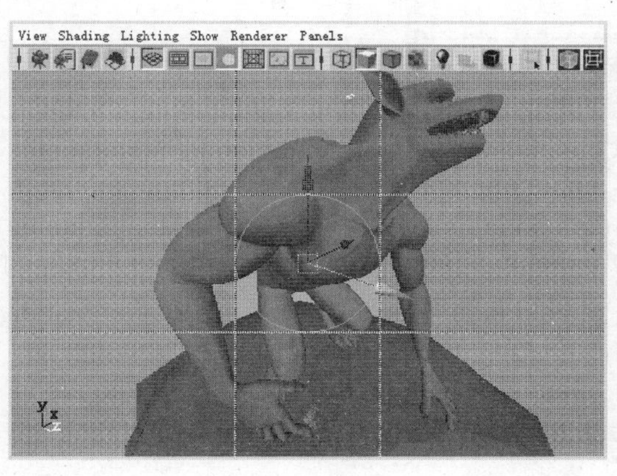

(a)

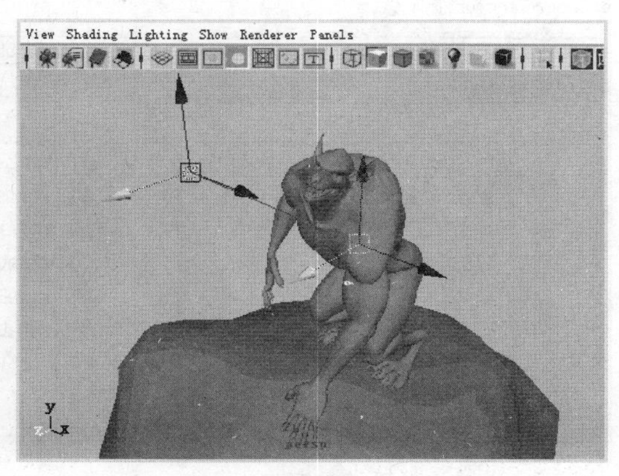

(b)

聚光灯的灯光操纵器（(a) 图为灯光视图，(b) 图为透视视图）
图 7-19

提示

创建灯光后，通过在视图菜单中执行 Panels（平面）→ Look Through Selected（选择显示）命令可以将灯光作为视觉出发点来观察整个场景，视图转为灯光视图。这个方法准确且直观，在实际操作中经常被使用到。

7.2.4 灯光的链接

通过调整光源的位置和方向属性，可以调整光源在场景中照亮的造型效果，但在默认的情况下，不论光源的位置和方向属性设置如何，场景中的每一个造型都可以被光源照亮。通过设置光源的链接属性，可以决定哪些造型与灯光链接在一起，而未与光源链接的造型将不会被该光源照亮。

下面通过一个例子来说明设置光源的链接属性的具体操作。

（1）在场景中创建两个 NURBS 球体。

（2）创建一个环境光光源和一个聚光灯光源，环境光光源和聚光灯光源会将两个球体照亮，如图 7-20 所示。

（3）下面将一个球体从聚光灯光源的链接对象中删除，这样，这个球体将只由环境光光源来照亮。

（4）在主菜单中执行 Window → Relationship Editors → Light Linking → Light-Centric 命令，打开如图 7-21 所示的光源中心链接关系编辑窗口。

被环境光和聚光灯照亮的两个球体
图 7-20

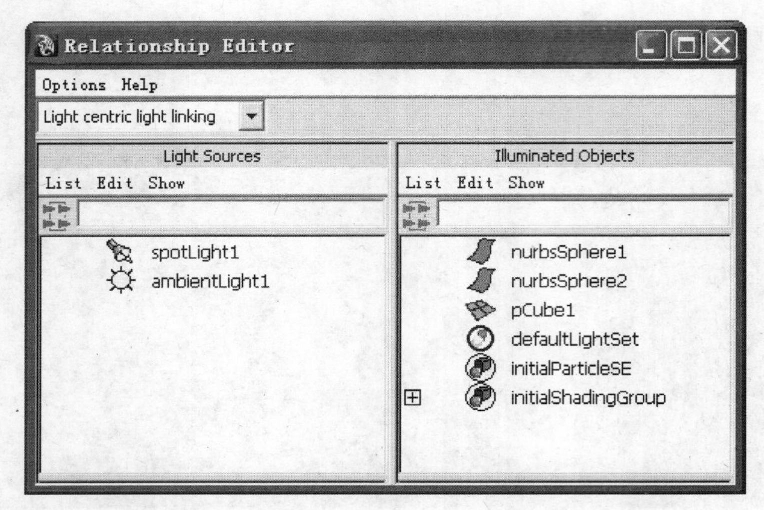

光源中心链接关系编辑窗口
图 7-21

（5）在该窗口左边的 Light Sources 列表框中列出了场景中所有光源，窗口右边的 Illuminated Objects 列表框中列出了场景中的所有造型对象。在左边列表框中选中 spotLight1 对象，这时在右边列表框中所有的造型对象都将被自动选中，表示所有的造型都与 spotLight1 光源建立了链接关系。下面单击 nurbsSphere1 造型对象将它设置为非选中状态，这样就将一个球体造型从 spotLight1 的链接关系中去除了，如图 7-22 所示。

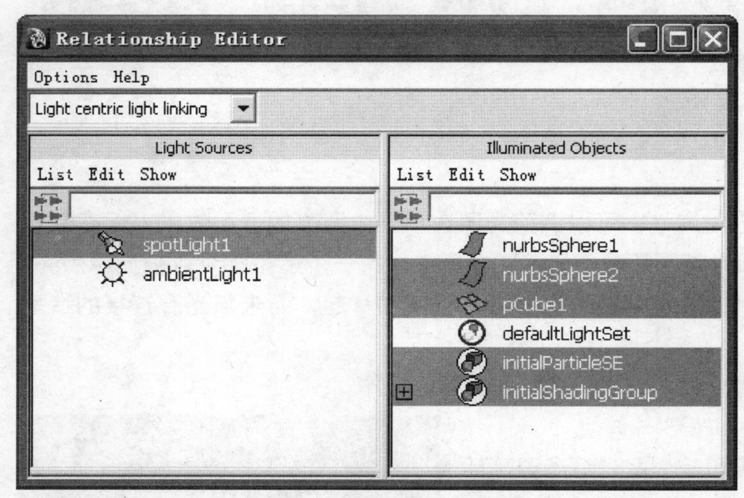

将一个球体造型从 spotLight1 的链接关系中去除
图 7-22

（6）对场景进行渲染，将得到如图 7-23 所示的效果，右侧的球体造型仅被环境光光源照亮，因此显得比较昏暗。

通过执行 Window → Relationship Editors → Light Linking → Object-Centric 命令，打开造型中心链接关系编辑窗口。

该窗口与光源中心链接关系编辑窗口的布局正好相反，它左边是 Illuminated Sources

列表框，右边是 Light Sources 列表框。分别在 Illuminated Sources 列表框中选择 nurbsSphere1 和 nurbsSphere2 造型，在 Light Sources 列表框中查看链接到其上的光源，只有链接到造型上的光源才能照亮该造型对象。

通过以上方式可以快速地查看和设置光源与造型对象之间的链接关系，这种方法对于在场景和光源比较复杂的情况下进行照明设置很有意义。

右侧球体未被聚光灯照亮
图 7-23

7.3 材质

7.3.1 Hypershade 窗口

MAYA 中有关材质编辑的大部分操作都是在 Hypershade 窗口中完成的。从 Hypershade 窗口中可以直观地观察到材质阴影组节点和其他纹理节点、贴图节点以及造型对象节点之间的链接关系，方便节点之间属性输入输出的调整。执行 Window → Rendering Editors → Hypershade 命令，即可打开 Hypershade 窗口，如图 7-24 所示。

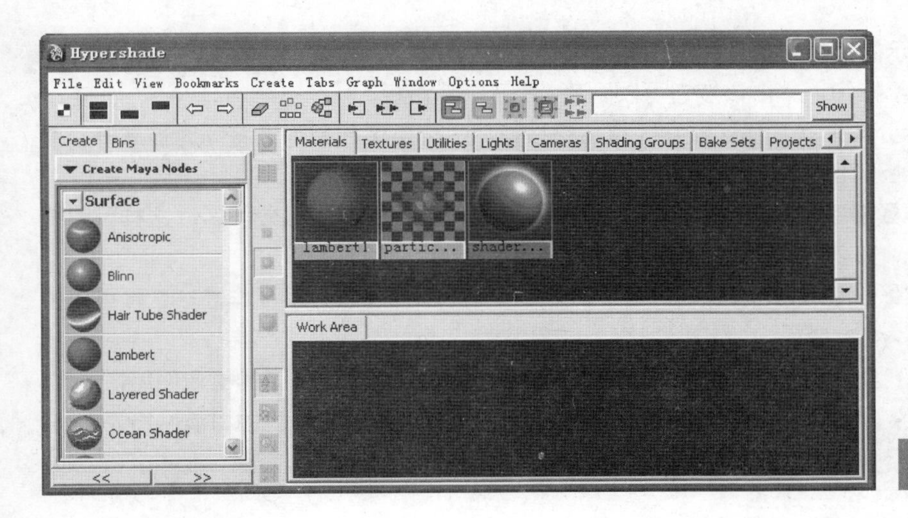

Hypershade 窗口
图 7-24

Hypershade窗口由菜单栏、工具栏、创建面板（Create Bar）、分类区和工作区几部分组成。创建面板是用来创建新的材质类节点的工具库；分类区由一组材质分类的标签所组成，包括材质、纹理、程序、灯光等节点，MAYA中一切已建立和存在的材质类节点都可以在这里进行管理；工作区（Work Area）是编辑材质的重要区域，一切材质节点的链接关系和图示都可以在这里看到。

1. 菜单栏

菜单栏中包括了Hypershade中的所有命令，从材质的建立到工作视图的自定义命令，都可以在这里找到。

• File菜单：使用该菜单中的命令可以导入其他的场景、材质或贴图，也可以导出本场景里的所选材质组。

• Edit菜单：使用该菜单中的Delete Unused Nodes命令可以删除场景中没有使用的所有节点，该命令在最后整理场景时经常使用。

• View菜单：其中的Frame All命令是将窗口中所有节点最大化显示；Frame Selected命令是将窗口中所选节点最大化显示。

• Bookmarks菜单：可以创建或编辑书签以保存任何视图到Hypershade窗口中。

• Create菜单：可以使用其中的命令创建各种节点。

• Tabs菜单：使用Tabs菜单中的命令可以创建、删除、重命名及调整面板的排放位置。

• Graph菜单：Graph菜单中的命令基本上都与快捷图标工具相对应。

• Window菜单：选择Window菜单中的命令，可以打开所选节点的属性编辑器、属性扩展列表，也可以打开连接编辑器进行物体与节点或节点与节点之间的属性连接。

• Options菜单：使用Options菜单的Create Bar子菜单中的命令可以选择创建面板是否显示或设置显示状态。

• Help菜单：帮助菜单。

2. 工具栏

工具栏中显示的是材质管理和视图操作中最常用的工具。

隐藏/显示按钮：单击该按钮可以隐藏/显示创建面板。

同时显示分类区和工作区按钮：单击该按钮后，分类区和工作区将同时被展开，默认状态下此按钮处于开启状态。

显示工作区按钮：单击该按钮后，可以展开工作区，同时隐藏分类区，这样可以扩大工作区的面积。

显示分类区按钮：单击该按钮后，可以展开分类区，同时隐藏工作区，这样可以扩大分类区的面积。

后退按钮：单击该按钮，会在工作区中显示上一次出现在工作区的材质网络。

前进按钮：单击该按钮，会在工作区中显示下一次出现在工作区的材质网络。

清除按钮：单击该按钮，可以清除显示工作区中的所有网络和节点，但并不是删除它们。

整理按钮：单击该按钮，可以将工作区的材质网络进行合理重排，以便于观察。

排列按钮：单击该按钮，可以将所选物体的材质网络显示在工作区中。

上游按钮：单击该按钮，可以在工作区显示出所选节点的所有上游（输入）节点。

关联按钮：单击该按钮，可以在工作区显示出所选节点的所有上游与下游节点。

下游按钮：单击该按钮，可以在工作区显示出所选节点的所有下游（输出）节点。

7.3.2 使用 Hypershade 窗口创建材质

下面来创建一个 Blinn 材质，并将一个纹理连接到颜色属性，从中了解 Hypershade 窗口的操作。

（1）默认情况下，创建面板中显示的是 Create MAYA Nodes 选项，如果显示的是其他选项，单击如图 7-25 所示的选择节点类型按钮，并从弹出的菜单中选择 Create MAYA Nodes（创建 MAYA 节点）选项。

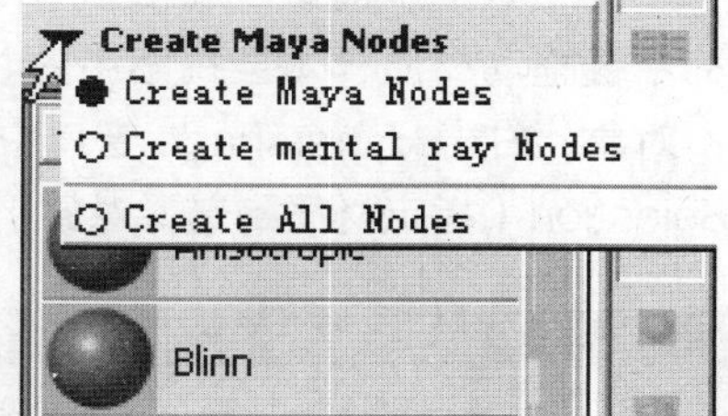

选择创建 MAYA 节点选项
图 7-25

（2）单击 Blinn 球形图标，Blinn 材质将出现在分类区和工作区中。如果这是在场景中创建的第一个 Blinn 材质，那么系统会将之命名为 blinn1，下一个所创建的 Blinn 材质将称为 blinn2。

（3）在创建面板中拖动滑块找到 2D Textures 选项组，展开这个选项组以便查看纹理节点。单击 Checker 图标，场景中会增加一个 checker1（棋盘格）节点，并且它会出现在 Textures 分类区和工作区中。窗口中的 checker1 节点可能会与 blinn1 节点重叠在一起，这时只需在工作区域选中其中一个节点拖动开，就可以使所有的节点都可见。注意，此时有一个 place2dTexture1（2D 放置节点）也已经创建并连接到 checker1 节点上，这个节点可控制纹理填充纹理空间的方式。这时工作区中显示的节点如图 7-26 所示。

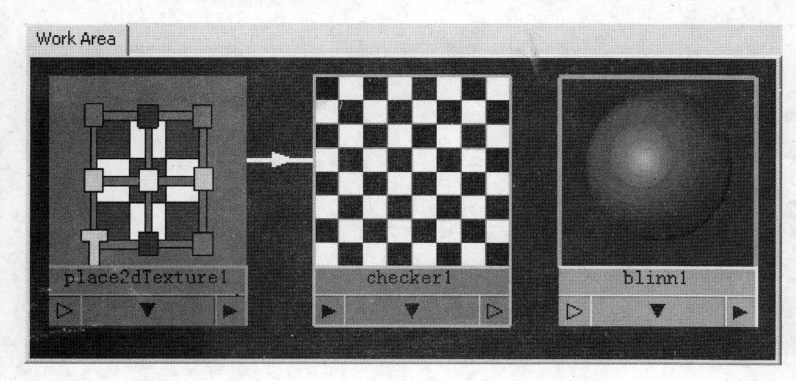

工作区中显示的节点
图 7-26

（4）在工作区中，选择 checker1 节点并按住鼠标中键拖动到 blinn1 材质节点上，当释放鼠标时，从弹出的标记菜单中选择 Color 选项，棋盘格纹理便映射到 blinn1 材质节点的 Color 属性上，即建立了一个连接。此时材质节点图标也更新为在材质上显示棋盘格纹理的样式。选择 blinn1 材质节点，单击工具栏中的上游按钮，这时工作区中的显示如图 7-27 所示。

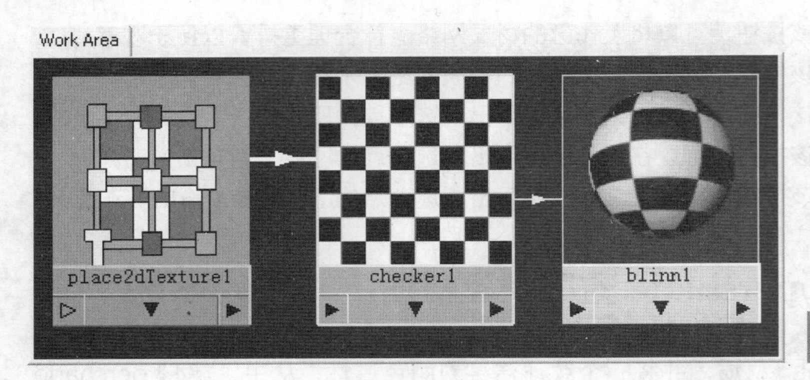

工作区中显示的节点连接
图 7-27

（5）最后，将这个材质赋予场景中的对象。创建一个 NURBS 球体，然后直接按住鼠标中键拖动材质样本至视图中的 NURBS 球体上，即可将材质赋予对象。另一个途径是选中对象，右击 Hypershade 窗口中的一个材质，然后从标记菜单中选择 Assign Material To Selection（指定材质到选择对象）选项，如图 7-28 所示。

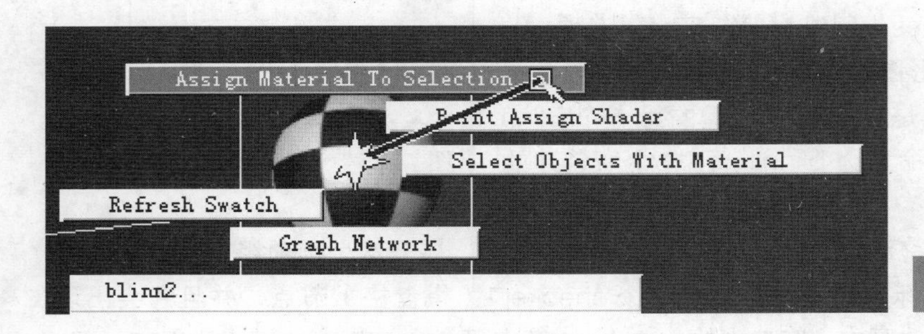

指定材质到选择对象
图 7-28

（6）由于材质和阴影组之间、阴影组和造型之间都具有默认建立的链接关系，所以材质的改变会立即反映到造型上。在透视图菜单中执行 Shading → Hardware Texturing 命令，或按 6 键打开硬件渲染功能，材质将实时显示在造型上，如图 7-29 所示。

材质在造型对象上的显示
图 7-29

提 示

Hypershade 窗口中出现的各种图标有时需要放大、缩小或移动，需要缩放图标时，配合 Alt 键单击鼠标左键和中键左右移动即可，向左移动时图标缩小，向右移动时图标放大；如果需要移动图标，配合 Alt 键并单击鼠标中键即可。

7.3.3 使用 Attribute Editor 编辑材质

Attribute Editor也是材质编辑的重要工具。在Hypershade窗口中简单地建立连接之后，材质属性值的编辑需要在 Attribute Editor 对话框中完成，当然，连接到其他纹理节点的操作同样也可以在 Attribute Editor 对话框中完成。

通常，在 Hypershade 窗口中查看连接和选择特定的节点。当选定节点时，这个节点的属性选项就会出现在 Attribute Editor 对话框中，在这里可以进行深入的编辑。

（1）继续 7.3.2 小节的练习。双击 Hypershade 窗口中的材质节点，或选择节点后按 Ctrl + A 组合键打开 Attribute Editor 对话框，如图 7-30 所示。

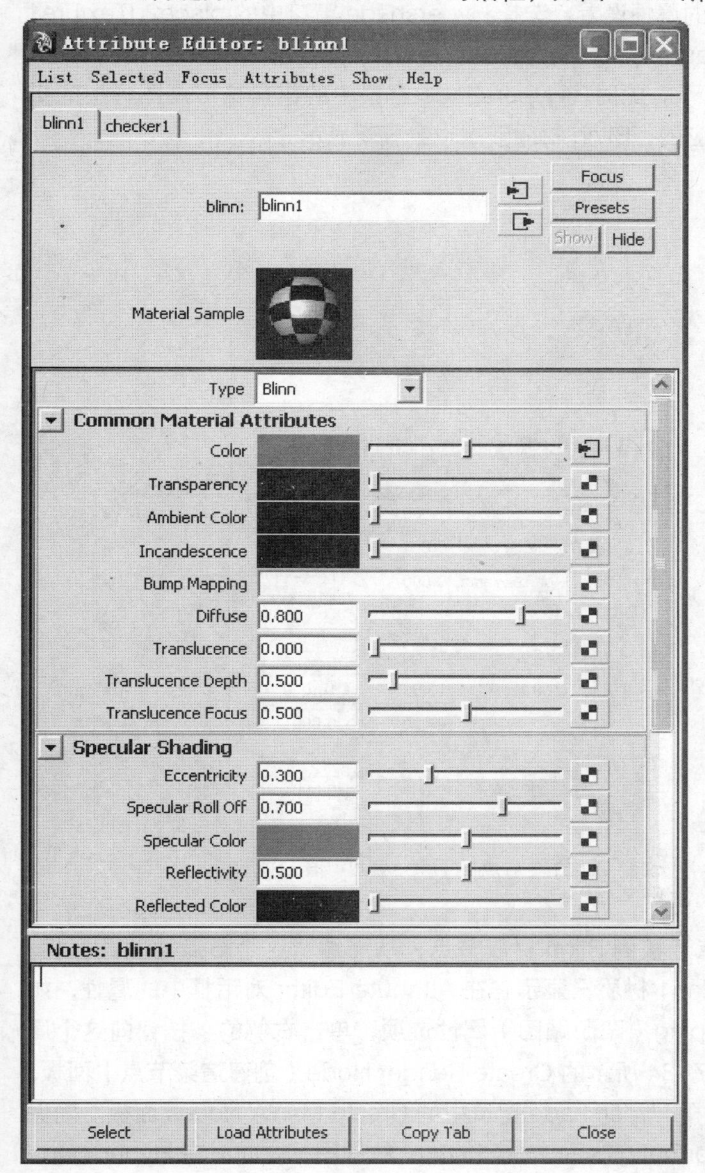

Blinn 材质节点的属性设置对话框
图 7-30

（2）单击工作区中的不同节点， Attribute Editor 对话框中就会显示所选节点的属性选项。Blinn 材质节点属性描述了基本曲面特征，Checker 纹理节点属性则包含编辑棋盘格图案颜色的属性选项，而 2D 放置节点属性中包括移动、旋转以及其他空间属性选项。

（3）现在来改变棋盘格图案的颜色。选择 Hypershade 窗口中的棋盘格纹理节点 checker1，在 Attribute Editor 对话框的 Checker Attributes 选项组中，单击 Color1 属性的颜色方块，将打开如图 7-31 所示的 Color Chooser（颜色拾取器）对话框。使用拾取器将白色变为红色，然后单击 Accept 按钮关闭 Color Chooser 对话框。

（4）可以使用 Color 1 属性的颜色方块右侧的滑块修改红色的明暗值，接着将 Color 2 属性改为蓝色。

（5）下面将改变棋盘格图案的属性设置。选择 Hypershade 窗口中的 place2dTexture1（2D 放置节点），查看它在 Attribute Editor 对话框中的属性，将 Repeat UV 属性的 U、V 值均变为 10.000，如图 7-32 所示。此时，Hypershade 窗口中的棋盘格节点图标上的棋盘格图案将显示更多的拼块，相应的，Blinn 材质节点也会更新显示。

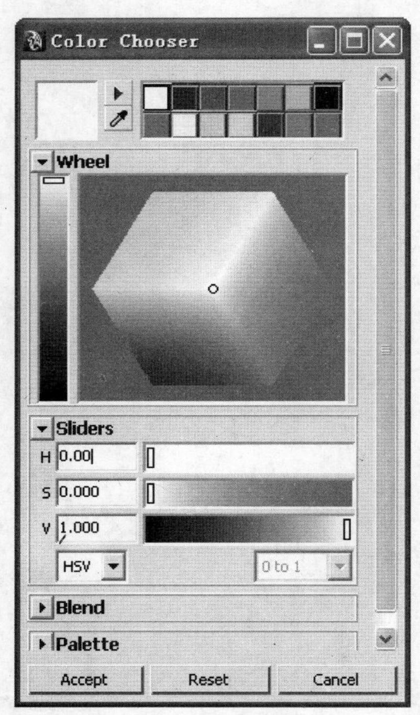

Color Chooser 对话框
图 7-31

2d Texture Placement Attributes
Interactive Placement
Coverage 1.000 1.000
Translate Frame 0.000 0.000
Rotate Frame 0.000
Mirror U Mirror V
Wrap U Wrap V
Stagger
Repeat UV 10.000 10.000
Offset 0.000 0.000
Rotate UV 0.000
Noise UV 0.000 0.000
Fast

改变 2D 放置节点的 Repeat UV 值
图 7-32

（6）接下来将一个纹理节点连接到 Blinn 材质节点，从而编辑这个节点的凹凸属性。在 Hypershade 窗口中，选中 blinn1 材质，显示它在 Attribute Editor 对话框中的属性，如图 7-33 所示。找到 Bump Mapping（凹凸贴图）属性选项，单击右侧的按钮向这个属性添加属性连接，这将展开如图 7-34 所示的 Create Render Node（创建渲染节点）面板。

（7）创建渲染节点面板类似于 Hypershade 窗口中的 Create MAYA Nodes 面板。确保本面板顶部的投影类型设定为 Normal，然后单击 Checker 纹理图标，此时在 Hypershade

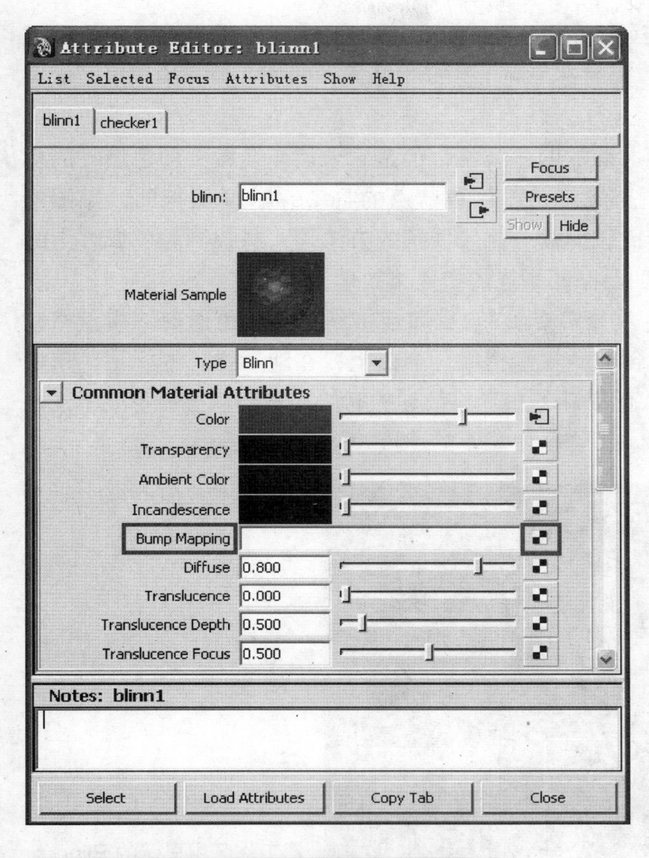

向凹凸贴图属性添加属性连接
图 7-33

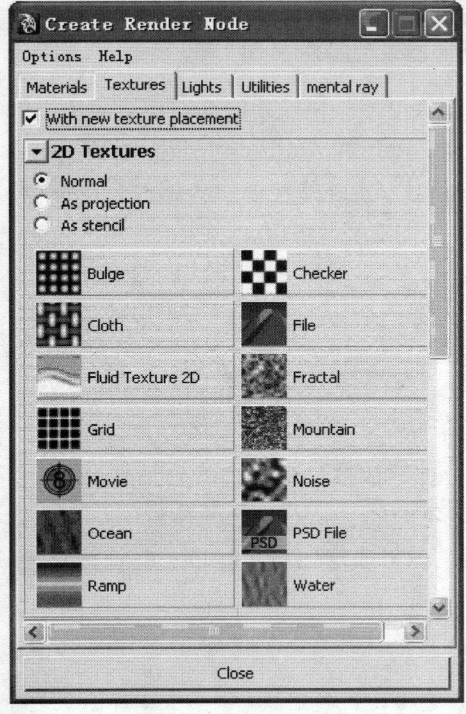

创建渲染节点面板
图 7-34

工作区中可以看到，一个新的棋盘格纹理节点已经连接到一个 bump2dl 节点上，棋盘格成为 Blinn 材质的凹凸贴图。凹凸贴图渲染时在表面上会产生凸起和凹痕，较亮的灰度区域突出表面，较暗的灰度区域则生成凹陷。

（8）现在，新的棋盘格图案控制曲面的凹凸属性，但是它未能与连接到颜色属性的棋盘格图案相匹配，当然，可以逐步调整颜色贴图放置节点的 Repeat UV 值与凹凸贴图的 Repeat UV 值相匹配，但是这样做会比较麻烦。比较便捷的方法是，将控制颜色属性上的棋盘格图案的放置节点连接到新的与凹凸贴图相连的棋盘格纹理节点上。

（9）选择 place2dTexture1（2D 放置节点），它目前连接到控制颜色通道的棋盘格纹理节点上，按住鼠标中键拖动它到新创建的棋盘格纹理节点上，在随后弹出的标记菜单中选择 Default 命令项来完成这个连接，此时新的棋盘格纹理原有的放置节点已经不处于连接状态，可以选中它并按 Delete 键删除。工作区中显示的连接如图 7-35 所示。

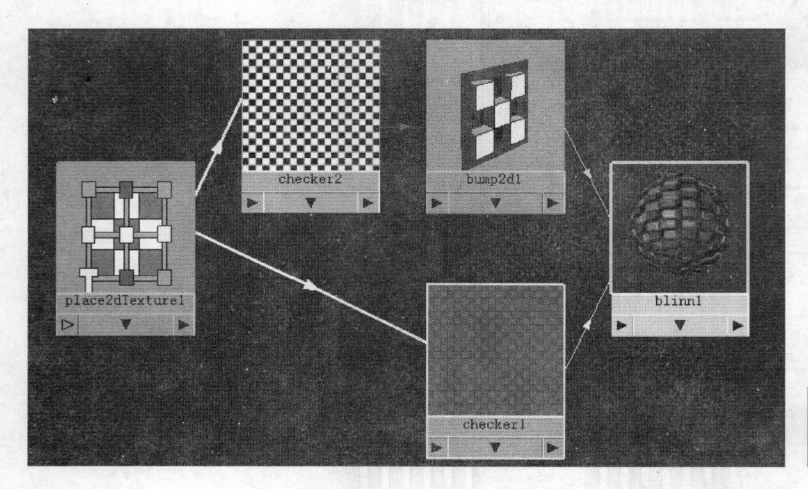

工作区中显示的 Blinn 材质节点连接
图 7-35

（10）最后，可以通过编辑 bump2dl 节点的凹凸深度属性来编辑凹凸贴图在表面上的总体效果。在 Hypershade 窗口中选择 bump2dl 节点，然后在 Attribute Editor 对话框中查看它的 2 个属性：Bump Value 和 Bump Depth。Bump Value 是控制棋盘格纹理的属性，而 Bump Depth 属性控制凹凸贴图表现的深度效果，如图 7-36 所示。

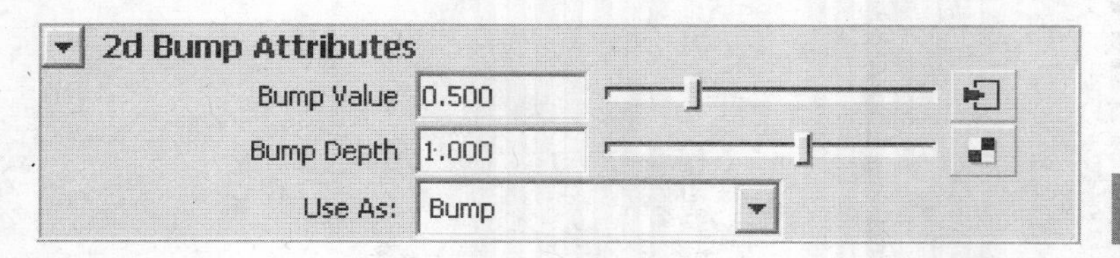

bump2dl 节点的属性
图 7-36

（11）拖动滑块或输入一个数值来改变 Bump Depth 的值，然后查看 Hypershade 窗口中的材质节点来观察它的变化。图 7-37 显示了将不同的 Bump Depth 值赋给一个球体的效果，右侧材质球的 Bump Depth 值为正值，而左侧材质球的 Bump Depth 值为负值，凹凸效果是反转的。

提 示

当编辑复杂材质时，Hypershade 窗口中的工作区会显得比较杂乱。这时，选择材质节点然后单击 Hypershade 工具栏上的 Input Connections 按钮，可以重新排列显示整个连接网络，同时也会对工作区进行清理。

将不同的 Bump Depth 值赋给一个球体的效果
图 7–37

7.3.4 材质相关节点

在 Hypershade 的菜单栏中选择 Create → Create Render Node 命令，打开 Create Render Node（创建渲染节点）面板，可以看到，节点被分为 Materials（材质）、Textures（纹理）、Lights（灯光）、Utilities（程序）4 类，如果加载了 mental ray 渲染器，还会多出 mental ray 类型，如图 7–38 所示。

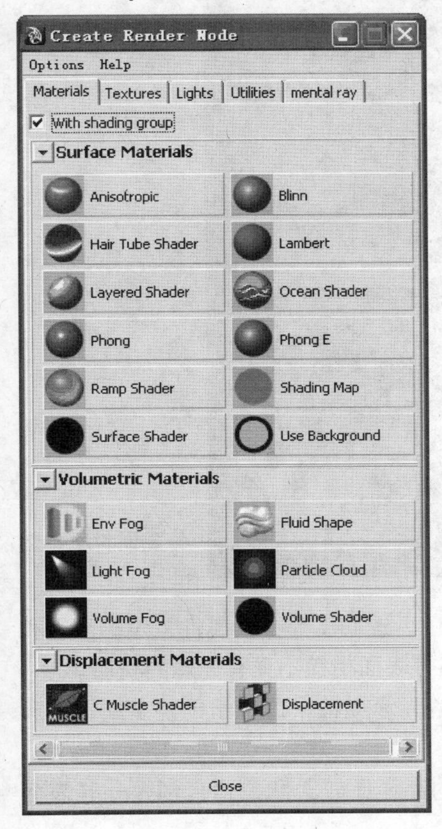

创建渲染节点面板中的节点类型
图 7–38

所有的材质、纹理和程序等节点都不是直接连接到造型对象上的，而是统一连接到一个阴影组上，再通过这个阴影组连接到造型节点上。阴影组是 MAYA 中所有材质节点的最高节点。在 7.2 节的练习中，Blinn 和 Lambert 材质属于材质节点，棋盘格纹理属于纹理节点，而放置节点则属于程序节点，上一节中已经对这些节点进行了连接并且编辑了它们的属性。下面的几节将更深入地探讨部分材质、纹理和程序节点各自的属性。

Materials 是建立材质节点的选项卡，可以在这里创建所有的常用材质。根据材质的适用范围可将其分为 Surface Materials（表面材质）、Volumetric Materials（体积材质）和 Displacement Materials（置换材质）。

1. Surface Materials（表面材质）

Surface Materials 是针对模型表面的材质，也是使用频率最高、应用范围最广的一类。各种表面材质类型如图 7-39 所示。

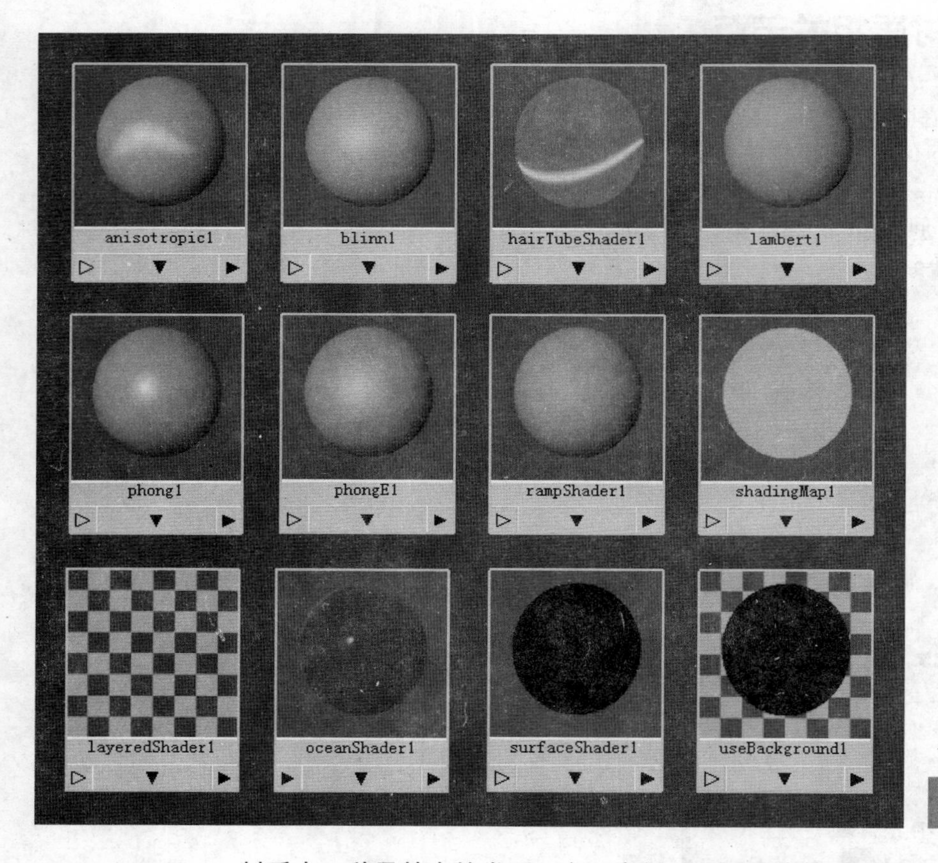

表面材质类型
图 7-39

• Lambert：材质中一种最基本的类型，它只有颜色，透明度等公共属性，没有反射和高光属性，适合于创建墙面、路面、水泥、普通木制品等表面粗糙不具有光泽的材质。

• Blinn：这是最常用的一种材质，由于具有良好的光泽属性，适合于创建金属、光滑塑料、瓷砖等具有光泽表面的材质。

• Phong：这种材质表面也具有光泽属性，但它的光泽比较柔和，适合创建一些表面平滑的材质，例如光洁的瓷器、金属、玻璃和液体等。

• Phong E：这种材质与 Phong 材质类似，但是相比 Phong，它的光泽更为柔和，适合于创建表面较为粗糙但仍然具有光泽的材质，例如普通未抛光的油漆面、打毛的塑料面等材质。

• Anisotropic：这种材质比较特殊，主要用来创建表面具有细微沟槽的材质，例如光盘、抛光处理的金属以及一些特殊的装饰品的材质。

• Layered Shader：层材质，可以将若干种材质组合在一起形成特殊的材质效果。

• Ocean Shader：海洋材质，是 MAYA 独有的材质类型，它把置换、颜色、体积、透明度等属性全部内置在一个材质中，变成海浪的高度和深度等直观的参数。

• Ramp Shader：渐变材质，可以表现出渐变的材质效果，缺点就是参数太多，难以控制。

• Shading Map：一种特殊的材质，常用来创建卡通材质。

• Surface Shader：这种材质像一个过滤器，可以通过与其他节点混合，得到一些特殊的效果。

• Use Background：使用背景材质，主要就是在渲染合成时用于产生阴影和反射，通过对简单模型应用这种材质可以得到仿真的阴影和反射效果。

2. Volumetric Materials（体积材质）

这类材质类型如图 7-40 所示，与前面介绍的以表面进行计算的材质不同，它们可以用来模拟体积堆积的效果，在材质一样的情况下，体积越大，透明度越低。

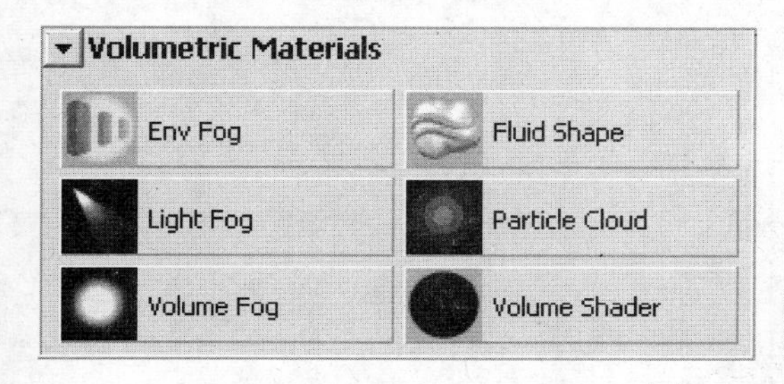

体积材质类型
图 7-40

• Env Fog（环境雾）：在整个场景中创建雾效节点，根据物体离摄像机的远近来决定雾的浓度。

• Fluid Shape（流体材质）：这种节点已不仅仅是一种材质，而是一套完整的受动力学影响的物理仿真模型，它可以表现云层、液体、火焰、烟雾等效果。

• Light Fog（灯光雾）：用来模拟灯光在浑浊的空气或者液体中产生的散射效果，可以通过阴影贴图来模拟雾中的投影。

• Particle Cloud（粒子云）：为粒子专用材质，用此材质粒子可以模拟各种气态效果，例如烟云爆炸等。

• Volume Fog（体积雾）：用来模拟一些局部的气态效果，特点是渲染速度非常快。

• Volume Shader（体积材质）：也是为体积物体准备的，它只表现颜色和透明属性，可以当做一个材质输出节点使用。

3. Displacement Materials（置换材质）

置换材质只有 C Muscle Shader 和 Displacement 材质两种类型，如图 7-41 所示，它们的作用就是根据一张纹理贴图，在物体表面产生变形。

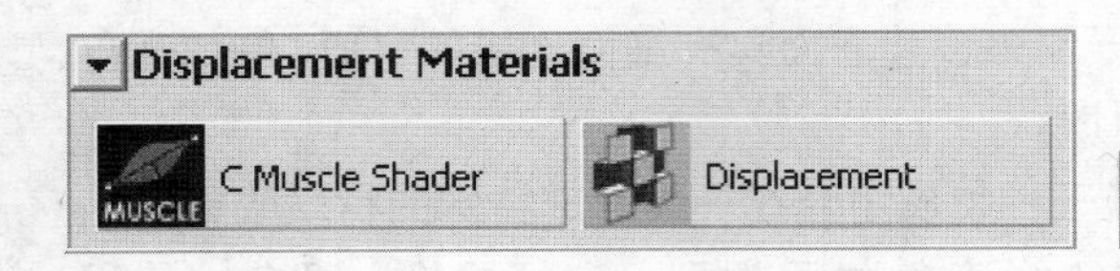

置换材质类型
图 7-41

4. Utilities（程序节点）

程序节点的数量、种类较多，如图 7-42 所示，主要是作为其他节点的辅助工具使用。其中一些程序节点在建立纹理或者灯光节点的时候就会自动创建，而另一些则是根据需要手动创建。

程序节点类型
图 7-42

7.3.5 材质的表面属性

1. 材质的通用属性

所谓材质的通用属性指的就是 Anisotropic、Blinn、Lambert、Phong 及 Phong E 几种材质具有的相同属性。在材质属性编辑对话框中，Common Material Attributes（通用材质属性）选项组中的通用属性选项如图 7-43 所示。

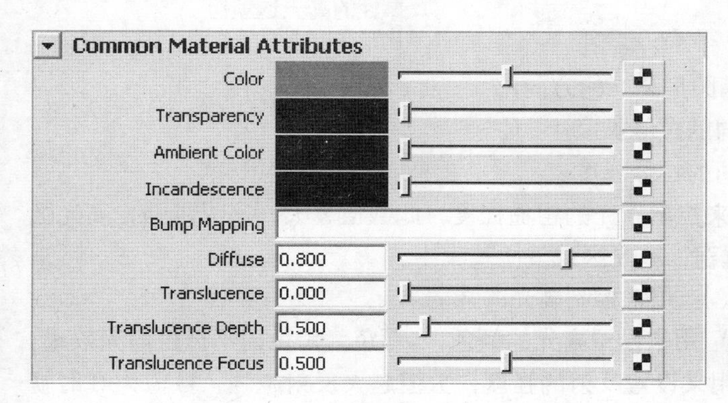

通用材质属性选项组
图 7-43

• Color（颜色）：可以在此属性处改变材质的颜色。单击 Color 属性旁的颜色方块即可打开 Color Chooser（颜色拾取器）对话框，在其中可以选取需要的颜色。

• Transparency（透明）：白色表示透明，黑色表示不透明，灰色表示半透明。如果使用一个纹理贴图，可以在表面产生镂空的效果。

• Ambient Color（环境颜色）：此属性用于产生平滑照明效果，不需要光源，但是如果只使用它而不进行其他灯光设置，效果会很不真实。

• Incandescence（白热）：此属性可以使物体表面产生发光效果，但不会对其他表面产生照明。

• Bump Mapping（凹凸贴图）：通过使用纹理贴图改变表面法线的方向，使表面产生凹凸效果。

• Diffuse（散射）：用于设置因表面不完整而产生的被吸收的光线和向各个方向散射的光线的数量，粗糙表面具有较高的散射值，而光滑或镜面表面的散射值则接近于 0。

2. 高光属性

在 Anisotropic、Blinn、Phong 和 Phong E 这些材质中，主要的不同之处就是它们的高光属性，Anisotropic 材质会产生一些特殊的高光效果，Blinn 材质会产生比较柔和的高光效果，而 Phong 和 Phong E 材质会产生比较锐利的高光效果。

（1）Anisotropic 材质的高光属性

在 Anisotropic 材质属性编辑对话框中展开 Specular Shading（高光）选项组，如图 7-44 所示。

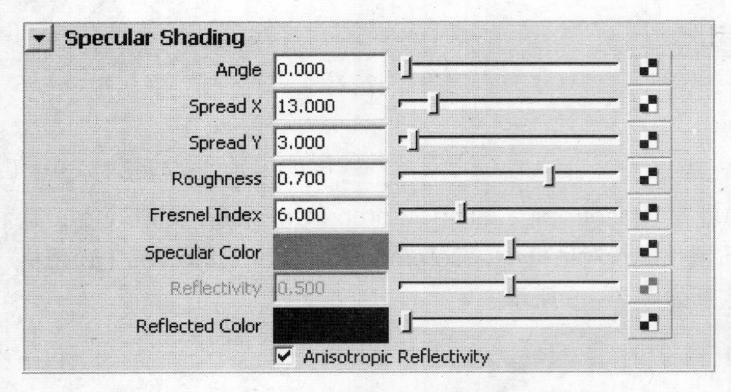

图 7-44 Anisotropic 材质属性的高光选项组

• Angle（角度）：用来控制椭圆形高光的方向。

• Spread X：用来控制 X 方向的拉伸长度。

• Spread Y：用来控制 Y 方向的拉伸长度。

• Roughness（粗糙度）：用来控制高光的粗糙程度，此数值越大，高光越强，高光区域就更加分散；数值越小，高光越弱，高光区域就比较集中。

• Fresnel Index（菲涅耳指数）：用来控制高光的强弱。

• Specular Color（高光颜色）：用来设置高光的颜色，当颜色为黑色时不产生高光效果。

• Reflectivity（反射强度）：用来设置反射的强度，数值越大反射越强，数值为 0 时就不产生反射效果。

• Reflected Color（反射颜色）：用来控制物体的反射颜色，可以在这里的颜色通道中添加一张环境贴图来模拟反射周围的环境。

• Anisotropic Reflectivity（Anisotropic 材质反射）：用来控制是否启用 Anisotropic 材质的反射属性。

（2）Blinn 材质的高光属性

在Blinn材质属性编辑对话框中展开Specular Shading（高光）选项组，如图7-45所示。

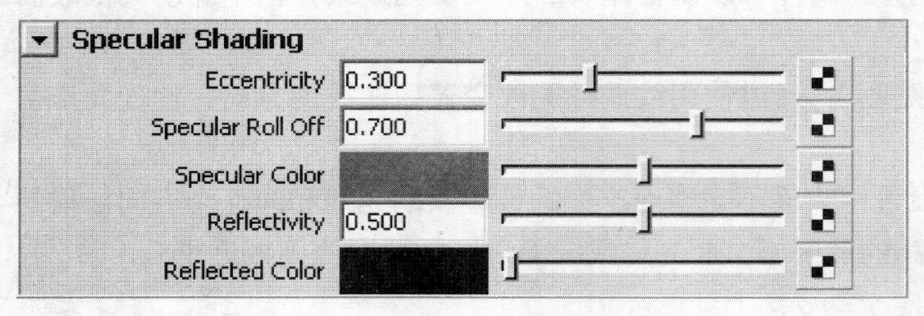

图 7-45 Blinn 材质属性的高光选项组

• Eccentricity（偏心率）：用来控制材质上的高光面积大小，值越大高光面积就越大，其值为 0 时，将不产生高光效果。

• Specular Roll Off（高光强度）：用来控制 Blinn 材质上的高光强度变化。

• Specular Color（高光颜色）：用来控制高光区域的颜色，当颜色为黑色时不产生高光效果。

（3）Phong 材质的高光属性

在 Phong 材质属性编辑对话框中展开 Specular Shading（高光）选项组，如图 7-46 所示。

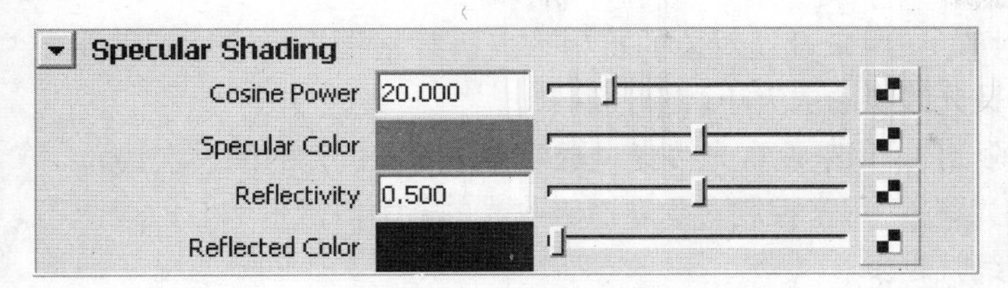

图 7-46 Phong 材质属性的高光选项组

- Cosine Power（余弦指数）：用来控制高光面积的大小，此数值越大，高光面积越小。
- Specular Color（高光颜色）：用来控制高光区域的颜色，当颜色为黑色时不产生高光效果。

（4）Phong E 材质的高光属性

在 Phong E 材质属性编辑对话框中展开 Specular Shading（高光）选项组，如图 7-47 所示。

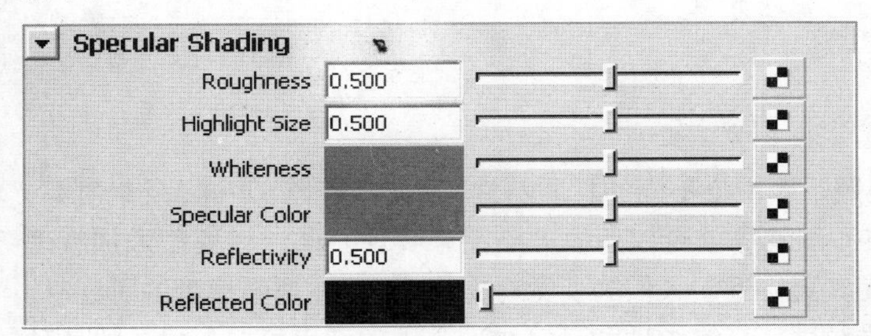

图 7-47 Phong E 材质属性的高光选项组

- Roughness（粗糙度）：用来控制高光中心柔和区域的大小。
- Highlight Size（高光尺寸）：用来控制高光整体区域的大小。
- Whiteness（中心区域）：用来控制高光中心区域的颜色。

3. Raytrace（光线跟踪）

Raytrace 选项组控制材质的折射和反射属性。Anisotropic、Blinn、Phong、Phong E 材质的折射和反射属性都一样，这里以 Phong E 材质为例进行讲解。

在 Phong E 材质属性编辑对话框中展开 Raytrace Options（折射）选项组，如图 7-48 所示。

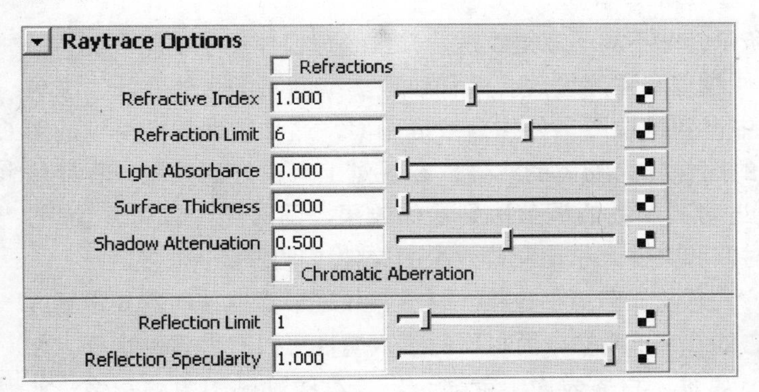

图 7-48 Raytrace Options 选项组

- Refractions（折射）：用来开启折射属性。

• Refractive Index（折射率）：用来设置对象的折射率。折射是指光线穿过不同介质时发生弯曲的现象，折射率就是光线弯曲的大小。

• Refraction Limit（折射限制）：用来设置光线穿过透明物体时被折射的最大次数。

• Light Absorbance（吸光率）：用来控制对象表面吸收光的能力。数值为 0 时表示不吸收光线，数值越大吸收的光线就越多。

• Surface Thickness（表面厚度）：用于单面渲染模型，可以产生出一定厚度效果。

• Shadow Attenuation（阴影衰减）：用来控制透明对象产生光线跟踪阴影的聚焦效果。

• Chromatic Aberration（色差）：当启用光线跟踪时，光线穿过透明物体时将以相同的角度折射。

• Reflection Limit（反射限制）：用于控制光线被反射的最大次数。

• Reflection Specularity（镜面反射）：用来避免反射表面的高光区域产生锯齿闪烁效果。

7.4 纹理

赋予模型材质可以使其在光照下表现出不同的材质特性，例如固有色、高光、反射度等，而模型额外的细节如凹凸、刮痕和图案等就可以用纹理贴图来实现。通过对模型添加纹理贴图，可以丰富模型的表现力，使其更接近于人们的视觉对物体的感受，增强模型的可视感。

在 MAYA 中，纹理分为二维纹理、三维纹理和环境纹理，纹理节点可以与材质的各种属性节点连接起来，从而使纹理影响材质的属性。不同的纹理在材质上表现出的性质也是有很大不同的。

二维纹理作用于物体表面时，其效果取决于投射方式和物体的 UV 坐标，而三维纹理则不受其外观的限制，可以将纹理的图案作用于物体的内部。

环境纹理并不直接作用于物体，主要用于模拟周围的环境，可以影响到材质的高光和反射属性，不同类型的环境纹理模拟的环境外形是不一样的。

7.4.1 2D Textures（二维纹理）

二维纹理类型如图 7-49 所示，它不同于三维纹理，二维纹理仅作用于物体表面，一般的二维纹理有两种类型：文件纹理和程序纹理。两种纹理类型的不同之处在于，文件纹理主要是使用相机或扫描仪中得到的位图文件作为纹理图案，这种纹理类型得到的图像比较真实，可以利用现实中的图像作为物体的纹理，在视觉上有良好的效果；程序纹理是软件生成的纹理，可以通过对其属性的调节达到最佳效果，同时还可以重复使用，这种纹理类型的优势在于渲染时间和文件大小比同样效果的文件纹理贴图小很多。

二维纹理节点通过投影的方式与材质节点相连接。材质与纹理节点连接时需要设置连接的属性，通常二维纹理输出它的 Color 属性，而材质的输入属性可以有许多种选择。如果将二维纹理输入材质的 Color 属性，材质表面上就显示出二维纹理贴图中的图像；如

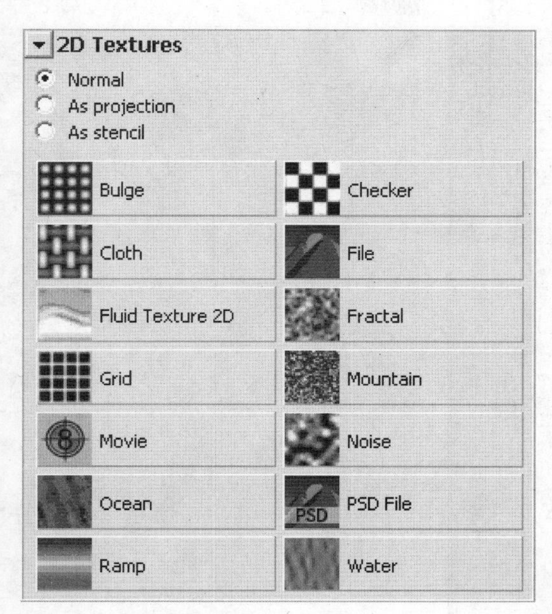

二维纹理类型
图 7-49

果将二维纹理输入材质的 Transparency 属性，就会根据二维纹理贴图中图像的色彩来控制材质的透明度。还可以将贴图连接到材质的其他属性，例如 Bump、Incandescence 属性等。

7.4.2 贴图方式

由于二维纹理有不同的类型，贴图对象也不一样，因而有着不同的使用方式。在 MAYA 中，二维纹理有 3 种不同的贴图方式，分别是 Normal（常规方式）、As projection（投影方式）和 As stencil（标签方式）。在对 NURBS 物体和多边形物体设置纹理贴图时，要根据具体情况选择使用的贴图方式。

- Normal（常规方式）：常规方式的贴图就是以模型自身的 UV 分布来决定纹理的走向。
- As projection（投影方式）：投影方式可以选择平面投影、球形投影和柱形投影。
- As stencil（标签方式）：这种贴图就像在物体上贴上一个标签一样，会产生一个 Stencil 程序节点，专门用来对图片进行定位、遮罩等操作。

1. NURBS 表面贴图

对于只有单个面片的 NURBS 模型，一般使用 Normal（常规方式）进行二维纹理贴图。在创建渲染节点面板中选择 Normal 方式，在创建二维纹理节点的同时也会产生一个 2D Placement（2D 放置节点）。2D 放置节点的属性编辑对话框如图 7-50 所示。

2D 放置节点属性选项组包括以下选项。

- Coverage 文本框：用来设置贴图框的大小比例，单击 Interactive Placement 按钮可以看到贴图框。
- Translate Frame 文本框：用来设置贴图框的移动。

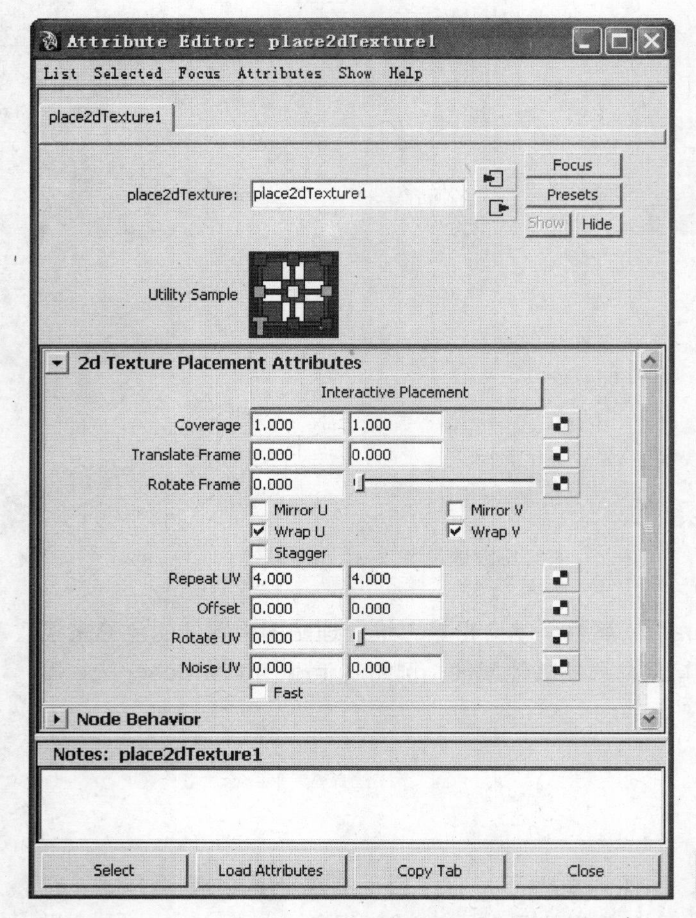

2D 放置节点的属性编辑对话框
图 7-50

- Rotate Frame 文本框：用来设置贴图框的旋转。
- Mirror U 和 Mirror V 复选框：用来设置纹理是否在 U 和 V 方向上进行镜像操作。
- Wrap U 和 Wrap V 复选框：用来设置纹理是否在 U 和 V 方向上进行重复衔接操作。
- Stagger 复选框：用来设置纹理在重复时是否进行交错操作，如同砌砖墙的原理。
- Repeat UV 文本框：用来设置纹理在 U 和 V 方向上的重复次数。
- Offset 文本框：用来设置纹理在 U 和 V 方向上的偏移，但贴图框不移动。
- Rotate UV 文本框：用来设置纹理的旋转，但贴图框不旋转。
- Noise UV 文本框：用来设置纹理在 U 和 V 方向上的混乱度。

当单击 Interactive Placement 按钮出现贴图框后，还可以通过鼠标中键进行调整操作，拖动 4 条边框的中点可以调整 Coverage 的值；拖动贴图框正中心的点可以调整 Translate Frame 的值；拖动 4 个角点可以调整 Rotate Frame 的值。

如果纹理贴图表面上有些地方被挤压，而在另外一些地方被拉伸，可能是因为表面布线不均匀所致，这时可以打开表面形节点的属性编辑对话框，选中 Texture Map 选项组中的 Fix Texture Warp 复选框，可以解决部分问题，如图 7-51 和图 7-52 所示。

对于由多个面片组成的，同时又需要保持纹理贴图连续性的 NURBS 面片组模型，一般选择 As projection（投影方式）进行二维纹理贴图，在创建二维纹理节点的同时也会产生一个 2D Placement 节点、一个 3D Placement 节点和一个 Projection 节点，如图 7-53 所示。

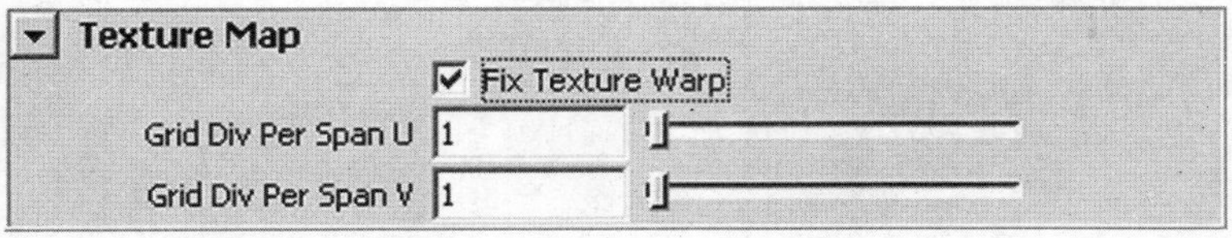

Texture Map
Fix Texture Warp
Grid Div Per Span U 1
Grid Div Per Span V 1

Texture Map 选项组中的 Fix Texture Warp 复选框
图 7-51

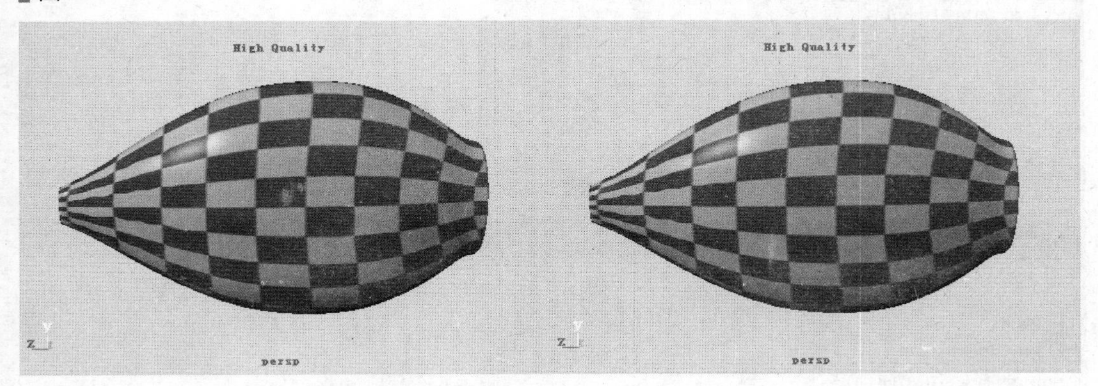

选中 Fix Texture Warp 复选框前后的贴图效果
图 7-52

使用投影方式进行纹理贴图产生的节点
图 7-53

在 3D Placement 节点的属性编辑对话框中调整 3D 纹理坐标的大小以及位置，其中并没有设置纹理重复等属性，如图 7-54 所示。

如图 7-55 所示，在 Projection 节点的属性编辑对话框中可以改变投影的类型，例如平面、球形及圆柱形等，当改变投影类型的同时，3D 纹理坐标的形状也会随之改变，如图 7-56（a）、（b）、（c）所示。

3D Placement 节点与 2D Placement 节点不同，它是一个独立的物体。在 Outliner 窗口中，默认状态下可以看到 3D Placement 节点，但不会看到 2D Placement 节点。

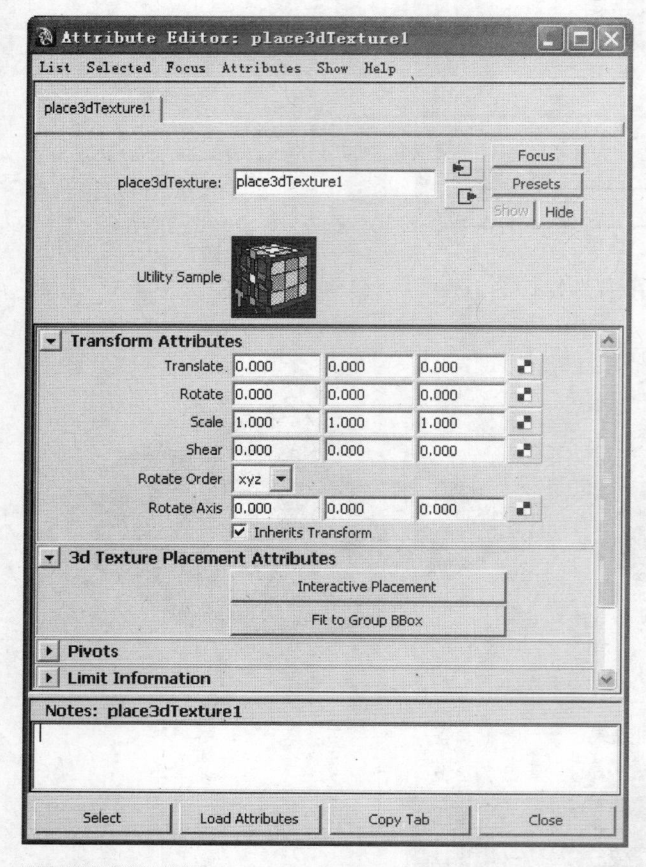

3D Placement 节点的属性编辑对话框
图 7–54

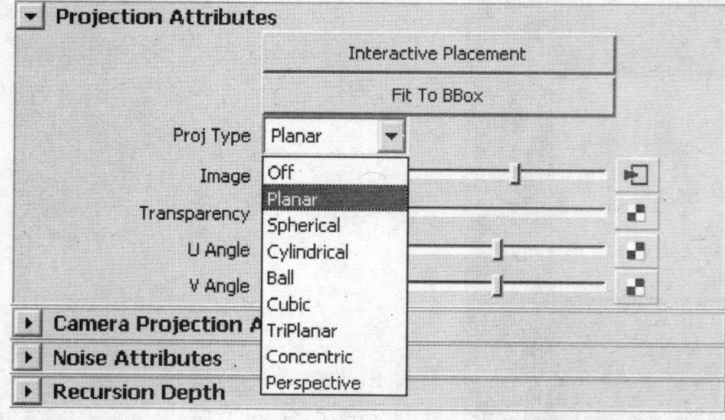

Projection 节点的属性编辑对话框
图 7–55（左）

改变投影类型
图 7–56（下）

(a)

(b)

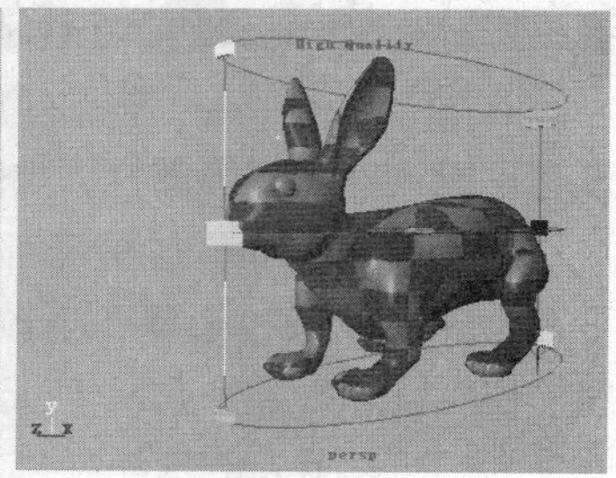

(c)

2. 多边形表面的贴图

对于多边形模型的贴图，一般是采用 Normal（常规方式）进行。在 MAYA 中创建的多边形模型，大都有内设的贴图坐标，而由外部导入的模型有些没有贴图坐标。大多数情况下，内设的贴图坐标并不能满足正确贴图的需要，还要进行编辑或者重新设定。在 Polygon 模块的 Create UVs 菜单和 Edit UVs 菜单中为多边形贴图坐标提供了多种编辑方式。

为多边形设定 UV 贴图坐标的方式有 4 种：Planar Mapping（平面贴图）、Cylindrical Mapping（柱面贴图）、Spherical Mapping（球面贴图）和 Automatic Mapping（自动贴图），如图 7-57（a）、（b）、（c）所示分别为平面、球面、柱面贴图方式。

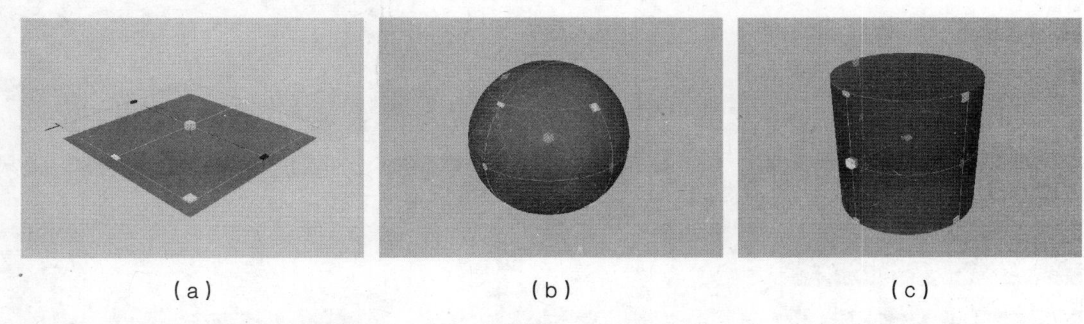

（a） （b） （c）

以平面、球面、柱面贴图的方式设置贴图坐标
图 7-57

对于一些复杂的模型，单独使用 Planar Mapping（平面贴图）、Cylindrical Mapping（柱面贴图）和 Spherical Mapping（球面贴图）可能会产生重叠的 UV 和扭曲现象，而 Automatic Mapping（自动贴图）可在纹理空间中对模型中多个不连接的面片进行贴图，并将 UV 分割成不同的片，分布在 0 ~ 1 范围的纹理空间中，如图 7-58 和图 7-59 所示。

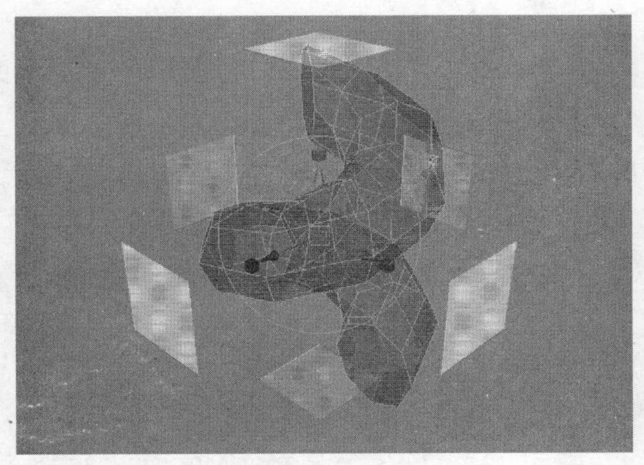

以自动贴图方式设置贴图坐标
图 7-58

自动贴图方式产生的 UV 分布
图 7-59

在为物体设定 UV 坐标时，都会出现一个贴图的控制手柄，可以使用这个控制手柄对其进行交互式操作。在操纵纹理贴图时，使用控制手柄可以结合 UV Texture Editor（UV 纹理编辑器）来精确地对贴图进行定位。

UV Texture Editor（UV 纹理编辑器）是 MAYA 提供的一个专门用于贴图坐标编辑的窗口。在对多边形模型设定基本的贴图方式之后，就可以在这个窗口中对模型表面的贴图坐标进行精确的编辑。下面通过一个实例来了解多边形物体贴图坐标的设定和编辑操作。

3. 实例——多边形模型贴图

观察如图 7-60 所示的场景，这是使用多边形建模方式制作的一个简单的书的模型。书的模型已经有了系统内设的贴图坐标，但是它的 UV 坐标分配并不合理。这个练习要将图 7-61（a）所示的二维纹理贴图贴到图 7-61（b）所示的多边形模型的表面，完成图 7-61（c）所示的效果。

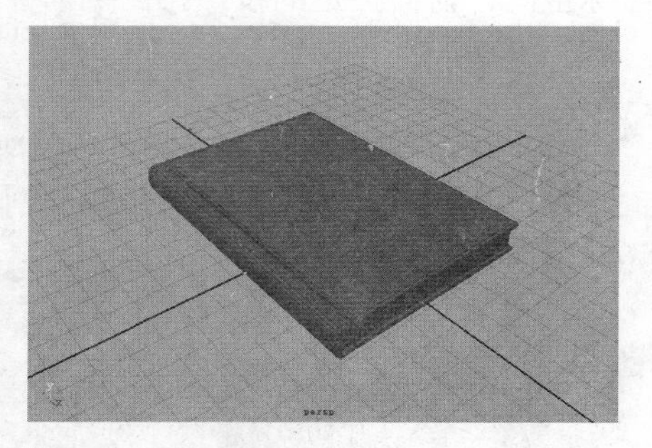

用多边形建模方式制作的书的模型
图 7-60

（1）首先在 Hypershade 窗口中为模型指定一个 Blinn 材质，单击创建面板中的 File 图标创建一个二维纹理节点，在该节点属性编辑对话框中浏览所需的贴图文件，然后用鼠标中键拖动二维纹理节点到 Blinn 材质节点上，在弹出的菜单中选择 Color 选项，将其连接到材质的 Color 属性上。在场景视图中按 6 键使激活硬件纹理显示，当前的贴图效果如图 7-62 所示。

（a）

（b）

（c）

将二维纹理贴图贴到模型表面
图 7-61

当前的贴图效果
图 7-62

（2）进入 MAYA 的 Polygon 编辑模块，按 5 键关闭硬件纹理显示。选择封面部分如图 7-63 所示的多边形面，执行 Create UVs → Planar Mapping 命令，单击右侧的参数设置按钮，打开平面贴图参数设置对话框，将投影轴向设为 Y 轴，其他参数保持默认，如图 7-64 所示，然后单击 Project 按钮进行投影。

（3）视图窗口中出现贴图坐标控制手柄，如图 7-65 所示。单击中间的方块可以移动 UV 坐标；单击并拖动边缘的方块可以缩放 UV 坐标；单击边缘的红色十字标记可以切换

UV 坐标变换控制模式。可以使用这个手柄对坐标进行粗略的对位，也可以直接进入 UV 纹理编辑器窗口进行编辑。

（4）执行 Edit UVs → UV Texture Editor 命令打开 UV 纹理编辑器窗口，图 7-66 所示为该窗口的默认状态。在该窗口中，背景网格显示的 0~1 范围的网格空间为有效的 UV 坐标空间，前面指定的投影贴图的面会自动充满这个空间，二维纹理贴图和贴图坐标控制手柄同样显示在该窗口中。

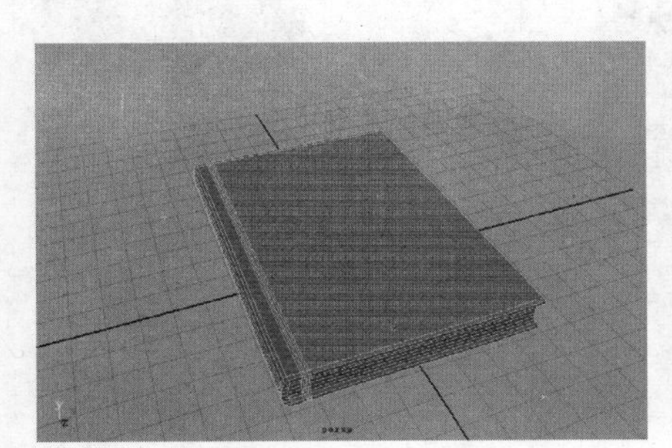

选择多边形面
图 7-63

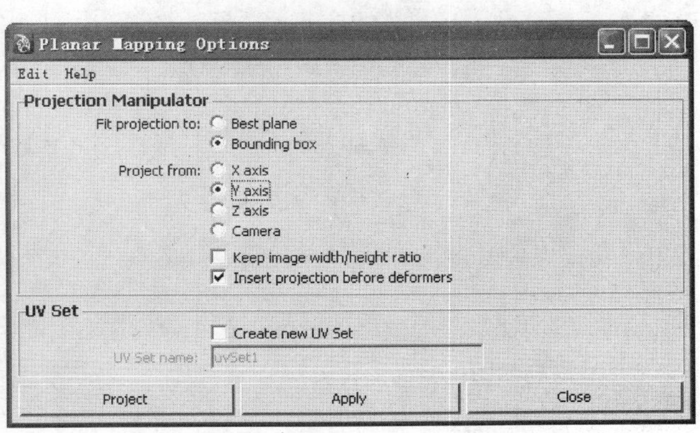

平面贴图的参数设置
图 7-64

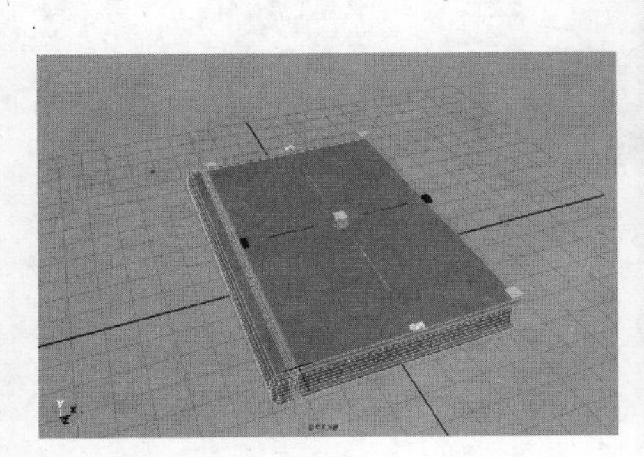

贴图坐标控制手柄
图 7-65

UV 纹理编辑器窗口
图 7-66

（5）单击 UV 纹理编辑器窗口上方的按钮，这是减弱纹理贴图亮度的开关；单击按钮关闭窗口的网格显示。拖动坐标控制手柄以使当前选择的 UV 面对齐到贴图中封面的位置，如图 7-67 所示。

（6）使用 Alt 键配合鼠标的中键、右键可以在编辑器窗口中进行平移或缩放，这点同在 MAYA 其他窗口中的操作相同。在 UV 面中单击右键，从弹出的菜单中选择 UV 选项，如

图 7-68 所示，进入 UV 点编辑模式，使用移动工具对 UV 点的位置进行精确调整。可以配合 MAYA 的视图窗口观察所选取的 UV 点是否正确，如图 7-69（a）、（b）所示。

对齐 UV 面到贴图中封面的位置
图 7-67

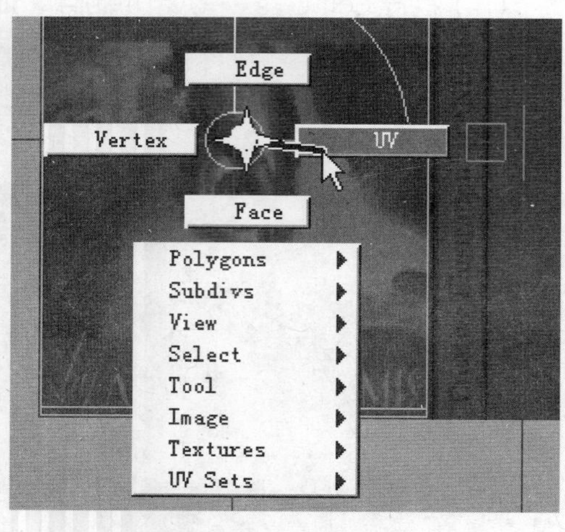

通过右键菜单进入 UV 点编辑模式
图 7-68

（a）

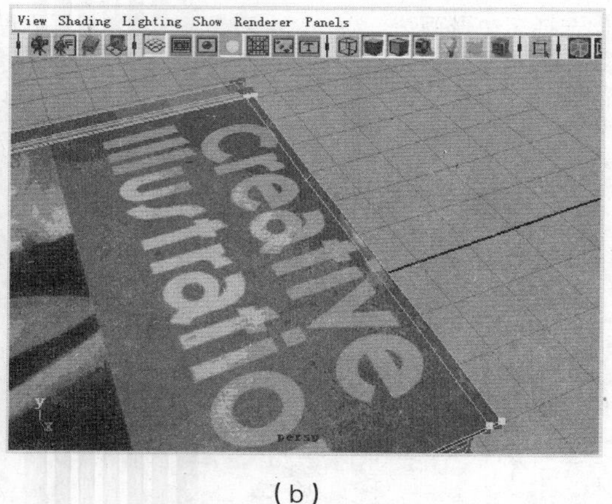

（b）

配合透视视图调整 UV 点
图 7-69

（7）选择书脊部分的面，如图 7-70 所示，执行 Create UVs → Cylindrical Mapping 命令进行柱面贴图，如图 7-71 所示。

（8）在视图中拖动操作手柄的十字形标记，坐标控制手柄随之变换控制状态，如图 7-72（a）、（b）所示，调整贴图坐标的方向和比例，也可在 Channel Box 中直接输入相应数值进行调整。

（9）在 UV 纹理编辑器窗口中将该部分 UV 点对齐到纹理贴图上书脊部分的位置，如图 7-73（a）、（b）所示。

（10）由于书页部分的纹理没有什么区别，所以可以选择书页两端的面，同时使用平面贴图方式进行投影，注意在贴图参数设置对话框中要选择正确的投影方向，这里是 Z 轴方向，然后将 UV 点移动到如图 7–74（a）、（b）所示的位置。

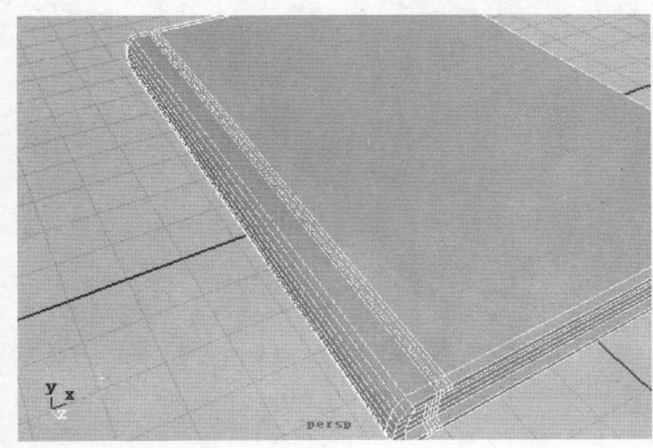

选择书脊部分的面
图 7–70

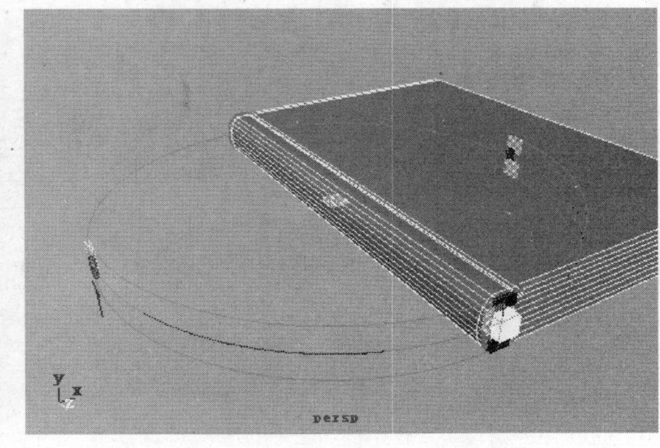

进行柱面贴图
图 7–71

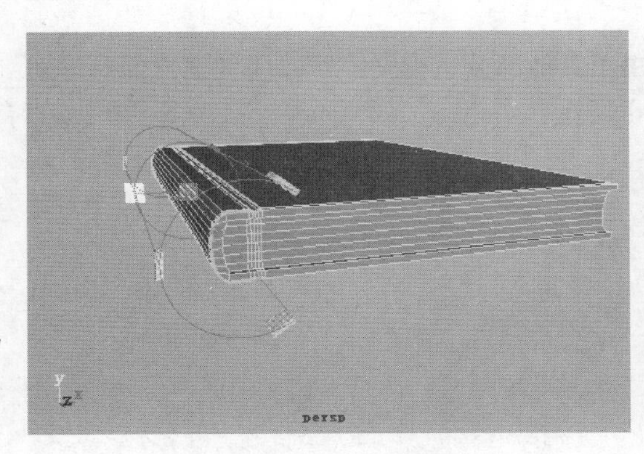

（a）

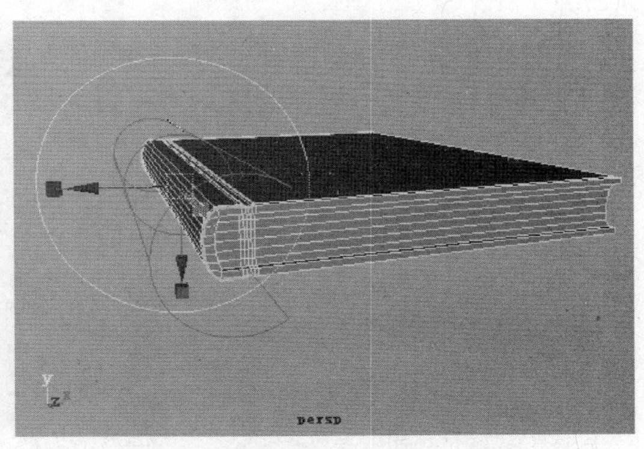

（b）

控制手柄的状态转换
图 7–72

（a）

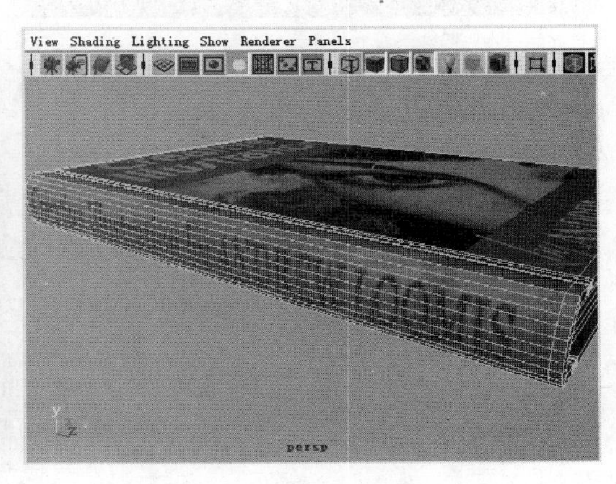

（b）

对齐 UV 面到书脊部分的纹理贴图位置
图 7–73

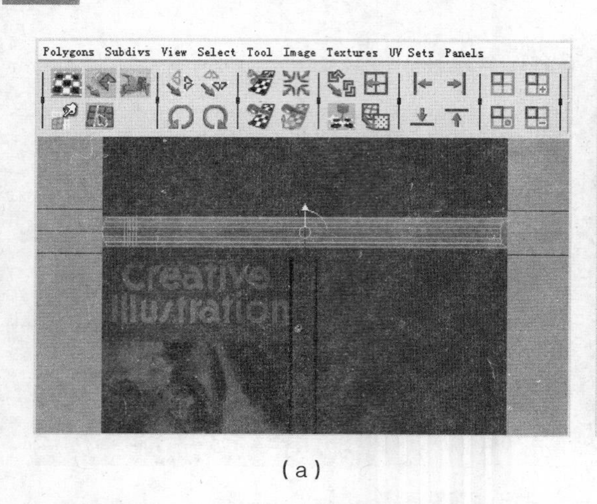

(a)

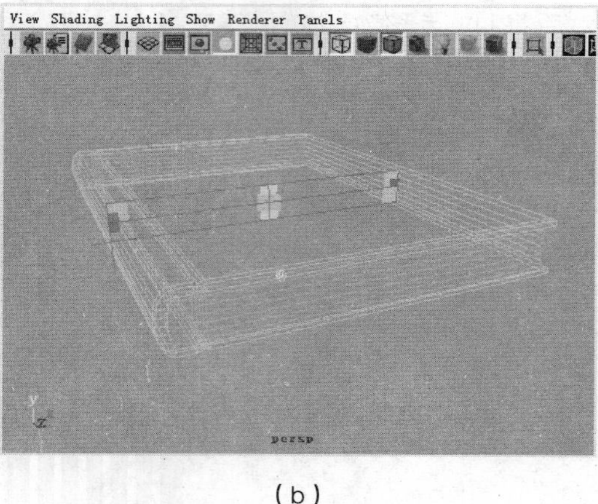

(b)

将书页部分的 UV 面对齐到相应位置
图 7–74

（11）因为与书脊相对的 UV 点的纹理与书页其他部分也相同，所以同样把它们安排到纹理贴图中书页的位置，如图 7–75（a）、（b）所示。

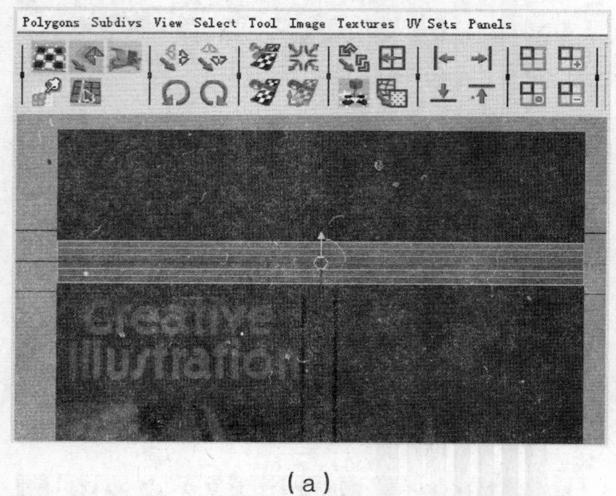

(a)

(b)

将图中所示的 UV 面对齐到相应位置
图 7–75

整个模型的 UV 分布
图 7–76

（12）按照上面的方法将各部分的 UV 同纹理贴图对齐，注意各个部分 UV 的比例要尽可能与模型的相应部分相符合。整个模型的 UV 分布如图 7-76 所示。

这里讲解的实例是依照现有的纹理贴图进行 UV 分配的，在实际工作中，多数情况下是首先对模型的 UV 进行分配，再通过 UV 纹理编辑器窗口中的 UV Snap Shoot（UV 快照）工具将 UV 的分布输出为一张二维图像，然后在图像处理软件中根据输出的图像来绘制纹理贴图。

UV 点相互连接形成的网状结构，称为“UV 面”。在 UV 纹理编辑器窗口中，UV 的坐标由网格来界定，UV 面的分布应该在 0~1 范围的纹理空间中，如果 UV 超过 0~1 的纹理空间范围，纹理贴图就会在相应的顶点重复。另外，一般情况下 UV 面不能相互重叠，否则纹理贴图也会在相应的顶点重复，只有在为多边形表面设置相同的纹理图案时，才需要将 UV 面重叠放置，例如上面所讲到的书页部分的贴图坐标分配。

7.4.3 3D Textures（三维纹理）

二维纹理只会影响材质的表面，而无法影响到材质的内部，也就是说二维纹理仅仅投影到材质的表面，如果将材质切开，则材质的内部是不受纹理影响的。但在真实世界中，许多材质的表面与内部是一致的，例如大理石材质、木材等，如果要建立这种材质，就需要使用到三维纹理贴图。

三维纹理贴图的投影方式是立体的，它同时被投影到材质的表面和内部，整个纹理在材质中都是连续的，如图 7-77（a）、（b）所示。

（a）

（b）

三维纹理贴图的投影方式
图 7-77

三维纹理使用的方法比较简单，都是通过调节各种内置参数来模拟自然界的云雾、皮革、大理石、木头、石头等纹理效果。使用三维纹理的优势在于，无论模型多么复杂，都能够在模型表面产生连贯的、毫无拉伸的纹理效果。图 7-78 所示为三维纹理类型。

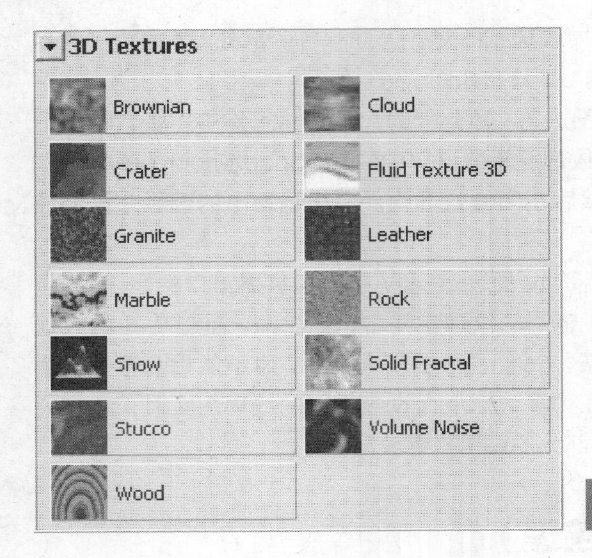

三维纹理类型
图 7–78

7.4.4 Environment Textures（环境纹理）

环境纹理类型如图 7–79 所示，这类纹理专门用来制作环境效果。Env Ball、Env Cube 和 Env Sphere 需要配合其他纹理贴图使用；而 Env Chrome 和 Env Sky 是由程序产生纹理，一般是将它们指定给摄像机的环境，作为环境背景贴图，或者指定给反射颜色作为虚拟的环境反射贴图，这种纹理的用法和三维纹理相似。

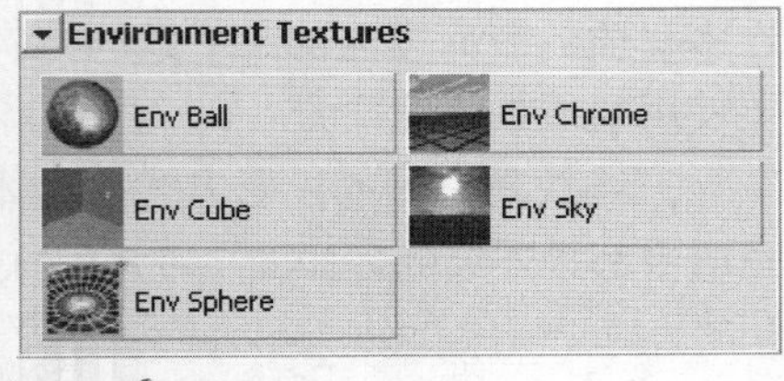

环境纹理类型
图 7–79

7.4.5 Layered Textures（层纹理）

这是一种合成的纹理贴图，可以将多种类型的纹理贴图融合在一起，制作出复合多样的效果。

7.5 实例——材质制作

7.5.1 制作木纹材质

木纹材质的制作相对简单，这里主要学习材质编辑界面的定义、二维纹理贴图的使用方法、材质节点的连接方式等。

（1）打开场景，这是一个比较简单的场景，墙面、地面由几个 NURBS 面片组成，餐桌和餐椅为多边形表面，场景中创建了几个灯光，其中一个灯光开启了 Raytrace Shadow（光线跟踪阴影）功能。

（2）首先来设置适合材质编辑的工作界面。执行 Window → Setting / Preferences → Panel Editor 命令，在弹出的 Panels 对话框中切换到 Layouts 选项卡，选择 Hypershade/Render/Persp 选项，如图 7-80 所示，单击 Close 按钮关闭该对话框。当前工作界面如图 7-81 所示。

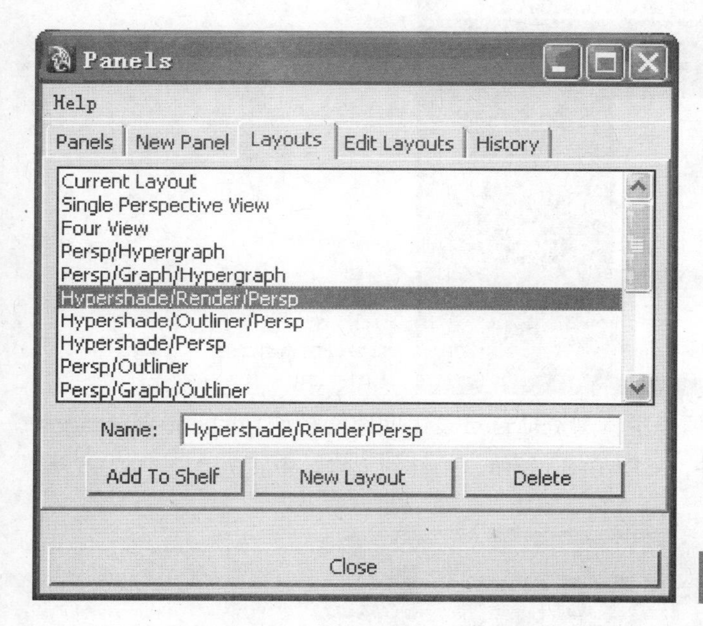

设置材质编辑界面
图 7-80

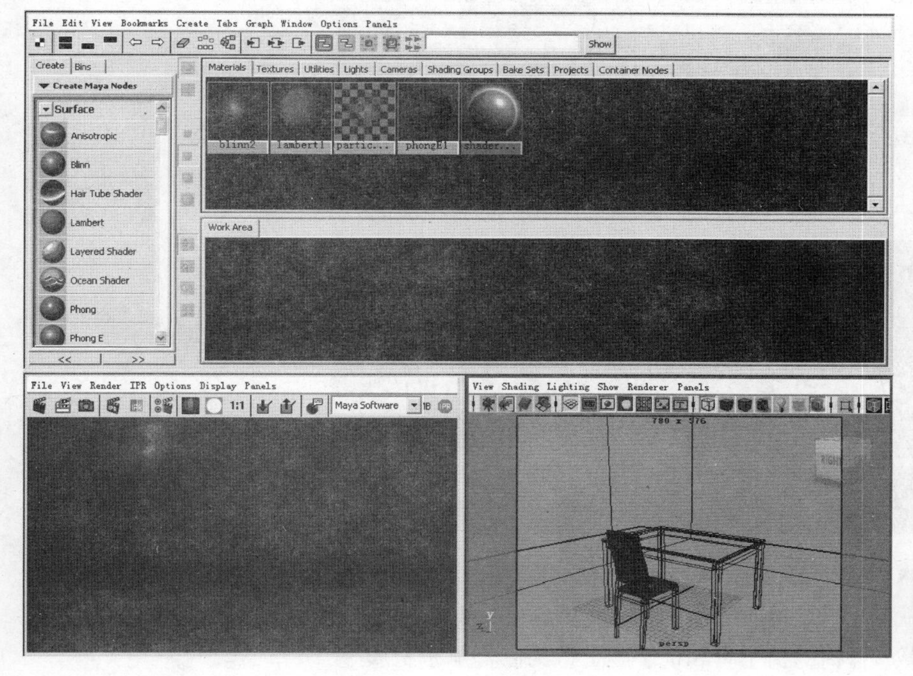

材质编辑的工作界面
图 7-81

（3）下面为餐桌创建一个 Blinn 材质。使用鼠标中键从创建面板中拖动 Blinn 样本到工作区，在材质节点上右击，从弹出的菜单中选择 Rename 选项，如图 7-82 所示，在文本框中输入 Wood_m，为材质重新命名。

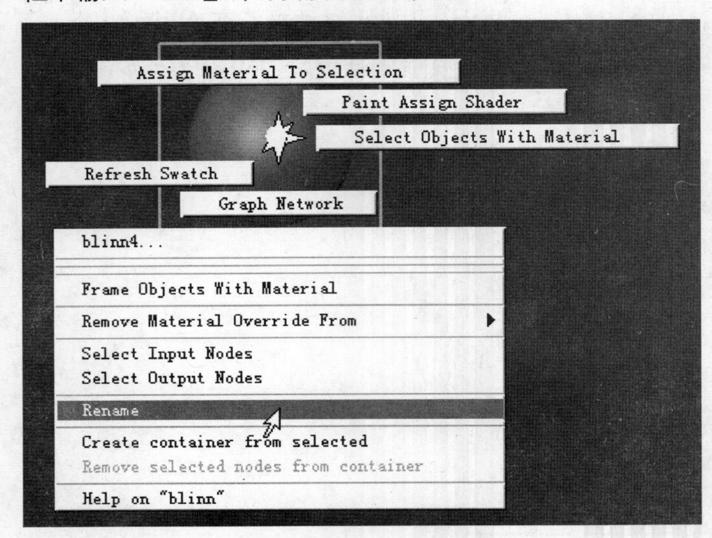

为材质重新命名
图 7-82

（4）在分类区的 Projects 选项卡中，浏览项目目录中贴图文件所在的 sourceimages 文件夹，找到木材纹理的贴图文件，如图 7-83 所示，拖动到工作区中。

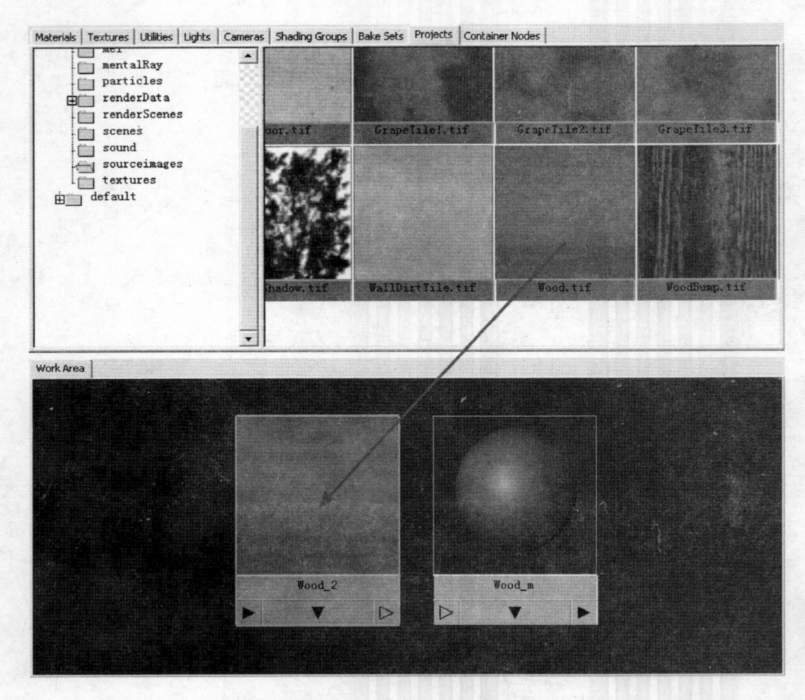

将木材纹理贴图拖动到工作区
图 7-83

（5）拖动木材纹理节点到 Wood_m 材质节点上，从弹出的标记菜单中选择 Color 选项，木材纹理节点就与 Blinn 材质节点的 Color 属性连接在一起，然后拖动 Wood_m 材质节点到场景中的餐桌、餐椅的椅子背和椅子腿上，为它们赋予材质。

（6）下面来调整刚刚创建的木纹材质，将利用到 MAYA 的 IPR 渲染工具。在 Render 窗口中单击按钮，渲染完成后，使用鼠标左键框选整个渲染图像来确定 IPR 渲染区域，再单击视图窗口中的（Display real size）按钮，使渲染视图全比例显示。

（7）在工作区双击 Wood_m 材质，打开 Attribute Editor 对话框，在 Attribute Editor 对话框中将材质的 Specular Color 设置为纯白色，将 Eccentricity 属性值更改为 0.2，确认 Wood_m 材质为选中状态，在 Hypershade 窗口中单击 Input connections 按钮，工作区中材质的输入节点将会自动排列，如图 7-84 所示。

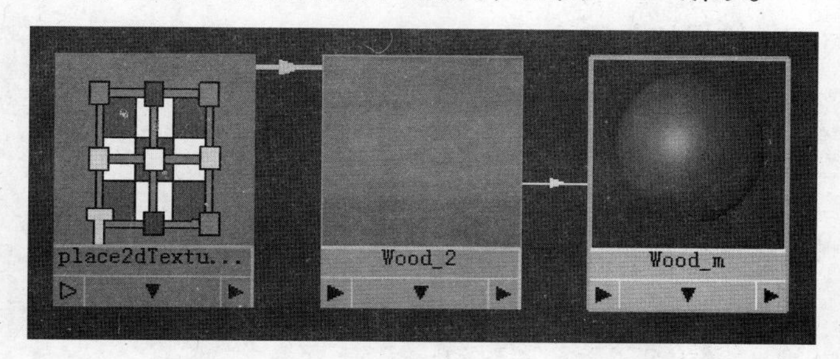

材质节点的排列
图 7-84

（8）选择木纹纹理的放置节点 place2dTexturel，在 Attribute Editor 对话框中更改其 Repeat UV 参数为一个合适的值，这里设置为 4.000、4.000，表示木纹纹理在 U 和 V 方向上被重复 4 次，如图 7-85 所示。

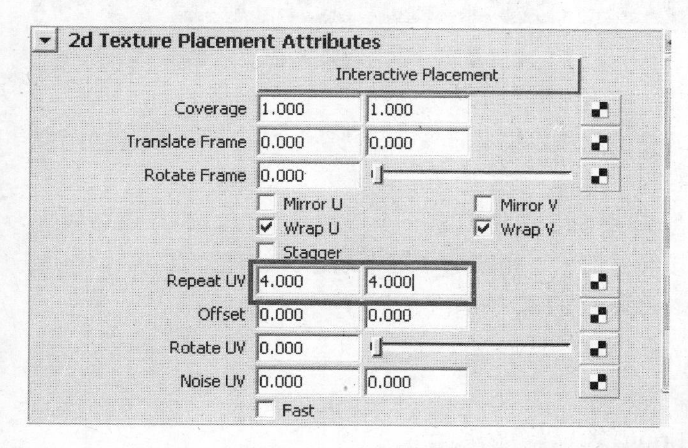

设置纹理在 UV 方向的参数
图 7-85

（9）选择木纹纹理节点，拖动到 Wood_m 材质节点上，在弹出的标记菜单中选择 Bump Map 选项，这样就将木纹纹理节点同材质节点的凹凸属性连接起来，此时 Render 窗口将会刷新，显示出木材纹理的凹凸效果。再选择 Wood_m 材质节点，单击按钮重新排列工作区中的节点。

（10）选择 bump2d1 节点，在 Attribute Editor 对话框中将它的 Bump Depth 参数值从默认的 1.0 更改为 0.03，渲染结果如图 7-86 所示。

7.5.2 制作墙壁材质

这里将主要学习 Layer Shade（层材质）和 Layer Texture（层纹理）的制作方法，使用这种方法能够制作出更真实、复杂感更强的材质效果。层材质可以用来模拟同一个模型上多种材质的混合效果；而层纹理和 Photoshop 软件中的层混合功能有些相似，可以将多种纹理以各种方式混合、叠加。

（1）下面来创建背景中墙的材质。单击 Hypershade 窗口工具栏中的按钮将工作区节点清除显示，然后新创建一个 Lambert 材质节点，将其重新命名为 Wall_m，再在 Projects 选项卡中浏览贴图文件，选择一张砖墙的贴图，将其与 Wall_m 材质节点的 Color 属性连接。

（2）修改连接到砖墙贴图的放置节点的 Repeat UV 参数为一个合适的值，在这里将 U、V 值分别设置为 4.000、2.000，IPR 渲染结果如图 7-87 所示。

木纹材质的渲染效果
图 7-86

墙壁基本材质的渲染结果
图 7-87

（3）通过渲染结果可以看到，墙壁的材质效果看起来有些“新”，缺少一些剐蹭、污损等岁月的痕迹。下面就来将它“做旧”。

（4）在创建面板中单击 Layered Texture 按钮创建一个层纹理节点。选择墙砖纹理节点与墙壁材质节点 Wall_m 的连接线并删除，用鼠标中键拖动墙砖纹理节点到 Attribute Editor 对话框的 Layered Texture Attributes 栏中，如图 7-88 所示。

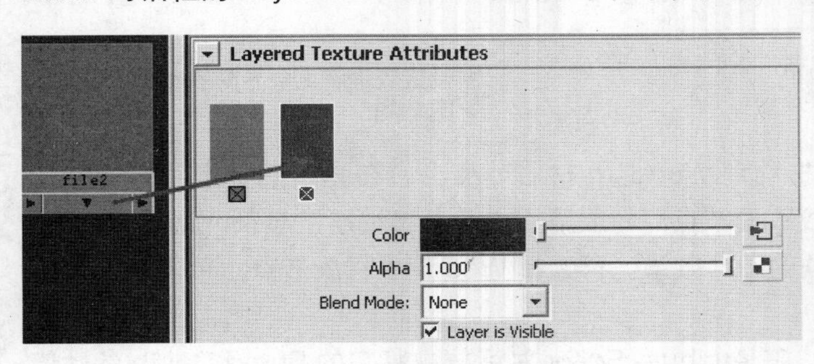

拖动墙砖纹理节点到层纹理节点中
图 7-88

（5）下面制作污损效果的纹理。在 Hypershade 窗口的 Projects 选项卡中浏览贴图文件并选择一个灰泥的贴图，如图 7-89 所示，拖动到工作区中创建一个二维纹理节点，然后将该节点拖动到 Layered Texture Attributes 栏中，将属性栏中原有的绿色方块删除，再使用鼠标中键调整墙砖纹理节点与污损纹理节点的位置，使污损纹理位于墙砖纹理的前面。

（6）将 layeredTexturel 节点与 Wall_m 材质节点的 Color 属性连接，工作区中 Wall_m

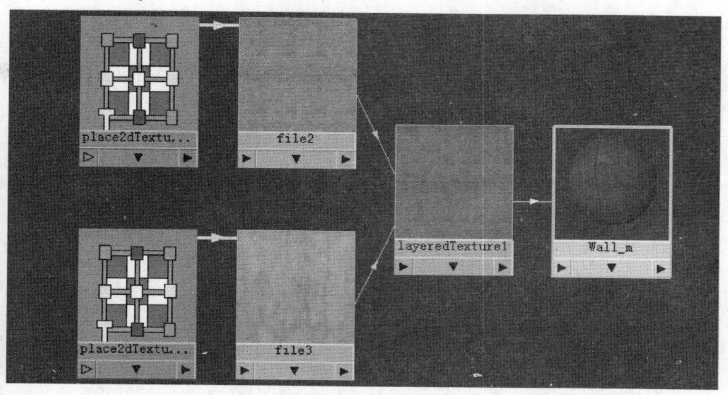

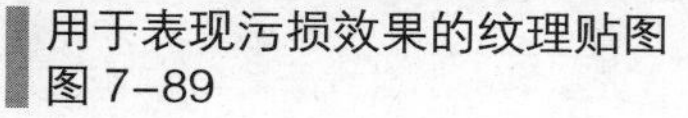
用于表现污损效果的纹理贴图
图 7-89

添加层纹理的材质节点连接
图 7-90

材质的节点连接如图 7-90 所示。

（7）在 Layered Texture Attributes 栏中选择污损纹理节点，适当降低它的 Alpha 属性值，这里设置为 0.450，目的是让下面一层的墙壁纹理显示出来，再将 Blend Mode（混合模式）设为 Multiply，如图 7-91 所示。

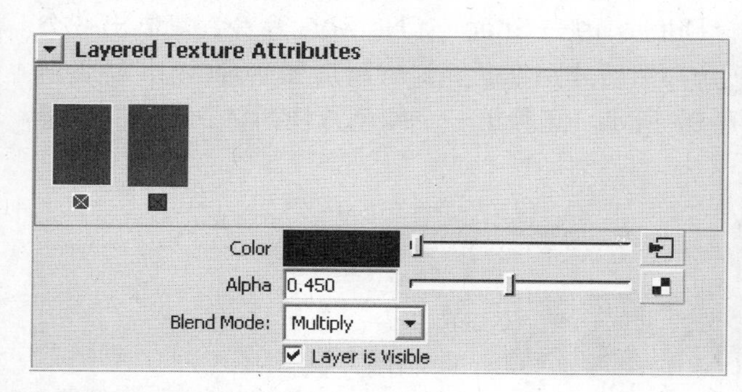

编辑层纹理的属性
图 7-91

墙壁材质的渲染效果
图 7-92

（8）渲染场景，结果如图 7-92 所示。接下来使用层材质制作贴着旧海报的墙壁效果。

（9）新建一个 Lambert 材质，重命名为 Pic_m。创建一个旧海报的二维纹理节点，将它与 Pic_m 材质节点的 Color 属性连接，再将 Pic_m 材质指定给正对餐桌的墙壁，场景如图 7-93 所示。很明显，海报的比例、位置都需要调整。

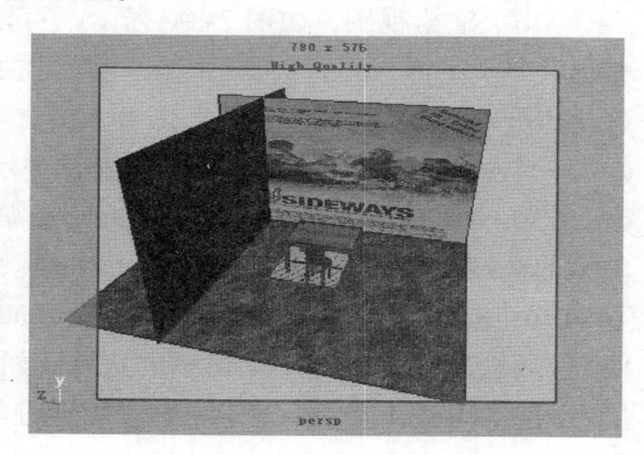

为墙壁指定旧海报的材质
图 7-93

（10）选择海报纹理的 2D 放置节点，在其属性栏中单击 Interactive Placement（交互式放置）按钮，如图 7-94 所示，然后在视图中选择墙壁模型，可以看到出现红色的坐标调节框，如图 7-95 所示。

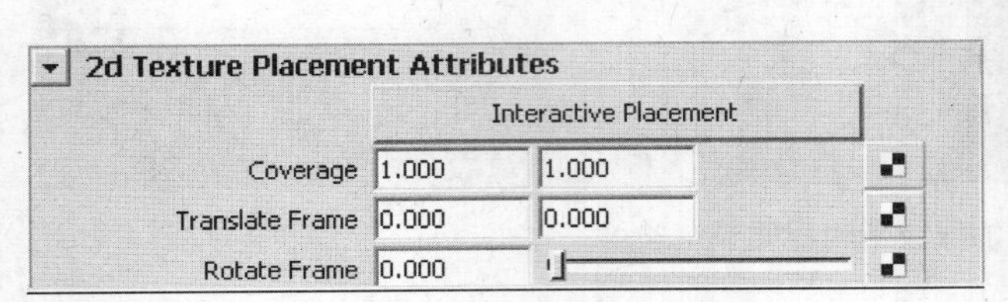

2D 放置节点的交互式放置按钮
图 7-94

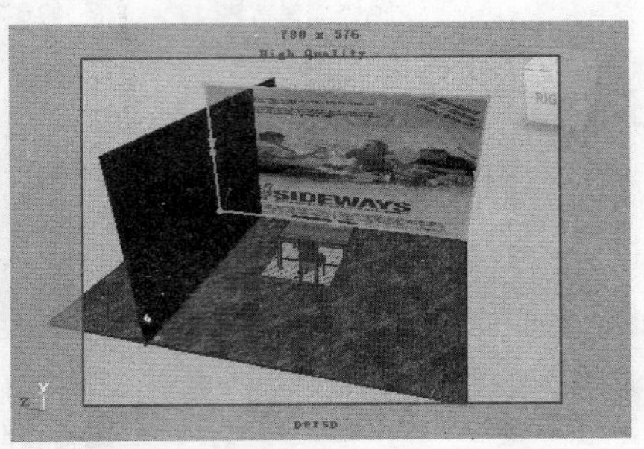

墙壁模型上的坐标调节框
图 7-95

（11）使用鼠标中键调整坐标框的比例和位置，如图 7-96 所示。

（12）新建一个 Layered Shader，将其重命名为 PicWall_m。选择 Wall_m 材质节点，在 Hypershade 窗口中执行 Edit → Duplicate → Shading Network 命令，复制出一个新的砖墙材质节点，重命名为 Wall02_m，然后分别拖动 Pic_m 材质和 Wall02_m 材质到 PicWall_m 层材质的属性栏中，如图 7-97 所示。删除第一个绿色方块，将 PicWall_m 层材质指定给墙壁造型。

调整坐标框的比例和位置
图 7-96

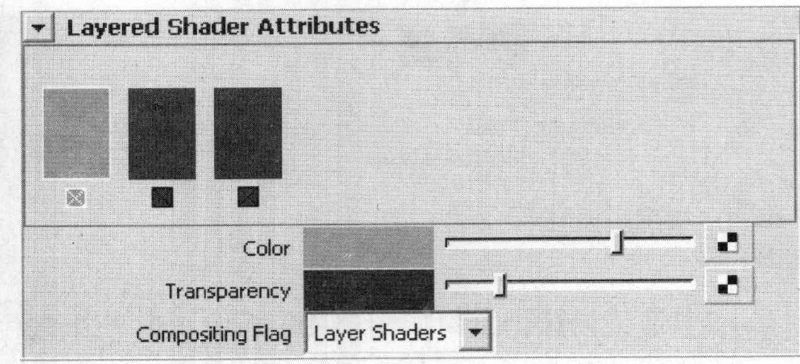

编辑层材质的属性
图 7-97

（13）渲染视图，如图 7-98 所示，可以发现墙壁上只显示了第一层的材质 Pic_m，第二层的污损墙砖材质被遮挡。接下来要在 Pic_m 材质的透明属性上添加一个贴图蒙版，以使底层的墙砖材质显示出来。

（14）单击 Pic_m 材质 Transparency 属性选项右侧的按钮，打开 Create Render Node 面板，在 Textures 选项卡中取消 With new texture placement（附带新纹理放置节点）复选框的选择，如图 7-99 所示，然后单击 File 图标创建一个二维纹理节点，在

墙壁只显示了第一层的材质
图 7-98

二维纹理节点的属性对话框中找到 Image Name 选项，单击其后的按钮，浏览并指定贴图蒙版图像，这是一张全黑色的图像。

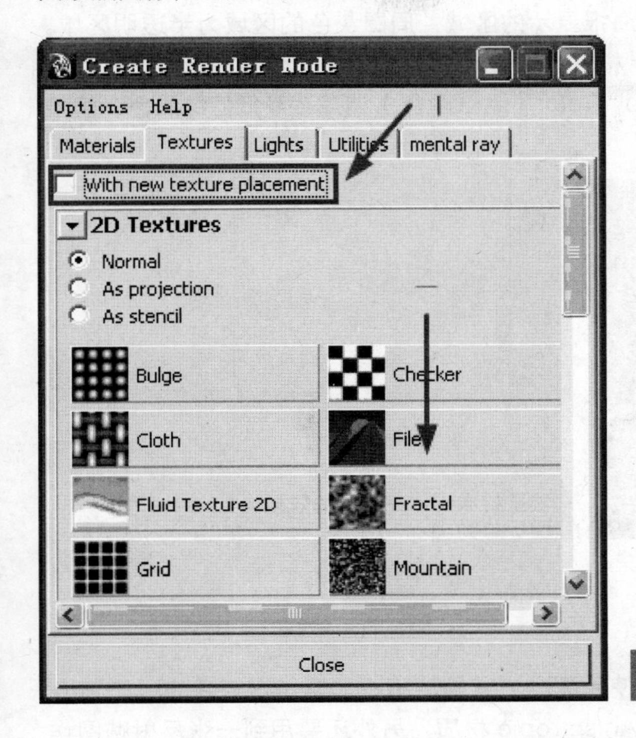

创建二维纹理节点的选项
图 7-99

（15）作为贴图蒙版的二维纹理节点应该和海报纹理的放置节点连接，这样才能产生正确的蒙版效果。在 Hypershade 窗口中，用鼠标中键拖动海报的纹理放置节点到新建的贴图蒙版纹理节点上，建立共享节点连接，这样就可以使海报纹理和贴图蒙版纹理的比例与位置保持一致。整个 PicWall_m 材质的节点连接如图 7-100 所示。

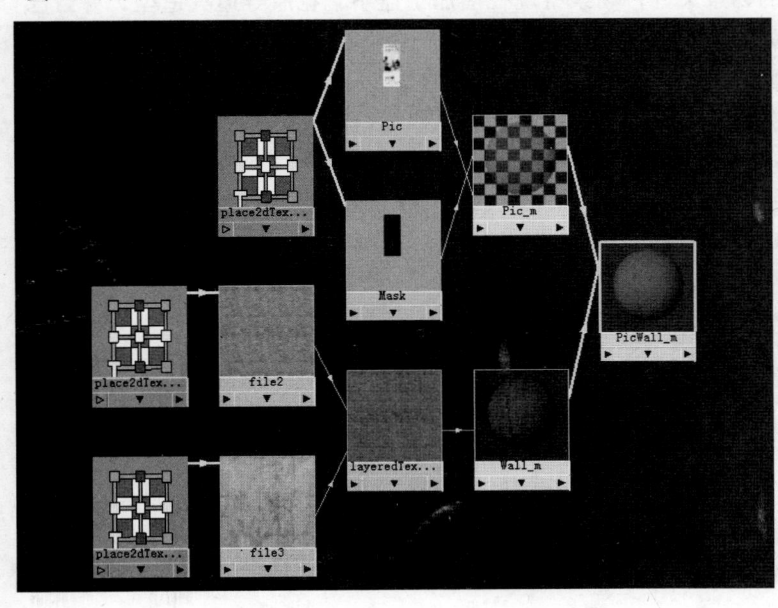

整个墙壁材质的节点连接
图 7-100

（16）进入贴图蒙版纹理节点的属性设置对话框中，在 Effects 选项组中勾选 Invert（反向）选项，将贴图的黑白关系反转，以使蒙版之外的区域透明，显示底层的墙砖材质。观察蒙版节点图标，中央白色的区域为海报显示的区域，周围灰色的区域为半透明区域。为了使底层的墙砖材质完全显示，需要将灰色区域调整至纯黑色。将蒙版节点的 Color Balance（色彩平衡）选项组中的 Default Color（默认颜色）调整至最低值纯黑色，渲染视图，效果如图 7-101 所示。

墙壁材质制作完成后的效果
图 7-101

7.5.3 制作金属材质

金属材质的制作方法有很多，具体使用哪种方式需要根据实际情况来决定。下面介绍的是一种相对简单的方法，使用的是 Anisotropic 材质，另外还要用到一张反射贴图作为环境纹理节点连接到 Anisotropic 材质节点的反射属性上，用来模拟反射环境对材质的影响。使用反射贴图的优点是渲染速度比较快，但是效果有些“假”，不太适合真实环境的模拟。

（1）打开上一个练习的场景文件，场景中现在增加了盘子、花瓶等道具造型，并且已经被赋予材质，目的是为模拟金属材质的反射效果创造一个环境，如图 7-102 所示。下面要为餐桌上的一套细分表面的餐具造型制作不锈钢材质效果。

用于制作金属材质的场景
图 7-102

（2）创建一个 Anisotropic 材质节点，在它的属性编辑对话框中调整 Color 属性的 HSV 值为（0，0，0.35）；调整 Spread X，Spread Y 值分别为 70.000 和 5.000，使它的高光范围变得更加狭长；调整 Fresnel Index 值为 9.950，增强高光强度，其他参数如图 7-103 所示。

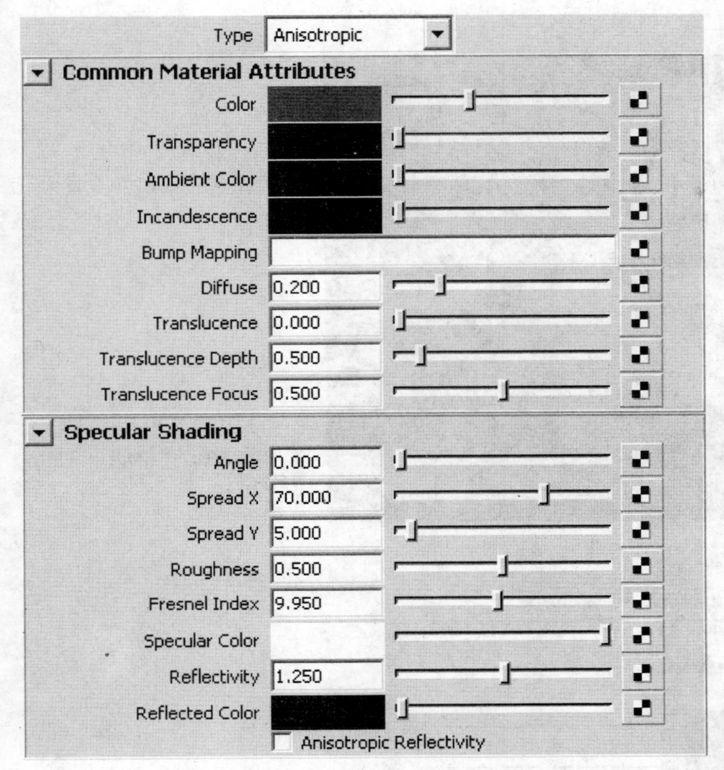

编辑 Anisotropic 材质的属性
图 7–103

（3）渲染视图，结果如图 7–104 所示，可以看到，材质已经初步有了金属的效果，但是它的反射有些偏暗，缺少一种不锈钢材质特有的明亮。

金属材质的效果
图 7–104

（4）单击 Reflected Color（反色颜色）属性选项右侧的按钮，从弹出的 Create Render Node 面板中选择 Env Ball（环境纹理），随着这个环境纹理的创建会产生一个 3D 放置节点；在 Environment Ball Attributes 选项组中的 Image（图像）属性选项右侧再次单击按钮，从 Create Render Node 面板中选择二维纹理 File，这时场景中会再次产生一个 2D 放置节点和一个 3D 放置节点，另外还有一个 Projection（投影）节点，如图 7–105 所示。

（5）在 Projection 属性编辑对话框中，设定 Proj Type（投影方式）为 Spherical（球形投影），单击 Fit To BBox 按钮，如图 7–106 所示。此时场景中会出现一个贴图坐标控制手柄，如图 7–107 所示。

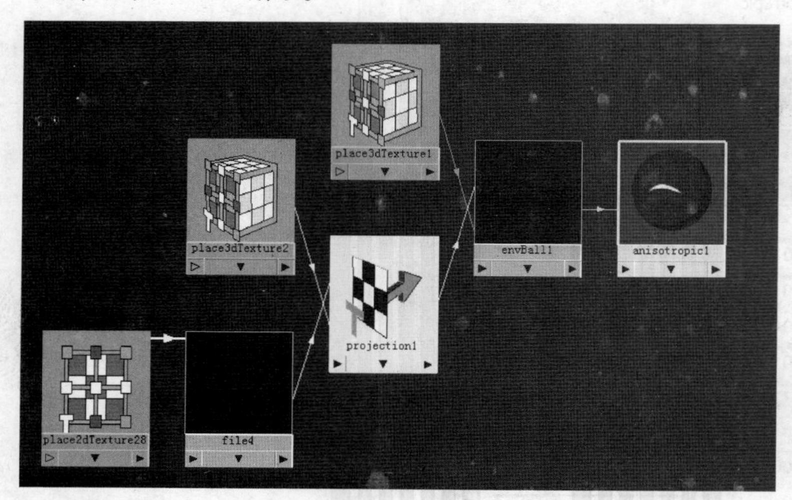

加入环境反射的 Anisotropic 材质节点
图 7–105

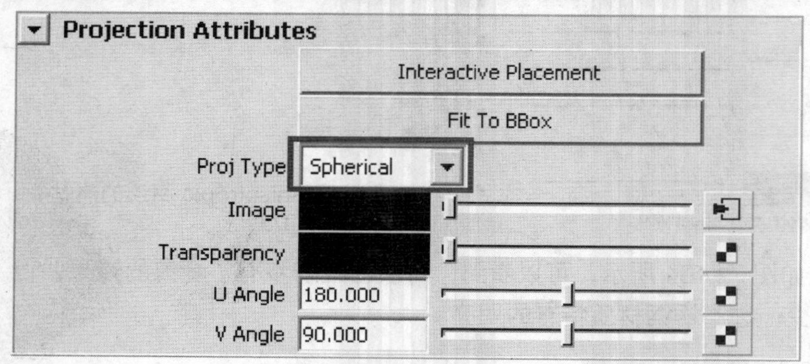

设定投影方式
图 7–106

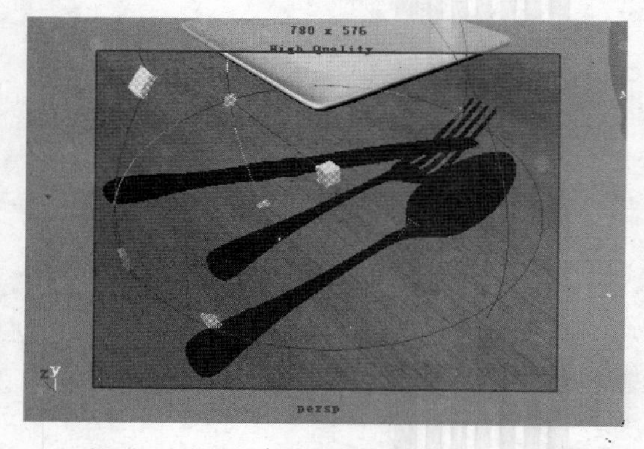

贴图坐标控制手柄
图 7–107

（6）选择二维纹理节点 File 并为其指定一张如图 7–108 所示的用作环境反射贴图的图像，渲染场景，结果如图 7–109 所示。

7.5.4 制作玻璃材质

与 Blinn 材质相比，Phone 材质的高光效果更好，且表面光洁，比较适合用来制作玻璃材质。玻璃材质的属性首先是透明；其次是具有合理的反射和折射。这个练习中将用到几个 Utilities（程序）节点，就是用来对玻璃材质的透明度、反射度以及颜色进行控制。

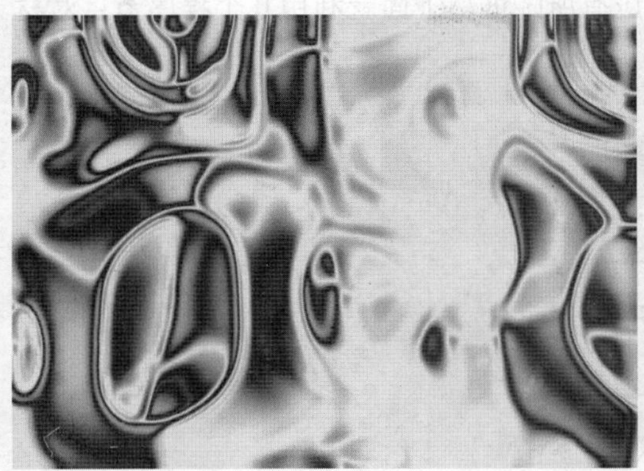

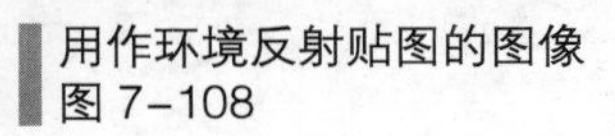
用作环境反射贴图的图像
图 7-108

金属材质制作完成的效果
图 7-109

（1）继续使用上一个练习的场景文件，场景中增加了一个水杯和一个酒杯，水杯和酒杯具有一定的厚度，这样可以更好地表现玻璃的反射和折射效果，如图 7-110 所示。

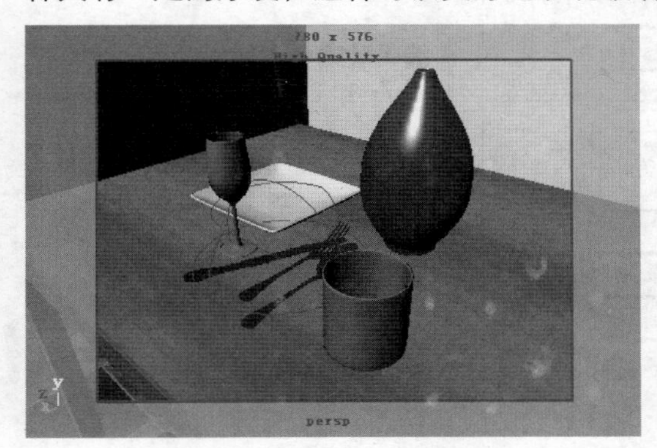

用于制作玻璃材质的场景
图 7-110

（2）新建一个 Phone 材质节点，重命名为 Glass_m。在场景中选择玻璃杯造型，然后选择 Glass_m 材质节点并右击，从弹出的菜单中选择 Assign Material To Selection 选项，将材质指定给玻璃杯。

（3）下面来更改 Glass_m 材质的属性。首先更改 Transparency 属性值，默认情况下该颜色值为灰色，即不透明，将 Transparency 颜色值改为纯白色使其完全透明；将 Color 颜色值更改为纯黑色，Diffuse 值设置为 0.000，Cosine Power 值设置为 50.000，增强它的高光度；将 Specular Color 颜色值设置为纯白色，Reflectivity 值减为 0.200，如图 7-111 所示。

（4）在 Render 窗口中单击 Open Render Settings window 按钮，打开渲染设置窗口。在 MAYA Software 选项卡中将 Anti_aliasing Quality（抗锯齿品质）选项组中的 Quality 属性设为 Production quality（产品级质量）；在 Raytracing Quality（光线跟踪品质）选项组中将 Raytracing 选项勾选，开启场景整体的光线跟踪计算，其他设置如图 7-112 所示。

（5）由于 IPR 渲染不支持 Raytracing 效果，所以要使用默认的软件渲染方式。单击按钮渲染视图，结果如图 7-113 所示。

（6）仔细观察渲染结果，会发现目前这种玻璃材质的不足之处，即整个玻璃杯所表现的透明度和反射强度都相同。玻璃杯两侧杯壁部分比正对镜头的杯壁要薄一些，所以这部分的颜色应该偏暗一些，透明度和反射强度也应有所降低。下面就利用几个程序节点对材质进行改进。

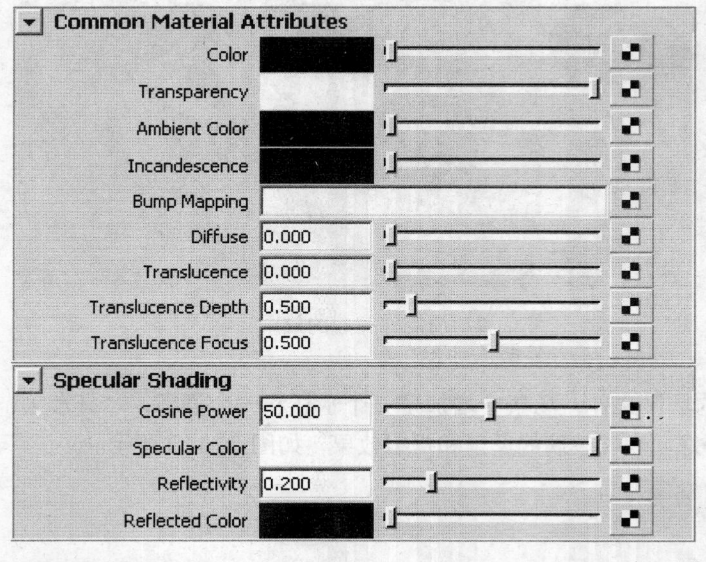

编辑玻璃材质属性
图 7-111

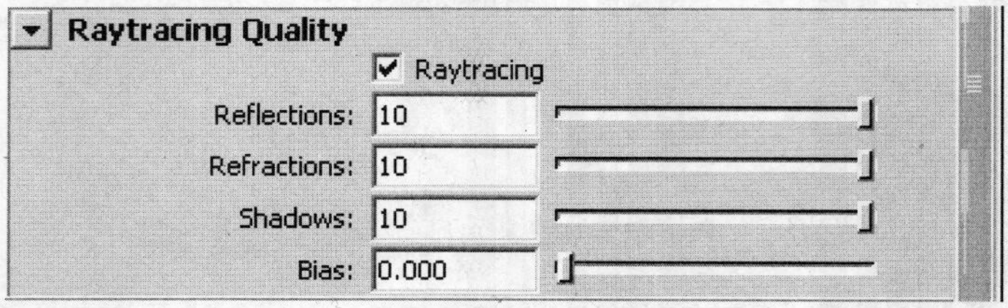

Raytracing Quality
Raytracing
Reflections: 10
Refractions: 10
Shadows: 10
Bias: 0.000

光线跟踪品质设置
图 7-112

玻璃材质渲染效果
图 7-113

（7）在 Hypershade 窗口中执行 Create → Create Render Node 命令，打开创建渲染节点面板。在 Utilities 选项卡中，单击 Blend Colors（融合颜色）图标 2 次，创建 2 个融合颜色节点；单击 Sampler Info（采样信息）图标，创建一个采样信息节点。将其中一个 Blend Colors 节点命名为 Transparency_BC，意为该节点代表透明度属性；另一个命名为 Reflectivity_BC，意为该节点代表反射度属性，如图 7-114 所示。

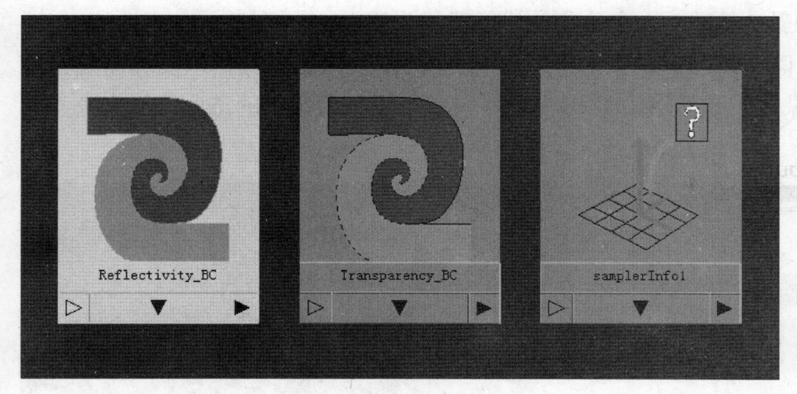

为融合颜色节点命名
图 7-114

（8）Blend Colors 节点可以将两种颜色融合，形成一种颜色渐变，而 Sampler Info 节点可以采集物体表面到摄像机的距离信息，如果将这个信息传递给 Blend Colors 节点，就可以根据摄像机距离表面的远近使颜色产生渐变，再将这种渐变颜色同材质的透明度、反射度等属性联系起来，就能够更加深入地表现材质效果。

（9）首先对材质进行透明度属性的设置，使其透明度从中间到两侧逐渐变弱。用鼠标中键将 Sampler Info 节点拖动到 Transparency_BC 节点上释放，在弹出的菜单中选择 Other 选项打开“连接编辑器”对话框，在左侧列表框中选择 facingRatio（面对比率）属性选项，该属性的作用是采集物体表面距离摄像机远近的比例值，再在右侧列表框中选择 blender 属性选项，将二者连接，如图 7-115 所示。

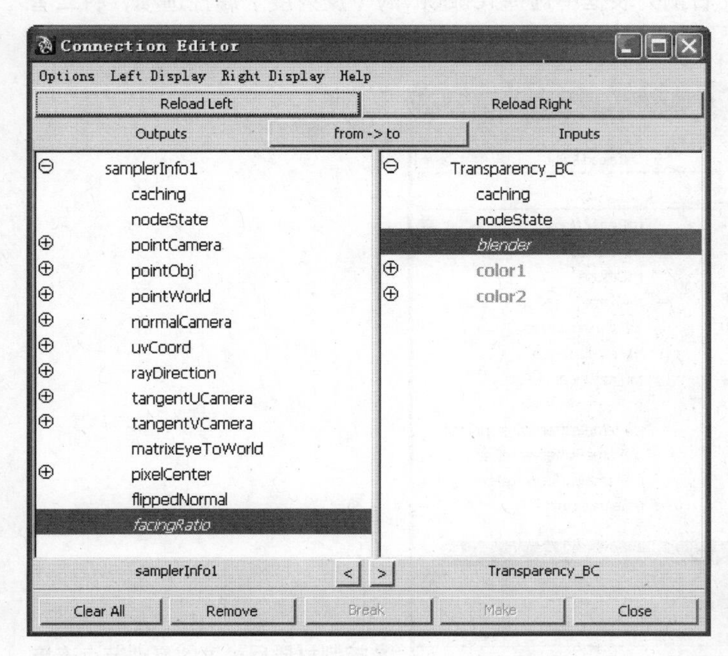

控制材质透明度的属性节点连接
图 7-115

（10）在 Hypershade 窗口中将 Glass_m 材质用鼠标中键拖动到工作区中，选择 Transparency_BC 节点，拖动到 Glass_m 材质节点的 Transparency 属性上，双击 Transparency_BC 节点进入它的属性编辑对话框，将 Color 1 的颜色值改为纯白色，意为完全透明；将 Color 2 的颜色值改为灰色，意为半透明，如图 7–116 所示。

（11）在 Render 窗口中，单击按钮将第（5）步的渲染结果保存，以便和新调整的材质效果进行比较。渲染视图，结果如图 7–117 所示，可以看到杯子的透明度从中央向两侧逐渐衰减。

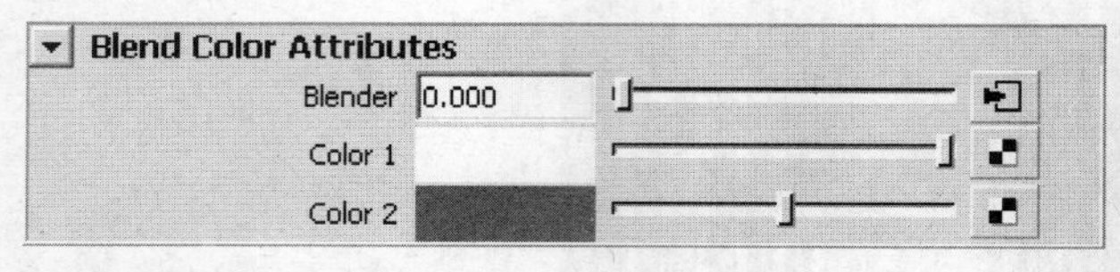

融合颜色节点的属性设置
图 7–116

玻璃材质的透明效果
图 7–117

（12）接着设置材质的反射度，使其反射度从中间到两侧逐渐变弱。用鼠标中键将 Sampler Info 节点拖动到 Reflectivity_BC 节点上，在弹出的菜单中选择 Other 选项，打开“连接编辑器”对话框，在左侧列表框中选择 facing Ratio 属性，在右侧列表框中选择 blender 属性选项，将二者连接。再选择 Reflectivity_BC 节点，拖动到 Glass_m 材质节点上释放，选择 Other 选项打开“连接编辑器”对话框，在对话框的左侧列表框中选择 output（输出）项目下的 outputR 属性选项，在右侧列表框中选择 reflectivity（反射度）属性选项，将二者连接，如图 7–118 所示。

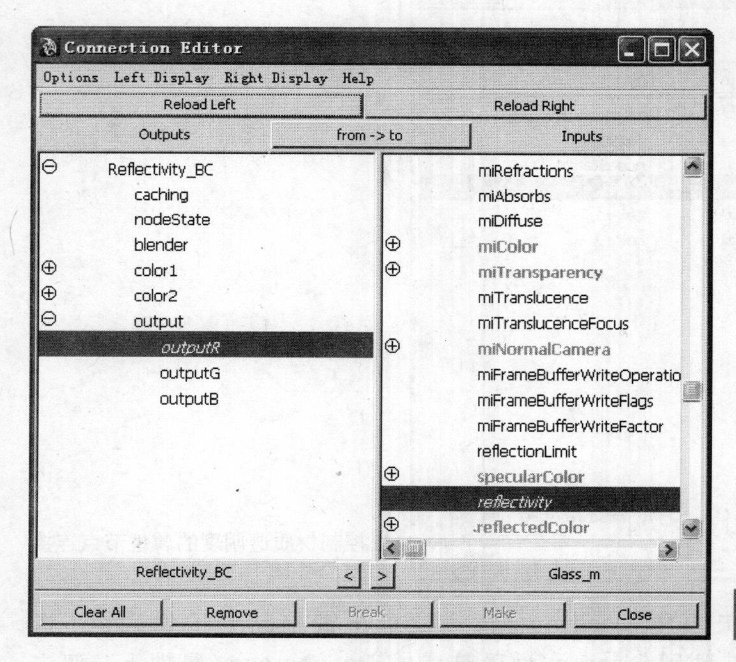

控制材质反射度的属性节点连接
图 7–118

（13）打开 Reflectivity_BC 节点属性编辑对话框，将 Color 1 颜色改为接近于黑色，使材质表面中间的反射度降低，将 Color 2 颜色改为浅灰色，使材质表面两侧保持一定的反射度。渲染视图，如图 7–119 所示，再与刚才的渲染结果进行比较，可以看到杯子表面的反射度从中央到两侧有了微妙的衰减。

（14）如果有必要，还可以用同样的方式为材质的 Reflection Color 属性添加一个 Blend Colors 程序节点，控制杯子从中央到两侧的反射颜色的变化，最后渲染结果如图 7–120 所示。

玻璃材质的反射效果
图 7–119

添加了反射颜色控制的玻璃材质
图 7–120

7.6 小结

本章首先介绍了灯光的类型、属性以及灯光的链接关系、灯光的操控方式等内容。灯光的位置、颜色、强度、衰减和阴影等属性是灯光设置中的重要元素，是创造高品质照明效果的关键。在渲染节点中，灯光、材质、纹理和程序节点是本章重点介绍的内容。本章通过实例操作，介绍了 Hypershade 窗口和 Attribute Editor 对话框的使用方法以及高级节点属性的连接方式等内容，并通过介绍几种常用材质的制作方法，突出展现了编辑材质和纹理贴图的技巧。

灯光与材质是三维制作中联系比较紧密的环节，用户除了要掌握软件的操作方法之外，还需要从传统艺术中汲取营养，并时时注意观察和感受现实世界，只有将这些知识有机地结合起来，才能创建出高品质的渲染图像。

习题与实践

1. 选择题

（1）在各种灯光类型中能够产生平行光线的灯光是（　）。

A. Spot Light　　B. Point Light

C. Volume Light　　D. Directional Light

（2）MAYA 中材质编辑的操作大部分都在（　）中进行。

A. Channel Box　　B. Graph Editor

C. Hypershade　　D. Hypergraph

（3）编辑材质基本属性的面板是（　）。

A. Attribute Editor　　B. Connection Editor

C. Channel Box　　D. Panel Editor

（4）二维纹理中使用位图作为纹理图案的是（　）。

A. Checker　　B. Leather

C. Wood　　D. File

2. 问答题

（1）在 MAYA 中灯光的阴影包括哪两种？各有什么特点？

（2）通过什么窗口可以控制灯光和场景对象间的链接？如何操作？

（3）材质的通用属性一般指哪些？

（4）为多边形表面设定 UV 贴图坐标的方式有几种？

（5）什么是层材质？什么是层纹理？通过它们都能实现什么效果？

3. 实践

（1）制作一个多边形模型，使用本章中介绍的方法设置贴图坐标，并通过 UV 快照功能导出，然后在图像处理软件中绘制纹理贴图。

（2）创建一个场景，制作一些常用材质，例如大理石、瓷砖、塑料、废旧金属等。

第8章 渲染

教学重点与难点

- 渲染输出的设置
- 创建与调整摄像机
- 批量渲染方法
- MAYA 矢量渲染
- Mental Ray 渲染

前面学习了灯光和材质的基础知识，也了解到一些有关渲染方面的内容。本章将对渲染方面的知识进行系统讲解。渲染是生成三维数字图像的重要环节。在三维制作时，能够有效地利用硬件资源和选择合理的渲染设置可以节约大量时间，提高工作效率。渲染工作同材质、灯光一样，是贯穿于整个生产流程始终的，在三维制作的各个环节均会涉及。它也是决定作品质量的关键。

8.1 MAYA中的渲染

MAYA中有硬件和软件两种渲染类型。硬件渲染采用实时或者近似实时的方式来生成图像，例如视图窗口中显示的几何体、纹理、粒子、灯光和阴影等，这种渲染方式使用OpenGL技术，利用显卡的硬件效能来进行渲染。这种渲染类型适合用来预览场景和测试动画等。此外，MAYA的硬件渲染器还常常用来渲染一些特定的粒子类型，这些粒子类型不能使用软件渲染方式，只能通过硬件渲染方式来表现。

软件渲染则是利用计算机CPU的性能，遵循特殊的运算法则来生成图像。软件渲染往往更灵活，但要花费更多的时间。

MAYA的软件渲染器（MAYA Software）是一个高级的多线程混合渲染器，能同时提供真实的光线跟踪渲染和高速的线扫描渲染，可以在速度与质量之间取得平衡。所使用的渲染技术是直接建立在MAYA从属结构上的，这就意味着它也是以节点结构为核心，可以与MAYA的其他特性紧密地结合。

MAYA中内置了多个渲染器，包括MAYA硬件渲染器（MAYA Hardware）、MAYA矢量渲染器（MAYA Vector）、IPR渲染、MAYA软件渲染器（MAYA Software）、Mental ray渲染器。这些渲染器在不同方面有着各自突出的优势，可以根据不同的作品特征有针对性地加以选择。其中MAYA硬件渲染器渲染方式属于硬件渲染，其他几种渲染方式属于软件渲染。

在前面的章节中读者已经对渲染方面的应用有了初步的了解，这些在建模或者调整材质与灯光时进行的渲染称做测试渲染。测试渲染有两种方式，一种是普通渲染；一种是IPR交互式渲染。普通渲染就是完全按照预先设置的渲染参数来渲染视图或某个区域，渲染过程由用户来控制；IPR交互式渲染是Interactive Photo Realistic Rendering（照片级真实交互性操作渲染）的英文缩写，这种方式可以将渲染过程的大量数据保留，再次渲染时只需要计算修改的部分，大大加快了渲染速度。不过IPR交互式渲染不支持Raytrace（光线跟踪）、软件粒子等，有一定的局限性。

8.2 渲染输出

8.2.1 渲染设置

执行Window → Rendering Editors → Render Settings菜单命令或单击状态栏中的按

钮打开 Render Settings（渲染设置）窗口，如图 8-1 所示。

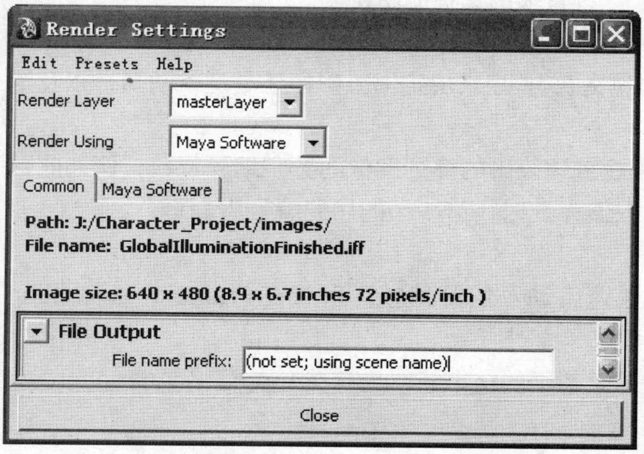

渲染设置窗口
图 8-1

MAYA 的渲染设置分为两个选项卡：左侧为通用渲染设置（Common），右侧为软件渲染器（MAYA Software）渲染设置，当选择不同的渲染器时，右侧渲染器渲染设置部分会根据各个渲染器的不同参数而相应地变化。在默认情况下，Render Settings 窗口显示的是 MAYA 软件渲染器的设置参数，下面将逐个进行介绍。

1. 通用渲染设置

通用渲染设置中包含的渲染属性对所有的渲染器都起作用，如文件名格式、渲染时间范围、渲染摄像机等。通用渲染设置选项卡中的渲染属性分为 5 组：File Output（文件输出）、Frame Range（渲染范围）、Renderable Cameras（渲染摄像机）、Image Size（图像尺寸）和 Render Options（渲染选项），如图 8-2 所示。

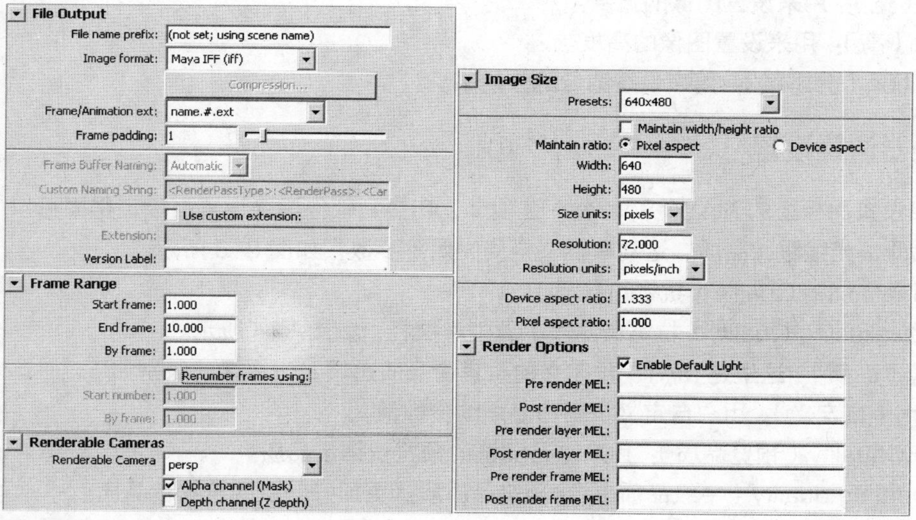

通用渲染设置
图 8-2

（1）File Output（文件输出）

• File name prefix（文件名称前缀）：设置输出文件的名字。

• Image format（文件格式）：用来设置输出文件的格式。

• Frame/Animation ext（静帧／动画格式）：用来决定渲染静帧还是渲染动画，以及渲染输出的文件的文件名采用何种格式。

• Frame padding（帧补白）：用来设置渲染出的序列图像的数字编号位数，例如此数值为 3 时，第 1 帧的序列编号为 001，数值为 5 时，第 1 帧的序列编号为 00001。

（2）Frame Range（渲染范围）

• Start frame（起始帧）：用来设置渲染动画的开始帧，只有在 Frame ／ Animation ext 属性设置成渲染动画时，该参数才可用。

• End frame（结束帧）：用来设置渲染动画的结束帧，只有在 Frame ／ Animation ext 属性设置成渲染动画时，该参数才可用。

• By frame（渲染间隔帧）：用来设置渲染动画的帧数间隔，1 表示逐帧进行渲染，大于 1 时表示间隔多少帧渲染一帧。

（3）Renderable Cameras（渲染摄像机）

• Renderable Camera：用来设置渲染摄像机。

• Alpha channel（Mask）：Alpha 通道，8bit 或 16bit 的灰度图像，用于视频合成。

• Depth channel（Z depth）：深度通道，记录 Z 轴的深度信息，距离摄像机越近，亮度越高，用于深度的视频合成。在摄像机属性窗口中可以设置深度文件的类型。

（4）Image Size（图像尺寸）

• Presets（预置）：MAYA 提供了一些预置的尺寸规格，用户可以方便地进行选择。

• Maintain width/ height ratio（保持宽／高比）：勾选该选项时，可保持文件尺寸的宽高比。

• Width（宽）：用来设置图像的宽度。

• Height（高）：用来设置图像的高度。

• Resolution（分辨率）：用来设置图像的分辨率。

2. 软件渲染器渲染设置

单击渲染设置面板上的 MAYA Software 选项卡，切换到软件渲染设置面板，里面可以设置抗锯齿品质、光线跟踪品质、运动模糊、全局光照等参数，如图 8-3 所示。

（1）Anti-aliasing Quality（抗锯齿品质）

展开 Anti-aliasing Quality（抗锯齿品质）属性卷展栏，如图 8-4 所示。

• Quality（品质）：这里是 MAYA 预定义的抗锯齿品质选项，可选择的级别如下。

✧ Custom（自定义）：用户自定义抗锯齿品质的参数值。

✧ Preview quality（预览品质）：用来进行测试的预览抗锯齿品质。

✧ Intermediate quality（中级品质）：比预览品质质量更加好一点的抗锯齿品质。

✧ Production quality（产品品质）：产品级的抗锯齿品质，可以得到比较好的抗锯齿效果，适用于大多数作品的输出。

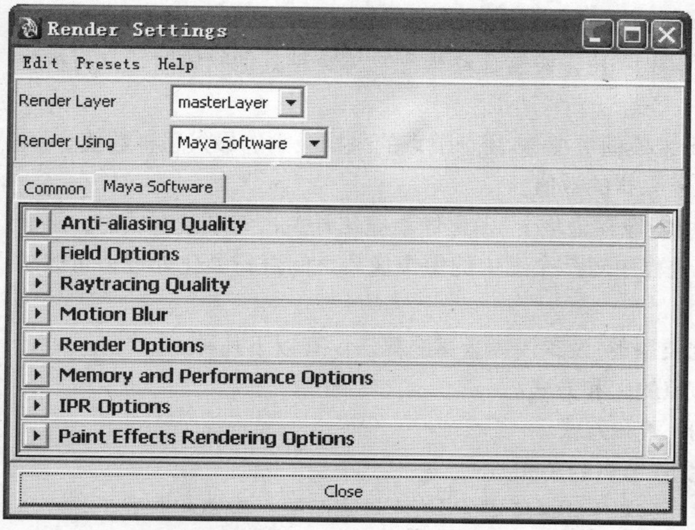

MAYA 软件渲染器渲染设置
图 8-3

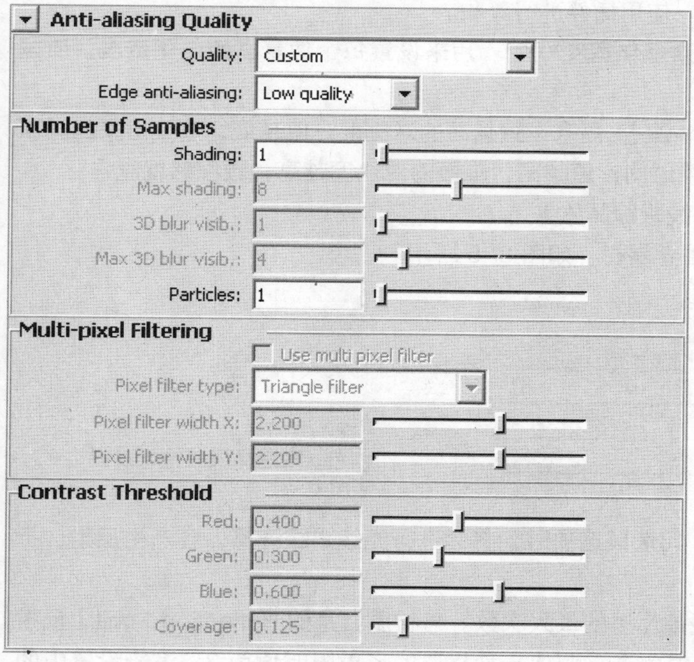

抗锯齿品质属性卷展栏
图 8-4

✧ Contrast sensitive production（灵敏对比产品品质）：比Production quality（产品品质）抗锯齿效果更好的抗锯齿级别。

✧ 3D motion blur production（三维运动模糊产品品质）：用来渲染运动模糊的动画输出。

• Edge anti-aliasing（边界抗锯齿）：控制物体边界抗锯齿的效果，有低、中、高和最高级别之分。

• Shading（采样数）：用来设置表面的采样数值。

• Max shading（最大采样数）：设置物体表面的最大采样数值，用于渲染最高质量的每个像素的计算次数，同时也会增加渲染时间。

• 3D blur visib（三维模糊可视）：用来设置运动模糊物体穿越其他物体时，其可视性的采样数值。

• Max 3D blur visib（最大三维模糊可视）：用于节点的采样级别的最大采样数值。

• Particles（粒子）：设置粒子采样的数值。

• Use multi pixel filter（使用多像素虚化）：多重像素虚化开关，勾选该选项时，下面的参数将会被激活，同时在渲染过程中对整个图中的每个像素之间进行柔化处理，可以防止输出的作品产生闪烁效果。

• Pixel filter type（像素虚化类型）：设置模糊运算的算法。有以下几种。

✧ Box filter（方框虚化）：节点的柔和方式。

✧ Triangle filter（三角虚化）：柔和方式。

✧ Gaussian filter（高斯虚化）：节点的柔和方式。

✧ Quadratic B-Spline filter（二次方 B 样条虚化）：比较陈旧的一种柔和方式。

✧ Plug-in filter（插件虚化）：使用插件进行柔和。

• Pixel filter width X/Y（像素虚化宽度X/Y）：用来设置每个像素点的虚化宽度，值越大，模糊的程度越大。

• Red/Green/Blue（红 / 绿 / 蓝）：用来设置画面的对比度，值越低，渲染出来的画面对比度越低，同时需要更多的渲染时间；值越高，画面的对比度越高，颗粒感就越强。

（2）Raytracing Quality（光线跟踪品质）

展开 Raytracing Quality 属性卷展栏，如图 8-5 所示。

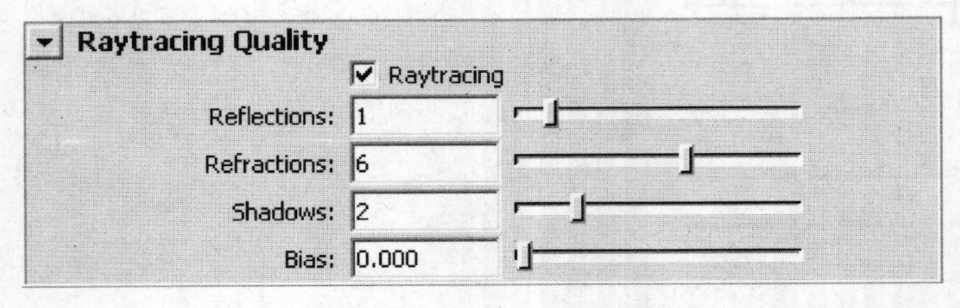

光线跟踪品质属性卷展栏
图 8-5

• Raytracing（光线跟踪）：勾选该选项时，将会进行光线跟踪计算，会产生反射、折射、光线跟踪阴影等效果。

• Reflections（反射）：光线被反射的最大次数。与材质自身的 Reflection Limit（反射限制）共同作用，以较低的一个值为准。例如一种材质的反射限制值为 2，渲染设置中的反射限制值为 1，此材质将进行 2 次反射计算；如果渲染设置中的反射限制值为 1，则进行 1 次反射计算。

• Refractions（折射）：设置光线被折射的最大次数，和材质本身的折射限制值共同作用，使用方法与反射相同。

• Shadows（阴影）：设置被反射和折射的光线产生阴影的次数。与灯光的光线跟踪阴影的 Ray Depth Limit（光线深度限制）选项共同作用，以较低的一个值为准。

• Bias（偏斜）：如果场景中包含 3D 运动模糊的物体光线跟踪阴影，可能在运动模糊的物体上观察到黑色画面或不正常的阴影，这时应设置该值在 0.05~0.1 之间；如果场景中不包含 3D 运动模糊的物体和光线跟踪阴影，该值应设置为 0。

（3）Motion Blur（运动模糊）

展开 Motion Blur 属性卷展栏，如图 8-6 所示。

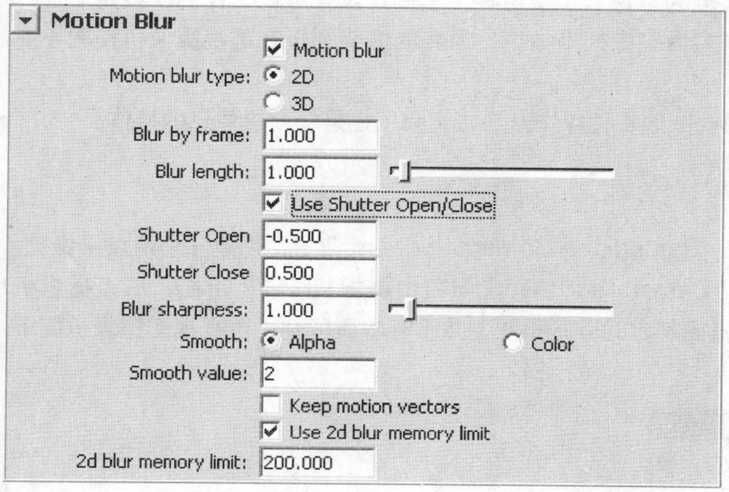

Motion Blur
Motion blur
Motion blur type: 2D
3D
Blur by frame: 1.000
Blur length: 1.000
Use Shutter Open/Close
Shutter Open -0.500
Shutter Close 0.500
Blur sharpness: 1.000
Smooth: Alpha Color
Smooth value: 2
Keep motion vectors
Use 2d blur memory limit
2d blur memory limit: 200.000

运动模糊属性卷展栏
图 8-6

• Motion blur（运动模糊）：勾选该选项后，渲染时运动物体会根据其运动方向和速度产生模糊效果，用来模拟真实的拍摄效果。

• Motion blur type（运动模糊类型）：提供了 2D 和 3D 两种运动模糊方式。2D 方式是在渲染完成后再对物体进行模糊处理，这种方式计算速度比较快，但产生的运动模糊效果不太逼真；3D 是更加真实的运动模糊方式，会根据物体的运动方向和速度产生很逼真的运动模糊效果，但需要更多的渲染时间。

• Blur by frame（模糊间隔帧）：设置前后有多少帧的物体被模糊，数值越高，物体越模糊。

• Blur length（模糊长度）：用来设置 2D 模糊方式的模糊长度。

• Blur sharpness（模糊锐化）：用来设置运动模糊物体的锐化程度，数值越高，模糊扩散的范围就越大。

• Smooth（光滑）：用来处理平滑值产生抗锯齿作用所带来的噪波的副作用。

• Smooth value（平滑值）：设置运动模糊边缘的级别。

• Keep motion vectors（保持运动矢量）：勾选该选项后，将会保存运动矢量信息到图像中，但不进行图像的运动模糊处理。

• Use 2d blur memory limit（2D 模糊内存限制）：指明 2D 运动模糊过程中最多使用的内存数量。

• 2d blur memory limit（2D 模糊内存限制）：指明 2D 运动模糊时内存的最大使用量。

8.2.2 摄像机设置

默认情况下在 MAYA 场景中有 4 个视图：顶（top）视图、前（front）视图、侧（side）

视图和透视（persp）视图，所以相应地有 4 个摄像机，其中 3 个是正交投影摄像机，1 个是透视视图摄像机。打开 Outliner（大纲）窗口中可以看到顶部的 4 个默认摄像机，默认为隐藏状态，显示为蓝色，所以在视图中看不到它们。

MAYA 的摄像机从类型上分为透视和正视两种，正视是没有远近变化的，多用于进行建模、对位等。透视是模拟真实世界中的摄像机，最终的渲染都是在透视摄像机视图中完成的。

在本书前面章节中学习的视图的各种操作方法，实际上也是针对摄像机的操作。

1. 创建摄像机

在主菜单中执行 Create → Cameras → Camera and Aim 命令，创建一个两点摄像机，如图 8-7 所示。两点摄像机（Camera and Aim）与自由摄像机（Camera）、三点摄像机（Camera，Aim and Up）只是控制方式有所不同，并没有本质区别，透视视图摄像机属于自由摄像机。

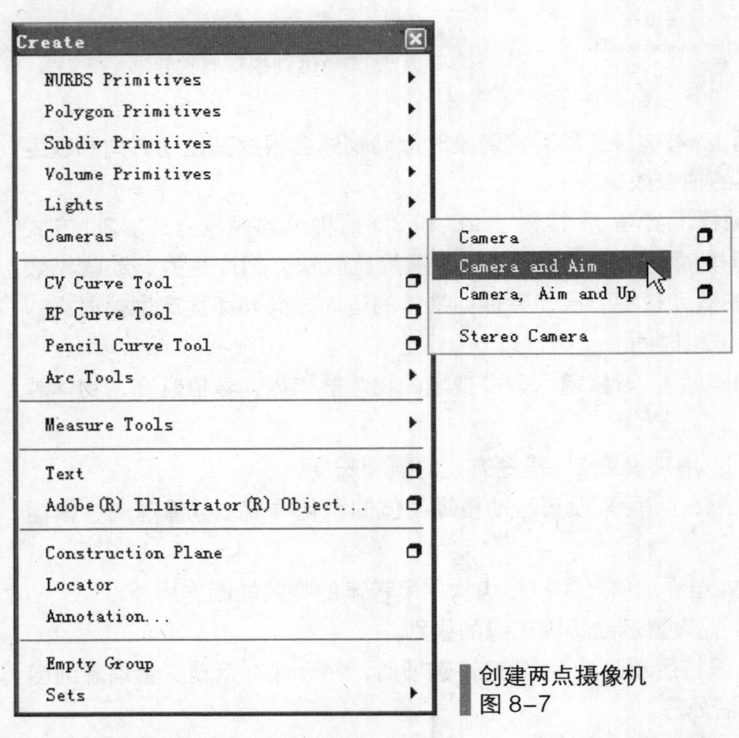

创建两点摄像机
图 8-7

从主菜单中执行 Display → Show → Camera Manipulators 命令，显示出它的操纵器，其中包括可以调节的目标点和视野范围框，还有将来要学习的剪切平面范围框等，如图 8-8 所示。

在透视视图中执行菜单命令 Panels → Perspective → camera1 命令，将透视视图切换为新创建的摄像机视图。

使用“移动工具”分别变换摄像机的位置和目标点，将摄像机放在摩托车前方偏左一些的位置，并将目标点放前轮附近，如图 8-9 所示。

摄像机操纵器的显示
图 8-8

变换摄像机的位置和目标点
图 8-9

2. 摄像机渲染尺寸

由于场景的渲染都需要通过特定的摄像机进行，因此除了在渲染设置窗口的设置之外，还需要调整摄像机的相关属性。

选择 camera1，按 Ctrl+A 组合键打开它的属性设置窗口。

展开 Film Back（胶片背板）卷展栏，如图 8-10 所示，这里用于设置将来输出的影片类型，它比渲染分辨率的设置更高一级，主要是用于电影的合成，使三维的影像和电影中实拍的镜头完全吻合。

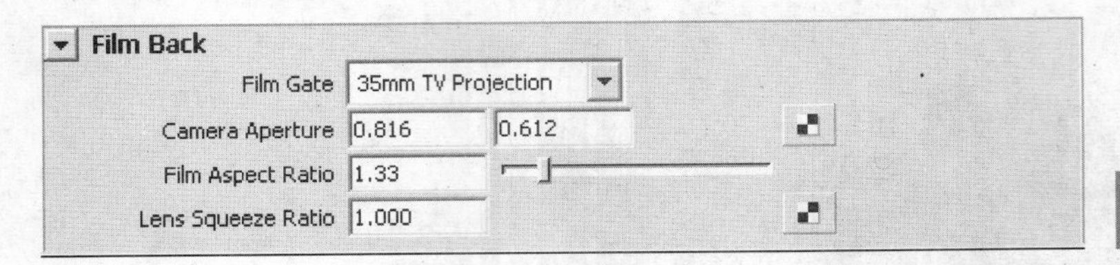

胶片背板卷展栏
图 8-10

从 Film Gate（胶片快门）中选择 35mm TV Projection 类型，它的纵横比为 1.33（4：3），符合常规的电视信号格式。

在摄像机视图菜单中选择 View → Camera Settings → Film Gate 命令，打开胶片边框的显示，如图 8-11 所示。

打开胶片边框的显示
图 8-11

在 Render Setting（渲染设置）窗口中，从 Image Size（图像尺寸）的 Presets（预置）选项中选择 PAL768 类型，确定 Device aspect（设备纵横比）为 1.33。

在摄像机设置属性窗口中，展开 Display Options（显示选项）卷展栏，勾选 Display Resolution（显示分辨率）选项，打开分辨率边框的显示，因为目前和胶片设置相符，所以两个边框重合在一起，最后的渲染将以此框为准。

在视图菜单中选择 View → Camera Settings → Safe Action 命令，打开安全框显示。再选择 Safe Title 命令，打开安全标题的显示，如图 8-12 所示。

当三维渲染的图像输出到电视后，周围的一部分会被裁掉，在电视上只能看到安全框范围内的图像，因而需要注意将重要的内容放置在安全框内；安全标题框的作用则是用来提示文字标题的界限。

开启几个视图选项的显示
图 8-12

3. 调节镜头焦距

摄像机的焦距可以无级变化，比真实的摄像机更自由。在摄像机的属性编辑器窗口 Camera Attribute（摄像机属性）卷展栏中，将 Angle of View（视角）参数值调为 54，视图的显示如图 8-13 所示。

调整视角参数后视图的显示
图 8-13

Angle of View（视角）和 Focal Length（焦距）参数相互关联，调节其中一个时另一个也会产生变化。当 Focal Length（焦距）参数值比较低时，会产生广角的鱼眼镜头效果，可以取到更多的景物，如图 8-14 所示；当该值比较高时，会产生长焦望远镜头效果，这种镜头的特点是近似于正视图，透视变化不大。

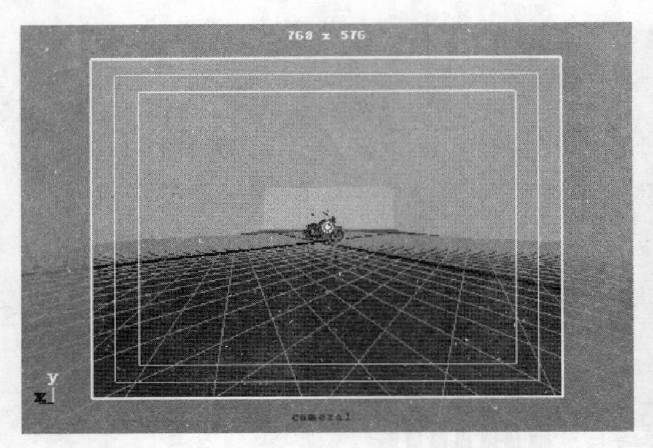

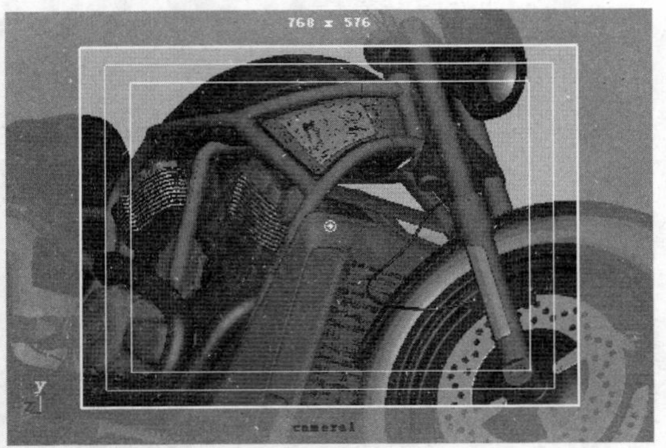

不同焦距参数的视图效果（左：焦距值较低；右：焦距值较高）
图 8-14

4. 调节剪切平面

剪切平面是摄像机特有的属性，只有在剪切平面内部的景物才能被拍摄到。剪切平面由近距和远距两个平面决定，中央的区域为可见区，两侧均为不可见区，这样可以节省渲染计算的时间。

在主菜单选择 Display → Rendering → Camera/Light Manipulator → Clipping Planes 命令，将剪切平面的显示打开。

在摄像机属性编辑窗口中，取消 Auto Render Clip Plane（自动渲染剪切平面）选项的勾选，这样就可以利用下面的数值来控制剪切平面的远距和近距范围。

不改变 Near Clip Plane（近距剪切平面）的数值，试着调整 Far Clip Plane（远距剪切平面）的数值。可以看到近处物体没有什么变化，远距的剪切导致了范围外的物体看不到也不能被渲染，如图 8-15 所示。

调整远距剪切数值后的视图显示
图 8-15

恢复 Auto Render Clip Plane 选项的勾选，将下面的值还原为 0.01 和 1000。这种自动方式会根据目前的场景空间自动设置剪切平面的范围，以节省渲染计算时间。

5. 设置景深效果

真实的摄像机有聚焦性质，在一定的聚焦范围内景物是清晰分明的，而越远离这个范围，景物就越模糊。在 MAYA 中可以模拟出近似于景深的效果，它的原地是先进行清晰渲染，再根据景物与摄像机之间的距离对图像进行不同程度的模糊处理。

在摄像机属性编辑窗口中，切换到 CameraShape1 选项卡，展开 Depth of Field（景深）卷展栏。

勾选 Depth of Field 选项，打开景深效果的开关。

试着设置 Focus Distance（焦距）的数值，将 F Stop（聚焦边界）的数值调低，这里分别设为 150 和 1，渲染效果如图 8-16 所示，可以看到摄像机焦点周围的区域变得非常模糊。

当将 F Stop（聚焦边界）的数值调高时，会以焦点为中心扩大聚焦区的大小，使周围区域变得清晰，如图 8-17 所示。

渲染后的景深效果
图 8-16

调整聚焦边界数值后的景深效果
图 8-17

8.2.3 批量渲染输出

批量渲染输出用来渲染输出动画序列图像，下面是它的工作流程。

（1）选择 Window → Render Settings 命令，打开渲染设置窗口进行输出设置。

- 设置保存图像的文件名（它们将放置在场景文件所在工程目录的 images 文件夹中）。
- 设置渲染动画的时间范围，间隔帧数。
- 设置保存的图像格式，以及帧序列的序号书写方式，以便于进行后期合成。
- 设置进行渲染的摄像机。
- 设置将要保存的通道，如果将来进行视频合成，应打开输出 Alpha Channel（Alpha 通道）选项。
- 设置图像的尺寸和比例。

• 设置是否带场，以及场的奇偶方式，以便用于电视输出。
• 设置抗锯齿的品质，以及是否打开光线跟踪计算和跟踪的次数。
• 设置是否加入运动模糊、以何种方式。

（2）将当前场景进行最后的保存，这个文件会连同渲染设置一同保存。

（3）切换到 Rendering 模块，单击菜单 Render → Batch Render 命令右侧的选项按钮，打开批量渲染命令参数设置窗口。

（4）如果渲染使用的是多 CPU 计算机，则勾选 Use all available Processors（使用全部可用的处理器）选项。

（5）按下 Batch Render（批量渲染）按钮。

（6）在渲染过程中可以使用菜单命令 Render → Show Batch Render，打开 Fcheck 程序并调出当前正在渲染的帧进行查看，即使是未渲染完也可以显示出来。

（7）打开 Command Line（命令行）的显示，可以检测到目前正在渲染的帧数，以及完成的百分比情况。

（8）如果要暂停渲染，执行 Render → Cancel Batch Render 菜单命令取消批量渲染，单击 Yes 按钮确定。

8.3 矢量渲染器

矢量渲染器可以用来生成各种线框图，呈现一些非真实效果或卡通效果，它还可以直接将动画渲染输出成 Flash 的格式，利用这一特性，可以为 Flash 动画添加一些复杂的三维效果。

执行 Window → Rendering Editors → Render Settings 菜单命令，打开 Render Settings（渲染设置）窗口，设置 Render Using 为 MAYA Vector，如图 8-18 所示。

展开 File Output 卷展栏，设置 Image format（图像格式）为 Macromedia SWF (swf)，如图 8-19 所示，然后单击 MAYA Vector 选项卡，切换到 MAYA Vector 设置面板。

• Frame rate（帧速率）：设置动画播放的帧速率，默认值为 12 帧 / 秒。

• Flash version（Flash 版本）：该选项用来设置使用 Flash 的版本。

• Open in browser（打开浏览器）：勾选该选项可以在系统默认浏览器中打开渲染出来的矢量图片或动画，同时在浏览器中还提供了文件的名称、位置、大小和渲染所用时间等信息。

• Combine fills and edges（合并填充部分与边界线框）：该选项主要是针对渲染出来的 swf 文件需要用相关 Flash 软件进行修改而设定的。

展开 Appearance Options（外观选项）卷展栏，如图 8-20 所示。

• Curve tolerance（曲线容差）：其取值范围为 0.000~10.000。当取值为 0.000 时，渲染出来的轮廓线由一条条线段组成，这些线段和 MAYA 渲染出来的多边形边界相匹配，且渲染出来的外形是比较准确的，但渲染出来的文件相对较大，当取值为 10.000 时，轮廓线由曲线构成，渲染出来的文件相对较小。

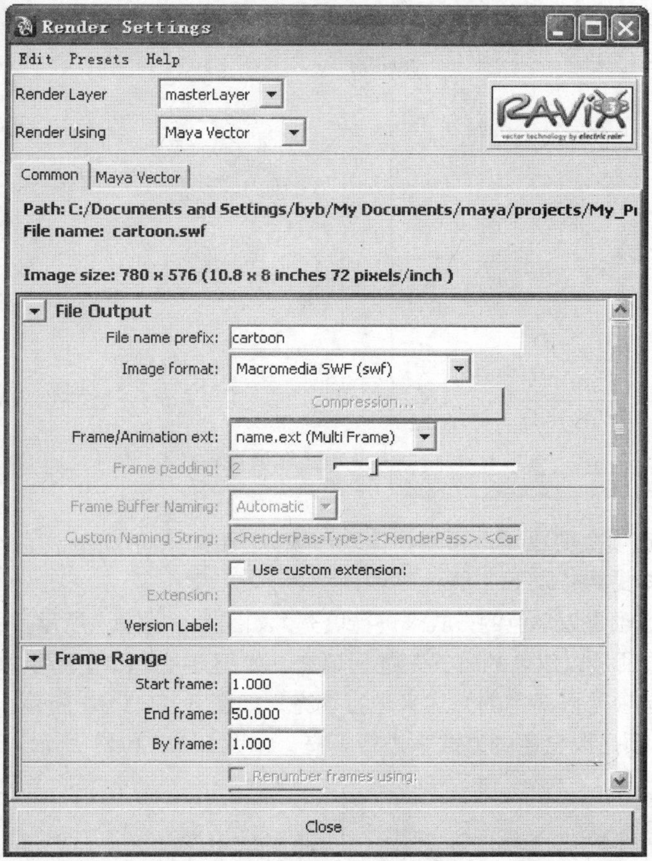

使用 MAYA 矢量渲染
图 8-18

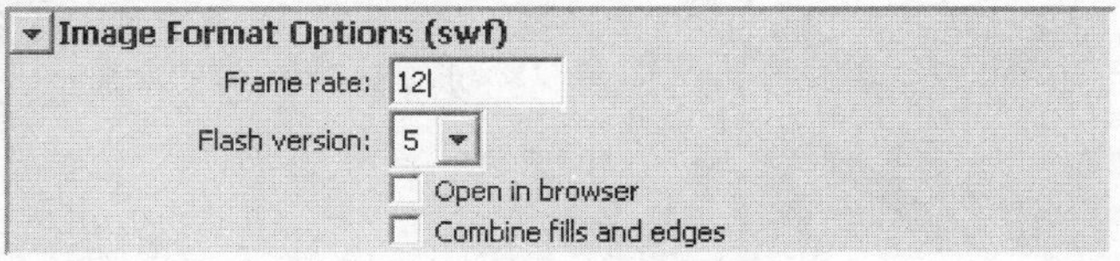

设置图像格式
图 8-19

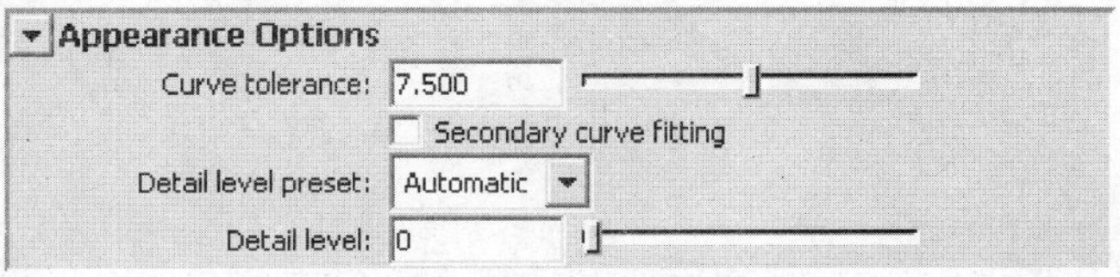

外观选项卷展栏
图 8-20

- Detail level preset（细节等级预设）：共有以下 4 个选项。
  - ✧ Automatic（自动）：MAYA 根据实际情况自动进行设置。
  - ✧ Low（低）：此时 Detail level=10。
  - ✧ Medium（中）：此时 Detail level=20。
  - ✧ High（高）：此时 Detail level=30。

在实际工作中一般将细节等级值设为 Automatic（自动）即可，等级值越高，渲染所获得的细节度就越高，但花费的渲染时间也就越长。

展开 Fill Options（填充选项）卷展栏，如图 8-21 所示，在该卷展栏下主要是对阴影、高光和反射的属性进行设置。

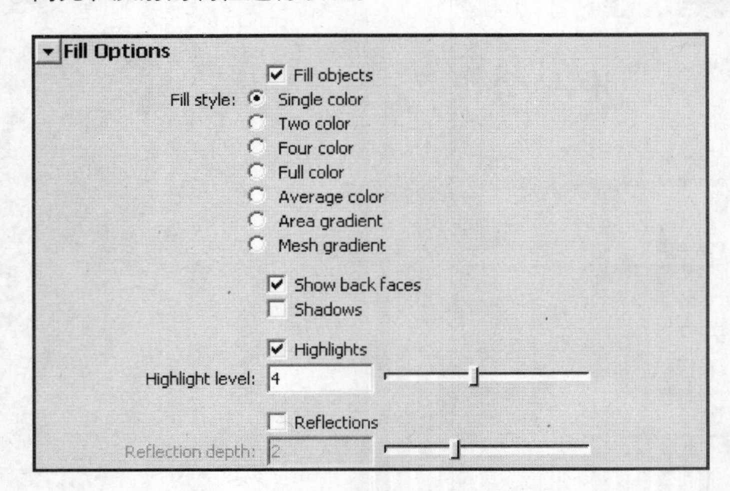

填充选项卷展栏
图 8-21

- Fill objects（填充物体）：该选项主要决定是否对物体表面填充颜色。
- Fill style（填充样式）：填充样式共有以下 7 种。
- ✧ Single color（单色填充）：该选项是以单色的方式来进行填充，如图 8-22（a）所示。
- ✧ Two color（双色填充）：该选项是以双色的方式来进行填充，如图 8-22（b）所示。
- ✧ Four color（四色填充）：该选项是以四色的方式来进行填充，如图 8-22（c）所示。
- ✧ Full color（全色填充）：该选项是以全色的方式来进行填充，如图 8-22（d）所示。

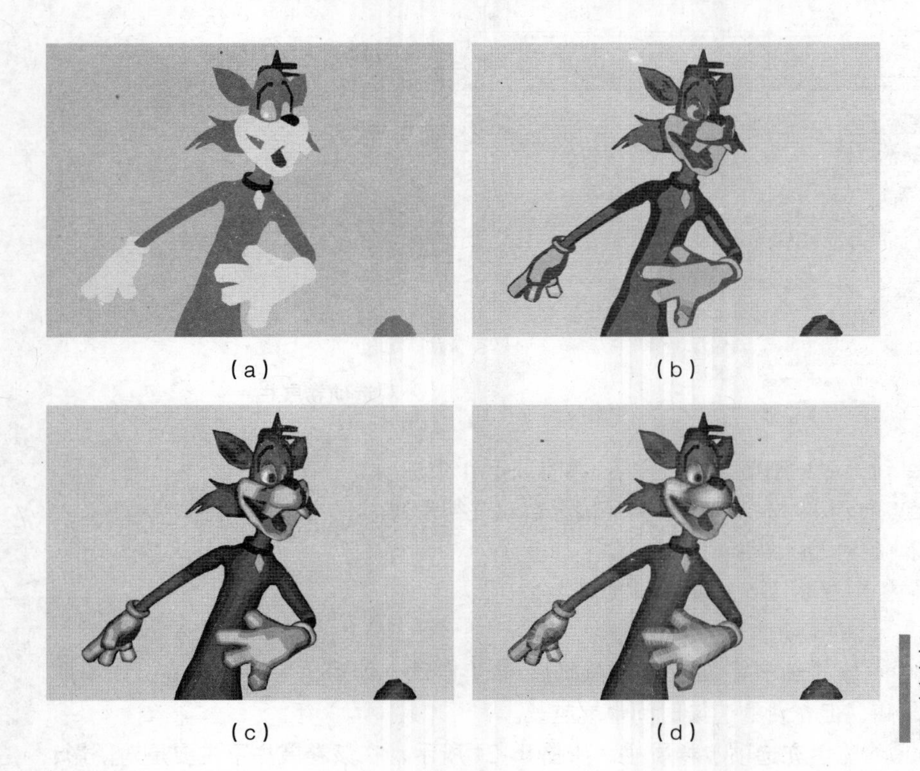

单色填充、双色填充、四色填充和全色填充的效果
图 8-22

✧ Average color（平均色填充）：该选项是以平均的颜色方式进行填充，如图 8-23 所示。

✧ Area gradient（区域渐变色填充）：该选项是以区域渐变色的方式进行填充，如图 8-24 所示。

平均色填充效果
图 8-23

区域渐变色填充效果
图 8-24

✧ Mesh gradient（网格渐变色填充）：该选项是以网格渐变色的方式进行填充，如图 8-25 所示。

• Show back faces（渲染背面）：该选项与物体表面的法线相关，若关闭该选项将不能渲染物体的反面。因此，在渲染测试前要检查一下物体表面的法线方向。

• Shadows（阴影）：勾选该选项可添加阴影，在勾选该选项前必须在场景中创建出产生投影的点灯光（只能使用点灯光），但添加阴影后的渲染时间将会延长，如图 8-26 所示。

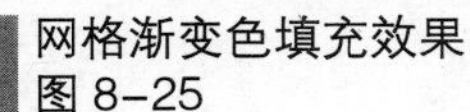

网格渐变色填充效果
图 8-25

阴影效果
图 8-26

• Highlights（高光）：勾选该选项可添加高光效果。

• Highlight level（高光等级）：该选项用来设置高光的等级。高光的填充效果与细腻程度取决于高光等级，高光等级越大，高光部分的填充过渡就越均匀。

• Reflections/Reflection depth（反射 / 反射深度）：勾选反射选项可以使物体表面产生反射的效果，反射深度主要控制反射的次数。反射效果的强弱可以通过材质的反射属性来进行修改。

展开 Edge Options（边界线框选项）卷展栏，如图 8-27 所示。

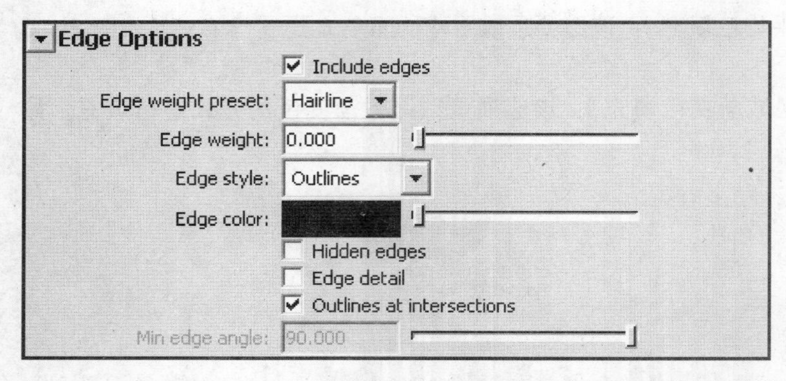

边界线框选项卷展栏
图 8-27

• Include edges（边界线框）：勾选该选项后可添加边界线。如果某物体材质中存在透明属性，那么渲染时该物体将不会出现边界线框。

• Edge weight preset（边界线框权重预设）：设置边界线框的粗细程度，分为 14 个选项，图 8-28 所示的是设置 Edge weight preset 为 1 和 4 时的效果对比。

（a）

（b）

边界线框值分别为 1 和 4 时的效果对比
图 8-28

• Edge style（边界线框样式）：分为 Outlines（轮廓）和 Entire Mesh（所有网格）两种模式，图 8-29 所示为所有网格模式。

• Edge color（边界线框颜色）：该选项主要用来设置边界框的颜色。

• Hidden edges（隐藏的边界线）：勾选该选项后，渲染效果将显示隐藏的边界线，如图 8-30 所示。

所有网格模式的边界线框效果
图 8-29

显示隐藏边界线的渲染结果
图 8-30

• Edge detail（边界线框细节）：勾选该选项后将开启 Min edge angle（最小边线角度）选项，其取值范围在 0.000°~90.000° 。

8.4 硬件渲染

MAYA 的硬件渲染是依赖计算机显卡来渲染图像的。在很多情况下，由硬件加速渲染所生成的图像十分接近软件渲染的效果，而渲染速度却要快几十倍。随着近年来计算机技术的快速发展，许多在过去无法实现的效果已经可以通过硬件渲染技术轻松实现，例如深度投影、运动模糊、透明、凹凸、模拟反射以及抗锯齿等，硬件渲染的质量甚至开始可以满足广播级产品的要求。

然而，硬件渲染毕竟有其局限性，某些精细的效果还是需要软件渲染来实现，如高级阴影、高级反射和后置处理效果等。硬件渲染更实际的应用还是在动态图像预览，优化三维动画的生产流程方面。

硬件渲染可以由两个途径实现：硬件渲染缓存（Hardware Render Buffer）和硬件渲染器，这两种方法都是依赖具有强大功能的显卡生成图像，不过硬件渲染器的质量和支持的内容等方面更强大些。

如图 8-31 所示为一个有材质和灯光的简单场景。在 MAYA 的渲染设置窗口中，将 Render Using 设为 MAYA Hardware，将 Quality（品质）中的 Presets（预置）选项设为 Production quality（产品级品质），如图 8-32 所示。

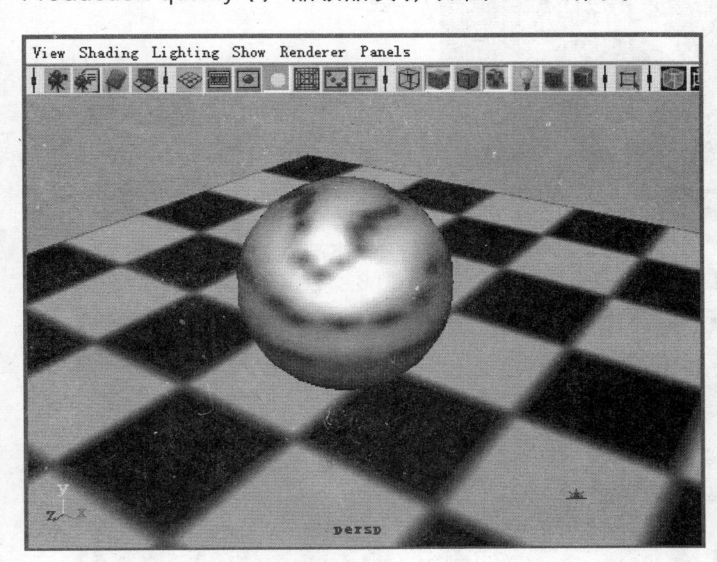

简单的场景
图 8-31

在视图选项栏中单击使用所有灯光按钮、阴影显示按钮和高品质显示按钮，视图中显示结果如图 8-33 所示。

渲染视图，得到如图 8-34 所示的结果。可以看到，材质的颜色、凹凸以及光照等效果都得到了很好的表现，同图 8-35 所示的 MAYA 软件渲染结果十分相近。

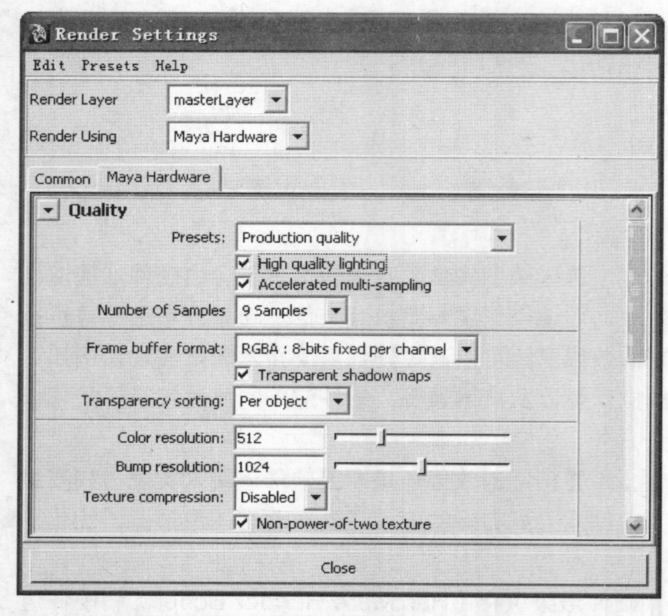

将硬件渲染品质设置为产品级
图 8-32

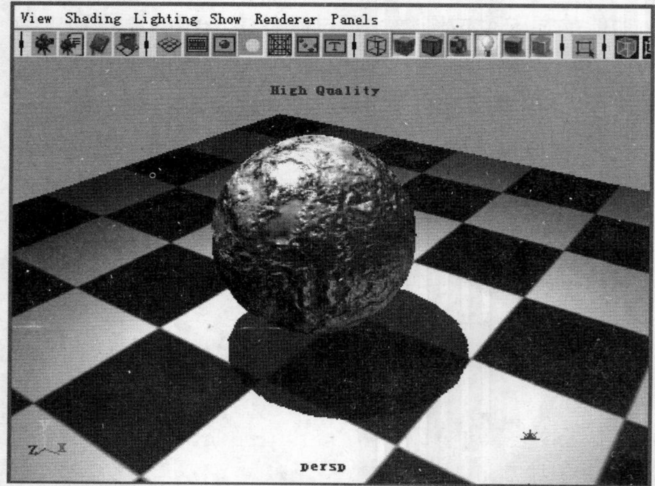

开启高品质显示后的视图
图 8-33

使用 MAYA 硬件渲染的结果
图 8-34

使用 MAYA 软件渲染的结果
图 8-35

8.5 Mental Ray 渲染器

Mental Ray 渲染器是德国 Mental Image 公司的产品，最初内置在 Softimage 中，至今已经发展得非常成熟，为许多电影成功实现了视觉特效。它也是除了 Pixar 的 Render Man 之外拥有最广泛用户的电影级渲染工具。

Mental Ray 渲染器的用户众多，技术支持广泛。可以实现焦散、全局照明、次表面散射（SubSurface Scattering，3S）等其他渲染器很难实现的效果。它的光线跟踪算法极为优秀，在渲染大量反射、折射物体的场景时，速度要比 MAYA 默认的软件渲染器快很多，在置换贴图和运动模糊的运算速度上也远远快于默认渲染器。

8.5.1 全局照明

MAYA 默认的灯光照明是一种直接照明方式，物体直接由光源进行照明，光源发出的光线不会发生反射来照亮其他物体；而现实生活中的物体之间会产生漫反射，间接地照亮其他物体，并且还会携带颜色信息，使物体之间的颜色相互影响，这种照明方式称为间接照明。

Mental Ray 渲染器提供了几种模拟间接照明的方法，它们分别是全局照明（Global Illumination，GI）、最终聚集（Final Gather）和环境光吸收材质（Ambient Occlusion Shaders），根据渲染的不同需求可以单独使用某一种方法，也可以将几种方法结合使用。

Mental Ray 渲染器通过光子贴图技术来生成焦散和全局照明等间接照明效果。在计算间接照明时，渲染器跟踪光线所发出的光子，光子的轨迹通过场景，由对象反射或折射，直到最后到达漫反射表面。当它们到达表面时，光子存储在光子贴图中。

下面要进行的练习是全局照明的使用，如图 8-36 所示，这是一个简单的场景，所有物体均使用 MAYA 默认的 Lambert 材质，以便于更精确地观察全局照明在物体表面作用的结果。

用于练习全局照明的场景
图 8-36

选择主菜单 Window → Settings/Preferences → Plug-in Manager 命令打开插件管理器窗口，在窗口中确定 Mayatomr.mll 的 Loaded 选项被勾选，如图 8-37 所示。如果勾选 Auto load 选项，则可以在每次 MAYA 启动时自动加载插件。

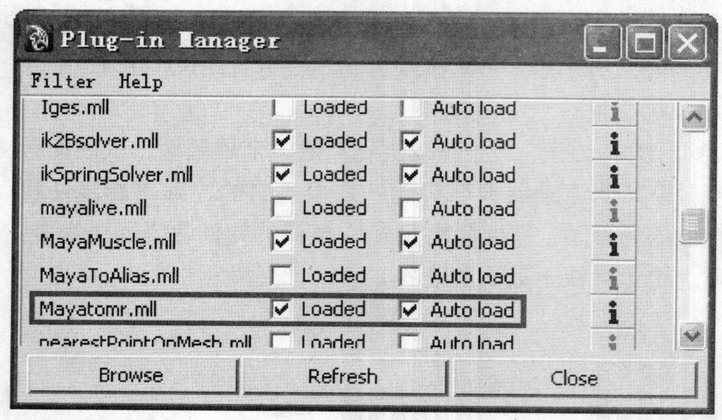

插件管理器窗口
图 8-37

（1）首先在渲染设置窗口把 Render Using 改为 mental ray。在场景中创建一个 Directional Light（平行光），将其放置在场景中房子的外面，使它能够穿过门口照射到室内，如图 8-38 所示。

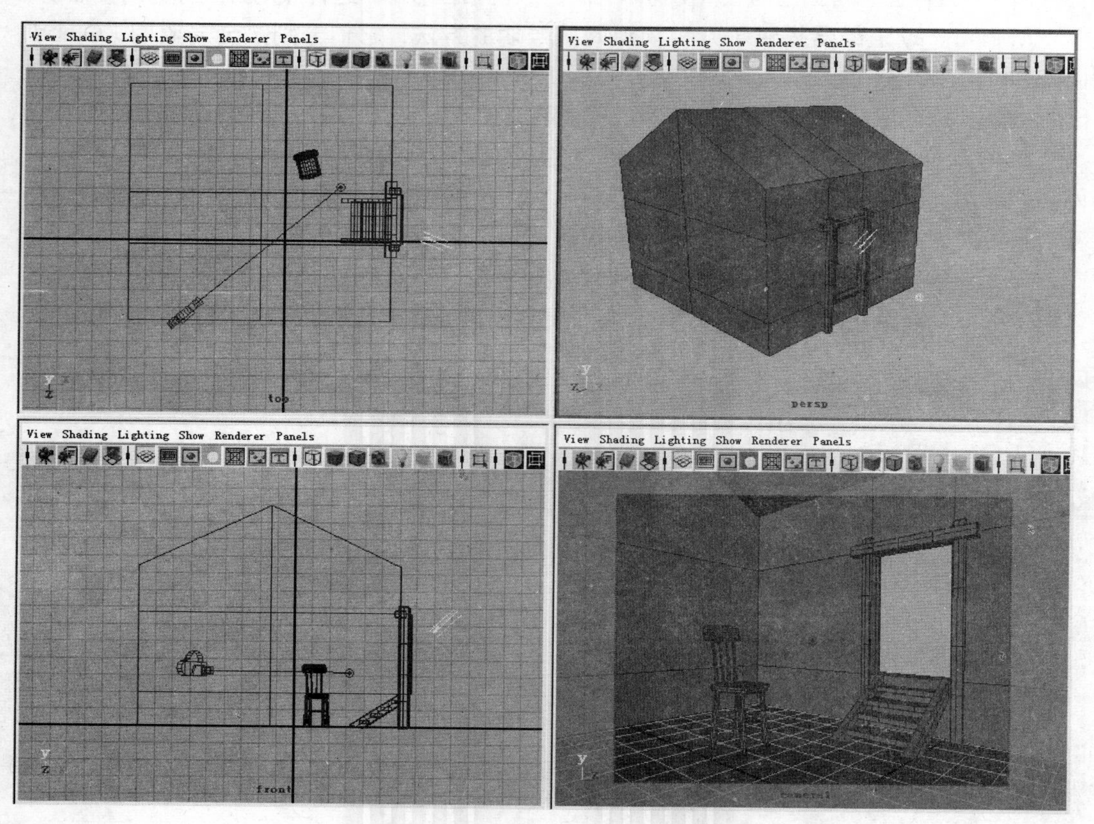

创建平行光
图 8-38

（2）在渲染设置窗口，切换到 Indirect Lighting 选项卡，勾选 Global Illumination 卷展栏中的 Global Illumination 选项，其他参数保持默认值，如图 8-39 所示。

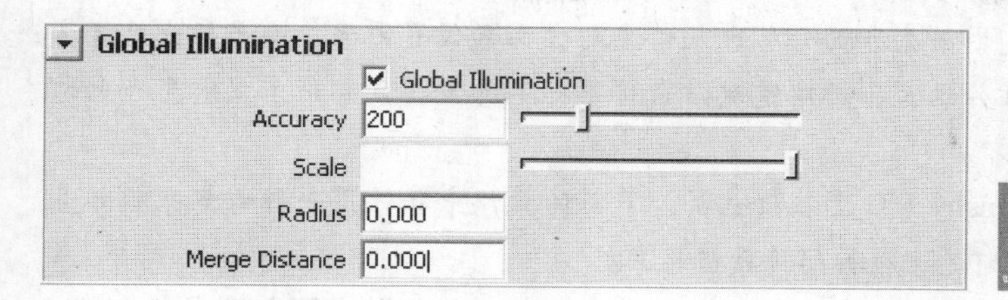

Global Illumination 卷展栏中的设置
图 8-39

（3）在灯光属性编辑窗口中，切换到 directionalLightShape1 选项卡，将 Intensity（强度）值设为 2.5；勾选 Use Depth Map Shadows 选项，并将 Resolution 参数值设为 1024，将Filter Size值设为0。展开mental ray卷展栏，在Caustic and Global Illumination选项组中，勾选 Emit Photons（发射光子）选项，将 Photon Intensity（光子强度）值设为 3000.000，如图 8-40 所示。

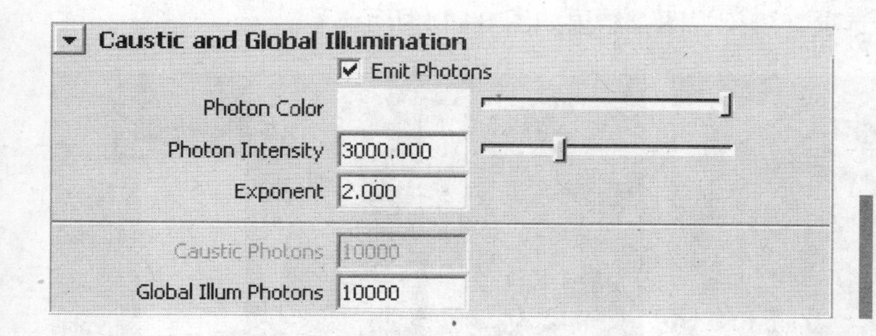

Caustic and Global Illumination 选项组中的设置
图 8-40

（4）选择摄像机 camera1，在其属性窗口中，将 Environment（环境）卷展栏中的 Background Color（背景颜色）设置为白色，如图 8-41 所示。对 camera1 视图进行渲染。结果如图 8-42 所示。

Environment
Background Color
Image Plane
Create

设置环境背景色
图 8-41

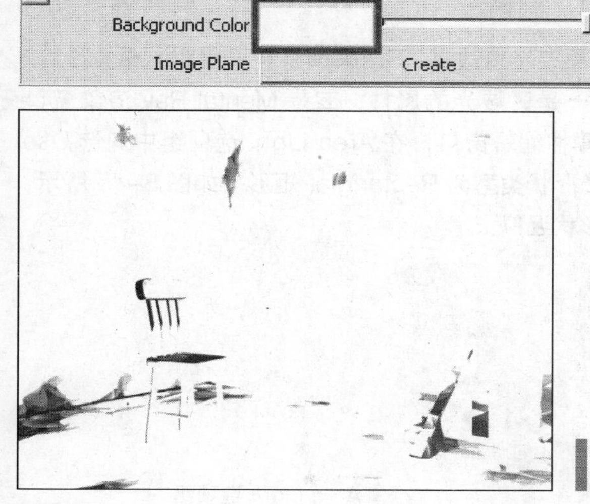

当前参数下的渲染结果
图 8-42

提示

平行光灯光常常用来模拟直射的光线，最常用的就是日光。但这种灯光被用来发射光子时，常常产生曝光过度的结果，这是因为光子的计算涉及灯光的方向和位置因素，而平行光只有方向参数，其发射出的光子能量往往过大，所以造成渲染结果的不真实。适合用来发射光子的灯光类型是点光源、聚光灯或区域光。

由于光子计算和灯光的 intensity（强度）值无关，下面的操作中将使用一种灯光来模拟直接照明和计算阴影效果，另一种灯光来模拟间接照明效果。

（5）在平行光的灯光属性编辑窗口中，去掉 Emit Photons（发射光子）选项的勾选。执行 Create → Lights → Area Light 命令，创建一个区域光，将它放置在大约平行光光线照射在地面的位置。对其进行旋转和缩放，使其和平行光照射在地面上的光影大小大致吻合，如图 8-43 所示。

（6）在区域光的灯光属性编辑窗口，去掉 Emit Diffuse（发射漫反射）和 Emit Specular（发射高光）选项的勾选，并将 Intensity（强度）值设为 0.000。勾选 Mental Ray 卷展栏中的 Emit Photons（发射光子）选项，渲染视图，结果如图 8-44 所示。

区域光的位置和方向
图 8-43

渲染结果
图 8-44

（7）从图 8-44 中可以观察到渲染的效果有了些改进，下面来调整全局照明的相关参数。在本例中影响渲染效果的主要有两方面：一是区域光的属性；二是 Mental Ray 渲染窗口的设置。首先选择区域光对象，打开它的属性编辑窗口，在 Area Light 选项组中勾选 Use Light Shape（使用灯光形状）选项，选择灯光形状类型为 Rectangle（矩形），如图 8-45 所示，这种灯光形状和平行光线在地面上的光影形状近似。

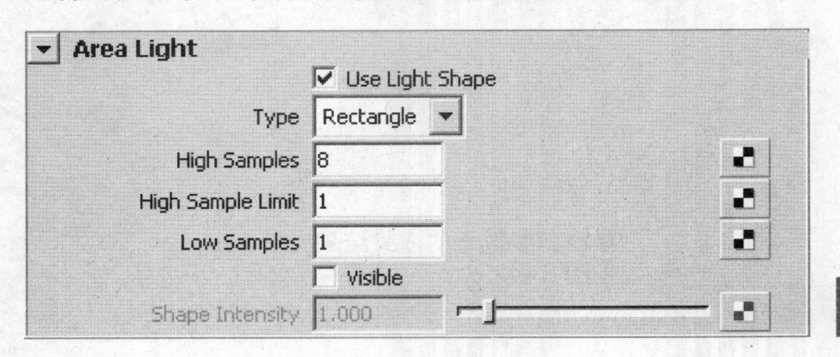

Area Light 选项组
图 8-45

在灯光属性的 Caustic and Illumination 选项组中各项参数如下。

• Emit Photons（发射光子）：用来决定灯光是否进行光子计算。

• Photon Color（光子颜色）：用来设置灯光所发射光子的颜色。

• Photon Intensity（光子密度）：用来控制灯光发射的光子和光子在各种表面进行反弹的能量。

• Exponent（指数）：用来控制光子的衰减。

• Global Illum Photons（全局照明的光子数）：用来设置灯光发射光子的数量。增大该数值可以提高渲染质量，同时也会延长渲染时间。

在渲染设置窗口 Indirect Lighting 选项卡中，Global Illumination（全局照明）选项组的各项参数如下。

• Global Illumination（全局照明）：是否开启全局照明计算。

• Accuracy（精确度）：用来设置全局照明的精确度。如果该数值设为 1，则光子之间不会进行混合计算，如图 8-46 所示。一般情况下该数值设为 250~800 之间。

Accuracy 值为 1 时的渲染结果
图 8-46

• Scale（缩放）：用来控制渲染图像的亮度。

• Radius（半径）：用来控制光子的半径。该值设为 0 时，Mental Ray 渲染器会根据场景需要自动计算光子半径大小。增大该数值能够提高光子之间混合度，但过高的值会造成阴影以及光子颜色之间混合的细节的损失。

最后的渲染结果
图 8-47

• Merge Distance（合并距离）：用来设置进行合并的重叠光子之间的距离。

继续上一步练习。将灯光属性中的Photon Intensity（光子密度）值设为3000.000，Global Illum Photons（全局照明的光子数）值设为8000；将渲染设置窗口中Accuracy（精确度）值设为500，渲染视图，结果如图8-47所示。勾选Photon Map（光子贴图）选项组中的Enable Map Visualizer（使贴图可见）选项后再次渲染场景，便能够清楚地在视图中观察到光子的分布，如图8-48所示。

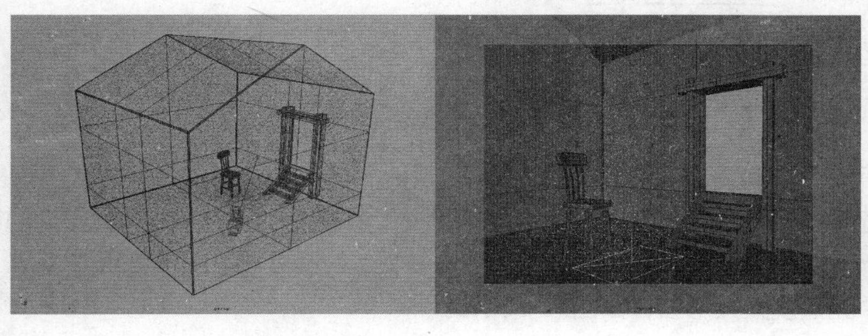

光子在场景视图中的分布显示
图 8-48

8.5.2 最终聚集

最终聚集是实现间接照明效果的另外一种方式，可以单独使用，或者同全局照明结合使用。有时候，单独地使用光子贴图来计算全局照明可能使渲染结果看起来有些不自然，例如阴暗、角落中的斑点等。可以通过启用最终聚集来减弱或消除这些瑕疵。最终聚集采用光线跟踪方式，通过光线采样和环境光吸收来产生环境光和间接照明效果。

最终聚集最大的特色是可以使用场景中的物体作为光源来照亮场景，前提是该物体具有一定亮度的发光材质或者环境色度值。

（1）打开图 8-49 所示的场景。在渲染设置窗口中选择 Mental Ray 渲染器，在 Quality 选项卡中将渲染质量设置为 Production（产品级），切换到 Common 选项卡，展开 Render Options 卷展栏，取消 Enable Default Light（使用默认灯光）选项的勾选，如图 8-50 所示。渲染视图，会发现场景为全黑色，这是由于场景中尚未设置任何灯光的缘故。

用于练习最终聚集的场景
图 8-49

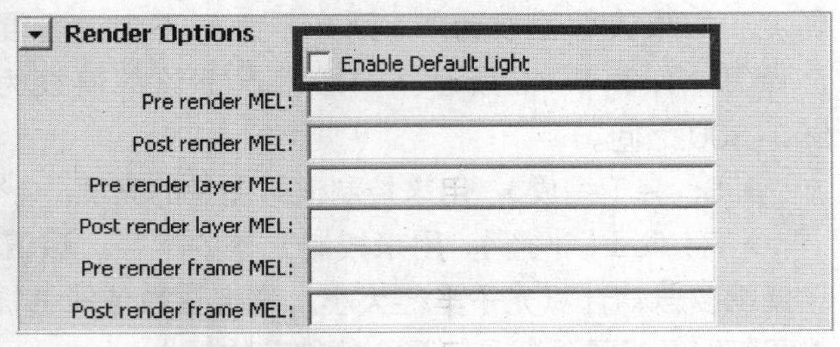

取消使用默认灯光选项
图 8-50

（2）在渲染设置窗口切换到 Indirect Lighting 选项卡，勾选 Final Gathering 选项。创建一个多边形面片，为其指定一个 Lambert 材质，将材质的 Incandescence（白热）色值设置为白色，如图 8-51 所示。将多边形面片调整到图 8-52 所示的位置。

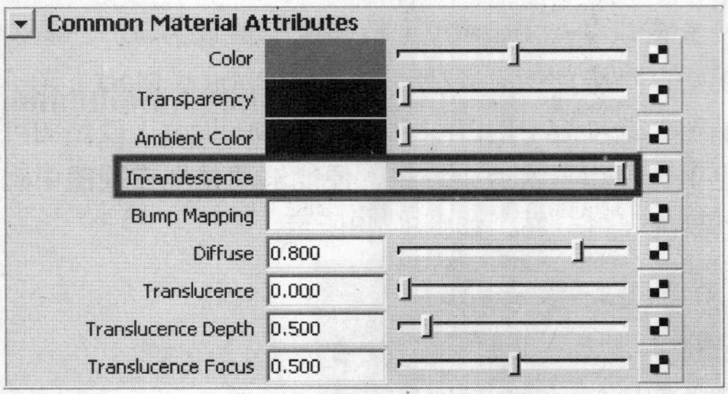

设置多边形面片的材质
图 8-51

（3）渲染视图，可以看到场景有了微弱的光照，但是比较暗，如图 8-53 所示。下面调整多边形面片的材质属性，增强灯光效果。选择该材质，单击 Incandescence（白热）属性右侧的色块，在颜色拾取器窗口中，设置 V 值为 10.000，如图 8-54 所示，再次渲染视图，可以看到场景中光照度大大增强，如图 8-55 所示。

调整多边形面片的位置
图 8–52

微弱的光照效果
图 8–53

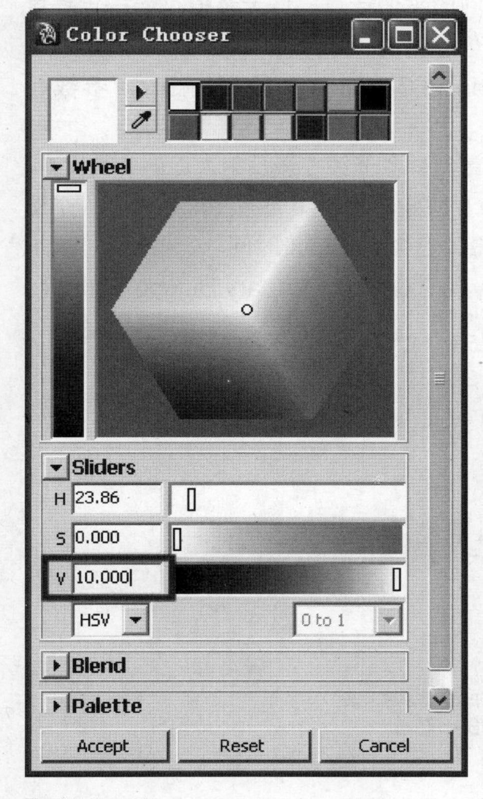

设置材质的 Incandescence 属性
图 8–54

场景的光照度增强
图 8–55

在 Mental Ray 渲染中，利用材质的 Incandescence（白热）属性进行场景照明是一种比较常用的方式。观察渲染图，能够看到灯光形成的一些细微的斑点，可以通过 Final Gathering 的参数设置进行改善。Final Gathering 的相关参数如图 8–56 所示。

• Accuracy：该数值用来设定从摄像机发出的最终聚集光线的数目。较高的数值增加渲染时间。一般情况下在进行渲染测试时将该值设为 100；在进行最终渲染时，可以将该值设在 500~800 之间。

Final Gathering
Final Gathering
Accuracy 100
Point Density 1.000
Point Interpolation 10
Primary Diffuse Scale
Secondary Diffuse Scale
Secondary Diffuse Bounces 0
Final Gathering Map
Final Gathering Quality
Final Gathering Tracing

Final Gathering 的相关参数
图 8-56

• Point Density：该数值用来设定光线生成的光点数量，值越大渲染质量越高，相应的渲染时间也延长。

• Point Interpolation：该数值用来设定光点之间的平滑计算。增大该值可以一定程度上提高渲染质量，但不会延长渲染时间，但如果该数值较高时，会使渲染图像损失一些细节。

• Primary Diffuse Scale：同 Global Illumination 和 Caustics 参数中的 Scale 参数相似，该数值可以提高最终聚集渲染图像的亮度。

• Secondary Diffuse Scale：增大该值可以增强最终聚集光线在漫反射表面的二次反弹。

• Secondary Diffuse Bounces：该数值是否为 0 决定最终聚集光线在接触到下一个漫反射表面之前是否终止。增大该值可以提高渲染质量，但会延长渲染时间。

图 8-57 所示为 Accuracy 为 400，Point Density 为 2.000，Secondary Diffuse Bounces 为 1 时的渲染结果。

最后的渲染结果
图 8-57

8.5.3 焦散

焦散是光线穿过半透明体积物体（如玻璃和水晶），或从其他金属物体表面反射的结果。当光线发射到场景中，到达物体表面时，一部分光线会被物体表面反射，另一部分会以定向方式穿过物体表面，发生折射。光线碰撞到一个反射表面后，会以特殊的方式反弹开并指向一个靠近物体的焦点。同样地，透明物体会使光线弯曲，其中一部分会指向其他表面上的一个焦点并产生焦散效果。

焦散效果只在复数光线聚集到一个焦点（或区域）时才会出现。完全平坦的表面和物体不能够产生很好的焦散效果。因为这些表面总是趋于在各个方向上散射光线，很少有机会产生那些能使光线聚集到一起的焦点。

观察图 8-58 所示的场景。这是一个简单的环境，场景中有两个 NURBS 酒杯模型，直立酒杯的内部包括两片 NURBS 面片，用来表现酒杯内的液体，如图 8-59 所示，其中边缘环状表面通过分离酒杯内壁 NURBS 表面得到，再对环状表面应用 Planar 命令得到顶部表面。目前这些模型均使用 MAYA 默认的 Lambert 材质。下面将设置和调节场景灯光并利用 Mental Ray 渲染器提供的材质来制作焦散效果。

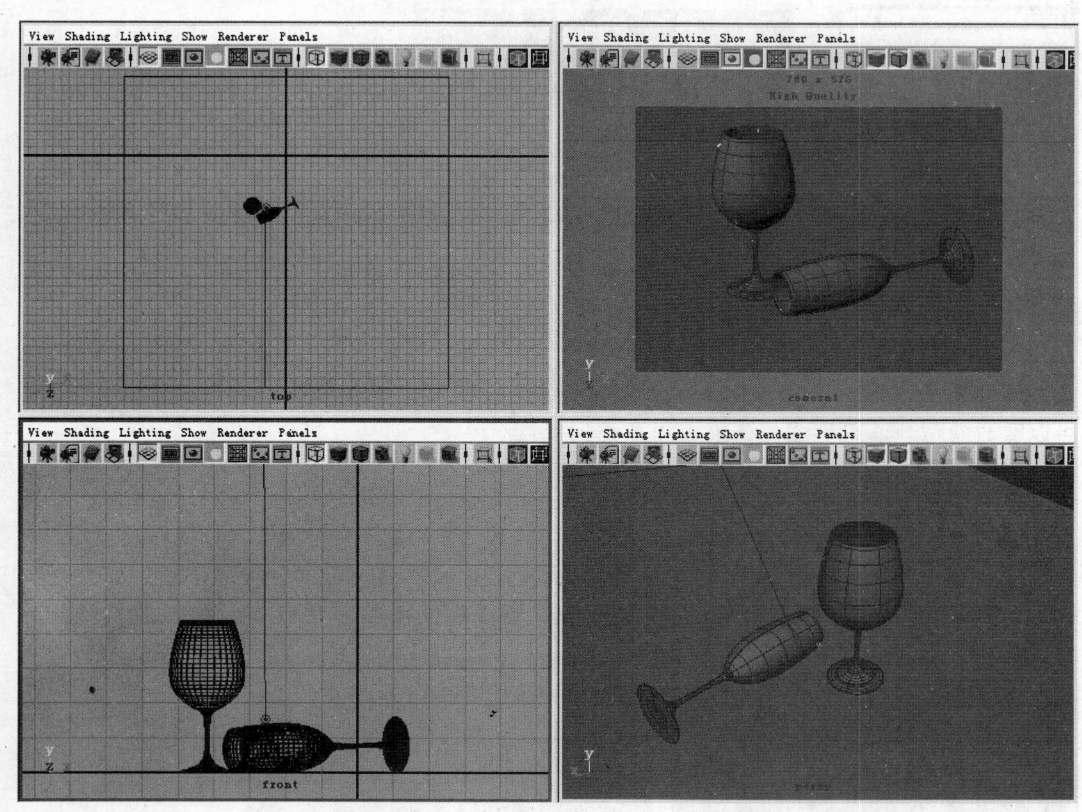

用于焦散效果的场景
图 8-58

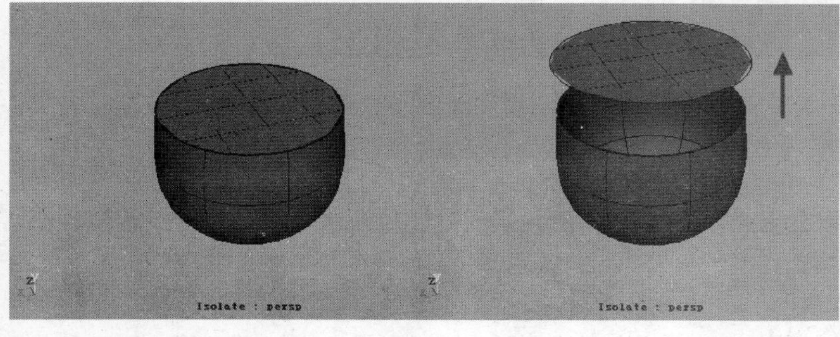

用来表现酒杯内液体的 NURBS 面片
图 8-59

（1）将当前渲染器设置为 mental ray。在 Hypershade 窗口左侧创建材质节点面板选择 Create mental ray Nodes（创建 mental ray 节点），展开 Materials（材质）节点组，用鼠标中键拖动 dielectric_material 材质节点到工作区中，如图 8-60 所示。

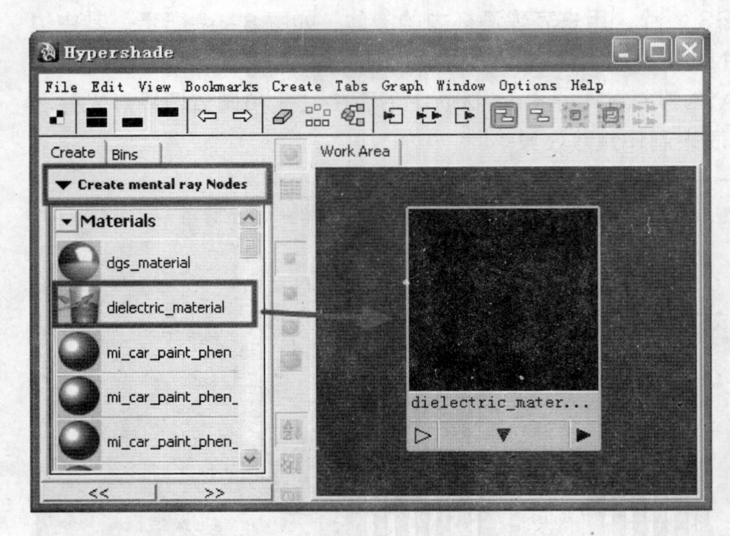

创建 dielectric_material 材质节点
图 8-60

（2）将材质重新命名为 glass 并指定给两个 NURBS 酒杯模型，酒杯内的液体模型，可以暂时隐藏。渲染视图，结果如图 8-61 所示。

提示

有的情况下，由于 NURBS 表面法线方向不正确，渲染结果会很奇怪，如图 8-62 所示直立的酒杯。执行 Display → NURBS → Normals（Shaded mode）命令显示 NURBS 表面法线，以便观察发现方向，通过执行 Edit NURBS → Reverse Surface Direction（反转表面方向）命令可以将法线方向反转。

默认玻璃材质的渲染结果
图 8-61

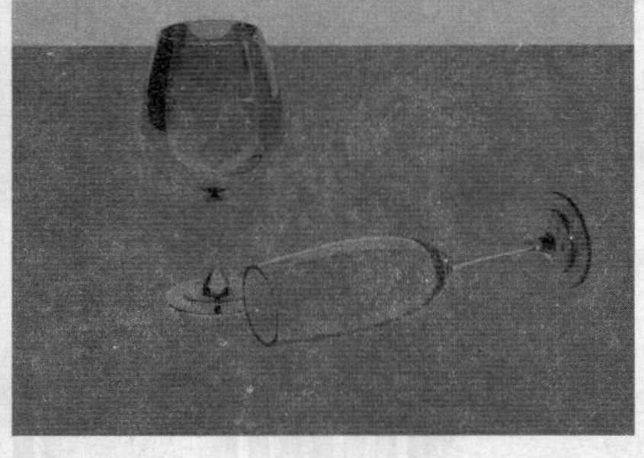

表面法线方向不正确情况下的渲染结果
图 8-62

（3）创建一盏 Spot Light，按下 T 键，打开聚光灯的控制器，调整灯源以及目标点的位置，如图 8-63 所示。也可以在聚光灯选取状态下，执行视图 Panels → Look Through Selected 命令（通过选择对象观察）切换到灯光视图，使用“视图操控工具”直接调整灯光的位置和方向，如图 8-64 所示。

（4）打开灯光的属性编辑窗口，将灯光的 Intensity（强度）属性值设为 0.000，勾选 Caustics and Global Illumination（焦散和全局照明）选项组中的 Emit Photons 选项，这盏灯用来发射光子已生成焦散效果。再创建一盏 Area Light（区域光），将它的方向和聚光灯对齐，如图8-65所示，这盏灯用来照亮场景并产生阴影，勾选Use Ray Trace Shadows选项，其他参数设置如图 8-66 所示。渲染视图，结果如图 8-67 所示。

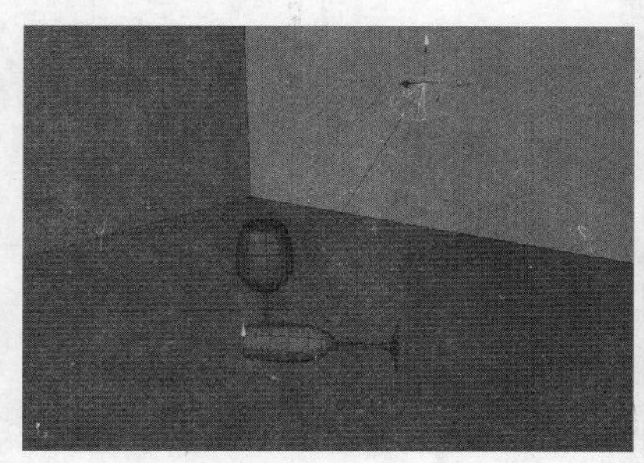

使用灯光控制器调整灯光
图 8-63

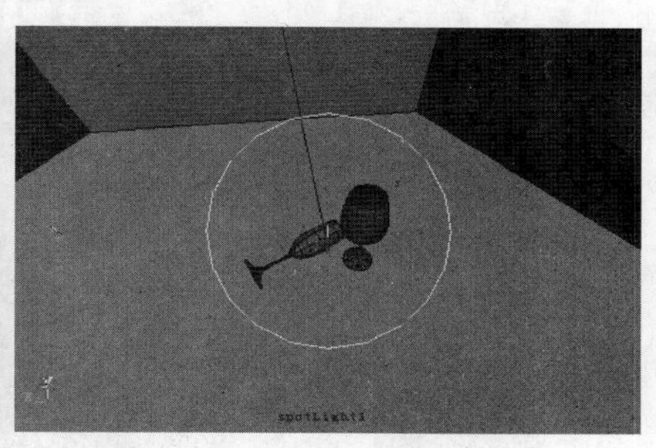

使用视图操控工具调整灯光
图 8-64

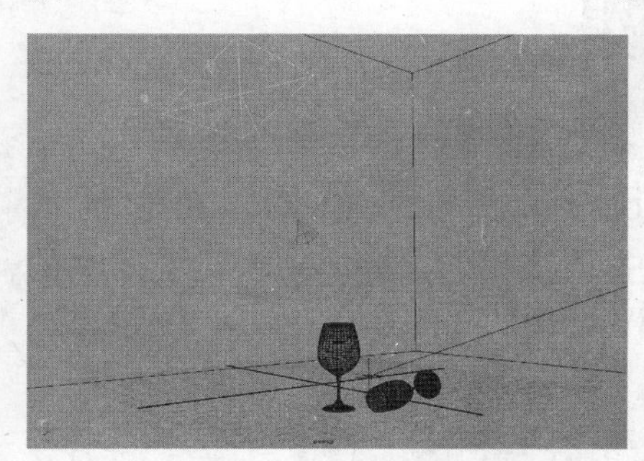

区域光的位置和方向
图 8-65（左）

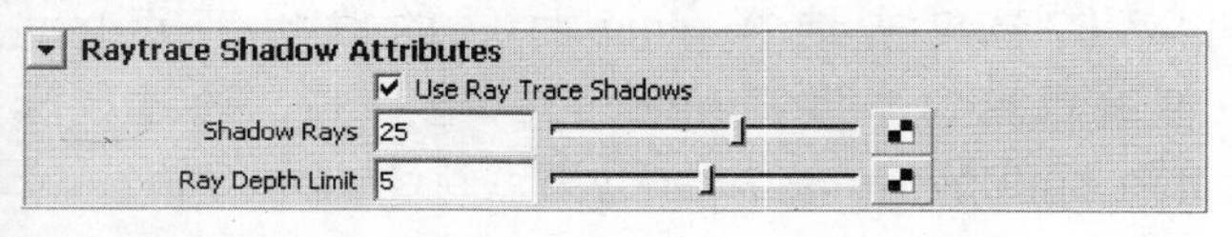

区域光的参数设置
图 8-66（右）

（5）从图 8-67 中可以看出目前的焦散效果并不明显，试着增加 Photon Intensity（光子强度）的数值，可以增强焦散光子的强度；Exponent（指数）降低将会使焦散边缘变得清晰锐利；Caustic Photons 则可以提高焦散计算的精确度。图 8-68 所示为 Photon Intensity 值为 12000.000，Exponent 值为 1.8000，Caustic Photons 值为 200000 的渲染效果。

默认参数下的渲染结果
图 8-67

调整焦散设置参数后的渲染结果
图 8-68

（6）光线穿过透明物体时产生的投影也应该呈现透明的状态，下面为玻璃材质的投影属性加入一个透明度投影节点。按住鼠标中键拖动 glass 材质到工作区，单击 Hypershade 窗口工具栏中的 Input and output Connections（输入和输出连接）按钮，在创建材质节点面板中展开 Shadow Shaders（投影着色）卷展栏，拖动 mib_shadow_transparency 节点到工作区，如图 8-69 所示。

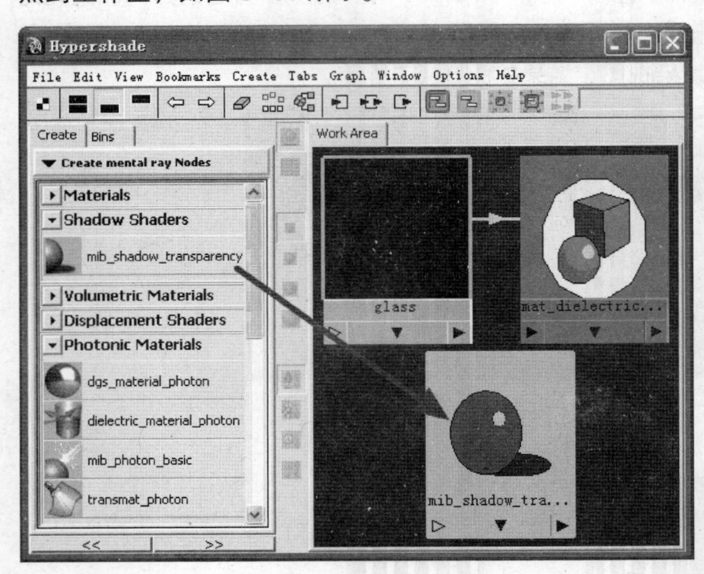

创建 mib_shadow_transparency 节点
图 8-69

（7）单击选择 glass 材质的输出节点 mat_dielectric_materia1SG，在它的属性编辑窗口中展开 mental ray 卷展栏，通过鼠标中键拖动 Hypershade 工作区中的 mib_shadow_transparency 节点到 Custom Shaders 属性组中的 Shadow Shader 右侧释放，如图 8-70 所示。

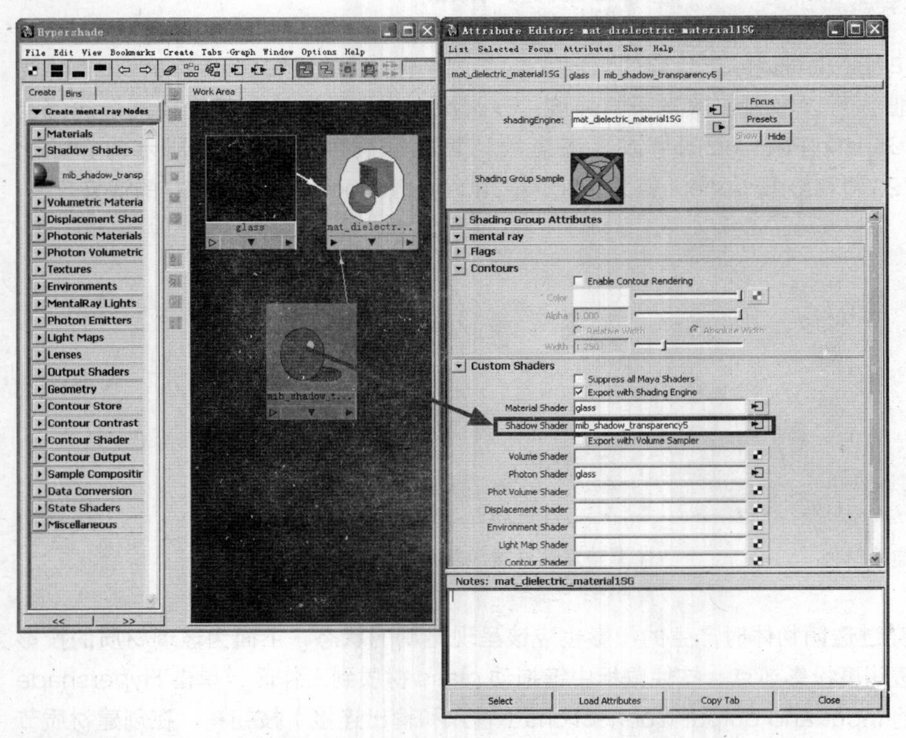

连接 mib_shadow_transparency 节点
图 8-70

（8）在 mib_shadow_transparency 节点的属性窗口中 Shadow Parameters（投影参数）中调整 Transparency（透明度）颜色为灰白色，提高材质投影的透明度，渲染视图，可以看到玻璃杯的投影变得透明，如图 8-71 所示。

玻璃杯投影的变化
图 8-71

（9）下面为酒杯内部的红酒液体制作材质。再次创建两个 dielectric_material 材质节点，分别命名为 top_liquid 和 side_liquid。在它们的属性编辑窗口中设置 Shading 卷展栏中 Col（颜色）和 Outside Color（外部颜色）为酒红色，其他参数如图 8-72 和图 8-73 所示。

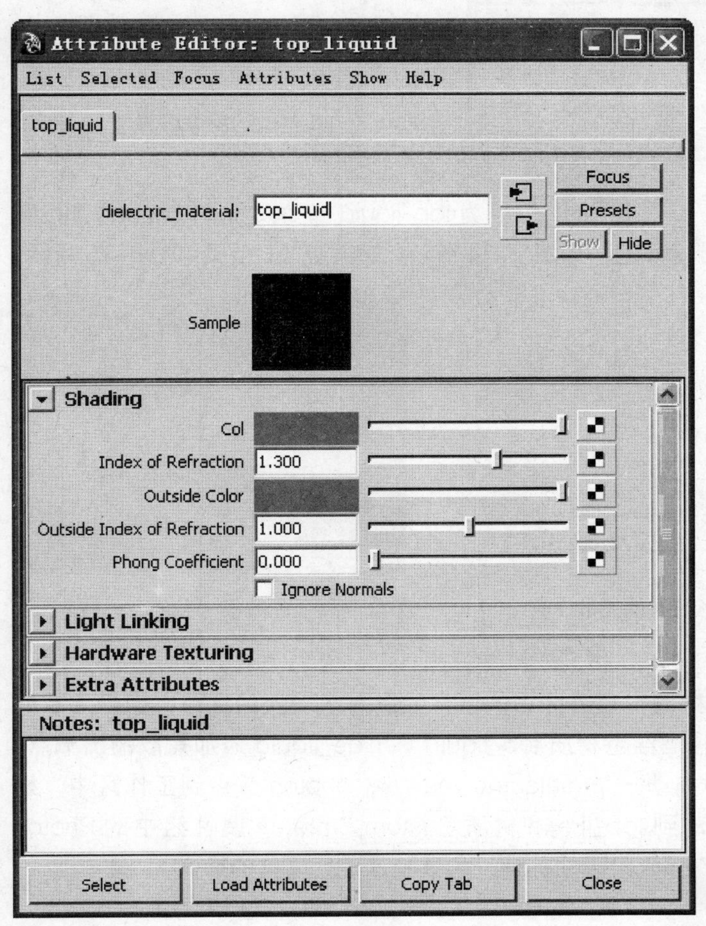

top_liquid 材质的参数设置
图 8-72

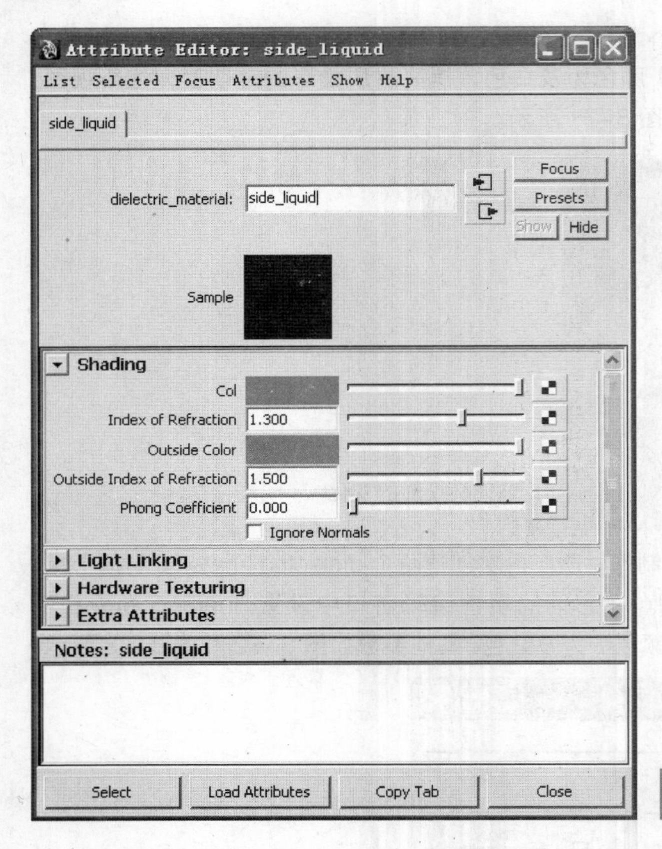

side_liquid 材质的参数设置
图 8-73

（10）使用第（7）、第（8）步骤相同的方法，为 top_liquid 和 side_liquid 材质添加投影节点，注意要将投影的颜色设置为酒红色，如图 8-74 所示。渲染视图，结果如图 8-75 所示。

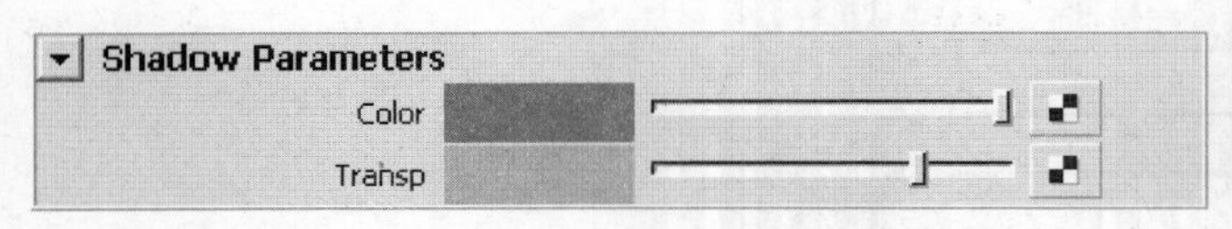

top_liquid 和 side_liquid 材质投影节点的参数设置
图 8-74

红酒材质的效果
图 8-75

（11）从图 8-75 中可以观察到，装有红酒的酒杯投影有了淡淡的红色，但是焦散的颜色却很不明显。下面就为两种酒红色材质 top_liquid 和 side_liquid 添加焦散输出节点。在 Photonic Materials 卷展栏中拖动一个 dielectric_material_photon 节点到工作区中，如图 8-76 所示，再将该节点拖动到 top_liquid 材质 Custom Shaders 属性组中的 Photon Shader 上与其连接，如图 8-77 所示。针对 side_liquid 材质进行同样的操作。

Hypershade
File Edit View Bookmarks Create Tabs Graph Window Options Help
Create
Bins
Work Area
Create mental ray Nodes
Volumetric Materials
Displacement Shaders
Photonic Materials
dgs_material_photon
dielectric_material_photon
mib_photon_basic
transmat_photon
Photon Volumetric Mate
Textures
Environments
MentalRay Lights
side_liquid
cau_mat_diele...
dielectric_ma...

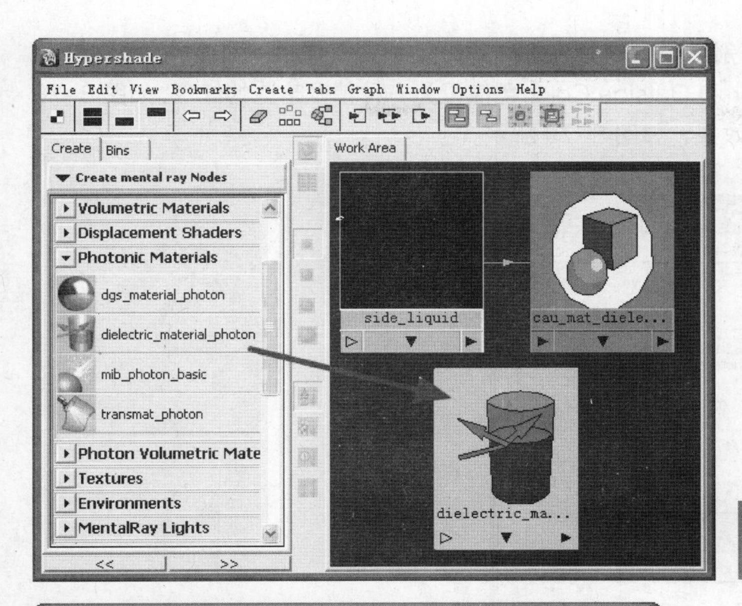

创建 dielectric_material_photon 节点
图 8-76

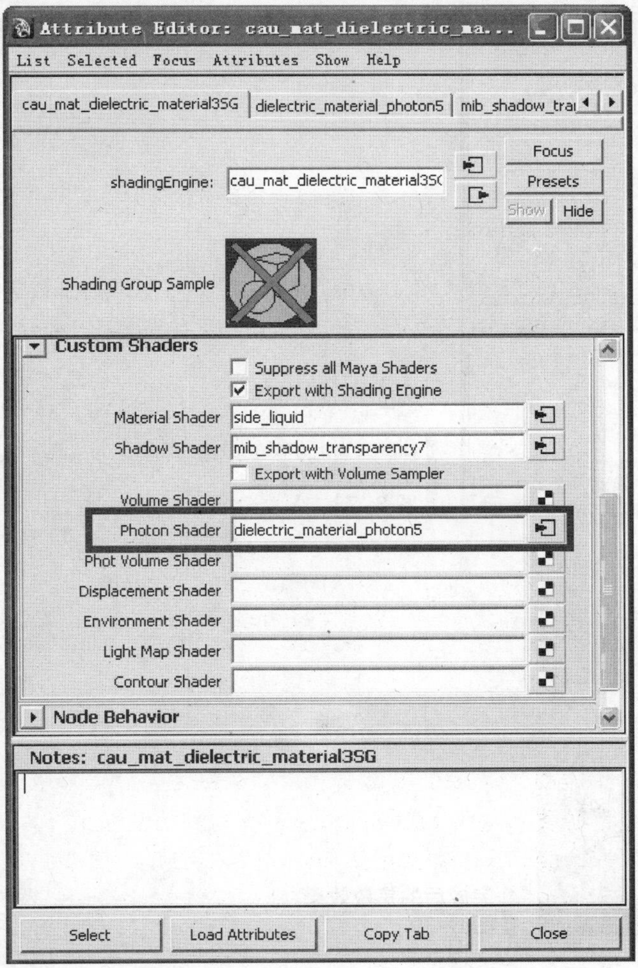

Attribute Editor: cau_mat_dielectric_ma...
List Selected Focus Attributes Show Help
cau_mat_dielectric_material3SG
dielectric_material_photon5
mib_shadow_tra
shadingEngine:
cau_mat_dielectric_material3S(
Focus
Presets
Show
Hide
Shading Group Sample
Custom Shaders
Suppress all Maya Shaders
Export with Shading Engine
Material Shader
side_liquid
Shadow Shader
mib_shadow_transparency7
Export with Volume Sampler
Volume Shader
Photon Shader
dielectric_material_photon5
Phot Volume Shader
Displacement Shader
Environment Shader
Light Map Shader
Contour Shader
Node Behavior
Notes: cau_mat_dielectric_material3SG
Select
Load Attributes
Copy Tab
Close

连接 dielectric_material_photon5 节点
图 8-77

（12）在属性编辑窗口分别设置 top_liquid 和 side_liquid 材质的 dielectric_material_photon 节点属性，注意将 Color 和 Outside Color 色值设为一种稍微暗些的红色，如图 8-78 所示。渲染视图，得到最后的效果，如图 8-79 所示。

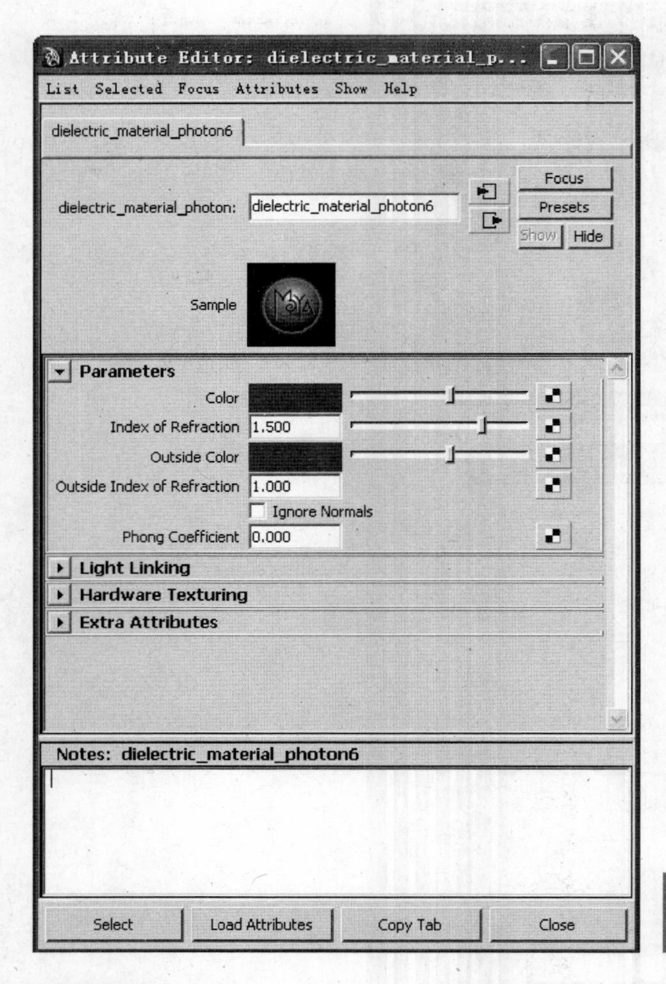

dielectric_material_photon 节点的属性设置
图 8-78

完成后的焦散效果
图 8-79

8.6　小结

本章重点介绍了 MAYA 渲染设置、批量渲染输出、MAYA 矢量渲染器、MAYA 硬件渲染以及 Mental Ray 渲染器等内容。

渲染是三维制作的一个必不可少的环节，只有经过这个工作环节才能得到各种格式的视频或者图像文件。MAYA 中内置的几个渲染器，包括一些外部的渲染器，它们在不同方面有着各自的优势，根据需求不同有针对性地选择合适的渲染器，可以优化渲染流程，提高工作效率。

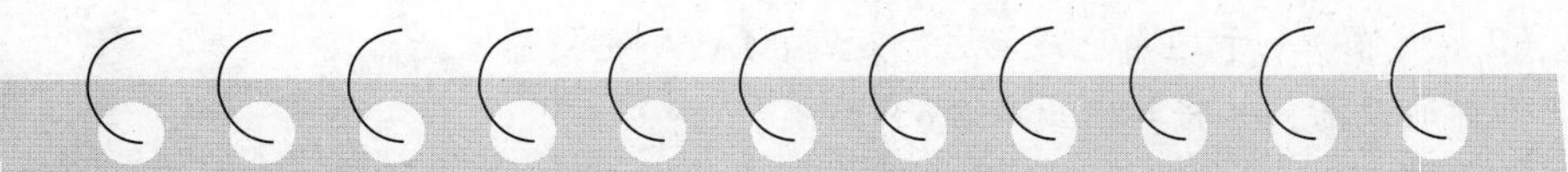

习题与实践

1. 选择题

（1）MAYA 中有（　）两种渲染类型。

A. 硬件和软件

B. MAYA 软件渲染器和 Mental Ray 渲染器

C. 硬件和矢量渲染器

D. IPR 渲染和软件渲染

（2）在设置摄像机景深效果时，调整（　）可以以焦点为中心扩大聚焦区的大小。

A. Device Aspect　　B. Angle of View

C. Far Clip Plane　　D. F Stop

（3）硬件渲染依赖（　）来渲染图像。

A. CPU　　B. 显卡

C. 内存　　D. 硬盘

（4）在 Mental Ray 渲染时，如果使用场景中的物体作为光源来照亮场景，那么物体材质参数中的（　）属性会对光的亮度产生影响。

A. Incandescence　　B. Transparency

C. Color　　D. Diffuse

2. 问答题

（1）默认情况下 MAYA 场景中有几台摄像机？分别属于什么类型？

（2）使用哪种渲染方式来输出动画序列图像？在渲染时有哪些注意事项？

（3）MAYA 中有几种内置的渲染器？它们分别适用于哪些情况？

3. 实践

（1）制作一个场景，为场景架设摄像机，尝试设定并渲染出景深以及运动模糊等效果。

（2）制作一个卡通角色或场景，通过 MAYA 的矢量渲染器实现二维卡通效果，并将其输出成 SWF 格式。

（3）使用 Mental Ray 渲染器，练习制作全局照明、最终聚集和焦散等效果。